AF557657

Limbeck.Unternehmer.

»Wer aufhört, besser werden zu wollen, hat bereits aufgehört, gut zu sein.«
MARTIN LIMBECK

Weitere Bücher von Martin Limbeck

Limbeck. Vertriebsführung.
Das Standardwerk für Sales Management
978-3-86936-931-0

Limbeck. Verkaufen.
Das Standardwerk für den Vertrieb
978-3-86936-863-4

Limbeck Laws
Das Gesetzbuch des Erfolgs in Vertrieb und Verkauf
978-3-86936-721-7

Wir übernehmen Verantwortung! Ökologisch und sozial!

- Verzicht auf Plastik: kein Einschweißen der Bücher in Folie
- Nachhaltige Produktion: Verwendung von Papier aus nachhaltig bewirtschafteten Wäldern, PEFC-zertifiziert
- Stärkung des Wirtschaftsstandorts Deutschland: Herstellung und Druck in Deutschland

Martin Limbeck

LIMBECK. UNTERNEHMER.

DAS STANDARDWERK
für ERFOLGREICHES
ENTREPRENEURSHIP

Externe Links wurden bis zum Zeitpunkt der Drucklegung des Buches geprüft. Auf etwaige Änderungen zu einem späteren Zeitpunkt hat der Verlag keinen Einfluss. Eine Haftung des Verlags ist daher ausgeschlossen.

Ein Hinweis zu gendergerechter Sprache: Die Entscheidung, in welcher Form alle Geschlechter angesprochen werden, obliegt den jeweiligen Verfassenden.

Bibliografische Information der Deutschen Nationalbibliothek

Die Deutsche Nationalbibliothek verzeichnet diese Publikation in der Deutschen Nationalbibliografie; detaillierte bibliografische Daten sind im Internet über http://dnb.d-nb.de abrufbar.

ISBN 978-3-96739-153-4

Lektorat: Harald Gourgé, Heidelberg
Umschlaggestaltung: Martin Zech Design | www.martinzech.de
Autorenfoto: Oliver Wagner
Satz und Layout: Das Herstellungsbüro, Hamburg | www.buch-herstellungsbuero.de
Druck und Bindung: Salzland Druck, Staßfurt

Wir drucken in Deutschland.

www.gabal-verlag.de
www.gabal-magazin.de
www.facebook.com/Gabalbuecher
www.twitter.com/gabalbuecher
www.instagram.com/gabalbuecher

Inhalt

Vorwort 9

1 Verstehen Sie das Unternehmertum! 20
1.1 Manager sind keine Unternehmer 25
1.2 Das Unternehmertum steht im Sturm 32
1.3 Seien Sie der erste Verkäufer im Unternehmen! 40
1.4 Ihre persönliche Basis als Unternehmer 53
1.5 Ihr Unternehmer-Mindset 84

2 Entwickeln Sie eine attraktive Geschäftsidee! 105
2.1 Welches Feuer löschen Sie? 113
2.2 Niemand interessiert sich für Ihr Produkt 120
2.3 Kunden finden 126
2.4 Der Preis spielt (grundsätzlich) keine Rolle 138
2.5 Von der Geschäftsidee zum Geschäftsmodell 143

3 Bauen Sie Ihr Unternehmen klug auf! 172
3.1 Ihr Fahrplan 182
3.2 Die richtigen Gesellschafter 190
3.3 Die richtige Rechtsform 197
3.4 Der richtige Ort 205
3.5 Der richtige Zeitpunkt 212
3.6 Die richtigen Berater 216
3.7 Ihr Flussdiagramm 229
3.8 Kluge Prozesse 232

4 **Setzen Sie Ihre Ressourcen klug ein!** 245
4.1 Zeit 247
4.2 Geld 251
4.3 Manpower 259
4.4 Wissen 281

5 **Etablieren Sie eine »Sales Driven Company«!** 294
5.1 Einkommensproduzierende Aktivitäten 298
5.2 Verbinden Sie Marketing und Vertrieb! 308
5.3 Next Generation Sales 315
5.4 Social Selling 321
5.5 Automatischer Verkauf per Funnel 332

6 **Kommunizieren Sie einnehmend!** 341
6.1 Sichtbarkeit ist alles 343
6.2 Erzählen Sie Geschichten! 346
6.3 Ihr Unternehmen auf den Punkt 352

7 **Die Persönlichkeitsanalyse: Welcher Unternehmertyp sind Sie?** 361

*Die **Online-Analyse** zur Bestimmung Ihrer Unternehmer-Kompetenzen finden Sie hier:*

https://martinlimbeck.de/unternehmertest

Nachwort 362
Literatur 365
Über den Autor 367

Lesen Sie bereits heute in das Buch »Limbeck. Vertriebsführung.« hinein

Scannen Sie den QR-Code, registrieren Sie sich auf dem GABAL-eCAMPUS und Sie erhalten die 60 Seiten des ersten Kapitels »Was heißt Vertriebsführung heute« kostenlos zum Download.

https://gabal-ecampus.de/downloads/course/leseprobe-limbeck-vertriebsfuehrung-

Vorwort

Wissen Sie was? Als Erstes finde ich es wirklich toll, dass Sie sich für dieses Buch entschieden haben. Für mich ist es ein weiterer Meilenstein, in gewisser Weise auch die logische Konsequenz aus mehr als 30 Jahren Unternehmertum. Ich freue mich, meine Erfahrungen und mein Wissen mit »Limbeck.Unternehmer.« an Sie weiterzugeben.

Manchmal im Leben kommt es vor, dass sich eine Ausrichtung ändert. Das haben Sie bestimmt auch schon mal erlebt. In meinem Leben haben sich schon mehrmals Ausrichtungen geändert.

Irgendwann habe ich erkannt, dass ich nicht nur verkaufen, sondern das Verkaufen auch anderen beibringen kann. Also habe ich angefangen, als Franchisenehmer bei einem Trainingsinstitut Seminare zu entwickeln und zu geben. Diese Seminare waren immer sehr erfolgreich – und irgendwann stand die Frage im Raum, ob ich das gesamte Institut übernehme. Es scheiterte daran, dass wir uns beim Preis nicht einig wurden. Zugleich wusste ich: Mein Seminargeschäft musste ich unbedingt größer machen. Ich sollte expandieren. Und ich dachte mir: Was der bisherige Franchisegeber – ein Wirtschaftspädagoge – kann, kann ich auch.

Meine erste wichtige Positionierung war dann das »neue Hardselling«. Das war 2005. Das war für mich eine logische Folge aus meiner Tätigkeit als Verkäufer und zugleich die richtige Positionierung auf einem Markt, der voller Verkaufstrainer war – Hans-Uwe L. Köhler (1948–2022) war mit »LoveSelling« positioniert, Edgar Geffroy (* 1954) mit der »Clienting-Lehre«. Mein Ansatz mit dem »neuen Hardselling« war ein abschlussorientiertes Verkaufen mit einer langfristigen Kundenbindung. Neu daran war für viele, dass das eine das andere nicht ausschließt.

Weiter hinten im Buch werden Sie lesen, dass ich jedem Gründer empfehle, die wichtigsten organisatorischen Aufgaben gleich zu Anfang auszulagern, sodass wir uns als Unternehmer auf das konzentrieren können, was uns wirklich liegt und was wir wirklich können. Es ist ein Fehler, sich mit Tätigkeiten herumzuschlagen, die kein Einkommen generieren. Das gilt im Prinzip immer, vor allem aber auch am Anfang einer Selbstständigkeit. Denn da besteht die Gefahr, dass wir vor lauter Nebensächlichkeiten die wichtigen Schritte verpassen. Ich empfehle also, möglichst früh in der Unternehmerlaufbahn Mitarbeiter einzustellen – einfach, damit wir bestimmte Abläufe nicht mehr selbst erledigen müssen.

Für mich hat das damals bedeutet, dass ich als Verkaufstrainer auch meine Verwaltung möglichst früh ausgelagert habe. Der Lizenzgeber in unserem Franchisesystem sagte: »Sie können wie die meisten anderen alles selber machen oder Sie sind clever und nehmen sich gleich eine Assistentin, die den Kleinkram von Ihnen fernhält.« Und zack, schon hatte ich Mitarbeiter. Ich war also Führungskraft, ich war Chef und Manager in einem. Ich habe Prozesse gelenkt und gleichzeitig ein Team geführt. Personalführung, eine klassische HR-Geschichte – das war für mich am Anfang auch ohne Führungskräfteseminar komplett selbstverständlich. Denn ich wollte ja keinerlei Zeit aufbringen für etwas, was andere schneller und besser machen als ich. Wieso auch?

Ich erzähle Ihnen das, weil ich deutlich machen will, wie schnell du plötzlich Unternehmer sein kannst. Jetzt werden Sie vermutlich sagen: »Na ja, ein Einzelkämpfer mit einer Bürokraft, was soll das bitte für ein Unternehmer sein?« Und ja, ich gebe Ihnen recht! Natürlich. Klar war ich noch kein großes Unternehmen. Aber es war eben der Anfang. Ich habe angefangen, wie viele anfangen, wenn sie gründen und sich dann in diese wunderbare Welt des Unternehmertums, des Entrepreneurship begeben.

Aber mit der Zeit bin ich gewachsen. Ich habe weitere Unternehmen gegründet und weitere Menschen angestellt. Ich habe an mir selbst kontinuierlich gearbeitet und immer wieder Führung und andere Dinge gelernt – und irgendwann natürlich auch Führungskräfteseminare besucht. Ich war und bin in einem starken Austausch mit sehr guten Content-Lieferanten zu den Themen Führung, Vertrieb, Persönlichkeitsentwicklung und vielen weiteren Bereichen. In jedem Stadium meiner Entwicklung habe ich neue Gedanken und Impulse in meine unternehmerische Tätigkeit und mein unternehmerisches Leben hineingebracht – und so waren die Bücher »Limbeck.Verkaufen.« und »Limbeck.Vertriebsführung.« natürlich nur folgerichtig. Wenn Sie so wollen, habe ich das Unternehmerdasein an mir selbst gelernt.

Das Ganze war nicht fehlerfrei, natürlich nicht. Im Rückblick denke ich, ich habe sehr viele Fehler gemacht. Später in diesem Buch werden wir darüber sprechen, wie wir Fehler vermeiden und die richtigen Entscheidungen treffen. Manchmal sollten wir auch etwas entscheiden, einfach damit die Leute wissen, woran sie sind, und damit das Unternehmen weiß, in welche Richtung es geht. Manche dieser Entscheidungen erweisen sich später als falsch. Doch das wissen wir eben nicht vorher. Und schlimm ist es auch nicht. Wichtig ist nur, dass Sie aus Ihren Fehlern lernen.

Die Entwicklung zum Unternehmer kann fließend sein

Es gab in meiner Biografie also nicht den Punkt, an dem ich plötzlich Unternehmer war, sondern es war eine Entwicklung. Mir ging es wie vielen anderen auch: Ich habe klein angefangen und bin gewachsen. Mit der Expansion in andere Geschäftsbereiche sind natürlich auch die personellen Aufgaben gewachsen. Und weil es diesen Übergang vom Selbstständigen zum Unternehmer im Grunde gar nicht so richtig gibt – da legt niemand einen Schalter um und definiert Sie neu –, sollten wir von Anfang an das Know-how und die Kompetenzen des Entrepreneurship beherzigen. Vom ersten Tag an. Von dem Moment an, in dem wir zum Gewerbeamt gehen und ein Gewerbe anmelden oder beim Finanzamt unsere freiberufliche Tätigkeit. Wir sollten uns, wenn wir uns selbstständig machen, von Anfang an als Unternehmer verstehen.

Das ist vor allem eine Frage des Mindsets. Ich weiß genau, wie Sie jetzt reagieren. Sie denken wahrscheinlich: »Ach, jetzt kommt da schon wieder einer mit Mindset. Überall Mindset. Wir müssen nur unser Mindset ändern und schon werden wir megaerfolgreich.«

Und Sie haben recht! Mir geht das auch auf den Geist mit dem Mindset. Ich finde das total beknackt, dass dir alle das richtige Mindset einreden wollen. Nur: Die haben eben recht. Es stimmt halt.

Lassen Sie uns einfach mal unterscheiden: Auf der einen Seite geht mir die ganze Literatur zum Thema Mindset auf den Geist, mir gehen diese ganzen Seminare auf den Geist, in denen uns jemand vollquatscht mit der Behauptung, wir müssten nur etwas an unserer Einstellung ändern und schon riesele das Geld vom Himmel. Ich finde das ziemlich oberflächlich, muss ich Ihnen sagen. Der Begriff »Mindset« bedeutet nämlich nicht, dass wir uns nur jeden Tag zehnmal sagen müssen, wie toll wir sind, und dann sind wir plötzlich toll.

Auf der anderen Seite ist Mindset das Einzige, worum es am Ende geht. Mindset ist viel mehr als nur eine kosmetische Korrektur unserer Sicht auf die Welt. Mindset ist eine Haltung. Und eine Haltung änderst du nicht von heute auf morgen. Gerade beim Unternehmertum, beim Entrepreneurship, haben wir es mit einer Haltung zu tun, die wir in unserem Land einerseits dringend brauchen, die aber andererseits immer seltener wird.

Die Frage ist: Können Sie sich dieses Mindset zulegen?

Angenommen, jemand kommt aus einem unternehmerfeindlichen Haushalt. Am besten mit sozialistischen Eltern, die schon immer angestellt waren, noch besser im öffentlichen Dienst, vielleicht sogar in einer Schule. Deutsch, Geschichte, Latein. Ein Elternhaus also, in dem nie unternehmerisches Denken stattgefunden hat. Kann jemand, der aus so einem Elternhaus kommt und eine solche Sozialisation genossen hat, Unternehmer werden?

Es gibt eine ganze Menge Ratgeber, die dir sagen: »Ja, du musst nur dein Mindset ändern.« Na, dann mal los! Ich frage mich, wie wir mal so eben nebenher unsere gesamte Prägung ablegen sollen. Da wird einer kurz mal vom Sozialisten zum Unternehmer? Ist klar.

In diesem Buch geht es genau darum. Auf Seite 361 finden Sie den Link zu einer Persönlichkeitsanalyse, die Sie durcharbeiten können. Es ist ganz einfach, Sie müssen nur ein paar Fragen beantworten. Am besten ehrlich. Also nicht so, wie Sie sich gerne sehen würden, sondern so, wie Sie sind. Mit Ihren Antworten erzielen Sie Punkte, an denen Sie am Ende ablesen können, wie es um Ihre Unternehmerpersönlichkeit steht.

Und das ist – glauben Sie mir – am Ende des Tages das Entscheidende. Unter dem Strich zählt nicht, wie Sie durch Elternhaus und Schule geprägt waren oder vielleicht noch sind, sondern in der Analyse frage ich knallhart Ihre Entrepreneurship-Skills ab.

Übrigens ist der Test wirklich was Neues. Wahrscheinlich kennen Sie die üblichen Persönlichkeitstests wie zum Beispiel das DISG-Modell oder das Enneagramm. Beide Modelle sind, vereinfacht gesagt, Möglichkeiten, verschiedene Charaktertypen festzulegen. Es gibt eine Menge Persönlichkeitsmodelle, aber lassen Sie mich diese beiden mal kurz hervorheben.

Das DISG-Modell als Unternehmer-Check?

In der ganzen Coaching-Szene und in der Seminarlandschaft ist das DISG-Modell sehr verbreitet. Wahrscheinlich kennen Sie es: Der rote Typ (»dominant«) ist der Zielstrebige; der gelbe Typ (»initiativ«) ist der lustige und ideengetriebene Typ; der grüne Typ (»stetig«) ist der routinierte und ruhige Typ; und der blaue Typ (»gewissenhaft«) schließlich ist der Erbsenzähler unter den vier Typen. Er will immer alles genau haben, obwohl es darum manchmal gar nicht geht.

Jetzt sag mir mal, welcher dieser Typen ein Unternehmer ist und welcher nicht. Natürlich sind viele Unternehmertypen rote Typen. Das ist auch klar, denn Unternehmer wollen Ziele erreichen. Es ist relativ schwer, unternehmerisch tätig zu sein, wenn jemand nicht willens und in der Lage ist, Ziele zu verfolgen und zu erreichen. Aber sonst?

Viele Unternehmer, die ich kenne, sind gelbe Typen mit vielen lustigen Ideen – und deswegen verzetteln sie sich auch immer wieder ganz nett. Wenige Unternehmer aus meinem Umfeld sind grüne Typen. Das heißt aber nicht, dass es keine grünen Unternehmer gibt. Schon klar: Das meine ich jetzt nicht politisch, sondern im Sinne des DISG-Modells. Also: Welche Unternehmertypen sind schon routiniert und vor allem auf ein emotional angenehmes Klima bedacht? Sind Unternehmer nicht eher diejenigen, die sich im Zweifel auch durchbeißen und die vor allem auch unangenehme Situationen und unklare Schwebezustände ertragen? Das können die grünen Typen eher nicht, die sind dafür zu harmoniegetrieben.

Auf der anderen Seite kenne ich eine Menge Unternehmer, die blau sind. Auch klar: Damit meine ich nicht die Flasche Cognac nach Feierabend, sondern den blauen Persönlichkeitstyp aus dem DISG-Modell. Blaue Unternehmertypen sind sehr detailliert und sehr präzise in dem, WAS sie tun, und sehr korrekt, wenn es um Vorschriften und Abläufe geht. Blaue Typen lieben Prozessmanagement, aber macht sie das zu Unternehmertypen? Sehr viele blaue Typen kennen sich auch hervorragend mit den Zahlen aus, während rote und gelbe Typen gerne über die Zahlen hinweggehen. Also, ich sage mal so: Ein roter Typ findet es schon toll, wenn am Ende des Monats oder des Jahres ein netter, schöner sieben- oder achtstelliger Betrag auf dem Konto liegt, der vorher noch nicht da war. Im Unterschied dazu aber analysiert der blaue Typ genau, warum das so ist. Und wehe, es sind 20 Euro zu wenig.

Für solche Details würde ein roter Typ eher einen Buchhalter einstellen. Vielen roten Typen genügt das große Ganze. Vielen grünen Typen ist das Geld völlig egal, die finden sich auch eher bei Sozialunternehmen und gemeinnützigen NGOs. Die wollen halt Gutes tun. Unternehmer können sie trotzdem sein. Viele gelbe Typen wollen eher Spaß haben. Wie also wollen wir anhand dieser Typologie herausfinden, ob jemand ein Unternehmertyp ist oder nicht?

Das DISG-Modell ist eine tolle Sache, wenn Unternehmer ihre Teams zusammenstellen und sich überlegen, wofür sie welchen Menschenschlag brauchen. Auch wir nutzen das DISG-Modell und das Modell »INSIGHTS« in unseren Seminaren, um Persönlichkeitstypen abzubilden. Zuvor hatte uns eine Möglichkeit gefehlt, Menschentypen einzuordnen, und heute sind es äußerst wichtige Partner. Auch deswegen entwickeln wir selbst weitere Persönlichkeitsanalysen.

Das INSIGHTS-Modell, das letztlich auf Carl Gustav Jung (1875–1961) zurückgeht, zugleich eine Erweiterung des DISG-Modells darstellt und heute maßgeblich von Frank M. Scheelen (* 1962) praktiziert wird, finde ich sehr gut, weil es zwischen den vier Hauptkategorien »Denken«, »Fühlen«, »Sensorik« und »Intuition« spannende Typen identifiziert, die jedes Unternehmen braucht (»Reformer«, »Direktor«, »Motivator«, »Inspirator«, »Berater«, »Unterstützer«, »Koordinator«, »Beobachter«) und die sich dann noch mal in 60 Mischtypen verfeinern.

Neben diesen Typologien – die beide sinnvoll sind – geht es mir jetzt außerdem noch darum, auch das unternehmerische Denken mithilfe einer Persönlichkeitsanalyse herauszuarbeiten. Im Kern habe ich dabei gar nicht so sehr die Motive im Blick, die jemand hat, sondern die Kompetenzen – also das, was jemand konkret kann.

Das Enneagramm als Unternehmer-Check?

Oder nehmen Sie das Enneagramm. Da gibt es neun Typen, die – jeder für sich – verschiedene Reifestadien durchlaufen. Üblich sind dabei Nummerierungen; wir sprechen also von einer »Eins« oder einer »Vier«. Ich zum Beispiel bin eine »Acht«.

Die »Eins« ist der »Perfektionist«, der gerne recht hat. Er ist oft pedantisch, mit zunehmender Reife dann eher auf gesunde Weise kritisch. Dann gibt es als »Zwei« den »Geber«, sozusagen die Helfernatur. Solche Typen wirken manchmal übergriffig, können mit zunehmender Reife aber eine sehr freundliche Fürsorge entwickeln. Ferner gibt es den »Dynamiker«, der erfolgsgetrieben ist – das kommt möglicherweise dem unternehmerischen Denken noch am nächsten. Wie gesagt, sehe ich mich überwiegend als »Drei«.

Die »Vier« ist der »tragische Romantiker«, und der macht sich selbst das Leben richtig schwer. Meine Güte, womit der sich gedanklich so alles herumschlägt! Er will vor allem anders als die anderen sein und ist deswegen gerne originell bis kauzig. Weil das nicht bei allen gut ankommt, bemitleidet er sich auch gerne selbst, was es dann auch nicht leichter macht. In der Reife zeigt er eine natürliche Kreativität und auch eine Disziplin, aber das unbedingte »Andersseinwollen« hindert ihn schon oft am Erfolg.

Auch die »Fünf« ist ziemlich stark auf sich selbst fokussiert: Der »Beobachter« schaut scheinbar von außen aufs Geschehen, sieht sich gerne als Checker und analysiert mit steigender Reife die Dinge tatsächlich sehr weise. Deswegen ist er oft auch exzentrisch. Als Unternehmer hat die »Fünf« viel zu viel Gedöns im Kopf, wenn Sie mich fragen. Viel zu viele Issues. Und die »Fünf« stellt oft selbst nichts auf die Beine, sondern ist nur damit beschäftigt, die anderen zu kritisieren.

Dann folgt die »Sechs«, der »Advokat des Teufels«. Der tut seine Pflicht und ist mit zunehmender Reife eine sichere Bank, auf die du dich verlassen kannst. Aber als Chef? Ich weiß nicht. Nur wenn er einen Vorgesetzten hat, dem er gehorchen darf.

Bei der »Sieben«, dem »Epikureer«, hören wir schon den altphilologischen Zugang aus dem Enneagramm heraus. Der griechische Philosoph Epikur (um 341–270/271 v. Chr.) stand für den Genuss, und so will die »Sieben« eben vor allem glücklich sein. Als Unternehmer? Na ja.

Eher noch infrage kommt die »Acht«, der »Boss«. Sein Selbstbild lautet »Ich bin stark«, ihm geht es um Macht. Er ist oft tyrannisch und wendet im Zweifelsfall vielleicht sogar Gewalt an. Sie sehen, solche »Achten« finden wir eher in der Führung autokratischer Regime als in erfolgsorientierten Unternehmen, die ja zunehmend kooperativ agieren.

Dann endet die Reihe mit dem »Vermittler«, der »Neun«. Er will zufrieden sein und vor allem Ruhe im Karton. Ein Unternehmertyp? Schwierig. Unternehmer sind selten zufrieden, sie wollen die Zustände ändern. Durch neue Ideen und Produkte.

Sollen wir jetzt sagen, das Enneagramm eignet sich zur Unternehmerpersönlichkeitsanalyse, weil die »Drei« und die »Acht« Macher- und Führungsqualitäten haben? Sie sehen schon: Das Vorhaben hinkt ein bisschen. Auch das Enneagramm ist nicht darauf ausgelegt, Unternehmerkompetenzen zu ermitteln. Es leistet eher – wie das DISG-Modell – in der Personalauswahl treue Dienste.

Der bisherige HR-Ansatz genügt nicht, um Unternehmertypen zu ermitteln

Insgesamt sind mir die gängigen Persönlichkeitsmodelle zu wenig spezifisch fürs Unternehmertum. Ohne Frage, die Modelle sind alle interessant und helfen bei der Menschenkenntnis. Aber lassen Sie mich einfach mal ein paar Kriterien benennen, auf denen die meisten Typologien am Ende basieren. Beim »Big-Five-Ansatz« geht es um Extraversion, emotionale Stabilität, Verträglichkeit, Gewissenhaftigkeit, Offenheit für Erfahrungen. Bei den »Alpha-Plus-Profilen« finden wir den aktiven Macher, den kontaktorientierten Teamer und den gründlichen Planer. Alles so weit in Ordnung. Aber wer ist nun der Unternehmer? Insgesamt vermisse ich in so gut wie jedem Modell die Kompetenz, gute Geschäftsideen zu erkennen und zu entwickeln.

Oder: Was bringt es uns, wenn wir wissen, ob wir uns eher an Namen oder Gesichter erinnern? Oder ob wir eher analytisch oder träumerisch sind? Soll ich jetzt sagen, ein träumerischer Mensch könne niemals Unternehmer werden oder sei ungeeignet für einen Job als Führungskraft?

Also: Mir sind die üblichen Modelle viel zu HR-lastig. »HR« steht für »Human Resources« – vielleicht ist es Ihnen auch schon aufgefallen, dass die gesamte Personalerwelt so etwas Sozialwissenschaftliches hat, fast etwas Pädagogisches und

Therapeutisches. Gemessen am DISG-Modell scheint HR voller grüner Typen zu sein, wie bei Gewerkschaften. Das ist auch erklärbar: Zum Personalwesen gehört traditionell vor allem die Erkenntnis, dass die Beziehung zwischen Arbeitgeber und Arbeitnehmer eben eine menschliche Beziehung ist. Die findet nicht nur auf fachlicher Ebene statt, sondern vor allem auch auf persönlicher. Teamfähigkeit und Verständnis für die Sicht des anderen sind also hoch gefeierte »Soft Skills«.

Sicher habe ich nichts dagegen, Bedürfnisse und Emotionen von Mitarbeitern zu verstehen und darauf einzugehen. Ich habe auch nichts gegen eine Atmosphäre des Vertrauens und der Offenheit, die sich positiv auf das Arbeitsklima auswirkt. Auch ist mir klar, dass sich HR mit verschiedenen gesellschaftlichen und kulturellen Aspekten auseinandersetzen muss. Aber vor lauter Fokus auf das Menschelnde geht mir irgendwie der Blick auf die Unternehmensziele verloren. Das Bewusstsein dafür zum Beispiel, dass sich alle im Unternehmen als Verkäufer verstehen sollten, vermittelt HR selten. Weil in der Personalabteilung schlicht ein völlig anderer Menschenschlag arbeitet als im Verkauf. Nach dem DISG-Modell sind beide diametral entgegengesetzt – die grünen »Stetigen« in HR, die roten »Dominanten« im Verkauf.

Sehen Sie, worauf ich hinauswill? Mit dem üblichen HR-getriebenen Ansatz machen Sie kein Unternehmen erfolgreich. Wir brauchen einen Vertriebsansatz, weil es am Ende ums Verkaufen geht. Wir brauchen die »Sales Driven Company« – ein Begriff, von dem in diesem Buch noch öfter die Rede sein wird. Mein Kollege Dirk Zupancic hat ihn erfunden.

Wenn HR nun vorrangig aus grünen Typen nach DISG besteht, dann lieben HR-Leute entsprechend Routinen und Listen. Das macht den »stetigen Typen« im DISG-Modell aus. Die Leute verehren Fragebögen zum Ausfüllen, und das größte Glücksgefühl auf Erden ist für sie, wenn alle Einträge stimmen. Aber bitte immer schön im Rahmen bleiben, niemals das Setting hinterfragen. Entsprechend liebt HR es auch, die Eigenschaften von Menschen mit Eigenschaften von Stellenbeschreibungen abzugleichen und am Ende vielleicht zusammenzubringen. Je stärker der Match, desto glücklicher der Personaler – solange der Match in der Box bleibt und der abgecheckte Mensch nicht das Ganze von außen betrachtet.

Folglich geht es auch bei den Persönlichkeitsmodellen um »Matching«. Wir wollen herausfinden, ob etwas zusammenpasst. Wie beim Flirten. Kennen Sie »Parship«? Die waren die Ersten auf dem Dating-Markt, die Persönlichkeitsmerkmale miteinander abgeglichen haben. Den Persönlichkeitstest können Sie kostenlos im Netz machen. Der Grundgedanke ist dabei, dass ähnliche Menschen zueinanderpassen.

Nur: Stimmt das denn? Ist die Theorie richtig, dass Ähnliches zueinanderpasst?

Da will ich aus Erfahrung erst mal ein großes Fragezeichen setzen. Wäre meine Partnerin genau so eine Kämpfernatur wie ich, dann wäre das Leben ganz schön stressig. Ich selbst bin manchmal schon anstrengend genug. Und es gibt halt auch zurückhaltende, eher introvertierte Menschen, denen ein Partner guttut, der ein bisschen mehr aus sich herausgeht.

Bisherige Tests gehen davon aus, dass der Laden läuft

Dann hat der typische HR-Blick noch eine wirklich heftige Schwäche: HR geht nach meinem Eindruck fast immer davon aus, dass der Laden läuft. Aus irgendwelchen Gründen, die ich nicht kenne. HR will nur noch, dass die Prozesse laufen, die irgendwann mal jemand aufgesetzt hat. Der HR-Blick ist wie der Blick vieler Bewerber: Da geht es nicht darum, ein Unternehmen aufzubauen, sondern die Leute wollen in eine funktionierende Struktur einsteigen und daran partizipieren.

Die Schnittstelle zwischen Bewerbern und Unternehmen ist die Stellenanzeige. Sicherlich haben Sie schon jede Menge Stellenanzeigen gesehen. Und jetzt mal Hand aufs Herz: Sie lesen gerade ein Buch über Entrepreneurship und haben vermutlich einigen Unternehmergeist in sich. Außerdem lesen Sie Limbeck, der aus dem Verkauf kommt. Die Wahrscheinlichkeit ist hoch, dass Sie Verkäufer sind. Frage: Fühlen Sie sich von den üblichen Stellenanzeigen angesprochen?

Nehmen wir ein Beispiel: Ich finde im Netz eine Stellenanzeige für einen »Product Development Manager (m/w/d) Cyber«. Eine Frage lautet: »Was bringen Sie mit?« Gefordert wird: »mehrjährige Erfahrung in der Produktentwicklung im Versicherungsbereich«, »Sie sind ein erfahrener und motivierter Mitarbeiter, der in einem wachsenden Unternehmen arbeitet«, »Sie haben eine Ausbildung im Bereich der Versicherungen erfolgreich absolviert oder ein entsprechendes Hochschulstudium abgeschlossen«.

Da will niemand, dass wir das Unternehmen von außen betrachten. Wir sollen uns schön *im* Unternehmen tummeln. Da erwartet niemand, dass wir den Begriff »Cyber« hinterfragen und uns überlegen, ob der Kunde damit überhaupt irgendetwas Sinnvolles verbindet. Wir sollen ein Produkt entwickeln, dessen Bezeichnung schon steht. Wissen Sie, was ich meine? Die unternehmerischen Entscheidungen, was das Unternehmen tut und warum, sind getroffen! Da gibt es nichts mehr zu diskutieren. Wir als Bewerber beziehungsweise neue Mitarbeiter sollen nur noch einer Funktion entsprechen. Wir sollen die Sinnfrage nicht stellen. Und deswegen ist der übliche HR-Ansatz für Unternehmertypen in aller Regel völlig unattraktiv – für Verkäufer übrigens auch.

Ich glaube: Unternehmertypen – und auch die meisten Verkäufer – wollen sich nicht in Kategorien einordnen lassen wie bei einer Stellenanzeige. Ich glaube, Stellenanzeigen sind nur dafür gut, innerhalb eines bestehenden Systems Funktionen zu erfüllen. Aber sie sind ungeeignet, um Systeme zu entwickeln und neue Strukturen aufzustellen, etwa indem jemand das Unternehmen in seiner bisherigen Verfassung auf den Kopf stellt. Gerade bei Verkäufern zeigt sich immer wieder: Die meisten Punkte sammeln eben nicht die, die der Checkliste entsprechen und die sich mit dem Unternehmen identifizieren, sondern die, die ihren eigenen Kopf haben und mit Kunden sprechen, wie es sich eben gehört. Normal halt. Gute Verkäufer lassen beim Kundentermin auch die Hochglanzbroschüren des Innendienstes im Auto, weil die nur das Selbstbild des Unternehmens wiedergeben und mit dem Kunden nichts zu tun haben. Später gehe ich darauf noch tiefer ein.

Dass das HR-Denken seine Grenzen hat, zeigt sich spätestens in der Krise: Plötzlich kommen Berater von außen, die rein unternehmerisch denken und die gewohnten und korrekten Abläufe im Unternehmen als falsch deklarieren. Da haben wir jahre- oder vielleicht sogar jahrzehntelang alles richtig gemacht, und plötzlich soll das falsch sein. Tja! So kommt es eben, wenn wir uns im System einkapseln und die externe Perspektive sowie die Unternehmensziele aus dem Blick verlieren, die vor allem darin bestehen, dass wir Umsatz machen. Manche Unternehmen sind am Ende so verfettet, dass wie bei der öffentlichen Verwaltung jede Menge überflüssige Stellen und Abteilungen entstanden sind, die nur noch in das gefühlige HR-Denken einzahlen und nicht mehr in das, worum es am Ende geht: nämlich zu verkaufen.

Ein eigenes Modell für den Unternehmer-Check

Mir genügen die bisherigen Ansätze nicht. Ich bin überzeugt: Wenn wir heute unternehmerisch tätig und erfolgreich sein wollen, brauchen wir andere Merkmale als die aus den klassischen Persönlichkeitsmodellen. Geht es um unternehmerisches Denken, brauchen wir konkrete Fähigkeiten, die ich in den herkömmlichen Typologien nicht abgebildet finde. Also habe ich ein eigenes Modell für Sie entwickelt – mit einer Persönlichkeitsanalyse, zu der Sie, wie bereits gesagt, auf Seite 361 einen Link finden.

Zwölf Kompetenzen habe ich Ihnen zusammengestellt, auf die es im Wesentlichen ankommt. Dabei geht es um Kompetenzen in Ihrem Verhältnis zu sich selbst (»Das Ich«), um das, womit Sie auf den Markt gehen (»Das Produkt«), um die Organisation Ihres Unternehmens (»Die Prozesse«) und schließlich um die, an die

Sie sich mit Ihrer Kommunikation richten, ob nach außen oder nach innen (»Die Menschen«). Diese vier Bereiche prüfen wir durch. Jeder Bereich besteht aus drei Kompetenzen – macht zwölf. In allen diesen Bereichen sollten Sie möglichst stark sein.

Wie stark Sie jeweils sind, können Sie mit der Persönlichkeitsanalyse herausfinden. Zu jeder Kompetenz finden Sie drei Fragen mit jeweils drei Antwortoptionen. Davon ist nicht eine richtig und die anderen sind falsch, sondern die Antworten sind unterschiedlich gut. Je nach Antwort erhalten Sie 0 bis 2 Punkte. Für Mathematiker: 12 Kompetenzen mal 3 Fragen gibt 36 Fragen. Das beste Ergebnis – also, wenn Sie bei jeder Frage 2 Punkte holen – ergibt entsprechend 72 Punkte. Die maximale Punktzahl in einem der Bereiche »Das Ich«, »Das Produkt«, »Die Prozesse« und »Die Menschen« beträgt somit 18.

Dazu übrigens ein wichtiger Punkt: Die Analyse bringt nichts, wenn Sie ankreuzen, wie Sie sich gerne sehen würden. Kreuzen Sie unbedingt an, wie Sie sind und wie Sie tatsächlich agieren. Sonst zeigt Ihr Ergebnis eine Wunschvorstellung und nicht Ihre reale Lage. Wenn Sie sich weiterentwickeln wollen, sollten Sie der Realität ins Auge sehen.

Also: Herzlich willkommen in diesem Buch – und viel Freude und Erfolg bei den Erkenntnissen, die Sie vielleicht daraus mitnehmen werden. Es ist gut, dass Sie sich mit dem unternehmerischen Denken beschäftigen, denn wir brauchen es dringender als je zuvor.

1 Verstehen Sie das Unternehmertum!

Sicher kennen Sie die Frage: »Und was machen Sie so?« Unser Gegenüber will wissen, womit wir unsere Brötchen verdienen. Entsprechend lauten die Antworten: »Ich bin Steuerprüfer.« – »Ich bin Busfahrerin.« – »Ich gebe Seminare zur Persönlichkeitsentwicklung und helfe Menschen, bei sich selbst anzukommen.« Und so weiter.

Was antworten Sie auf diese Frage, wenn Sie Unternehmer sind?

Ist Unternehmertum ein Beruf? Könnten Sie also auf die Frage »Und was machen Sie so?« antworten: »Ich bin Unternehmer«?

Die meisten Unternehmer antworten auf die Frage, was sie so beruflich machen, fachlich. Sie sagen, was sie herstellen oder welchen Kundennutzen sie liefern. Sie halten es im Wesentlichen mit dem Generaldirektor Heinrich Haffenloher aus der TV-Klamotte »Kir Royal« von 1986, der sagt: »Ich mache in Kleber.« Übrigens gespielt von Mario Adorf (* 1930), einem der genialsten Schauspieler, die ich kenne. Er spielt da einen völlig gelangweilten mittelständischen Unternehmer, der keine Lust mehr hat, sich mit seinen Klebstoffen zu beschäftigen, und stattdessen endlich auch mal Spaß haben will. Natürlich völlig überzeichnet, aber es ist ja auch eine Satire.

Warum antworten Unternehmer so selten: »Ich bin Unternehmer«? Weil der Unternehmer in unserem gesellschaftlichen Bewusstsein nicht als Beruf verankert ist. Als wir von der Schule aus das Berufsinformationszentrum (BIZ) des Arbeitsamtes besucht haben – heute »Arbeitsagentur« –, gab es einen Katalog von Berufen und Tätigkeiten, die allesamt auf abhängige Beschäftigungen hinausliefen. »Unternehmer« war nicht dabei. Kein Mensch kam auf die Idee, uns Schülern die Idee mitzugeben, dass wir auch selber etwas auf die Beine stellen können. Das Mindset lautete: »Such dir einen sicheren Job!«

Auch deshalb werden so wenige eines Jahrgangs Unternehmer. Unternehmer zu sein, ist im Weltbild des öffentlichen Dienstes, der ja nach wie vor die Schulen maßgeblich bestimmt, schlicht kein verfügbarer Zustand. Entsprechend gelten diejenigen, die sich unternehmerisch betätigen wollen oder dies später auch tatsächlich tun, als Sonderlinge. Und dazu trägt dann auch eine Satire wie »Kir Royal« bei, die den Unternehmer als solchen als Karikatur seiner selbst vermittelt – stinkreich, viel zu viel Zeit, gelangweilt und oberflächlich.

Schade, oder?

Wenn jemand die Frage »Und was machen Sie so?« mit »Ich bin Unternehmer« beantwortet, dann hat derjenige vermutlich ein breiteres Portfolio als nur ein einziges Unternehmen in einer Branche. Was soll jemand wie Elon Musk (* 1971) auch auf diese Frage antworten? Er machte in Bezahlsysteme und Weltraum und macht jetzt vorrangig in Elektroautos und Twitter. Worauf bitte sollte Musk spezialisiert sein?

Für mich wird immer deutlicher, dass es sich beim Unternehmer tatsächlich um ein eigenständiges Berufsbild handelt. Was wir konkret machen, ist dabei gar nicht so sehr der Punkt. Wichtig ist, dass wir uns unternehmerisch betätigen können – dass wir also wissen, wie es geht.

Jetzt könnten wir sagen, das ist ja wie beim MBA-Studium, also in der Manager-Ausbildung. Viele Manager denken ja, sie könnten alles und jeden vermarkten, weil sie die Techniken dazu gelernt haben. Weil sie Prozessmanagement beherrschen und Marketing. Sehr viele Manager scheitern aber dennoch – nämlich dann, wenn sie zu dem Produkt, der Branche und dem Markt überhaupt keine herzliche Verbindung pflegen.

Etliche von ihnen verstehen auch gar nicht, was sie überhaupt tun. Es ist erschreckend, wie viele Manager denken, sie könnten jedes Produkt nach Schema F vermarkten. Doch das ist eben ein Irrtum, weil jede Branche ihre Eigenheiten hat und jeder Markt seine Besonderheiten.

Zugleich ist es der Unterschied zum Unternehmer im Sinne von Entrepreneurship. Die allermeisten Unternehmer sind nämlich mit Herzblut dabei. Sie haben ihr Produkt irgendwann mit Begeisterung und Liebe und Hingabe entwickelt. Sie lieben ihr Produkt. Sie haben sich auch auf den Kunden fokussiert und sich überlegt, wie sie ihm am besten eine Lösung für ein ganz spezifisches Problem liefern. Vom Typus her lieben Unternehmer ihr Unternehmen. Sie lieben auch ihre Kunden. Das heißt: Die emotionale Anteilnahme am Beruf ist viel höher als bei einem rein technokratischen Zugang, wie wir ihn bei den allermeisten Managern beobachten, die ständig zwischen Unternehmen wechseln und heute Hundefutter und morgen Tageszeitungen vermarkten.

Um es in der Sprache von Managern zu sagen, bevorzugt aus dem HR: Das Commitment fehlt. Ganz vielen Managern geht genau das Commitment ab, das sie von ihren Mitarbeitern fordern. Während Unternehmer genau das Commitment haben, das die Lage erfordert – weil es ihre Firma ist und ihr Produkt.

Ihr Business ist wie ein Kind

Verstehen Sie? Es ist so etwas wie das eigene Kind. Es ist eine drastische Analogie, denn natürlich ist ein Kind viel wichtiger – gewisse Parallelen können Sie daraus dennoch ableiten.

Natürlich können Sie wunderbar auf fremde Kinder aufpassen und Sie werden auch da wahrscheinlich keine großen Fehler machen. Aber das wirkliche Commitment legen Sie an den Tag, wenn es *Ihr* Kind ist. Wenn ein fremdes Kind lacht, freuen Sie sich natürlich auch. Aber wenn Ihr eigenes Kind lacht, dann berührt es Ihr Inneres, dann sind Sie in Ihrer Seele berührt.

Übertragen aufs Geschäft heißt das: Unternehmer kümmern sich um ihr eigenes Business-Kind, Manager kümmern sich um fremde Business-Kinder. Mit dem Unterschied zwischen Unternehmern und Managern befassen wir uns gleich noch intensiver.

Und dieses Denken, dass wir uns quasi als die Eltern unserer Business-Kinder verstehen, fehlt in der klassischen Berufsausbildung komplett. Es fehlt bei der Bundesagentur für Arbeit, es fehlt in der Schule und es fehlt im Selbstverständnis der allermeisten Menschen.

Wer wirklich ein Produkt entwickelt und sich in einer Branche zu Hause fühlt, der hat eine emotionale Verbindung zu dem Produkt. Und auch zu den Menschen, die dieses Produkt am Ende brauchen werden. Mit einem rein technokratischen Management-Blick können wir vielleicht Sauerkraut in Dosen verkaufen, aber wenn es um Produkte mit Herzblut und Hingabe geht, haben Unternehmer schlicht einen herzlicheren Zugang.

Und genau dafür sollten wir eintreten: für den »Unternehmer« als Berufsbild. Ob Sie nun mehrere Unternehmen aus unterschiedlichsten Bereichen haben oder nur eines: Ihr Wesensmerkmal ist das unternehmerische Denken und Handeln. Was wir als Unternehmerin und Unternehmer am Ende inhaltlich tun, also was wir fachlich auf die Beine stellen, ist für das Berufsbild »Unternehmer« gar nicht so ausschlaggebend. Wir können wie Heinrich Haffenloher »in Kleber machen« oder Apps programmieren oder künstliche Darmausgänge bauen. Am Ende geht es um etwas, was uns begeistert. Und diese Begeisterung kommt in unserem unternehmerischen Handeln zum Ausdruck.

Ich glaube, Unternehmertum ist außerdem vor allem eine Lebenseinstellung.

Das ist übrigens bei vielen Berufsbildern der Fall. Als das letzte Mal der Schornsteinfeger zu uns gekommen ist, hatte er einen schwarzen Zylinder auf dem Kopf – obwohl er so einen Hut gar nicht braucht. Das ist mehr als nur simple Berufsbekleidung. Unser Schornsteinfeger identifiziert sich über die traditionelle Kleidung mit seinem Berufsstand. Oder denken Sie an Zimmerleute, die in ihren schwarzen Cordklamotten durch Deutschland reisen, oft zu Fuß, oft als Tramper. Über diese Tradition identifizieren sich diese Leute mit ihrem Beruf. Das heißt, ein Berufsbild kann etwas Integratives haben. Es kann zur Selbstvergewisserung beitragen, also die Vorstellung von sich selbst festigen und das Selbstbild auf eine konstruktive Weise festigen. Es ist wichtig für uns, zu wissen, wer wir sind. Und Menschen identifizieren sich eben vor allem mit den Themen, für die sie brennen.

So ein Selbstverständnis wünsche ich mir fürs Unternehmertum. Ich wünsche mir, dass wir Unternehmer eine ähnliche Selbstvergewisserung besitzen wie Schornsteinfeger und Zimmerleute. Wir brauchen identitätsstiftende Elemente bei allem, was wir tun. Der Unternehmer als solcher muss ein Berufsbild werden, das wir uns auch als Schüler im Berufsinformationszentrum als Profil anschauen können.

Die Ausbildungsinhalte des Berufs »Unternehmer«

Was wären die Ausbildungsinhalte, wenn nun der »Unternehmer« ein klassisches Berufsbild wäre wie »Bäcker« und »Kfz-Mechatroniker«? Zum Beispiel geht es um die Inhalte dieses Buches, insbesondere auch um die Kompetenzen in der Persönlichkeitsanalyse. Vielleicht nimmt ja irgendein wichtiger Politiker dieses Buch mal zur Hand? Er könnte darauf hinwirken, dass junge Menschen bei der Arbeitsagentur auch den Gedanken »Entrepreneurship« nahegebracht bekommen.

Konkret geht es beim Unternehmertum um die Fähigkeit, Chancen zu erkennen und Risiken einzugehen, um etwas zu schaffen, das es zuvor noch nicht gab.

Das ist für mich ein ganz entscheidender Punkt. Chancen und Risiken sind ja im Grunde sehr ähnlich: Eine Chance ist die Wahrscheinlichkeit, dass etwas Gutes eintritt. Ein Risiko ist die Wahrscheinlichkeit, dass etwas Schlechtes eintritt. Und mit diesen Wahrscheinlichkeiten klug umzugehen, ist in allererster Linie unternehmerisches Handeln.

Hinzu kommt: Als Unternehmer sind wir keine Arbeitnehmer, die Anweisungen befolgen. Wir haben keinen Chef, sondern wir sind diejenigen, die die Anweisungen geben. Diese Anweisungen sollten natürlich klug und durchdacht sein – und dieses Durchdenken und Entscheiden gehört wiederum zum unternehmerischen Handeln.

Wir sind sozusagen der Kapitän unseres eigenen Schiffs. Wir fahren nicht für eine Reederei, sondern es ist unser Boot. Also tragen auch wir die Verantwortung für das Gelingen oder auch Misslingen des Unternehmens. Sie sehen schon, dass wir jetzt die Doppeldeutigkeit des Begriffes »Unternehmen« erreichen: Auch als Christoph Kolumbus (um 1451–1506) mit seinem Schiff nach Westen aufbrach, um über diesen Weg Indien zu erreichen, war das ein Unternehmen. Wir unternehmen etwas, wir fangen etwas an. Wir beginnen ein Projekt, ein Vorhaben. In der Regel, indem wir eine GmbH gründen und ein Gewerbe anmelden.

Unsere Mitarbeiter tun das nicht – sie bewerben sich bei unserer GmbH, weil sie durch ihre Qualifikation und Kompetenz zum Gelingen unseres Unternehmens beitragen wollen.

Das Schönste am Unternehmertum ist für mich die Freiheit, meine Entscheidungen zu treffen. Ich liebe die Möglichkeit, meine Visionen und Ideen in die Tat umzusetzen. Und ich liebe es, dass genau meine Charaktereigenschaften gefragt sind, damit das Unternehmen erfolgreich wird: Mut, Durchhaltevermögen und ein wacher Blick in die Umgebung hinein.

Unternehmertum ist mit Herausforderungen und Rückschlägen verbunden, aber auch mit unendlichen Möglichkeiten und Belohnungen. Wir können als Unternehmer unsere Träume verwirklichen und etwas Positives in der Welt bewirken. Unternehmertum kann tatsächlich auch einen großen Einfluss auf die Gesellschaft haben. Unternehmer lösen mit innovativen Produkten und Dienstleistungen Probleme, schaffen Arbeitsplätze und Wohlstand.

Und ich kann jederzeit Partnerschaften knüpfen. Ich muss nicht vorher meinen Chef fragen, bevor ich ein bestimmtes Unternehmen kontaktiere. Diese Freiheit ist das Allerbeste. Wir Unternehmer entscheiden selbst, mit welchen anderen Unternehmen und Organisationen wir uns zusammentun, um gemeinsam Lösungen zu finden und Synergien zu nutzen.

Insofern bedeutet Unternehmertum die reale und konkrete Möglichkeit, unsere Welt als lebenswert zu erhalten – sowohl für uns selbst als auch für kommende Generationen. Ich würde mir wünschen, dass dieses Bewusstsein in unserer Gesellschaft ein wenig tiefer verankert wäre.

Wie beschreiben Sie Ihre Sozialisation? Mit welchen Glaubenssätzen und Denkmustern bezüglich des Unternehmertums sind Sie aufgewachsen?

Skizzieren Sie die wichtigsten unternehmerischen Eigenschaften, die Sie Ihrer Ansicht nach bereits mitbringen.

Welche weiteren unternehmerischen Eigenschaften und Stärken wünschen Sie sich?

1.1 Manager sind keine Unternehmer

Ich hatte es schon angerissen, aber lassen Sie es mich hier bitte noch einmal ausdrücklich klarstellen: Manager sind keine Unternehmer.

Ja, genau. Manager sind keine Unternehmer. Manager sind nämlich Angestellte, meistens sozialversicherungspflichtig. Zwar oft mit Top-Gagen plus Boni, aber sie arbeiten eben nicht auf eigene Kasse. Auch ein bestellter Geschäftsführer bekommt seine Bezüge zwar aus der Unternehmenskasse, arbeitet aber nicht auf eigene Rechnung.

Ein Unternehmer ist für meine Begriffe erst mal nur der, dem ein Unternehmen auch gehört. Also einer, der aus eigener Kasse die Stammeinlage in seine neu gegründete GmbH eingelegt hat und dann anfängt zu arbeiten. Ich lasse auch als Unternehmer durchgehen, wenn sich drei Kumpels zusammentun und gemeinsam eine GmbH gründen. Dann kann zwar der Einzelne nicht einfach entscheiden, dass er die Hütte verkauft, aber die Gesellschafter können es gemeinsam entscheiden oder es können – je nach Gesellschaftervertrag – zwei den Dritten überstimmen. Es gibt tausend denkbare Konstellationen. In jedem Fall können Unternehmer sagen, dass ihnen ein Unternehmen gehört, dass es ihr Eigentum ist – wenigstens größere Anteile daran.

Unternehmer sind die, die niemanden um Erlaubnis bitten müssen, wenn sie den Unternehmenssitz nach Monte Carlo verlegen, das wichtigste Produkt einstampfen oder weitere Unternehmen zukaufen wollen. So wie wir alle frei entscheiden dürfen, was wir mit der hässlichen Blumenvase zu Hause machen, die wir aus einer Erbschaft haben und die deswegen uns gehört, so dürfen Unternehmen frei entscheiden, was sie mit ihrem Unternehmen machen.

Manager haben diese Freiheit nicht. Wenn die Geschäfte mies laufen, fliegt ein Geschäftsführer auch mal raus. Oder der Vorstandsvorsitzende einer Aktiengesellschaft. Es ist, wie wenn eine Fußballmannschaft einen Trainer rauswirft. Dem Trainer gehört selten der Laden. Wenn du aber Unternehmer bist, kann dich niemand rauswerfen. Du hast sogar die Freiheit, dein Unternehmen vor die Wand zu fahren, sämtliche Tipps von Freunden und Profis in den Wind zu schlagen und das Konto bis zur Schmerzgrenze zu überziehen. Das Limit ist dann der Staat, der dich irgendwann dazu verpflichtet, die Eröffnung eines Insolvenzverfahrens zu beantragen.

Das will ich vorausschicken. Denn vielen ist gar nicht bewusst, dass Unternehmer und Manager verschiedene Rollen sind. Später im Buch gehe ich noch genauer auf die Unterschiede ein.

Wichtig ist das Ganze aus einem ähnlichen Grund wie bei den Persönlichkeitsmodellen, die ich im Vorwort erwähnt habe. Wer unternehmerisch agieren will und sich nicht darüber im Klaren ist, was einen Unternehmer ausmacht, der sitzt möglicherweise sehr lange diversen Denkfehlern auf.

Manager sind es zum Beispiel gewohnt, sich auf kurzfristige Gewinne zu konzentrieren. Den Managern in der Chefetage gehört das Unternehmen nicht. Sie haben nur die Aufgabe, für die Eigentümer das Beste herauszuholen. Im mittleren Management verfolgen Manager die Zahlen, um möglichst gut nach oben berichten zu können. Dabei denken sie, das A und O sei das Prozessmanagement: Laufen die Prozesse reibungslos, ist alles in Butter – denken sie. Unternehmer dagegen fragen sich ständig, ob sie das Richtige tun. Sind die Prozesse klug? Sind wir noch am Puls der Zeit? Wie begegnen wir Veränderungen in der Außenwelt, wenn wir es plötzlich mit völlig neuen Bedingungen zu tun haben?

Dieser Fokus auf die langfristige Entwicklung des Unternehmens ist vielen Managern im mittleren Management fremd. Das Wohlergehen des Unternehmens ist manchen sogar völlig egal – geht der Laden den Bach runter, war das Top-Management schuld. Die Mittelmanager sagen sich dann: »Wir haben alles richtig gemacht.«

Unternehmer stehen selbst in der Verantwortung

Und das ist eben nicht unbedingt unternehmerisch. Ein Unternehmer übernimmt ständig die Verantwortung für die Situation. Er verändert Dinge, die nicht gut sind, er verbessert sie. Ein Unternehmertyp hält sich nicht an das, was schon immer war, sondern er schaut, wie er kontinuierlich seinen Weg zum Ziel verbessert.

Auch die Fähigkeit, Risiken einzuschätzen und damit umzugehen, fehlt vielen Managern. Manager betrachten ihr Umfeld meist als sicher und strukturiert. Ihr Gehalt kommt zuverlässig aufs Konto. Unternehmerisches Risiko übernehmen Manager so gut wie nie. Und was das Unternehmen betrifft, jonglieren Manager mit Geld, das ihnen nicht gehört.

Viele geben damit groß an: Sie haben »Budgetverantwortung« für 20 Millionen Euro. Na und? Kunststück, wenn es nicht das eigene Geld ist. Verantwortung? Ist klar! Bei dem Wort lacht jeder Unternehmer. Wenn es hart auf hart kommt, wird niemand von ihm privat diese 20 Millionen Euro einfordern. Nur in ganz wenigen Extremfällen, wenn wirklich Betrug nachgewiesen ist, kommt es zu entsprechenden Schadenersatzforderungen. Ein Unternehmer hingegen verliert wirklich 20 Millionen Euro, wenn er sich verkalkuliert oder einen schlimmen Fehler macht.

Unternehmer arbeiten mit ihrem eigenen Geld. Sie wissen genau, dass Fehlentscheidungen Folgen haben. Sie spüren das am eigenen Geldbeutel. Trifft jemand im Management eine falsche Entscheidung, gibt das ein wenig Ärger, aber existenziell wird es selten.

Entsprechend wichtig ist es für Manager umzudenken, wenn sie Unternehmer werden wollen. Und nicht nur für Manager: Auch Fachkräfte – also Experten – müssen umdenken, wenn sie sich selbstständig machen. Dann müssen Selbstständige umdenken, wenn sie unternehmerisch tätig werden wollen, also wenn sie zum Beispiel expandieren und Leute einstellen.

Der wesentliche Unterschied zwischen Selbstständigen und Unternehmern ist, dass Unternehmer die Arbeit nicht mehr selber machen, sondern sie delegieren. Selbstständige sind es gewohnt, alles selbst zu machen – daher die Redensart »selbst und ständig«. Wenn jemand als Selbstständiger es gewohnt ist, alles selbst zu machen, fällt es ihm möglicherweise sehr schwer, als Unternehmer seinen Leuten zu vertrauen und die Aufgaben loszulassen.

Lassen Sie mich daher erst einmal ganz prinzipiell die vier wichtigsten Arten von Berufstätigkeit darstellen, die wir heute in unserer Arbeitswelt haben. Es sind nämlich genau diese: die Fachkräfte, die die Arbeit machen und möglichst spezialisiert sind; dann die Manager, die diese Arbeit koordinieren und steuern; dann die Selbstständigen, die auf eigene Kasse arbeiten, dabei aber nicht delegieren; und wir haben die Unternehmer, die auf eigene Kasse arbeiten und delegieren. Es sind vier völlig unterschiedliche Arbeitskonstellationen mit jeweils eigenen Denkstrukturen.

Als Erster hat meines Wissens der Unternehmensberater Michael Gerber die Unterschiede beschrieben. Hier stelle ich die Unterschiede einmal aus meiner Sicht dar:

- Fachkräfte sind Experten, meistens auf ein Fachgebiet spezialisiert. Ihr Job ist es, konkret Dinge zu tun, also Aufgaben zu erledigen, die in einem Prozess vorgesehen sind. So wird beispielsweise eine angestellte Chemikerin in einem Pharmakonzern im Rahmen einer klinischen Studie für ein neues Medikament Versuche machen und die Ergebnisse eintragen. Die Fachkraft stellt nicht die Sinnfrage – sie hinterfragt weder den Prozess noch die Studie, noch das neue Produkt selbst.
- Manager im mittleren Management koordinieren und strukturieren die Prozesse und Aufgaben von Fachkräften. Sie setzen Prozesse und Controllingfunktionen auf, durch die sie den Erfolg der Arbeit messen können. Der Fokus von Managern liegt oft nur darin, abgeschlossene Vorgänge abzuhaken und nach oben ins Top-Management zu melden. Manager im mittleren Management stellen die Sinnfrage oft ebenfalls nicht. Beim Pharma-Beispiel achtet das mittlere Management darauf, dass das Team die Ergebnisse rechtzeitig abliefert.
- Manager im Top-Management geben die Richtung vor. Es interessiert sie nicht, wer genau was macht. Sie wollen nur, dass das mittlere Management die Prozesse aufsetzt und bis zum Ziel verfolgt. Dann will das Top-Management nur noch die Ergebnisse absahnen.

Bis hierher finden sich alle Funktionen in jedem üblichen Konzern. Konzerne sind für mich Unternehmen, die einer Struktur gehören und keinem Menschen. Zahlreiche Unternehmen sind Konzerne, die in Unternehmensgruppen eingebunden sind. Das heißt: Das eine Unternehmen gehört dem anderen Unternehmen. Dieses gehört wiederum einem anderen Unternehmen. Wir finden in den Eigentümerstrukturen so gut wie keine natürlichen, sondern nur juristische Personen. Das ist für mich erst mal ganz grob eine Konzernstruktur.

Konzern oder Mittelstand?

Wenn ich jetzt einen Eigentümer aus Fleisch und Blut habe, also einen Inhaber, dem das Unternehmen als Eigentum gehört, dann ist er nicht mehr in einer Konzernstruktur. Ich selbst spreche dann vom »Mittelstand«. Mittelständische Unternehmen können groß sein, ohne Frage, doch das Wesensmerkmal ist am Ende: Sie gehören einem Menschen. Nun kann er auch eine Holdingstruktur aufbauen, sodass seine GmbH weitere GmbHs besitzt. Doch auch bei so einer Holdingstruktur steht darüber als Eigentümer ein Mensch. Und deswegen ist das für mich kein Konzern.

Bei diesen Unternehmen, an deren Spitze tatsächlich ein Mensch steht und kein Gremium von Angestellten, gibt es eben diese eine spannende, zusätzliche Rolle in der Business-Welt: den Unternehmer. Während ein Top-Management in aller Regel nur überlegt, wie es die Zahlen verbessern kann, stellt ein Unternehmer schon vom Wesen her die ganze Zeit die Sinnfrage. Er ist der kreative Kopf. Also:

- Der Unternehmer ist ein Visionär, der aus eigenem Antrieb, auf eigene Rechnung und mit eigener Hände Arbeit die Welt verbessern will. Unternehmer wollen ihre Vorstellungen verwirklichen – durch eigenes Zupacken und auch natürlich durch Delegation. Und am Ende steht der Unternehmer mit seinem Namen und seinem Vermögen für sein Handeln gerade.

Bekommen Sie ungefähr eine Vorstellung von den Unterschieden? Steht ein Manager für das Handeln des Unternehmens gerade, so ist das Unternehmen immer noch jemand anders. Manager sind Angestellte dieser Größe. Sie können gar nicht geradestehen für diese andere, fremde, juristische Person – jedenfalls menschlich betrachtet nicht.

Wir kommen später noch zu Bezeichnungen wie »Hunter«, »Farmer« und »Trapper« – Bezeichnungen für verschiedene Arten von Vertriebsleuten. Unternehmer, Manager, Fachkräfte, Selbstständige – auch das sind natürlich sinnvolle Einordnungen. Zugleich haben wir gesehen, dass die meisten Typologien den reinen Unternehmertypus gar nicht abbilden.

Und deswegen möchte ich hier auf eines meiner Lieblingsbücher verweisen. Es stammt aus dem Jahr 1981 und ist, soweit ich das sehe, vergriffen: »Advanced Rhinocerology« von Scott Alexander.

Scott Alexander unterscheidet zwischen Kühen und Nashörnern. Die Kühe weiden auf der Wiese und sind glücklich, wenn der Bauer ihnen einen Tankwagen mit Wasser hinstellt. Nashörner dagegen sind autonom und stapfen durch den Urwald. Ist also die Heimat der Kühe die Weide, ist die Heimat des Nashorns die Wildnis. Das Nashorn kämpft sich selbst durch, die Kühe werden bedient.

Der Vergleich ist klar, oder? Ein Unternehmer ist nicht glücklich, wenn wir ihm einen Wasserwagen zum Saufen hinstellen. Der Unternehmer will selber entscheiden, wann er was wo tut, der will nichts hingestellt bekommen. Aber Manager sind glücklich, wenn wir ihnen einen Kicker hinstellen, damit sie in unserem superlocker geführten Unternehmen auch noch Spaß haben können, plus kostenlosen O-Saft, Wasser und Cola.

Kein Nashorn, kein Unternehmer, will irgendwelche Antragsformulare ausfüllen, um einen neuen Bürostuhl zu bekommen. Wir wollen selbst entscheiden. Wir wollen uns nicht abhängig machen von den Meinungen anderer. Wir wollen uns auch nicht irgendwelchen Regeln und Prozessen unterwerfen, die sich andere ausgedacht haben, sondern wir wollen die Regeln aufstellen und die Prozesse definieren.

Also: Bist du ein Nashorn oder eine Kuh?

Diese Analogie klingt erst mal so wie die Jäger-Bauer-Analogie, wenn wir uns die Wörter »Hunter« und »Farmer« vor Augen halten. Aber es handelt sich dabei um etwas völlig anderes – lassen Sie uns da also nichts durcheinanderbringen. Wir können von Jägern und Bauern sprechen, aber die Begriffe sind vom Vertrieb geprägt. Deswegen würde ich gerne bei den alten Begriffen von »Hunter«, »Farmer« und »Trapper« bleiben und sie auch wirklich nur auf den Vertrieb beziehen.

»Don't be a cow!«, schreibt Scott Alexander. Sei keine Kuh! Also gib dich nicht damit zufrieden, dass dich jemand dafür anstellt, dass du seine Kasse füllst, sondern fülle deine eigene Kasse. Das ist der Grundgedanke dieses wundervollen alten Buches.

Wie gesagt, Sie finden am Ende eine Persönlichkeitsanalyse zur Frage, inwieweit Sie ein Unternehmertyp sind. Bevor Sie diesen Test machen, arbeiten Sie dieses Buch hier gerne durch. Es ist ein Buch, auf das ich wirklich stolz bin und das die jüngste Entwicklung meines Arbeitslebens abbildet, das damit hoffentlich noch nicht vorbei ist. Ich wünsche mir noch viele weitere lernintensive Phasen. Jedenfalls betrachten mich viele in meiner Unternehmer-Mastermind-Gruppe »Gipfelstürmer« und in meiner Rolle als Unternehmercoach als »alten Hasen«. Und obwohl ich mich selbst nicht alt fühle, nehme ich den Gedanken gerne an und freue mich, wenn ich Ihnen etwas mitgeben kann.

Welche »Nashörner« kennen Sie? Was macht diese »Nashörner« aus?

____

____

____

____

____

Welche »Kühe« kennen Sie? Was macht diese »Kühe« aus?

____

____

____

____

____

Wofür schlägt Ihr Herz bisher? Eher für die Konzernwelt oder für den Mittelstand? Oder eher auch für das Angestelltendasein oder den öffentlichen Dienst?

____

____

____

____

____

1.2 Das Unternehmertum steht im Sturm

Bevor wir weiter auf Ihre Eigenschaften als Unternehmer eingehen, lassen Sie mich ein paar Takte zu den Bedingungen sagen, unter denen wir derzeit leben. Denn mit diesen Bedingungen solltest du als Unternehmer umgehen können.

Niemand dürfte bestreiten: Das Unternehmertum steht im Sturm, und das in vielerlei Hinsicht. Beispielsweise, weil es für viele im Land ein inakzeptables Lebenskonzept darstellt. Der Hass und die Missgunst sind so enorm, dass viele Unternehmer gar nicht öffentlich auftreten wollen. Ich verstehe das gut. Es ist nicht so, dass sich diese Unternehmer dafür schämen würden, Unternehmer zu sein. Nein, sie stehen dazu. Der Punkt ist nur: Wir wollen nicht ständig blöd angemacht werden.

Wer uns Unternehmer anfeindet, greift uns selbst an. Es ist ein Angriff »ad hominem«, also ein Angriff auf den Menschen, und kein Angriff »ad rem«, also keine sachliche Kritik. Wer Unternehmer anfeindet, greift unsere Arbeit an, unsere Leistung und das, was wir geschaffen haben – unser Unternehmen. Kritisiert dagegen jemand »die Wirtschaft«, zielt der Angriff auf die Marktwirtschaft an sich – von Linken meistens »Kapitalismus« genannt, weil das aus deren Sicht viel schlimmer klingt – und insofern oft auf Konzerne, die mit klassischem Unternehmertum gar nichts zu tun haben. Also auf die erwähnten anonymen Strukturen.

Ich habe mir lange Gedanken darüber gemacht: Warum sind so viele Menschen so wirtschaftsfeindlich eingestellt? Warum kapieren die Leute nicht, dass ohne Wirtschaft gar nichts geht? Es ist doch so einfach: Ohne eine starke Wirtschaft keine Arbeitsplätze, keine Innovationen und kein Fortschritt, also auch kein Wohlstand. Und »Wohlstand« bedeutet ja nun nicht nur, dass ein paar einzelne Reiche in Saus und Braus leben, sondern »Wohlstand« heißt auch, dass jeder Bürgergeldempfänger ein Dach über dem Kopf, fließendes Wasser und Strom hat. Die Lebensmittel, mit denen sich auch Empfänger von Sozialleistungen beim Discounter eindecken, erwirtschaftet also irgendjemand. Da gibt es eine Wertschöpfung, die all das ermöglicht. Jemand lädt diese Leute also ständig zum Essen ein und übernimmt die Rechnung. Das ist Wohlstand, und das gelingt ohne Unternehmer nicht.

Wir verdanken Unternehmern, dass es einen Bus gibt, der unsere Kinder zur Schule fährt. Dass sie etwas zum Anziehen und zum Essen haben. Dass sie Schulhefte haben. Dass es im Klassenzimmer eine Tafel oder ein Whiteboard gibt. Dass es Schulbücher gibt. Woran liegt es, dass so viele Menschen das nicht verstehen? Glauben die Gegner des Unternehmertums, diese Dinge würden alle vom Himmel fallen, ohne dass jemand etwas dazu beiträgt? Wieso verstehen so viele Leute nicht, dass eine starke Wirtschaft im Interesse aller ist?

Wenn auf dem Grabstein »Unternehmer« steht

Also: Obwohl du Arbeitsplätze anbietest und Menschen in Lohn und Brot bringst, erntest du von zahlreichen Leuten schiefe Blicke. Betriebsrat und Gewerkschaften fordern mehr Geld und weniger Arbeit. Dass jemand Unternehmer ist, würdigt unsere Gesellschaft kaum. Wobei es natürlich Ausnahmen gibt.

Kürzlich war ich in Berlin auf dem Friedhof, Johannes Rau (1931–2006) besuchen – auf dem Dorotheenstädtischen Friedhof an der Chausseestraße in Mitte. Auf dem Friedhof liegen sehr viele Prominente, neben dem früheren Bundespräsidenten auch Bertolt Brecht (1898–1956) oder der SED- und Linken-Politiker Lothar Bisky (1941–2013). Außerdem einige Leute mit Wertschöpfung im Sinn – wie der Baumeister Friedrich August Stüler (1800–1865) oder der Industrielle August Borsig (1804–1854).

Ich wusste nicht, dass er dort liegt, und so bin ich mehr oder weniger zufällig an das Grab von Hans Wall (1942–2019) gekommen. Geboren in Künzelsau, also ein schwäbisches »Käpsele« wie Reinhold Würth (* 1935). Hans Wall ist der, der die Städte mit diesen Stadtmöbeln ausgestattet hat, die dann Werbeflächen bieten – Litfaßsäulen, Bushaltestellen, beleuchtete Glaswände. Übrigens: Ernst Theodor Amandus Litfaß (1816–1874) liegt auf demselben Friedhof einige Meter weiter. Die beiden sind sozusagen Wettbewerber, wenngleich sie keine Zeitgenossen waren. Was steht bei Hans Wall auf dem Grabstein unter den Lebensdaten? Da steht nur: »Unternehmer«.

Das ist ein Statement. Vor allem in einem Umfeld von lauter unter die Erde gebrachten Sozialisten.

Ich habe mir diesen Grabstein lange angesehen und ich muss sagen, ich war berührt. Und fasziniert. Bei Stüler steht »Geheimer Oberbaurat und Architekt des Königs«. Bei dem Philosophen und Vordenker der Studentenbewegung Herbert Marcuse (1898–1979) steht: »Weitermachen!« Letztlich stehen auf Grabsteinen oft Funktionen, manchmal Vermächtnisse. »Dieser war auch mit dem Jesus von Nazareth«, steht bei Johannes Rau.

Und Hans Wall lässt auf seinen Grabstein schreiben: »Unternehmer«. Ich finde, das ist nicht nur eine Tätigkeitsbezeichnung. Es ist auch ein Vermächtnis, eine Mission. Unternehmertum ist etwas, worauf wir durchaus stolz sein können, auch wenn wir im Wind stehen und manchmal sogar im Feuer.

Wir müssen den Selbstwert von Unternehmern stärken

Die Gegner des Unternehmertums verbreiten gerne, dass Unternehmer dem Land gar nichts bringen. Obwohl das Gegenteil wahr ist.

Ganz viele im Land ignorieren komplett, dass auch im städtischen Krankenhaus das Licht ausgeht, wenn nicht Unternehmen durch ihre Wertschöpfung Steuern erwirtschaften. Die Wohltätigkeit zahlreicher Unternehmer ist da gar nicht der ausschlaggebende Punkt – das sind neben der Wertschöpfung und dem Wohlstand für Millionen von Menschen durch Arbeitsplätze wirklich Peanuts. Sei es, dass der erwähnte Litfaß invalide Soldaten unterstützt hat oder ich den Verein Kinderlachen e.V. – das können Unternehmer tun, wie sehr sie es auch wollen, doch die Leute sehen nur: Der hat ein dickes Auto, der wohnt am See, der hat eine Villa, der hat einen Gärtner. Als sei das schlecht und als würden all diese Dinge nicht wiederum Menschen in Lohn und Brot bringen.

Und reden wir mal nicht über die Frage, welchen konstruktiven und produktiven Beitrag die vielen Salonsozialisten leisten, die ständig über Unternehmer wettern. Welche genialen Erfindungen aus Kuba oder Nordkorea fallen Ihnen ein?

Ich appelliere unbedingt dafür, dass wir Unternehmer selbstbewusster auftreten. Selbstbewusstsein wirkt im Außen, das weiß ich auch – es kommt am Ende von innen und resultiert aus einem gesunden Selbstwert. Wir können stolz sein auf das, was wir auf die Beine stellen. Ganz egal übrigens, in welchem meiner Netzwerke ich mich herumtreibe: Stets sind die Leute wohlwollend und aufgeschlossen und sie gönnen einander ihre Erfolge.

Während der Großteil der Gesellschaft neidgetrieben zu sein scheint. Eine ganze Menge der Anfeindungen gegenüber »der Wirtschaft« geht nach meinen Beobachtungen auf Neid zurück. »Das ist ja langweilig«, hören wir dann vom Schwager oder vom Cousin bei einem runden Geburtstag über unsere neue Entwicklung. Oder, wenn es um einfachere Dinge geht: »Das könnte ich auch.« Kennst du das? Schon das sind Anfeindungen.

Ja, tatsächlich: Klar mag es keine Kunst sein, einen Handwerksbetrieb zu leiten oder als Dienstleister ein Klamotten-Abo anzubieten. Na und? Mit dem Einwand will uns nur ein missgünstiger Mensch runterziehen. Und ich schlage vor, dass wir uns das nicht mehr gefallen lassen. »Ich bezweifle nicht, dass du das auch kannst«, antworte ich solchen Typen inzwischen. »Aber du machst es halt nicht.«

Denn nur darum geht es: die Dinge auch zu tun!

Warum sind so viele Menschen so neidgetrieben? Warum können sie nicht einfach zufrieden sein mit dem, was sie haben, und sich darüber freuen? Und noch schlimmer: Warum sind viele Leute so missgünstig? Also: Warum wollen sie nicht nur auch den Wohlstand des anderen, sondern missgönnen ihm das, was er hat? Missgunst ist in meinen Augen eine der niederträchtigsten Eigenschaften, die ein Mensch haben kann. Es ist eine Emotion, die aus Unzufriedenheit entsteht und am Ende nur dazu führt, dass jemand Gift verspritzt. Ich finde, nur schlechte und moralisch völlig verkommene Menschen gönnen anderen das Glück und den Erfolg nicht und freuen sich stattdessen über ihr Scheitern. Missgünstig zu sein ist auch nicht besonders klug: Missgünstige Menschen sind am Ende vor allem unglücklich und oft auch einsam. Es sind halt Ekelpakete, mit denen kein normaler Mensch zu tun haben will. Entsprechend tummeln sie sich meist unter ihresgleichen, während sich andere Leute der Reihe nach verabschieden.

Missgunst resultiert aus einem Mangel an Selbstwert

Missgunst deutet übrigens genau auf das Gegenteil eines unternehmerischen Mindsets hin, denn ihre Wurzel ist ein Mangel an Selbstwert. Wer von sich selbst nichts hält, würdigt schon eigene Erfolge nicht – da ist es im Grunde klar, dass auch die anderen bitte nichts zustande bringen sollen.

Also: Das Unternehmerdasein hat eine enorme gesellschaftliche Relevanz, und darüber solltest du dir als Unternehmer bewusst sein. Weiter den Kopf in den Sand zu stecken, hat für meine Begriffe keinen Sinn. Wir müssen uns zeigen, wir müssen das Unternehmertum auch erklären. Letztlich geht es um Bildung: Wenn wir den Menschen vermitteln können, wie wichtig eine starke Wirtschaft für ihre Lebensqualität ist und welche Auswirkungen sie hat, dann tut sich vielleicht etwas im öffentlichen Bild von Unternehmern.

Letztendlich geht es darum, zu erkennen: Eine starke Wirtschaft bedeutet nicht nur finanziellen Erfolg für einige wenige, sondern trägt dazu bei, das Leben aller zu verbessern. Es ist wichtig, dass wir uns als Gesellschaft gemeinsam für eine nachhaltige und gerechte Wirtschaft einsetzen.

Dazu gehört es, die Stimme der Familienunternehmer in der Öffentlichkeit zu stärken. Und es geht um mehr Wertschätzung und bessere Rahmenbedingungen für mittelständische Unternehmen. Weniger Bürokratie und Steuern, eine bessere Infrastruktur – das sind die Dinge, die derzeit für die Wirtschaft wichtig sind. Wobei mir völlig klar ist, dass wirtschaftsferne Zeitgenossen kein Stück verstehen, warum die Steuerlast von Unternehmen sinken muss. In aller Kürze: damit mehr von den Einnahmen reinvestiert werden kann und damit die Wertschöpfung erneut steigt. In der Hand des Staates versickert das schöne Geld leider oft in sinnlosen Projekten und Dingen, die uns gesellschaftlich nicht weiterbringen.

Nicht zuletzt unterstützt der Verband der Familienunternehmer gezielt junge Unternehmerinnen und Unternehmer bei ihrem Start ins Berufsleben. Durch Mentoring-Programme und andere Initiativen fördert er den Nachwuchs im Mittelstand und trägt so dazu bei, dass auch in Zukunft innovative Ideen entstehen und umgesetzt werden können.

Die VUCA-Welt

Auch das Unternehmerleben selbst ist schwieriger geworden. Ganz gleich, ob du gründest, ein Unternehmen leitest oder eine Übernahme planst: Heute brauchst du ein völlig anderes Verständnis vom unternehmerischen Handeln als noch vor zehn oder zwanzig Jahren. Die alten Konzepte kannst du nahezu vergessen. Nicht nur die vielen Krisen verlangen von uns Unternehmern neue Ideen, sondern auch die technische Entwicklung, beispielsweise bei der »künstlichen Intelligenz«, zu der wir im Detail noch kommen.

Uns bei der Limbeck Group hat die Corona-Pandemie natürlich auch heftig erwischt. Ich erinnere mich genau: Ich sitze im Auto, das Telefon klingelt, der Geschäftsführer eines weltweiten Facility-Konzerns ist dran und sagt, alle Präsenztermine werden wegfallen.

Erste Reaktion: Ich habe geglaubt, das ist halb so schlimm, es gibt ja noch genug andere Tage im Kalender. Doch innerhalb von sechs Wochen waren alle 826 Tage von allen meinen Trainern aus dem Kalender gelöscht. Nächste Reaktion: Wow, mein Geschäftsmodell ist tot.

Und dann haben wir uns wie ein nasser Pudel geschüttelt und gesagt: »Jetzt erst recht.« Wir haben gefühlt 95 Prozent unserer Kunden dazu gebracht, alles mit uns online zu machen. Wir haben in Studiotechnik investiert und gelernt, dass viel mehr online geht, als alle vorher dachten. Nicht alles, aber viel. Strategische Themen, Führungskräftetrainings – und auch das Thema »Mindset und Motivation« für die vielen Menschen, die zu Hause saßen.

Die Krise war am Ende eine Neuausrichtung. Mit einem extrem erfolgreichen Jahr 2022 sind wir ziemlich gestärkt daraus hervorgegangen.

Der Grundsatz »Mehr Kontakt, mehr Geschäft« gilt halt auch in einer Krise. Sowohl in der Corona-Krise als auch jetzt in der aktuellen Wirtschaftskrise stecken viele Vertriebler den Kopf in den Sand nach dem Motto: »Ich rufe doch nicht beim Kunden an! Soll ich schlafende Hunde wecken? Am Ende kündigt der Kunde dann seinen Vertrag. Und Geld haben die ja gerade sowieso alle nicht. Warum soll ich mir die Mühe machen, da anzurufen?« Und das ist letztlich tödlich. Gerade in der Krise müssen wir anrufen. Gerade jetzt, wo die Konkurrenz den Kopf in den Sand steckt, müssen wir uns zeigen! Je mehr Kontakte du machst, je höher deine Schlagzahl ist, desto mehr Geschäft machst du dann zwangsläufig auch. Also gerade jetzt, wenn es wirtschaftlich herausfordernd ist, müssen wir zum Telefon greifen. Rein in die Akquise!

Um es ein bisschen zu analysieren: Insgesamt bewegen wir uns inzwischen in der sogenannten VUCA-Welt. Die Abkürzung ist bestimmt bekannt, sie steht für »Volatility« (Unbeständigkeit), »Uncertainty« (Unsicherheit), »Complexity« (Komplexität) und »Ambiguity« (Widersprüchlichkeit). Das heißt:

Volatility

Ständig verändern sich Dinge, ständig müssen wir uns auf Neues einstellen. Nichts ist mehr verlässlich. Pläne nutzen höchstens für kurze Zeit und müssen dann wieder angepasst werden.

Uncertainty

Wir wissen einfach oft nicht, was richtig ist. Manche Entscheidungen müssen wir ohne ausreichende Klarheit treffen, wir stochern häufig im Nebel. Und dabei dürfen wir den Mut nicht sinken lassen; wir sollten trotzdem ruhig schlafen können.

Complexity

Einfach war gestern – heute sind die Probleme viel komplexer, weil viel mehr Dinge miteinander vernetzt sind. Der »Schmetterlingseffekt« nach dem Mathematiker und Meteorologen Edward N. Lorenz (1917–2008), wonach – zugespitzt – der Flügelschlag eines Schmetterlings in Brasilien einen Tornado in Texas auslöst, beherrscht die Gegenwart in Unternehmen: Wir wissen nie, welche Effekte zweiter und dritter Ordnung wir mit unseren Entscheidungen auslösen. Und: Solche Effekte treffen auch uns – wenn beispielsweise ein russischer Präsident entscheidet, ein Nachbarland anzugreifen.

Ambiguity

Das Denken in einfachen Fragen und Antworten bringt uns heute nicht mehr weiter. Oft sind Antworten widersprüchlich und ergeben kein klares Bild. Entscheidend ist hier die sogenannte Ambiguitätstoleranz, also die Fähigkeit, Widersprüche und auch Unklarheiten zu ertragen. Dabei ist der gesellschaftliche Widerspruch aus gewissen Ecken noch das geringste Problem.

Das alles sollte uns, wie gesagt, nicht davon abhalten, aktiv zu werden und zu verkaufen. Ich sage gerne: »Die Rezession ist der Aufschwung der Tüchtigen.« Denn nur, wenn es knirscht, kannst du zeigen, was du kannst. Und zu diesen Widrigkeiten – Anfeindungen von Neidern sowie eine völlig unberechenbar gewordene Welt – kommt noch eins: Wir müssen sowieso verkaufen. Es ist nicht damit getan, das Unternehmen als Summe aller Prozesse am Laufen zu halten wie eine lustige Maschine, die nichts bringt, sondern es geht um Umsatz.

Kennen Sie den Schweizer Künstler Jean Tinguely (1925–1991)? Seine Skulpturen sind mechanische Wunderwerke, die sich meistens irgendwie bewegen, wenn du einen Knopf drückst. Wie Automaten. Nur dass diese Automaten eben völlig sinnlos sind. Sie spucken kein Ergebnis aus. Wenn Sie mal in Zürich sind, besuchen Sie mal sein Werk »Heureka« am Zürichhorn.

Ich mag solche verrückten Kunstwerke, aber als Vorbild für ein Unternehmen taugen sie nicht. Auch wenn mir heute viele Unternehmen genauso vorkommen: Klassische Manager gehen dann am Abend zufrieden nach Hause, wenn sie ihre Prozesse korrekt begleitet haben. Ob das Unternehmen seine Unternehmensziele erreicht? Völlig egal.

Und das macht eben das Unternehmertum aus: dass wir die Ergebnisse im Blick haben, sie wirklich anstreben und auch erreichen. Gute Unternehmer fragen immer: »Hat es Sinn, was ich gerade tue? Zahlt es tatsächlich aufs Unternehmensziel ein? Ist das, was wir gerade als Prozess vor uns haben, wirklich zielführend, wenn es um den Unternehmenserfolg geht?«

Wenn wir diese Fragen weiterverfolgen, kommen wir zu einem ganz klaren Ergebnis: Es geht um Verkauf! Es geht um Umsatz! Das ganze Unternehmen und die vielen schönen Arbeitsplätze überleben nur dann, wenn wir unsere Produkte verkaufen!

Sicherlich sind alle Unternehmensteile wichtig: die Produktentwicklung, das Design, das Marketing und so weiter und so fort. Aber wenn niemand unsere Produkte unter die Leute bringt, haben wir keine Einnahmen, damit keinen Umsatz, damit keinen Gewinn und damit auch keine Gehälter für unsere Leute. Und dann ist es auch Essig mit den ganzen wunderbaren sozialen und politischen Effekten, die verantwortungsbewusstes Unternehmertum haben kann.

Angenommen, es gäbe einen Begriff, der Ihr Leben auf den Punkt bringt – so wie bei Hans Wall das Wort »Unternehmer«. Welcher Begriff könnte das bei Ihnen sein? Warum?

Inwiefern erleben Sie in Ihrem beruflichen Alltag konkret die Elemente der VUCA-Welt, also »Volatility« (Unbeständigkeit), »Uncertainty« (Unsicherheit), »Complexity« (Komplexität) und »Ambiguity« (Widersprüchlichkeit)?

Welche Schlüsse haben Sie aus Ihren bisherigen VUCA-Erfahrungen gezogen?

1.3 Seien Sie der erste Verkäufer im Unternehmen!

85 Prozent aller Start-ups scheitern innerhalb der ersten drei Jahre – unter anderem weil die Gründer kein Selbstverständnis als Verkäufer haben und weil sie sich zu schade dafür sind, Dreck zu fressen. Es gibt eben Unternehmer, die betrachten sich als Verkäufer, und es gibt Unternehmer, die betrachten sich nicht als Verkäufer.

Gerade in meiner Mastermind-Gruppe »Gipfelstürmer« erlebe ich es immer wieder, dass sehr engagierte und vom Unternehmertum begeisterte Teilnehmer sagen, sie seien eigentlich gar nicht so richtig die überzeugten Verkäufer. Mein Ziel ist dann, ihnen das Verkäufer-Gen einzupflanzen. Und was soll ich sagen? Erst dann gehen ihre Unternehmen durch die Decke.

Manche Unternehmer sind tatsächlich Unternehmer in dem Sinne, in dem wir über diese verschiedenen Rollen gesprochen haben. Sie sind keine Managertypen, sie interessieren sich nicht für Prozesse und Details oder für einzelne Personalfragen, sondern sie sind tatsächlich übers große Ganze besorgt und haben einen Makroblick. Sie haben ihre Ideale und Ideen und stapfen wie ein Nashorn durch die Businesswelt. Sie knüpfen Kontakte und schäkern mit Geschäftsleuten. Sie flirten in der Schlange beim Mittagessen auf der Messe. Sie stornieren den Flug, wenn das Gespräch auf eine coole Kooperation hinausläuft, und buchen den nächsten. Sie lieben das Netzwerken und das Fachsimpeln und bei regelmäßigen Unternehmerstammtischen tauschen sie sich über ihre Erfahrungen aus: »Wie reagieren wir auf die steigenden Energiekosten?«, »Habt auch ihr mit schleppenden Lieferketten zu tun?«, »Wie können wir die Abgeordneten aus unserem Wahlkreis ein bisschen unter Druck setzen?«, »Findet ihr auch keine guten Leute mehr?«

Das ist alles das klassische Unternehmertum. Die Gesellschaft trifft sich auf dem Golfplatz. Oder in meinem Fall bei Eintracht Frankfurt im Stadion. Netzwerke sind wichtig. Und trotzdem übersehen manche Unternehmer vor lauter Netzwerken und Fachsimpeln das, worum es im Grunde geht: den Verkauf.

Und das ist aus meiner Sicht eben das A und O. Im Laufe dieses Buches werden Sie noch mehr über »Sales Driven Companies« lesen und darüber, wie Sie den Verkaufsgedanken im Unternehmen implementieren. Also: Wie gelingt es, allen Mitarbeitern beizubringen, dass der Verkauf – konkreter: der Umsatz – die allerhöchste Priorität im Unternehmen hat?

In diesem Zusammenhang will ich Ihnen gleich ein kleines Spiel vorschlagen. Beziehungsweise: Sie dürfen ein bisschen nachdenken und die Antwort auf eine Frage finden. Vielleicht kennen Sie diese Aufgabe schon – das ist möglich, wenn Sie das eBooklet zu diesem Buch bereits gelesen haben. Aber auch dann schadet es nicht, den Gedanken aufzufrischen. Wir Unternehmer lieben die unternehmerische Freiheit, die wie auch die »künstlerische Freiheit« zum geflügelten Wort geworden ist. Es ist ein stehender Begriff. Haben Sie schon einmal etwas von der Managerfreiheit gehört? Eben nicht, denn Manager sind am Ende Befehlsempfänger; sie sind Erfüllungsgehilfen der Inhaberfamilie oder meinetwegen der Muttergesellschaft. Sie müssen nach oben berichten. Sie sind jemandem Rechenschaft schuldig. Manager sind nicht frei. Manager sind jemandem untergeordnet. Das ist das, was sie grundlegend von Unternehmern unterscheidet.

Und diese unternehmerische Freiheit ist nur durch ganz wenige Dinge eingeschränkt. Die meisten Schranken sind simple Rechtspflichten: Wir müssen monatlich unsere Umsatzsteuererklärung abgeben – gut, das macht die Buchhaltung. Wir müssen Bilanzen vorlegen – auch das stimmen wir mit der Buchhaltung ab. Wir müssen manchmal Fragen vom Finanzamt beantworten. Alles gut. Nur der Staat funkt uns hier ab und zu rein. Uns Unternehmern hat sonst niemand was zu sagen.

Fast niemand, um genau zu sein.

Am Ende hat ein Unternehmer zwar keinen Chef im Sinne eines fachlich oder disziplinarisch Vorgesetzten, das mag sein. Nur gibt es dann doch jemanden, der über Wohl und Wehe des Unternehmens entscheidet. Diesen Jemand sollten wir Unternehmer als unseren Chef betrachten. Wissen Sie, wen ich meine? Es ist der

____ ____ ____ ____ ____.

Sofern Sie dieses Ratespiel noch nicht kennen, nehmen Sie sich ein bisschen Zeit und denken Sie nach. Es geht um fünf Buchstaben. Alle Unternehmer auf dieser Welt haben dieses eine Etwas zum Chef. Wir sind auf der Suche nach der Größe, der jeder Unternehmer am Ende rechenschaftspflichtig ist. Und die Antwort lautet nicht »Finanzamt«. Denn das Finanzamt interessiert sich nicht dafür, ob wir erfolgreich sind, wie gut unsere Produkte sind oder unser Support. Auch »Gott« ist nicht die Antwort. Fünf Buchstaben sind gesucht. Die Antwort ist sehr irdisch und diesseitig, ich verrate sie im Nachwort. Ich sehe übrigens zwei Antworten.

Gott interessiert sich natürlich für das, was wir im Leben tun, ohne Frage. Ob Sie an Gott glauben oder nicht: Am Ende unseres Lebens nehmen wir nur uns selbst mit ins Grab. Unseren Reichtum lassen wir hier. Wir können der Welt etwas hinterlassen, sicherlich, etwas Gutes, das wir auf die Beine gestellt haben. Für uns persönlich haben wir nur die Chance, dass auf unserem Grabstein etwas Freundliches steht. Vielleicht steht da am Ende ja auch wie bei Hans Wall »Unternehmer«.

Die Grundaufgabe des Unternehmens ist Chefsache

Im Januar 2023 hatte ich die Ehre, am Neujahrsempfang des Verbandes der Familienunternehmer in Essen teilzunehmen. Unter den Rednern befand sich auch der geschäftsführende Gesellschafter der Miele-Gruppe, Reinhard Zinkann (* 1959).

Und es gab eine Fragerunde. Die meisten Fragen zielten auf die Corona-Zeit und aufs Homeoffice, auf Mitarbeitermotivation und anderes. Doch ein Teilnehmer – selbst Chef eines Unternehmens – hatte etwas komplett Konkretes: »Herr Dr. Zinkann, wir wollen eine Spülmaschine kaufen. Meine Frau hat mir gesagt, dass ich heute nicht nach Hause kommen darf, ohne Sie gefragt zu haben, welches Modell die beste Miele-Spülmaschine ist.«

Im Publikum gab es dieses übliche Gelächter – wie immer bei Fragen, bei denen die Teilnehmer denken, das sei doch keine angemessene Frage für eine Kapazität wie diesen Redner. So etwas lässt sich doch mit dem Vertrieb klären. Auch haben die meisten wohl erwartet, dass Zinkann den Frager vertröstet und ihn mit dem Vertrieb in Verbindung bringt. Doch Zinkann zückte einen Stift und sagte: »Ich kann Ihnen auch direkt eine verkaufen!«

Das ist für mich eine Verkäuferseele. Der Chef eines Unternehmens ist der erste Verkäufer dieses Unternehmens. Das ist für mich eine der wichtigsten Botschaften dieses Buches. Jemand wie Zinkann zeigt, was es bedeutet, Sales vorzuleben.

Was habe ich bei der Gelegenheit gemacht? Ich habe natürlich ein Selfie mit Zinkann geschossen. Und das habe ich an meinen Sales-Kontakt bei Miele geschickt. »Schauen Sie mal, wen ich getroffen habe!« Zack, waren wir wieder im Gespräch. »Wie läuft es denn mit der neuen Sales-KI, die wir bei Ihnen eingeführt haben?«

Jedes Unternehmen braucht so etwas wie eine »Sales-DNA«. Du musst den Willen haben, selbst zu verkaufen. Dafür ist nicht nur dein Vertriebsteam zuständig. Denn wie heißt es so schön: »Der Fisch stinkt vom Kopf.« Wenn du als Unternehmer nicht den Willen und die Motivation hast, erfolgreich zu verkaufen, kannst du im Grunde auch nicht erwarten, dass es dein Vertriebsteam tut. Wie bei allem solltest du mit gutem Beispiel vorangehen.

Doch viele Entscheider sind eher »Umsatzverhinderer«. Inwiefern? Da gibt es massenhaft Gründe: Statt sich um den Verkauf zu kümmern, …

… kümmern sich viele Unternehmer um Nebensächlichkeiten, die nicht aufs Unternehmensziel einzahlen,
… versinken viele Unternehmer im Kleinklein des Tagesgeschäfts und verfehlen dadurch ebenfalls ihr Ziel,
… vertrauen viele Unternehmer rein auf den Vertrieb und wähnen den

in besten Händen – sie glauben oft irrigerweise, die Verkaufsprozesse seien ausgereift.

Mit meiner Company, der Limbeck Group, berate ich viele Mittelständler. 99 Prozent der Unternehmen allein in Nordrhein-Westfalen sind Mittelständler, also von der Anzahl der Unternehmen her. Sie stellen die meisten Arbeitsplätze.

Bei unseren Beratungen erlebe ich kleine Unternehmen mit zehn Mitarbeitern bis zum »Hidden Champion« mit Niederlassungen in ganz Deutschland. Aber egal, wie groß so ein Unternehmen ist: Gerät es in Schieflage, findet sich in aller Regel eine klare Ursache.

Die Gründe sind nicht:

- »Uns fehlt es an einem guten Produkt.« Nein, das ist es nicht. Die meisten Unternehmen, die ich berate, haben gute Produkte. Die auch wirklich einen Nutzen für den Kunden haben.
- »Wir brauchen eine starke Marketingkampagne.« Nein, das ist es auch nicht. Eine allgemeine öffentliche Bekanntheit ist bei den meisten Mittelständlern gar nicht nötig, weil sie meistens spezielle Produkte für bestimmte Branchen anbieten.
- »Uns fehlt das Geld für Bandenwerbung im Fußballstadion.« Auch das ist nicht der Punkt. Die Bandenwerbung kann nur dann Sinn haben, wenn die beworbene Marke tatsächlich für die breite Masse relevant ist.
- »Wir brauchen eine Agentur, die Werbeanzeigen für Fachzeitschriften gestaltet, und wir müssen eine Menge Geld in die Hand nehmen, um diese Anzeigen zu schalten.« Auch das ist es nicht. Eine Werbeanzeige bringt oft viel weniger, als sich viele Unternehmer versprechen. Es ist nämlich keineswegs so, dass uns infolge einer Anzeige die Leute die Bude einrennen.

Nein, der Hebel ist viel einfacher: Er lautet »Vertrieb«. Die allermeisten schwächelnden Unternehmen schwächeln, weil sie ihren Vertrieb vernachlässigen. Und da bin ich relativ schnell auf der Spur. Was ich prüfe, sind vor allem die folgenden Punkte:

- Welche Sales-Pipelines gibt es? Also: Welche Eisen sind im Feuer? Welche Unternehmen sind angesprochen oder haben selbst angefragt und wie ist der Stand der Dinge?
- Sind diese Sales-Pipelines strukturiert? Also: Welche Prozesse sind dahinter definiert? Wer fasst wann nach?

- Wie sieht das Customer-Relationship-Management (CRM) aus? Sind die Kundendaten gepflegt? Wer betreut das CRM? Und vor allem: Liegen darin lauter unerledigte Aufgaben, die am Ende so veralten, dass sie nichts mehr bringen? Oder lässt der Vertrieb nichts anbrennen?

Wenn Sie sich jetzt erwischt fühlen, sind wir auf einer guten Spur. Du als Unternehmer, als Unternehmerin musst dich um deinen Erfolg kümmern! Es genügt nicht, nur regelmäßig auf die Zahlen zu schauen – vor allem dann nicht, wenn die permanent sinken. Und der Gedanke dahinter ist so simpel wie elementar:

Wer heute keine Kunden in der Pipeline hat, sitzt morgen auf dem Trockenen.

Und dann die Ausreden! Wir sprechen ja über Unternehmertypen, also über Persönlichkeitsmerkmale. Da sagt der eine: »Ich bin eher so der Techniker.« Das sind dann Ingenieure oder IT-Experten – also Leute, die sich am liebsten technisch mit ihrem Produkt befassen, nicht verkäuferisch. Der Nächste sagt: »Ich bin eher so der Denker, Verkaufen liegt mir nicht so.« Ach ja? Na, dann mal los mit dem Denken! Denken Sie nach und finden Sie heraus, dass es mit Ihrem Unternehmenserfolg nichts wird, wenn Sie selbst als Kopf des Ganzen keine Energie in das Wichtigste stecken, was ein Unternehmen ausmacht: in den Verkauf.

Viele Unternehmer glauben ganz im Ernst, das Geschäft laufe von alleine. Das tut es aber nicht. Andere stellen ihren Vertriebsleuten keine sinnvollen Strukturen bereit. Sie setzen keine Prozesse auf – und wenn doch, verfolgen sie sie nicht präzise. Wie soll ein Lokomotivführer eine Lokomotive führen, wenn du sie ihm nicht auf die Schiene setzt und nicht betankst?

Wir müssen uns am Ende um alles kümmern! Und wenn wir ehrlich sind, wissen wir das doch auch: Wenn wir nicht nachhaken, was denn nun mit unserer Reklamation ist, bleiben viele Dinge liegen. Also in anderen Unternehmen, meine ich. Oder? Wir bestellen etwas und die Ware kommt nicht. Einer der vielen schlechten Prozesse, wie wir es oft erleben. Was tun wir? Wir haken nach! Als Kunden erledigen wir den Job des Verkaufs.

Oder nehmen Sie eine typische Reklamation. Sie schicken ein defektes Gerät ein. Was ich schon für üble Prozesse für Retouren erlebt habe! Es sind wahre Kundenabschrecker. Glauben Sie, ich kaufe noch einmal etwas in einem Unternehmen, das mich bei einer Retoure ständig hängen gelassen hat und das mich gezwungen hat, ständig nachzuhaken? Sicher nicht.

Letztendlich aber ist es eine Regel, die im Leben immer gilt: Bei so gut wie allem müssen wir hinterher sein. Nichts läuft von alleine. Oder? Es ist doch so! Wenn Sie ehrlich sind, sagen Sie, dass Sie das alles wissen. Also können Unternehmer auch eins und eins zusammenzählen und daraus ableiten, dass sie vor allem im eigenen Unternehmen hinter allem her sein müssen, finde ich. Wir sollten nicht länger mit offenen Augen dabei zuschauen, wie die anstehenden Aufträge immer weniger werden. Wir sollten die Dinge in die Hand nehmen und aktiv werden! Denn von nichts kommt nichts, wie es so schön heißt. Es ist eine Katastrophe, wenn du den Ofen ausgehen lässt. Das darf nicht passieren! Du musst das Feuer immer schüren! Vor allem, weil dein Unternehmen deine Basis ist, haben wir es hier mit einer existenziellen Betrachtung zu tun. Wir sollten die sprichwörtliche Gans, die goldene Eier legt, nicht verhungern lassen. Oder?

Den Vertrieb gut anleiten

Also: Der Unternehmer ist der erste Verkäufer. Nur mit dieser Haltung bist du hinter den Dingen her, hinter denen du her sein solltest.

Wenn ich das im Seminar sage, kommen immer einige und entgegnen: »Aber wir sollen doch delegieren! Und wir sollen unseren Mitarbeitern vertrauen!«

Ja, das stimmt prinzipiell. Aber ein Denkfehler ist damit trotzdem verbunden. Lassen Sie mich ihn aufdröseln.

Wir berühren dabei den Riesenunterschied zwischen »alles richtig machen« und »das Richtige tun«. Diese Unterscheidung war schon Thema in zahlreichen Business-Büchern, wobei damit auch zwei Denkweisen verbunden sind: das konvergente und das divergente Denken. Das klingt kompliziert, ist aber leicht zu verstehen, wenn Sie jetzt genau lesen.

Das Prinzip geht im Kern zurück auf den Intelligenzforscher Joy Paul Guilford (1897–1987) – meines Wissens hat er das Konzept zum ersten Mal beschrieben. Dann hat der Journalist Malcolm Gladwell (* 1963) den Gedanken in sein Buch »Überflieger: Warum manche Menschen erfolgreich sind – und andere nicht« aufgenommen. Auf dem deutschsprachigen Markt haben diesen Gedanken vor allem Stefan Frädrich (* 1972) und Thilo Baum (* 1970) vertieft – gute Kollegen und Freunde von mir; wir kennen uns vor allem aus der Speaker-Szene. Während das divergente Denken beim Thema Intelligenz auf kreative Andersartigkeit und aufs Finden ungewöhnlicher Ideen hinausläuft, lassen sich damit beim Thema »Business und Geschäftsentwicklung« übliche Gewohnheiten hinterfragen und tatsächlich sinnvolle Wege finden.

»Konvergenz« bedeutet »Übereinstimmung«. Unser Handeln entspricht also den Regeln, den Gewohnheiten, den Konventionen. Da machen wir alles richtig. Wir denken nicht groß darüber nach, was wir tun – Hauptsache, wir machen es richtig. »Divergenz« bedeutet »Abweichung«. Dabei denken wir eben nicht konventionell, sondern unabhängig von dem, was wir »schon immer so gemacht« haben. Beim divergenten Denken interessieren uns die »gewachsenen Strukturen« nicht. Es geht dabei andererseits auch nicht um sinnlose Originalität, sondern um ein ziel- und ergebnisorientiertes Denken, das eben ständig die Sinnfrage stellt: »Ist es richtig, was wir tun? Zahlt das, was wir tun, aufs Unternehmensziel ein?«

Und schau: Da hast du schon mal einen riesigen gedanklichen Hebel. Dieser Hebel kann dir im gesamten unternehmerischen Handeln helfen. Beim Thema Vertrieb bedeutet er: Verlass dich einfach nicht darauf, dass die Dinge laufen. Die Dinge laufen nicht, ohne dass wir uns darum kümmern. Der Laden ist nicht gerettet, nur weil du einen neuen Vertriebsmann dahast. So einfach ist es nicht.

Nichts gegen den neuen Vertriebsmann, aber voraussichtlich wird er seine gewohnten Methoden anwenden. Die müssen nicht schlecht sein – vielleicht sind sie gut. Aber wissen Sie das? Vielleicht sind seine Methoden auch gar nicht geeignet für Ihr Unternehmen. Vielleicht bringt der neue Vertriebschef einfach seine Konzepte aus einem anderen Unternehmen oder aus einer anderen Branche mit – und denkt dann »konvergent«, dass er alles richtig macht. Wissen Sie es? Möglicherweise sind diese Konzepte gar nicht auf Ihre Branche oder Ihr Unternehmen übertragbar.

Ich warne vor Gedanken wie: »Ich brauche einen Vertriebler und dann klappt das schon.« Nein, es klappt nur, wenn die Strukturen stimmen – und die geben am Ende Sie vor. Natürlich spricht nichts dagegen, dass Sie sich mit Ihren Vertriebsleuten zusammensetzen und gemeinsam eine Strategie überlegen. Welche Wege führen zuverlässig zum Kunden und bewirken Abschlüsse? Diese Entscheidung ist in etwa so wichtig wie die Frage, wo Ihr neugeborenes Kind den Sauerstoff zum Atmen herbekommt. Die Entscheidung ist viel zu wichtig, um sie anderen zu überlassen.

Also noch mal: Nichts gegen Ihren neuen Vertriebler! Der ist bestimmt ganz töfte. Alles prima! Nur: Weiß er denn, was für Ihr Unternehmen jetzt genau das Richtige ist? Darum geht es. Es geht darum, einen für sich genommen guten Vertriebler jetzt noch mit den Strukturen und Prozessen auszustatten, die individuell für Ihr Unternehmen funktionieren, und zwar ganz sicher.

Nehmen wir das Beispiel LinkedIn. LinkedIn hat ein ganz tolles Tool, nämlich den »Sales Navigator«. Darüber können Sie Kontakte identifizieren – zum Beispiel CEOs, die in aller Regel ihre LinkedIn-Nachrichten selbst bearbeiten. Diese Kontakte können Sie dann anschreiben. Das ist zeitraubend, das muss jemand tun.

Also: Machen Sie das oder machen Sie es nicht? Wir kommen später noch zum »Entweder-oder-Prinzip«, wonach Sie etwas entweder richtig tun oder gar nicht. Sicher sollten wir die Dinge richtig machen! Aber eben nur die richtigen Dinge. Gegen das konvergente Denken spricht gar nichts, wenn wir einmal auf divergenter Ebene festgelegt haben, was das Richtige ist. Wenn Sie also herausgefunden haben, dass LinkedIn ein brauchbarer Weg ist, dann setzen Sie einen Prozess auf, den Sie dann auf die richtige Weise verfolgen.

Es ist ein merkwürdiger Satz, aber er stimmt: »Was du tust, hat nur Sinn, wenn es Sinn hat.« Und dann solltest du es eben auch tun. Du solltest es nicht bleiben lassen oder vor dir herschieben. Und du solltest es richtig tun. Und dabei eben der erste Verkaufer im Unternehmen sein.

Und ja, das habe auch ich erst mal falsch gemacht. Bis um das Jahr 2012 herum habe ich mich als Unternehmer darüber definiert, dass ich selber die meisten Tage draußen beim Kunden verbrachte. Ich habe mir auf die Schulter geklopft, wenn ich eine Reihe von Trainingstagen verkauft habe, wobei An- und Abreise natürlich zeitlich draufkamen und noch mehr Tage gefressen haben. So habe ich viele Sales-Teams geschult, nur mein eigenes viel zu selten. Ich war ständig auf Achse, bin noch selber gefahren und stand eben jeden Tag im Training.

Ich habe also viel zu viel *im* Unternehmen gearbeitet und zu wenig *am* Unternehmen. Bis ich irgendwann kapiert habe, dass mich ein voller Kalender beim Arbeiten stört. Ja, es ist wirklich so. Da hast du jede Menge bezahlte Tage, aber funktionierst nur noch.

Erst dachte ich, der Weg seien Veranstaltungen mit Kollegen – da habe ich ein paar Formate erfunden, beispielsweise die »Sales Masters« oder die »Sales Leaders«. Inzwischen brauchen meine Verkäufer hochwertige Consulting-Fähigkeiten. Denn ich gehe viel sinnorientierter an die Sache heran: Ich will sinnvolle Dinge mit Herzblut machen. Also dem Kunden eine Lösung bieten, die ihm wirklich hilft. Statt einfach nur zu einem Seminar das Unternehmen zu besuchen, denken wir uns in die Unternehmen rein und prüfen genau, welcher Bedarf tatsächlich da ist. Wir kennen die Website, bevor wir da aufschlagen, und wir kennen sie wirklich. Und dann schauen wir uns das CRM an, machen Testkäufe und prüfen die Verkäufer (»Mystery Shopping«). So etwas funktioniert nicht zwischen Tür und Angel, dazu sind umfangreiche Onboarding-Prozesse nötig, wenn jemand eine solche Aufgabe angehen soll.

Sicher sind komplexe Consulting-Dienstleistungen schwerer zu verkaufen als einzelne Trainingstage, aber am Ende bekommt das Unternehmen genau die Leistung, die es voranbringt. Ich will nicht mehr am Sinn vorbeiarbeiten.

Mein Tipp an Sie ist, dass Sie Ihre Mannschaft qualifizieren und viel Zeit mit Ihren Leuten verbringen, dass Sie mit Ihren Verkäufern mal eine Telefonparty veranstalten und vor allem auch selber mal zum Hörer greifen und anrufen, damit Ihre Mitarbeiter Ihnen zuhören können. Es ist wichtig, bei den Leuten zu sein, damit Sie auch wirklich qualifiziert Ihr Wissen weitergeben können. Wir müssen unsere Leute vor allem selber schulen als Unternehmer und dazu müssen wir uns aus dem Operativen rausziehen. Wir als Unternehmer sollten uns unbedingt an den Grundsatz halten:

**»Lässt der Chef sich oft blicken,
lässt sich auch die Leistung blicken.«**

Überlegen Sie darüber hinaus genau – gerne gemeinsam mit Ihrem Vertrieb –, welche Kontakte Sie für Ihr Business brauchen. Und dann überlegen Sie, wie Sie diese Kontakte herstellen. Ist zum Beispiel LinkedIn ein guter Weg? Vielleicht nicht. Vielleicht sind andere Wege besser. Vielleicht aber doch? Sie sollten genau überlegen, auf welchem Weg Sie Ihre Kunden erreichen.

Wir sprechen später noch über den »Schaltplan« Ihres Unternehmens, also über das Geflecht aus Bedingungen und Situationen, nach denen die Maschine läuft. Dazu gehören Aktivitäten, die Sie unternehmen müssen, damit Ihr Geschäft funktioniert. An jeder Stelle geht es darum, zu entscheiden, dass wir das richtige Tool richtig bedienen. Kein Element steht willkürlich auf diesem Schaltplan, sondern nur, weil es Sinn hat.

Sie haben die Grundfunktionen im Blick

Sie als Unternehmer haben das im Blick. Niemals darf es sein, dass Sie nicht wissen, wie etwas in Ihrem Unternehmen gedacht ist. Also, was die grundlegenden Dinge angeht, die Grundfunktionen der Lebensfähigkeit Ihres Unternehmens. Sie sollten die Maschine bedienen können: Sie beherrschen nicht nur das Einmaleins des Verkaufs – und falls nicht, holen Sie diese Kompetenzen unbedingt auf! –, sondern Sie finden sich auch im CRM und mit LinkedIn & Co. zurecht. Wenn alle Stricke reißen, müssen Sie selbst Kunden heranschaffen und sollten dann kein Bild der Hilflosigkeit abgeben.

Es ist in Ordnung, wenn Sie nicht wissen, wo der HDMI-Adapter liegt, wenn Ihr Kameramann mal krank ist. Die kleinteiligen Prozesse haben Sie natürlich delegiert. Aber am Steuer Ihres Tankers stehen Sie noch immer selbst, das delegieren Sie nicht. Vielleicht mal im Urlaub, aber sonst nicht. Und wenn Sie den Tanker manövrieren und steuern, dann müssen Sie sichergehen können, dass alles funktioniert. Es darf nicht sein, dass plötzlich das Motoröl alle ist, der Motor abraucht und Sie davon völlig überrascht sind.

Und das klappt eben nur mit dem Selbstverständnis, dass Sie der allererste Verkäufer im Unternehmen sind. Delegieren ja – aber erst und nur dann, wenn die Prozesse sinnvoll etabliert sind. Überlassen Sie die Grundeinstellungen niemand anderem, das ist allein Ihr Job. Es ist Ihre Aufgabe, sicherzustellen, dass Kunden die richtigen Produkte und Dienstleistungen kaufen. Um dies zu erreichen, brauchen Sie ein gutes Verständnis Ihrer Produkte und sollten den Nutzen nachvollziehbar vermitteln können.

Auch strategisches Denken ist wichtig: Wir müssen unbedingt die Bedürfnisse des Kunden erkennen und den bestmöglichen Service bieten.

Also noch mal: Der Vertrieb ist die allerwichtigste Funktion im Unternehmen. Und zwar in jedem Unternehmen. Ich weiß, dass die Produktentwicklung sagt: »Ohne Produkt werden wir auch nicht nichts verkaufen!« Das stimmt, aber dennoch geht es am Ende um den Verkauf. Das Produkt entwickeln Sie sowieso. Auf die Details konzentrieren sich die Fachleute in Ihrem Unternehmen sowieso. Die Social-Media-Leute werden sich sowieso lustige Geschichten ausdenken. Oder? Das bringt Ihnen aber alles nichts, wenn niemand Ihr Produkt kauft.

Auch beim Theater gibt es immer wieder Diskussionen darüber, wer jetzt der Wichtigste ist. Die Schauspieler sagen: »Ohne uns kein Drama!« Die Lichttechniker sagen: »Ohne uns sieht euch niemand!« Aber auch da kann ich sagen: »Das Wichtigste ist der Kartenverkauf.« Wenn Sie keine Tickets für Ihr Theaterstück verkaufen, dann bringen Ihnen weder Schauspieler noch Licht etwas. Denn dann kommt kein Mensch ins Haus und dann haben auch Ihre Schauspieler und Techniker keine Brötchen zum Frühstück.

Und bringen wir noch mal einen ketzerischen Gedanken: Welches Produkt ist denn das erfolgreichste? Das beste, das am meisten ausgereifte, das am meisten durchdachte? Nein! Das erfolgreichste Produkt ist das, das sich am besten verkauft. Das allerbeste Theaterstück mit den allerbesten Schauspielern bringt nichts, wenn es niemand sieht.

Ob sich ein Produkt verkauft, hängt von vielen Faktoren ab. Und zwar nicht in erster Linie von der Qualität. Manche Marketingleute sagen, der Erfolg hänge in allererster Linie von der Sichtbarkeit ab. Dem widerspreche ich, aber ich verstehe, warum viele Marketingleute so denken. Das Ziel von Marketingleuten ist Markenbekanntheit. Klassische Marketingleute sind selten Verkäufer, sondern wollen

Markenbekanntheit. Sie wollen Reichweite. Marketingleute wollen Sichtbarkeit generieren. Und sie fühlen sich dann erfolgreich, wenn sie in einer Studie messbar erkennen, dass heute mehr Menschen die Marke kennen als vorgestern. Doch verkauft ist damit noch kein einziges Stück.

Sehen Sie, worauf ich hinauswill? Alles, was wir tun, muss aufs Unternehmensziel einzahlen. Wenn etwas nicht aufs Unternehmensziel einzahlt, dann können wir es bleiben lassen. Was bringt uns Markenbekanntheit, was bringt uns Reichweite, was bringt uns Sichtbarkeit, wenn niemand kauft? Ich teile den Gedanken, dass Reichweite sinnvoll ist, wenn ein bestimmter Prozentsatz der erreichten Menschen das Produkt kauft. Das heißt aber, dass wir einsehen: Die Reichweite ist nur ein Mittel zum Zweck! Die Reichweite ist kein Ziel! Das Ziel ist einzig und allein – ich wiederhole mich hier gerne – der Verkauf.

Also, ich will den Marketingleuten nicht unrecht tun. Ich weiß auch, dass wir heute beim Online-Marketing vor allem über »Conversion« sprechen. Conversion bedeutet, wir wandeln einen Interessenten in einen Käufer um. Bei einer guten Online-Marketing-Kampagne generieren wir also tatsächlich Verkäufe und damit Umsätze.

Der klassische Ansatz des Marketings ist aber rein der Traffic. Sehr viele Marketingleute alter Schule sind zufrieden, wenn wir Bewegung auf der Webseite haben. Später komme ich noch zu dem Gedanken, weshalb wir Marketing und Vertrieb miteinander verzahnen sollten – hier haben Sie bereits einen Vorgeschmack darauf. Es ist wichtig, dass auch Marketingleute alles, was sie tun, aus Verkaufsaspekten heraus betrachten.

Also: Ich widerspreche den Marketingleuten, die sagen, es gehe um Reichweite. Es geht nicht um Reichweite. Ganz konkret geht es darum, ob es eine direkte Verbindung vom Produkt zum Kunden gibt oder nicht. Gibt es einen Weg, auf dem der Kunde zwangsläufig auf ihr Produkt stößt und es kauft? Das ist entscheidend. Und wenn diese Kette gegeben ist, also diese logische Funktion, dann können Sie sich in die Verfeinerung Ihres Produktes stürzen und es perfektionieren. Aber erst dann.

Wie gesagt zeige ich Ihnen später noch, wie Sie diese einzelnen Elemente zu einem Ganzen zusammenbauen. Am Ende steht dann ein System, das Sie sich ausgedacht und auf die Beine gestellt haben. Gerne mithilfe von Fachleuten. Aber der Kopf des Ganzen sind Sie. Und Sie wissen, dass und wie dieses System funktioniert. Es ist eine Maschine, bei der Sie sicher sein können, dass sie Sie nicht im Stich lässt. Weil Sie selbst mit Ihrer unternehmerischen Weitsicht und mit der Fachkompetenz Ihrer Experten ein System gebaut haben, das nur zum Erfolg führen kann.

Das ist der Sinn des Ganzen. Und diese elementare Grundaufgabe eines Unternehmers dürfen Sie niemals anderen überlassen. Das müssen Sie unbedingt selbst in der Hand haben. Auch wenn sich die Welt ändert und wir plötzlich neue Technologien haben oder wenn alte Vertriebswege wegfallen, wissen Sie exakt, an welcher Stelle Ihres Systems Sie intervenieren müssen. An welcher Stelle müssen Sie ein Teilchen ersetzen oder an welcher Stelle müssen Sie im Sinne eines Workarounds einen Fehler umgehen?

All diese Dinge haben Sie als Unternehmer im Blick. Bei keiner dieser Angelegenheiten stehen Sie da wie der Ochs vorm Berg und fragen sich: »Wer hat noch mal was wo wie programmiert?« Sondern Sie kennen die Funktionen. Sie müssen dabei nicht in die Programmierung eintauchen. Aber Sie müssen das grundlegende System verstehen und wissen, welches Element in Ihrem System wie gedacht ist.

Ein wichtiges soziales Signal an die Belegschaft

Und diesen Gedanken, dass Sie selbst der erste Verkäufer Ihres Unternehmens sind, leben Sie vor, indem Sie allen Ihren Fachleuten zeigen, dass Sie sich um diese Dinge kümmern. Sie demonstrieren, dass Sie dieses Grundverständnis nicht auslagern oder delegieren, weil es Kleinigkeiten sind, um die Sie sich nicht kümmern, weil Sie ja so ein wichtiger Chef sind. Nein! Hier spielt so etwas wie Demut eine Rolle – eine gewisse Achtung für die Aufgabe. Sie zeigen ihrer gesamten Belegschaft, dass Sie die Grundfunktionen Ihres Unternehmens im Blick haben und die Maschine am Laufen halten. Eine Maschine, die ständig dafür sorgt, dass Geld reinkommt.

Und dabei müssen wir auch dem Oberboss der Vertriebsabteilung etwas vormachen können, wenn es um Verkauf geht! Ich weiß, gut, ich komme aus dem Vertrieb. Andere kommen aus der Programmierung und sagen, der Unternehmer sei der erste Programmierer. Ich verstehe das, aber ich halte es für falsch. Und das liegt nicht daran, dass ich halt aus dem Vertrieb komme, sondern es ist einfach richtig, dass der Unternehmer der erste Verkäufer ist. Keine Unternehmensgründung hat Sinn, wenn wir nicht von Anfang an überlegen, wie wir unser Produkt auf die Straße bringen. Jede gute Geschäftsidee ist durchdacht. Das schließt ein, dass wir genau wissen, wie das Produkt den Kunden erreicht.

Und wir Unternehmer müssen den Verkauf selbst praktizieren. Wir dürfen uns nicht zu schade dafür sein, als Patron und Chef unseres Restaurants auf einen Gast zuzugehen, der an einem leeren Tisch sitzt, und ihn zu fragen, was wir ihm bringen können. Wir sollten ihm empfehlen, was wir wählen würden. Niemals sollten wir diese Situation hinnehmen und warten, bis einer unserer Kellner tätig wird. Wir selbst sind das Gesicht des Unternehmens, wir sind an allererster Stelle. Nicht unsere Kellner oder Vertriebsleute stehen für unser Unternehmen, sondern vor allem erst mal wir. Also gehen wir raus in die Welt und präsentieren uns mit unserem Gesicht dem Markt. Wir sind für die Leute da.

Auch wenn jemand uns Unternehmer nachts um drei Uhr weckt, müssen wir wie aus der Pistole geschossen erklären können, worin der Nutzen unseres Produktes für den Kunden besteht. Wir müssen, wenn wir Chef einer Versicherungsgesellschaft sind, jedes Produkt aus dem Effeff erklären und verkaufen können – auch wenn wir volltrunken sind. Wir dürfen niemals sagen, dafür seien die Kollegen aus dem Vertrieb zuständig.

Nebenbei bemerkt ist das auch ein wichtiges Signal für Ihre Mitarbeiter, die sich nämlich langfristig auch um das Unternehmen sorgen. Denn es geht letztlich auch um Arbeitsplätze. Jeder Mitarbeiter ist glücklich, wenn er weiß, dass sein Unternehmen zuverlässig läuft! Und so geben Sie als erster Verkäufer in Ihrem Unternehmen auch allen in der Belegschaft eine soziale Sicherheit, die sie unbedingt brauchen, um gerne bei Ihnen zu arbeiten.

Wissen Sie übrigens, was in diesem Zusammenhang die dümmste Ausrede ist, die ich tatsächlich immer wieder höre?

Die Ausrede lautet: »Ich habe keine Zeit.«

Was soll ich da sagen, wenn ein Unternehmer sagt, er habe keine Zeit, sein Unternehmen zu leiten? Ein Unternehmer sagt, er habe keine Zeit fürs Unternehmen?

Genau das ist doch die Kernaufgabe eines Unternehmers: dass er dafür Sorge trägt, dass der Laden läuft! Anders gefragt: Wofür, bitte, sollen wir denn Zeit haben, wenn nicht genau dafür? Die Ausrede bedeutet doch nur, dass jemand Zeit hat für Dinge, die nicht aufs Unternehmensziel einzahlen. Richtig? Da verkünstelt sich jemand oder er verzettelt sich in seinen fachlichen Details oder jemand kümmert sich viel zu sehr um die Auszubildenden und die Nachwuchsförderung oder rennt auf viel zu vielen karitativen Veranstaltungen herum.

Da sage ich: »Erst die Arbeit, dann das Vergnügen!« Erst wenn gesichert ist, dass die Pipeline voll ist, erst wenn der Vertrieb nach einem funktionierenden Konzept Auftrag um Auftrag akquiriert, erst dann können wir unsere Lehrlinge betüddeln. Sie erfassen, was ich meine, richtig? Wieder sage ich nicht, dass Sie Ihre Auszubildenden vernachlässigen sollten, sondern ich sage: »Erst sollten Sie Ihre Hausaufgaben machen.«

Noch mal zurück zu Reinhard Zinkann von Miele: Er sitzt in mehreren Aufsichtsräten und hat einen vollgestopften Terminkalender. Und trotzdem macht er einen Abschluss, wenn er die Möglichkeit hat. Weil er die Sales-DNA eben in sich trägt.

Welche Beispiele kennen Sie, in denen ein Geschäft am mangelnden Vertrieb gescheitert ist?

____

____

____

____

____

Wie steht es um Ihre Sales-Pipeline? Wie viele Verträge stehen kurz vor dem Abschluss? Welche?

____

____

____

____

Was unternehmen Sie konkret in den kommenden Tagen, um diese Pipeline stärker zu füllen?

____

____

____

____

____

1.4 Ihre persönliche Basis als Unternehmer

Nachdem wir jetzt erst einmal das allerwichtigste Selbstverständnis eines Unternehmers geklärt haben, nämlich die Eigenschaft als Verkäufer, kommen wir nun zu den persönlichen Eigenschaften, die du brauchst, um unternehmerisch erfolgreich zu sein. Mit persönlichen Eigenschaften meine ich nicht unbedingt charakterliche Merkmale, sondern ich meine eher Ihre Verfassung. Also: Wie bist du als

Mensch aufgestellt? Wie stehst du da? Wie geht es dir und wie gehst du mit dir selbst um?

Vereinfacht gilt das Fünf-Phasen-Balance-Modell. Wir streben nach:

- finanzieller Freiheit: Wir wollen leben, ohne uns Sorgen zu machen, und wir wollen auch nicht im Hamsterrad schuften, um überleben zu können.
- einer glücklichen Beziehung: Wir wollen eine liebevolle und vertrauensvolle Gemeinschaft mit einem Menschen erleben, den wir als unsere »bessere Hälfte« verstehen.
- Gesundheit: Wir sollten auf Prävention achten, auf sinnvolle Ernährung und ausreichend Bewegung.
- guten Beziehungen: Wir brauchen Kontakte und Austausch, wir streben nach sozialer Anerkennung.
- einer Tätigkeit, die uns Spaß macht: Wir tun etwas, womit wir uns wohlfühlen und worin wir mit unseren Vorlieben und Fähigkeiten aufgehen.

Es dürfte außer Frage stehen: Die Gesundheit ist eine unserer wichtigsten Ressourcen, wenn wir erfolgreich sein wollen. Wir sollten alles daransetzen, unsere Gesundheit möglichst lange zu erhalten, denn sonst sind wir nicht leistungsfähig.

Also, ich gehe alle zwei Jahre zur Vorsorge und mache den großen Check-up. Alle vier Jahre kommt der große Männercheck mit Magenspiegelung und Darmspiegelung.

Und es geht mir nicht nur um die Gesundheit zu dem Zweck, dass wir daraus eine Leistung abrufen können. Sicher ist Leistungskraft eine Folge guter Verfassung. Doch es geht mir vor allem auch darum, dass wir Unternehmerpersönlichkeiten eins mit uns selbst sind. Wir sind im Idealfall also nicht widersprüchlich, sondern alle Lebensbereiche greifen harmonisch ineinander.

Eines der wichtigsten Lebensprinzipien lautet: »Sagen wir, was wir tun, und tun wir, was wir sagen.« Andere nennen das den »Vertrag mit uns selbst«. Es sind alles verschiedene Formulierungen für die gleiche Sache: für Integrität. Wir sind wir selbst und handeln als vollwertige, ganzheitliche Persönlichkeit. Daraus leiten wir nicht nur unseren Selbstwert ab, sondern laufen auch insgesamt runder, mit weniger Reibungsverlusten, Stress und Ärger.

Es gibt verschiedene Modelle für die Frage nach unserer persönlichen Verfasstheit. Eine bekannte Variante ist das Lebensrad, dass Sie möglicherweise von meinem Kollegen Slatco Sterzenbach (* 1967) kennen. Das Lebensrad unterteilt zwölf Lebensbereiche, in denen du stark oder schwach sein kannst. Ich möchte das Ganze ein bisschen runterbrechen auf vier Bereiche: Körper, Geist, Seele und Herz.

Die Matrix Körper / Geist / Seele / Herz

Das Konzept ist im Grunde ganz einfach: Wir sollten darauf achten, dass alle diese vier Punkte in unserem Leben ausgeglichen sind. Wir müssen auf alle diese Bereiche achten und schauen, dass wir sie pflegen. Keinen dieser Bereiche sollten wir vernachlässigen.

Einige Menschen konzentrieren sich nur auf einen, zwei oder drei Elemente dieser Matrix. So gibt es Menschen, die unbestritten körperlich fit sind. Sie ernähren sich gesund, sie bewegen sich ausreichend, sie pflegen ihren Körper. Aber sie haben weder gesunde Beziehungen in ihrem Leben, noch tun sie irgendetwas für ihr Seelenheil. Sie lesen nicht, sie denken nicht, sondern sie sind reine Körpermenschen.

Andere konzentrieren sich auf den Geist und vernachlässigen den Körper – das sind die typischen Kopfarbeiter, die ihre Tage am Schreibtisch verbringen, ohne auch nur ein Mal das Haus zu verlassen und sich in irgendeiner Weise zu bewegen. Irgendwann sind diese Leute krank, weil der Blutdruck steigt und sie plötzlich einen Diabetes haben. Da bringt es Ihnen am Ende auch nichts, geistige Höchstleistungen zu vollbringen, wenn Sie viel zu früh sterben.

Bei der Seele geht es um die mentale Gesundheit. Also: Wie gehen wir mit uns selbst um? Woran glauben wir? Was ist mit spirituellen Dingen? Inwieweit achten wir auf unser Karma? Und tatsächlich gibt es auch Menschen, die sich vor allem auf die spirituelle Seite im Leben konzentrieren und andere Seiten vernachlässigen, vor allem den Körper. Oft auch den Geist. Manche spirituellen Menschen sind entrückt, sie finden irgendwie in einer Parallelwelt statt. Was das diesseitige, konkrete Leben in unserer Realität angeht, verkümmern sie – weil sie sich einfach nicht entsprechend weiterbilden, weil sie sich nicht mehr für den Nachrichtenfluss und das Weltgeschehen interessieren – und weil sie sich, wie die Schreibtischtäter, oft auch nicht bewegen.

Schließlich können wir es auch mit dem Herzbereich so übertreiben, dass wir uns selbst nicht mehr guttun: Kennen Sie Menschen, die immer für andere da sind und tiefe und schöne Beziehungen zu anderen pflegen, sich selbst dabei aber völlig vergessen? Auch diese Menschen – Stichwort: »Helfersyndrom« – verwahrlosen auf gewisse Weise.

Es gibt also viele Möglichkeiten, diese Bereiche falsch zu priorisieren. Meine Empfehlung ist, alle gleich zu behandeln. Wir sollten in alle vier Lebensbereiche ausreichend Energie und Zeit stecken und keinen vernachlässigen.

Der Körper

Ist unser Körper nicht in Ordnung, folgen körperliche Beschwerden. Ihnen muss ich das vermutlich nicht erzählen, denn Sie lesen gerade ein Buch übers Unternehmer-Mindset. Vermutlich wissen Sie, dass der Körper sich vorteilhaft entwickelt, wenn er die richtigen Intervalle aus Anspannung und Entspannung erlebt und wenn Sie sich gesund ernähren. Vereinfacht gesagt: Eine gesunde Ernährung und ausreichend Bewegung tragen dazu bei, das körperliche Gleichgewicht zu halten und unsere Leistungsfähigkeit zu steigern.

Jetzt muss ich Ihnen nicht sagen, dass Sie eine saubere Mischung aus Ausdauer- und Kraftsport treiben sollten. Das dürften Sie selbst wissen und vermutlich schon längst praktizieren. Was ich darüber hinaus noch entdeckt habe, ist mein Saftfasten: Anfang des Jahres habe ich gerade wieder 60 Tage Saftkur gemacht – und zwar gemeinsam mit anderen, die sich immer wieder über eine WhatsApp-Gruppe und auch im persönlichen Austausch motivieren.

Als ich 2021 auf den Malediven und von morgens bis abends ordentlich am Schlemmen war, bin ich auf den Film »Fat, sick and nearly dead« von Joe Cross (* 1966) gestoßen. Die Doku erzählt von Cross' Reise durch die USA, auf der er eine Saftkur macht, um sein Leben zurückzugewinnen. Er hatte Nesselsucht, war übergewichtig – und dieser Film hat mich dazu motiviert, damit immer wieder abzunehmen. Dabei geht mein Körpergewicht mal um 18 Kilogramm zurück, mal um 8 Kilogramm. Ich mache mir meine Säfte selbst, dazu kommen pflanzliche Eiweiße. Ich fühle mich dabei fitter und gesünder.

Was aber auch eine entscheidende Rolle spielt, sind Pausen. Viele meiner Kollegen und Freunde sagen mir immer wieder: »Martin, du bist die ganze Zeit auf höchster Drehzahl. Du bist ständig in Action. Wann machst du mal Pause?«

Es ist tatsächlich so: Wenn ich einen Arbeitstag habe, dann bin ich wirklich von morgens bis abends außerordentlich aktiv. Also, die Drehzahl ist tatsächlich sehr hoch. Vielleicht sollte ich tagsüber mehr Pausen einbauen – und glaub mir, ich weiß, wie schwer das ist, wenn ein Projekt läuft.

In jedem Fall komme auch ich zur Ruhe: Am Abend beginne ich tatsächlich, mich zu entspannen. Mit den Hunden oder mit meiner Partnerin oder beim Sport oder ausnahmsweise beim Filmschauen – ich schaue Filme sehr gezielt und selten.

Da fällt mir die Doku zu Michael Jordan ein: »Michael Jordan to the Max«, von 2000. So etwas schaue ich mir viel lieber an als irgendwelche Blockbuster.

Und es gibt Phasen in meinem Leben, in denen ich mich tatsächlich rausziehe. Wir kommen gleich zum Thema »Geistige Gesundheit und Spiritualität« – den Anfang hat hier bei mir die Freizeit gemacht, genauer gesagt: das Angeln.

Das ist etwas völlig Monotones. Beim Angeln tust du über lange Strecken gar nichts. Ich weiß auch nicht, warum Fische so lange brauchen, um Entscheidungen zu treffen. Für mich wäre das kein Leben. Was machen die denn so lange? Beraten die? Bilden die Ausschüsse? Sache ist doch: Da ist Futter! Also ab dafür! Aber nein, die Fische lassen sich Zeit. Entsprechend fällt es vielen Menschen sehr schwer, auf die Fische zu warten. Aber ich – obwohl ich sonst so aktiv bin – entspanne mich dabei wunderbar.

Oder nimm den Kraftsport. Da tust du was. Jedenfalls bewegst du deine Arme und Beine und bist aktiv. Oder im Schwimmbad Bahnen ziehen. Eine nach der anderen, ohne zu denken, ohne zu zählen, ohne auf die Uhr zu schauen. Bis du aufs Klo musst.

Was passiert da im Kopf? Für mich war das immer sehr wichtig, dass ich genau spüre, was im Kopf passiert. Ich habe gemerkt, dass ich beim Sport aufhöre zu denken, dass ich einfach die Dinge sich selbst überlassen und Zeit vergehen lassen kann. Dadurch gelingt es meinem Kopf, abzuschalten und zur Ruhe zu kommen.

Auf welche Weise Sie abschalten, entscheiden Sie natürlich selbst. Wichtig ist nur, dass Sie etwas finden. Bei mir sind es vor allem Sport und Ruhe, meistens allein oder allerhöchstens mit zwei Freunden oder meiner Familie. Andere Leute spielen Schach. Die nächsten verbringen ihre Freizeit in einer Gruppe und machen Ausflüge. Oder singen im Chor. Das wäre für mich viel zu anstrengend, weil ich mich da gleich wieder um alle möglichen Dinge kümmern müsste. Für wann ist unser Tisch im Weinlokal reserviert? Wann kommt der Bus? Wann treffen wir uns noch mal? Wer holt wen ab? Gehen wir nach der Chorprobe noch zum Italiener oder zum Griechen? Meine Güte – mit Orga habe ich im Job genug zu tun! Für mich bedeuten solche Gruppenerlebnisse am Ende nur weitere »Running Tasks«, von denen ich mich doch eigentlich erholen will. Auf keinen Fall darf Freizeit zu einem weiteren Unternehmen werden.

Für mich bedeutet »Pause machen« wirklich abzuschalten und vor allem auch die Impulse von außen runterzudimmen. Das kann Wandern sein, andere kraxeln auf Berge. Demnächst wandere ich auch mal wieder auf den Kilimandscharo – na gut, das ist dann wirklich ein Projekt, vor allem professionell geführt. Wie auch immer: Sie sollten unbedingt etwas finden, bei dem Sie selbst ganz intensiv entspannen können. Wirklich loslassen. Das ist die Aufgabe, die Gedanken aus der Firma hinter sich zu lassen – auch, damit der Geist frei wird für neue Ideen.

Es ist wirklich so: Ganz viele Ideen, die ich für mein unternehmerisches Dasein hatte, sind mir nicht in dem Moment gekommen, als ich angestrengt darüber nachgedacht habe, sondern die besten Ideen sind genau in diesen Ruhephasen entstanden.

Schließlich noch zur einfachsten, normalsten und besten Pause: Schlaf. Wenn Sie es sich erlauben können, rechnen Sie am besten jeden Tag aus, wann Sie schlafen gehen. Ich selbst brauche relativ wenig Schlaf, auch weil ich das trainiert habe. Ich bin mit meinem Training auf einen Schlafbedarf von sechs Stunden gekommen, wobei mir dabei sehr der »Oura«-Ring hilft. Er misst die Schlafqualität und protokolliert alle vier Schlafphasen: den Tiefschlaf, in dem wir uns erholen, den REM-Schlaf, in dem unsere Psyche sich erholt, und außerdem noch den Leichtschlaf und die Wachphasen. Am Ende weiß ich, ob ich pro Phase genug geschlafen habe.

Der »Oura«-Ring ist ein wirklich revolutionäres Wearable, das nicht nur als modisches Accessoire getragen werden kann, sondern auch eine Vielzahl von Funktionen bietet, um die Gesundheit und das Wohlbefinden seiner Nutzer zu verbessern. Seine Technologie sammelt alle möglichen Daten – über den Schlaf, die Aktivität und den Stresslevel. Er misst die Herzfrequenzvariabilität (HRV), die Körpertemperatur und die Bewegungsaktivität. In der App dazu findet die Analyse statt – und so kannst du deine Schlafgewohnheiten anpassen oder deinen Stress durch passende Entspannungsübungen reduzieren.

Dann sagt mir der Ring auch, was ich essen soll, wann ich mich bewegen soll – und all das basierend auf meinen individuellen Bedürfnissen.

Wenn Sie also auf der Suche nach einem intelligenten Wearable sind, das Ihnen dabei hilft, Ihre Ziele im Bereich Gesundheit und Fitness zu erreichen, dann ist der »Oura«-Ring die perfekte Wahl für Sie!

Und auch ohne Ring gilt die einfache Rechnung: Angenommen, Sie brauchen sieben Stunden Schlaf und müssen morgens um 6 Uhr raus, dann ist um 22:30 Uhr Zapfenstreich – inklusive einem Puffer zum Einschlafen von einer halben Stunde. Hier sollten Sie das Tagesgeschäft beendet haben und dann vor allem Detox betreiben: das Handy ausschalten und sich auf den Schlaf vorbereiten. Meine Empfehlung ist, etwas Gehaltvolles zu lesen, aber nichts zum Thema Wirtschaftsrecht oder GmbH-Gründung, sondern etwas Bekömmliches.

Wie halten Sie sich fit?

____

____

____

____

____

Der Geist

Wie fit sind Sie geistig? Damit meine ich, ob Sie geistesgegenwärtig sind, flexibel im Denken und flink beim Begreifen. Und ich meine, ob Sie up to date sind, auf dem aktuellen Stand. Außerdem: Wir werden in den kommenden Jahren noch einige sehr gravierende Veränderungen erleben – wie fit und schnell sind Sie, um sich darauf einzustellen?

In einer Welt, die sich ständig weiterentwickelt und immer schneller wird, ist es von großer Bedeutung, geistig fit zu bleiben. Wir müssen Schritt halten. Gerade Unternehmer müssen auf Veränderungen reagieren können – und nicht nur das: Unternehmer stoßen ja oft auch Veränderungen an.

Wenn ich mit Unternehmern zu tun habe, beispielsweise in meiner Mastermind-Gruppe »Gipfelstürmer«, dann begegnet mir am Anfang oft das gesamte Spektrum mit allen Stadien. Ich begegne Menschen, die wirklich auf Zack sind. Die bekommen mit, was läuft, mit denen lassen sich Gespräche über Künstliche Intelligenz (KI) führen und die haben damit auch schon Erfahrungen gemacht. Andere haben von den selbstverständlichsten Entwicklungen der jüngeren Zeit keine Ahnung, weil sie schlicht nichts mitbekommen von der Welt.

Wie intensiv also nehmen Sie am öffentlichen Leben teil? Was bekommen Sie mit von dem, was geschieht?

Ziehen Sie sich aus dem Geschehen raus, weil Sie denken, Medien berichten sowieso nur Negatives? Ich frage das einfach mal so und das hat auch einen Hintergrund: Viele Trainer und Speaker erzählen ihrem Publikum tatsächlich, sie sollten aufhören, Medien zu konsumieren. Die wichtigsten Dinge würden wir sowieso mitbekommen. Na ja, das sehe ich etwas anders. Wer nicht verfolgt, was auf der Welt stattfindet, spielt irgendwann nicht mehr mit. Sich darauf zu verlassen, dass du aus dem Freundeskreis schon informiert wirst, funktioniert vermutlich nur dann, wenn du extrem gut vernetzt bist.

Ich betone das so vehement, weil es schlicht Leute gibt, die stehen geblieben sind. Vielleicht kennen Sie Beispiele aus Ihrem Bekanntenkreis oder Ihrer Familie? Manche Menschen bleiben einfach stehen wie eine Uhr. Die steht dann auf »1995« oder auf »2010«. Bei alten Krimis können Sie an der stehen gebliebenen Uhr die Tatzeit ablesen – das ist nicht immer ganz logisch, aber wir kennen den Gedanken als filmisches Motiv. Und die stehen gebliebene Uhr bei Menschen zeigt eben den Stand des Wissens und die damals üblichen Denkweisen und Glaubenssätze.

Für viele gibt es nicht einmal eine großartige Digitalisierung, sondern sie leben mental noch immer in einer rein analogen Welt. Andere sind in ihrer mentalen Verfasstheit noch immer so rücksichtslos gegenüber Mitgeschöpfen und Umwelt, wie es in früheren Zeiten üblich war. Oder sie vertreten ein Weltbild, in dem sie immer noch Vorurteile gegenüber Menschen hegen, nur weil die eine andere Hautfarbe haben. Andere denken immer noch, sie müssten ein Unternehmen top-down leiten und der einzig wahre Führungsstil sei immer noch der bei der Fremdenlegion.

Grundsätzlich übernehmen wir in unserer Erziehung ja die Denkmuster und Glaubenssätze von Eltern und Lehrern und es ist unsere Aufgabe, diese Dinge zu hinterfragen. Manche Menschen tun das einfach nicht, obwohl sie Jahrzehnte Zeit dafür haben. Und da sehe ich eben nicht das größte unternehmerische Potenzial.

Zu einem gesunden Unternehmergeist gehört es aus meiner Sicht, sämtliche Denkmuster zu überprüfen. Welche Denkmuster haben Sie von zu Hause mitbekommen? Welche sind richtig, welche falsch? Welche waren einmal richtig, welche haben sich als falsch erwiesen? Welche sind zwar nicht grundlegend falsch, aber unbrauchbar? Welche Denkmuster sind klüger und wie können wir sie uns aneignen?

Diese Gedanken müssen wir uns machen als Unternehmer. Es ist wirklich wichtig, dass wir uns darüber im Klaren sind, wie wir denken. Und dazu müssen wir mental offen sein.

Doch wie erreichen wir mentale Offenheit und Flexibilität? Klassische Ratgeber sagen uns, wir sollten regelmäßig unser Gehirn trainieren – mit Sudoku und Kreuzworträtseln bis hin zu Gedächtnistraining und Lernspielen. Aus meiner Sicht alles nett: Klar können wir mit den Kindern auch mal ein 5000-Teile-Puzzle zusammensetzen. Am sinnvollsten aber ist die permanente geistige Herausforderung im Alltag, konkret: ständig neue Erfahrungen zu machen und Herausforderungen anzunehmen, die wir noch nicht kennen.

Überlegen Sie einfach, wie Sie etwas zu essen auswählen – ob zu Hause oder im Restaurant. Wählen Sie ein Gericht aus, das Sie schon kennen, *weil* Sie es schon kennen? Oder wählen Sie ein Gericht aus, das Sie noch nicht kennen, *weil* Sie es noch nicht kennen? Das macht am Ende den Unterschied aus. Tun Sie Dinge, die

Sie immer tun – obwohl auch diese Dinge einmal neu waren? Oder tun Sie Dinge, um sie kennenzulernen und damit Ihren Erfahrungsschatz und so auch Ihren Horizont zu erweitern?

»Die Lampe höher hängen«, nennt es der Speaker und Mental-Coach Dieter Lange. Je höher die Lampe hängt, desto mehr sehen wir vom Leben. Und je höher die Lampe hängt, desto mehr Möglichkeiten sehen wir, die wir unternehmerisch verwirklichen können.

Also: Wie hoch hängt Ihre Lampe?

Wie bleiben Sie geistig beweglich? Was tun Sie dafür?

____

____

____

____

____

Mit welchen wirklich klugen Menschen tauschen Sie sich aus?

____

____

____

____

____

Die Seele

Sie wissen: Beim Angeln brauchst du vor allem Ruhe. Am besten Stille. Dass die Ruhe beim Angeln etwas Kontemplatives und fast Philosophisches hat, habe ich erst lernen müssen. Am Anfang war das Angeln für mich etwas, was ich im Unterschied zu anderen können wollte – das war so in meiner Jugend auf dem Campingplatz. Da wollte ich mit meinem Mentor Franz, der damals eine Art Vaterfigur für mich war, auf Augenhöhe reden können.

Als ich dann auch alleine geangelt habe, habe ich mich manchmal in der Anfangszeit sogar dabei ertappt, dass ich beim Angeln irgendwann die Ohrhörer in die Ohren gesteckt und ein Hörbuch weitergehört habe. Ich hatte eine gewisse Angst vor der Leere, »Horror vacui«, also die Angst vor der Leere – Angst, dass nichts geschieht, dass nichts weitergeht.

Ich wollte einfach keine Zeit ungenutzt verstreichen lassen. Und ich dachte, genutzt sei Zeit nur, wenn wir sie im Außen nutzen.

Da ist mir klar geworden, was für ein Getriebener ich eigentlich die ganze Zeit war. Inzwischen ist das Angeln für mich wirklich etwas, bei dem ich in mich hineinhöre, auch wenn meine »vier Jungs«, wie ich sie nenne, um mich herumtollen: meine vier Königspudel »Ego«, »King Murphy«, »Doc Watson« und »Major Tom« – sie sind natürlich immer dabei. Doch wenn die Hunde um mich herumtoben, findet diese Aktion rein im Außen statt. Für mich ist am Ende die innere Ruhe ausschlaggebend.

Ich mag auch Sounds zum Meditieren, zum Beispiel die von »Qantexx«. Und auch das lenkt nicht ab, wenn wir verinnerlicht haben, dass die Auseinandersetzung im Innen abläuft. Da ist es völlig egal, was im Außen passiert. Na gut, die Fische brauchen die Stille. Aber für jemanden, der meditiert, ist es im Grunde egal, wie hoch der Lautstärkepegel in der Umgebung ist.

Früher habe ich tatsächlich gedacht, unter Druck und Stress funktioniere ich am besten – das war ein Irrtum. Zum Glück habe ich da die Kurve gekriegt. Dass die Kraft in der Ruhe liegt, habe ich erst durch meine Annäherung an die Spiritualität gelernt. Es geht nicht um Schwere, sondern um Leichtigkeit. Es geht weniger um Kampf, eher um Lust. Ich habe erst durch die vielen Trainings, die ich besucht habe, verstanden, dass es in Ordnung ist, Fehler zu machen. Ich habe mich mit NLP befasst und mit Heilern, sogar mit psychedelischer Therapie. Ich habe gemerkt, dass ich in meiner Hektik auch viel kaputtmache. Heute merke ich, wie wichtig diese Investitionen in mich selbst waren.

Ich meine, klar: Ein Unternehmen wird nicht groß, wenn ich nur »Omm« sage. Sicher sagt das bekannte »Law of Attraction« oder »Gesetz der Anziehung«, dass wir dem Fluss des Lebens vertrauen sollen, aber ohne Aktion, ohne konkret etwas zu »unternehmen«, wächst kein Unternehmen.

Das Gesetz der Anziehung bedeutet für mich vor allem: Wir ziehen an, was wir verdienen. Und dazu müssen wir eben aktiv sein und dürfen uns nicht auf die faule Haut legen in der Hoffnung, dass das Universum uns schon von allein beschenkt. Das Gesetz der Anziehung trifft einfach überall zu: Wenn du ein guter Unternehmer bist, dann ziehst du auch gute Mitarbeiter an. Schlechte Verkäufer kriegen auch nur Kunden, die sich ständig beschweren und Theater machen.

Das beherzige ich inzwischen. Es geht für meine Begriffe um einen Mix aus Manifestation, also andauernder Selbstbestätigung, und eben Aktion, also konkretem Tun. Und ich halte es aus, wenn irgendein arroganter Rednerkollege sagt, er hätte mich als »Vorgruppe«, nur weil ich vor ihm dran bin. Wohlgemerkt: nicht nett-ironisch, sondern wirklich überheblich gemeint. Hier behalte ich heute die Bodenhaftung, es ist mir egal. Und bei Kundenbegegnungen höre ich immer öfter: »Dass Sie so menschlich sind, hätten wir nicht erwartet.« Irre, oder? Auch Angriffe finden im Außen statt.

Auf dem Weg zu Ihrer mentalen Gesundheit empfehle ich auch Ihnen, das Innen vom Außen zu trennen. Eine der wichtigen Erkenntnisse ist dabei: Niemand außer uns selbst ist dafür verantwortlich, wie es uns geht. Am Ende bestimmt nicht das Außen, wie es uns geht, sondern nur das Innen. Wir selbst entscheiden sogar, wie es uns geht. Wir können manche Dinge im Außen sicherlich beeinflussen – aber ob es nun regnet oder nicht, hat mit uns nichts zu tun, und deswegen müssen wir bei Regen nicht schlecht gelaunt sein.

Wirklich wirkungsvolle Menschen setzen das Konzept nun tatkräftig um und begründen dadurch eine neue Realität. Sie bestimmen das Außen durch das Innen. Sie handeln aus ihrem Innen heraus und verändern dadurch die Welt.

Und Sie sehen schon: Genau so sollten Unternehmer handeln.

Wenn Sie das einmal verstanden haben, wenn Sie dieses Prinzip einmal verinnerlicht haben, dann ist es Ihnen auch völlig egal, wie stressig die Außenwelt daherkommt. Sie werden in diesem Moment einfach nur von innen heraus das Richtige tun, weil sie mit sich im Einklang sind und weil es eben deswegen das Richtige ist. Es wird sich auswirken und positive Folgen haben.

Also: Wie gesund ist Ihre Seele? Wie gut kommen Sie mit sich selbst klar? Seelische Stärke ist wichtig, damit wir Strategien entwickeln können, um die vielen Aufgaben im Leben lösen zu können. Also alles, was wir hier in diesem Buch besprechen, bringt Ihnen am Ende nur dann etwas, wenn Sie genau diese Kraft haben und da einigermaßen klar mit sich selbst sind.

Dies hier ist kein Meditationsratgeber. Einmal, weil ich selbst kein Experte in dem Thema bin – da gibt es bessere Fachleute. Und zweitens denke ich, obwohl ich auch immer wieder meditiere, dass das Meditieren kein Selbstzweck ist. Meditieren bedeutet für mich einfach nur, zur Ruhe zu kommen, mich auf meine Mitte zu konzentrieren und das Außen abzuschalten. Das Meditieren als solches ist allerdings nicht das, was manche als Modeerscheinung kennen: die Augen zu schließen und »Ommm« zu sagen. Meditieren können Sie ohne alle Hilfsmittel, Sie brauchen dazu weder Requisiten noch Geräusche.

Ich warne auch davor, dass Sie sich jetzt in rauen Mengen spirituelle Bücher kaufen und denken, dass Sie damit weiterkommen. Diese Bücher finden nämlich auch wieder nur im Außen statt. Es gibt jede Menge Esoterik-Fans, die verzweifelt auf der Suche nach Erleuchtung sind, aber vor lauter Klangschalen, Räucherstäbchen und Buddha-Statuen um sich herum gar nicht mehr merken, dass das alles im Außen stattfindet. Es gibt tatsächlich so etwas wie esoterischen Nippes. Wirklich: Ob nun jemand einen spießigen alten Setzkasten an der Wand hat wie Oma und Opa mit ihren kleinen Kitschfiguren oder ob sich bei Ihnen zu Hause die Buddhastatuen auf die Füße treten – es ist am Ende Plunder. Wobei ich natürlich weiß, dass es durchaus energetisch hoch aufgeladene, uralte Buddhafiguren gibt, die jede Menge Stärke ausstrahlen. Die meine ich jetzt aber nicht. Ich meine den Kitsch, mit dem sich viele umgeben, die angeblich auf der Suche nach Erkenntnis und Erleuchtung sind. Vielleicht finden diese Leute zur Erleuchtung, aber dann nicht wegen ihrer orientalisch-fernöstlichen Devotionaliensammlung, sondern infolge einer Reise zu sich selbst.

Nicht zuletzt ist für ein gesundes Seelenleben wichtig, auf seine eigenen Bedürfnisse zu achten. Daher sollten wir uns darüber im Klaren sein, was wir brauchen und was wir wollen. Nehmen Sie es als kleinen Vorgriff zum Kapitel »Welches Feuer löschen Sie?«. Werden wir uns darüber bewusst, was wir brauchen! Und darüber, was wir wollen. Die Klarheit darin verhindert, dass wir beruflich und geschäftlich in die falsche Richtung marschieren. Wer sich seiner Bedürfnisse bewusst ist, richtet sich sein Leben anders ein als jemand, der ein Klischee lebt oder sich nach anderen richtet.

Also: Das Wollen bezieht sich auf unsere Wünsche, während das Brauchen sich auf unsere Bedürfnisse und Notwendigkeiten bezieht. Wenn wir etwas wollen, kann es ein Verlangen nach etwas sein, das uns Freude bereitet. Wenn wir jedoch etwas brauchen, ist es unerlässlich für unser Überleben oder Wohlbefinden.

Nur wenn wir wissen, was wir wollen und brauchen, treffen wir unsere Entscheidungen auf der Grundlage dessen, was wirklich wichtig ist. Wir sollten uns also immer fragen, ob wir etwas wirklich brauchen oder ob es nur ein Wunsch ist, der uns vorübergehend glücklich macht. Wenn wir lernen, den Unterschied zwischen Wollen und Brauchen zu erkennen, können wir unser Leben bewusster und erfüllter gestalten.

Wie sieht es denn bei Ihnen aus?

Nun sind Menschen nicht nur rationale Wesen, die ausschließlich nach Bedarf und Nutzen handeln. Wir alle haben Wünsche und Vorlieben, die uns dazu verleiten, auch Dinge zu kaufen, die wir nicht brauchen. Beispielsweise ein regionales

T-Bone-Steak mit einem guten Roten – das braucht kein Mensch. Wer satt werden will, kann auch Hering mit Tomatensauce aus der Dose essen, und einem Alkoholiker genügt am Schluss Industriealkohol. Mit dem feinen Essen und dem schönen Wein wollen wir uns etwas gönnen oder uns belohnen – oder vielleicht auch etwas kompensieren. Was? Hier sollten Sie auf die Pirsch gehen, um herauszufinden, was die Motive hinter Ihren Motiven sind.

Und auch da gilt, wie bei den nur vordergründigen Esoterikern: Natürlich können Sie sich kasteien und zwingen, nur noch Dinge zu sich zu nehmen, die Sie wirklich brauchen. Ja, wir können Asketen werden. Nötig ist das allerdings nicht. Ich finde es in Ordnung, wenn wir uns etwas Gutes tun – wir sollten uns dessen nur bewusst sein. So viel habe ich, glaube ich, aus dem spirituellen Denken mitgenommen, dass ich es nicht verurteile, wenn jemand von Wünschen gesteuert ist. Ich nehme es halt zur Kenntnis. Ich bin mir auch selbst über meine Wünsche bewusst und kann sie genau von dem abgrenzen, was ich brauche.

Wenn wir uns dessen aber nicht bewusst sind und uns von unseren Wünschen beherrschen lassen, geraten wir schnell in eine Konsumspirale. Wir kaufen Dinge, die wir nicht brauchen, und verschwenden unser Geld für kurzfristigen Spaß. Eine Suchtdynamik ist da programmiert und das heißt: immer öfter, immer höher dosiert. Doch wahre Erfüllung finden wir erst dann, wenn wir uns auf das Wesentliche konzentrieren. Es geht darum, zu erkennen, was wirklich wichtig ist – und darauf fokussieren wir uns. Denn zu verstehen, dass wir schädliche Verhaltensmuster weglassen, hat mit Askese nichts zu tun.

Eher geht es dabei um Achtsamkeit. Ja, ich weiß, Sie gähnen jetzt gedanklich und denken: »Schon wieder so ein Achtsamkeitsapostel!« Mir ist bewusst, dass viele Coaches und Trainer derzeit richtig Schindluder mit dem Thema Achtsamkeit treiben. Ich wundere mich immer wieder, was auf dem Markt teilweise los ist: Eine Achtsamkeitstrainerin zum Beispiel erzählt überall herum, wie wichtig Achtsamkeit und Verständnis sind, aber sie denkt nur an sich. In ihrem Blog berichtet sie nur davon, wie es ihr selbst geht. Die anderen interessieren sie nicht, obwohl sie das vorgibt. Und bei Veranstaltungen drängt sie sich anderen mit Umarmungen auf, die die gar nicht wollen. Da ist null Gespür fürs Gegenüber, keinerlei Empathie. Also vieles, was uns beim Thema Achtsamkeit in der Eso-Szene begegnet, ist alles andere als achtsam – es ist eher distanzlos und übergriffig. Auch hier wieder meine Warnung vor esoterischer Scharlatanerie: Für eine wirkliche Verbindung zu uns selbst brauchen wir keinen Achtsamkeitscoach.

Wenn wir die ganze Folklore mal außen vor lassen und die Achtsamkeit ernst nehmen, also als das, was sie ist, spielt sie eine entscheidende Rolle: Indem wir uns bewusster mit unseren Gedanken und Gefühlen auseinandersetzen und achtsamer durch den Alltag gehen, werden wir uns unserer Bedürfnisse und unserer Situation insgesamt viel besser bewusst.

Viele Dinge, die wir brauchen, vernachlässigen wir auch – oft vor lauter Arbeit oder auch vor lauter Wollen: Wer nimmt sich noch genug Zeit für Familie und Freunde oder für seine Gesundheit? Letztendlich geht es um Prioritäten: Was ist mir im Leben wichtig? Wenn Sie sich darauf besinnen, werden Ihnen alle möglichen Entscheidungen viel leichter fallen. Sie richten Ihre Entscheidungen an Ihren Zielen aus, an Ihren Unternehmenszielen und eben auch an Ihren persönlichen Prioritäten.

Und das ist eben ein völlig anderer Zugang als früher, als ich noch dachte, der Druck müsse hoch sein. Wir funktionieren am besten, wenn wir in unserer Mitte sind. Es geht um Frequenzen, und Frequenzen lassen sich messen.

Darum setze ich neben dem »Oura«-Ring auf die Meditations- und Entspannungsklänge von »Qantexx«. Damit kannst du deine Leistungskraft steigern. Ich war lange auf der Suche und habe mir mit »Qantexx« das gesamte Thema Gehirnfrequenzen erschlossen. Ich habe da wirklich sehr viel recherchiert – über das Neurolinguistische Programmieren (NLP) oder auch über Theta-Wellen und entsprechende Meditationsformate, die dein Gehirn auf die jeweilige Frequenz einstellen. Meine Erfahrung ist: Wenn ich in der richtigen Schwingung bin, funktioniere ich auch gut.

Beispielsweise heißt es über das »Qantexx«-Programm »BrainUp«: »Die Manager-Sessions führen dein Gehirn technisch in einen stressfreien Zustand: Du wechselst in die ›Führungs-Frequenz‹ der Zukunft. Erst unter 13 Hz hast du Zugriff auf deine volle kreative Leistungsfähigkeit, um für dein Unternehmen neu denken und führen zu können.« Und was soll ich sagen? Ich trainiere damit immer wieder in Viertelstunden-Sessions mein Gehirn. Und ich stelle fest: Auf 13 Hertz performe ich super.

Übrigens: Mit dem Promo-Code »MLG11« können Sie sich bei »Qantexx« 11 Prozent Rabatt holen. Verwenden Sie einfach diesen QR-Code:

Um ein kleines Fazit zu ziehen: Wenn es um den Geist geht, lebe ich eine Mischung aus Meditation und gutem Leben. Achtsamkeit ist mir sehr wichtig, also das bewusste Tun. Zugleich halte ich es mit Paracelsus (1493/1494–1541), der da sagte: »Die Dosis macht das Gift.« Also, ich gönne mir das Steak und den Rotwein an einem schönen Abend mit Freunden. Das ist aber auch alles in Ordnung, weil ich auf der anderen Seite sehr genau auf meinen Körper höre und auf meine Gesundheit achte. Und dabei wiederum stehe ich in einer tiefen Verbindung zu mir selbst, die mir unter anderem durch Dinge wie Meditation gelingt.

Wir sollten es halt mit nichts übertreiben und uns unserer selbst bewusst sein.

Bei welchen Gelegenheiten finden Sie innere Ruhe?

____

____

____

____

____

Wie finden Sie Ihre Mitte?

____

____

____

____

____

Das Herz

Kommen wir schließlich zum Herz. Die Frage ist: Was erfüllt Sie mit Glück und motiviert Sie? Wofür brennen Sie? Was ist Ihr Grund, morgens aufzustehen? Und: Welche Menschen und welche Umgebungen tun Ihnen gut?

Die Seele und das Herz hängen sehr eng miteinander zusammen. Denn um herauszufinden, was uns guttut, also wie wir auf unser Herz hören, brauchen wir diesen spirituellen Zugang zu uns selbst und zu unserer Umgebung.

Gerade als Unternehmer haben Sie wahrscheinlich gute Möglichkeiten, der Welt etwas zurückzugeben. Wir selbst geben der Welt natürlich schon einmal unsere Ideen, unsere Produkte und Lösungen und wir helfen damit wahrscheinlich sehr vielen Menschen, ein angenehmeres oder besseres Leben zu führen. Doch zugleich führen wir auch ein privilegiertes Leben. Ich meine, grundsätzlich könnte jeder ein Unternehmer sein. Das ist ja das, was ich gerne in den Schulen als Basiswissen implementieren würde: Wir alle, sofern nicht geistig gehandicapt, können eine Geschäftsidee entwickeln und umsetzen, wenn wir wissen, wie es geht. Da das aber nur wenige mitbekommen und da dieses Wissen noch immer eine Art Geheimwissen ist, befinden wir Unternehmer uns in einer privilegierten Lage. Und dafür können wir der Menschheit auch etwas zurückgeben.

So habe ich zum Beispiel schon immer gespendet. Fürs Tierheim, für Flüchtlinge. In meiner katholischen Erziehung war das Nächstenliebe und die bezog und bezieht sich immer auch auf Tiere. Doch irgendwann wollte ich nicht nur Geld geben, sondern aktiv werden. Dafür sorgen, dass sich wirklich etwas verändert. Und so bin ich seit 2018 Botschafter von Kinderlachen e. V. – und da kann ich wirklich etwas bewirken. In der Vergangenheit habe ich immer wieder meinen Zieletag »Think BIG or go HOME« veranstaltet – da nehmen Menschen teil, die Träume haben und sie verwirklichen wollen. Beim letzten Mal sind 42 000 Euro an Spenden für Kinderlachen e. V. zusammengekommen. Im Sommer 2022 durfte ich eine Woche mit ukrainischen Kindern verbringen – bei Fußball, Klettern und Stockbrot erlebten auch vor dem Krieg geflohene Kinder wieder einmal so etwas wie Kindheit.

Also: Was ist Ihr Herzensanliegen? Wenn es mehrere sind: Welches Herzensanliegen ist Ihr wichtigstes? Wofür setzen Sie sich ein? Wofür brennen Sie?

Hieraus können Sie ganz viel ableiten. Sie finden darin im Idealfall sehr, sehr viel, was Sie motiviert. Sie kommen dadurch auch auf die Werte, über die wir gleich noch sprechen werden. Was ist Ihnen wichtig? Und noch einen anderen Gedanken will ich Ihnen an die Hand geben: Überlegen Sie mal, was Ihnen richtig wehtut. Was verletzt Sie? In was für einer Situation sind Sie richtig gekränkt? Wann ist ein Wert verletzt, den Sie vertreten? Auch daraus können Sie ableiten, was Ihnen wichtig ist, und Sie finden möglicherweise ein Herzensanliegen. Und wirklich: Tun Sie etwas für Ihr Herz, für Ihr Gemüt. Damit Sie etwas Sinnvolles tun, damit Sie etwas Gutes tun und damit Sie etwas tun, was Ihnen spirituelle Energie gibt. Betrachten Sie das nicht als Handel nach dem Motto: »Wenn ich etwas gebe, bekomme ich etwas zurück«, sondern hören Sie mal auf zu kalkulieren. Ich weiß, das Business-Prinzip lautet: »Erst schaufeln, dann scheffeln«. Erst geben wir etwas, bevor wir nehmen. Aber das ist hier nicht gemeint. Hier ist gemeint, dass Sie im Sinne eines ausgeglichenen inneren Wesens das Richtige tun, und das Leben zieht hier letztlich keine Bilanz. Es mag so etwas wie ein Karma geben, aber auch das ist an dieser Stelle unmaßgeblich. Es geht einfach darum, dass Sie etwas tun, was Ihnen wichtig ist.

Und umgeben Sie sich mit Menschen, die Ihnen guttun. Ich rate Ihnen, sich nicht mit Menschen zu umgeben, die Ihnen nicht guttun.

Es mag erst mal hart klingen, wenn Ihnen jemand vom Kontakt zu bestimmten Menschen abrät. Denn ist nicht jeder Mensch gleich viel wert? Und ist nicht soziale Interaktion immer wichtig? Natürlich sind Menschen gleich viel wert und trotzdem gibt es Menschen, die Ihnen schaden. Und ja, soziale Interaktion ist wichtig, aber je fokussierter Sie Ihre Ziele verfolgen, desto mehr werden Sie feststellen, dass Sie auf die Meinungen mancher Leute immer weniger Wert legen. Das wertet nicht diese Menschen ab – nur ihre Äußerungen sind halt nicht unbedingt so relevant.

Das klingt arrogant? Früher hätte ich gesagt: »Mir egal, da stehe ich drüber.« Heute sage ich: »Es ist keine Arroganz.« Dann ist es auch arrogant, wenn eine Zeitung einen unqualifizierten Leserbrief ablehnt, in dem Unsinn steht. So mache ich das auch, so machen es alle in meiner Liga. Wir wollen *qualifizierte* soziale Interaktion, nicht irgendeine.

Ich habe mich von den Menschen, die mir schaden und die mir meine Zeit und meine Energie rauben, peu à peu gelöst. Sie können Beziehungen einschlafen lassen, manchen Leuten einfach absagen und nicht mehr nachhaken oder auch einfach explizit und deutlich Schluss machen – geht alles. Manchmal genügt es auch, wenn Sie niemandem mehr hinterherrennen.

Und wissen Sie was? Ich vermisse überhaupt nichts. Mir fehlt gar nichts – weder das Genörgel noch das Gemecker, noch die Bevormundung, noch die moralische Bewertung. Mir fehlt nichts von alledem. Im Gegenteil: Ich fühle mich viel freier, seit ich mich von Menschen gelöst haben, die mir blöd von der Seite kommen, mich dumm anmachen, mich moralisch verurteilen oder die auf sonst irgendeine Weise denken, ihr Weltbild sei so wichtig, dass es auch für mich gilt. Schluss damit! Einerseits ist es sowieso gleichgültig, was andere Menschen denken, sofern sie nicht qualifiziert sind, um etwas zu beurteilen. Und dann: Ließe sich das Adjektiv »gleichgültig« steigern, wäre es noch viel »egaler«, was Menschen von Ihnen halten, die Sie bevormunden und dominieren wollen und die Ihnen Ihre Freiheiten nicht lassen.

Rigoros? Ja, klar. Das weiß ich. Aber aus meiner Sicht geht es nicht anders. Ich kann diese Leute nicht ändern. Glauben Sie mir, ich habe es bei einigen versucht, es hat nicht funktioniert. Und ich bin kein Therapeut, der dafür bezahlt wird, diese Leute umzudrehen. Zumal sie das ja auch gar nicht wollen. Und jeder hat das Recht auf die krudeste Betrachtungsweise der Welt ever.

Es ist auch nicht menschenfeindlich oder arrogant, was ich sage. Ich habe mich lediglich dazu entschieden, zu bestimmten Menschen Nein zu sagen – so, wie alle Menschen zu allen möglichen Dingen und auch Menschen Nein sagen. Das ist absolut legitim. Ich gestehe diesen Menschen zu, auf ihre Weise glücklich zu werden. Alles gut! Aber meine Zeit und meine Energie gehen dafür nicht mehr drauf.

Schauen Sie, es gibt umfangreiche Literatur zur Persönlichkeitsentwicklung. Es gibt so viele Bücher und Online-Kurse. Es gibt so viel kostenlos auf YouTube. Das Wissen ist da, wir müssen es uns nur anschauen.

Es ist jetzt nicht mein Fehler oder Ihr Versäumnis, wenn manche Menschen einfach nicht mitbekommen, was läuft. Ob das Internet-Trolle sind, die dich in deinen eigenen Kommentarspalten schlecht machen, oder Neider aus der Branche, die gegenüber Kollegen schlecht über dich reden. Ich kann nichts dafür, dass diese Leute in ihrer Entwicklung auf dem Level sind, auf dem sie sind. Es ist nicht unsere Bringschuld, den Leuten die spirituelle Erkenntnis mitzugeben, die für ein einigermaßen aufgeräumtes Denken nötig ist. Es ist deren Aufgabe, sich up to date zu halten. Es ist eine Holschuld.

Und ich gehe noch einen Schritt weiter: Sie und ich tragen keinerlei Verantwortung dafür, wie es diesen Menschen geht. Das gilt auch umgekehrt. Entsprechend haben diese Menschen überhaupt keine Legitimation dafür, sich in unser Leben einzumischen und uns zu sagen, was sie für richtig oder für falsch halten. Die Leute dürfen denken, was sie wollen. Aber das heißt nicht, dass wir ihre Meinungen übernehmen müssen.

Viele Menschen haben den größten Horror vor Familienfeiern, weil sie dann in großen Zeitabständen immer wieder diese ganze moralische Walze abbekommen. Ich weiß nicht, wie es Ihnen damit geht. Meine Familienfeiern sind eigentlich ganz in Ordnung, lauter coole Leute und vor allem macht mich niemand dumm an. Bei manchen Kollegen von mir ist das anders – da gibt es durchaus die eine oder andere schmerzhafte Trennung, weil irgendeine große Schwester oder irgendein Schwager konsequent Gift versprüht und einfach nicht respektieren kann, was wir entscheiden. Sicher gab es vorher Gespräche und Appelle, doch bitte die Grenzen des Gegenübers zu respektieren, aber wenn selbst das nicht fruchtet, weiß ich auch nicht weiter.

Falls es Ihnen ebenso geht, ein Tipp: Betrachten Sie das Gerede einfach als Lärm. Gehen Sie nicht darauf ein. Blenden Sie den Lärm aus. Er findet im Außen statt und hat mit Ihnen selbst überhaupt nichts zu tun.

Ich konzentriere mich auf das, was wichtig ist: auf mein Leben, auf meine Liebsten, auf mein Business und auf meine Entscheidungen. Ich weiß, was ich zu tun habe. Ich weiß, was richtig und falsch ist. Ich bin nicht auf die Meinungen von Leuten angewiesen, die selbst nie selbstständig waren und nach einem flüchtigen Blick auf mein Leben alles besser wissen.

Das ist meine Haltung zu Energieräubern. Es gibt selten einen Grund, diese Leute in meinem Leben zu belassen.

Welche sind also Ihre Energieräuber? Neben den Trollen in der Familie und im erweiterten Freundeskreis können das auch Kunden sein, die immer wieder nachverhandeln wollen oder sich durch ständige, übertriebene Nachforderungen als Schnorrer erweisen. Oder Menschen, die dir einfach nicht guttun, weil sie dich ständig kleinmachen und dich so in deiner Entwicklung hemmen. Der Umgang mit solchen Leuten kostet nur Zeit und Nerven, die du woanders brauchst. Zum Beispiel, um dein Business zu etablieren. Sagen Sie mir einen Grund, weshalb Sie sich mit Energievampiren, Schnorrern, Bremsern und Leuten herumschlagen sollten, die Sie runterziehen. Mit Menschen, die Sie in Ihrem Wesen nicht respektieren, die Sie manipulieren oder Ihnen das Gefühl geben, nicht gut genug zu sein. Mir fällt kein einziger Grund ein.

Darum gehen Sie mal in sich und überlegen Sie, wer diese Energieräuber sind. Wie gehen Sie mit diesen Leuten künftig um? Was entscheiden Sie? Vielleicht haben Sie eine lange Geschichte mit diesen Menschen hinter sich und es fällt Ihnen schwer, sie loszulassen. Doch wenn Sie wirklich wollen, dass Ihr Leben besser wird und Sie glücklicher sind, sollten Sie diesen Schritt gehen. Glauben Sie mir: Niemand braucht toxische Beziehungen und dabei ist es egal, ob die Ursache toxische Männlichkeit ist, toxische Weiblichkeit oder einfach toxische Unverschämtheit.

Was ist Ihre Herzenssache?

____

____

____

____

____

Freundschaften

Und dann drehen Sie diese kleine Übung ruhig auch ins Gegenteil um und notieren Sie, mit wem Sie mehr Zeit verbringen wollen. Welche inspirierenden Gesprächspartner wünschen Sie sich, welche Kunden wollen Sie gewinnen? Ich habe mir immer Leute gesucht, die es noch besser können als ich. Wen haben Sie da auf Ihrer Liste? Diese Liste sollten Sie sich vor Augen halten und genau die durch den Rauswurf der Energieräuber gewonnene Zeit mit Ihren Traumkontakten verbringen.

Sicher: Auch der reichste Mensch ist unglücklich, wenn er einsam ist. Nur um das klarzustellen: Wenn ich allein am See sitze, meinetwegen drei Tage lang, bin ich nicht *einsam*. Ich bin *allein*. Das ist ein riesiger Unterschied.

Das Alleinsein liebe ich, gerade zur Reflexion und zum Rückzug. Aber einsam will ich nicht sein. Ich kenne niemanden, der einsam sein will. Es gibt Menschen, die einsam sind – in aller Regel Leute, die sich nicht auf Beziehungen einlassen wollen und die die Spielregeln ablehnen, sagt Dieter Lange. Aber ob sie es deswegen wollen? Viele einsame Menschen sind sehr verbittert, weil sie einfach nicht verstehen können, weshalb sie sich im sozialen Miteinander auf Spielregeln einlassen und zum Beispiel die Grenzen anderer Menschen respektieren sollten.

Erfüllung finden die meisten Menschen eben im Miteinander. Und dafür haben Sie mehr Kapazitäten, wenn Sie die Energievampire aus Ihrem Leben geschmissen haben. Wobei es dann wieder eine Typfrage ist, ob Sie viele oder wenige Freunde haben. Viele in der Generation meines Sohnes (Jahrgang 1995) denken, sie bräuchten möglichst viele Freunde. Je mehr, desto Party. Chris selbst denkt zum Glück nicht so – ich schätze mal, er hat ein paar wichtige Dinge von mir mitgenommen.

Was halt immer wichtiger wird, auch mit dem Älterwerden, ist der Fokus. Das »Entweder-oder-Prinzip«, die Dinge entweder richtig zu machen oder gar nicht, wird mit den Jahren immer bedeutender. Wenn dir weniger Zeit bleibt, als Zeit hinter dir liegt, dann fokussierst du dich. Also ist mir ein Abend voller »Quality Time« mit zwei, drei guten Leuten wichtiger als eine Party, auf der ich sowieso mit niemandem richtig sprechen kann.

Es ist in meinen Augen nicht notwendig, viele Freunde zu haben, um glücklich zu sein. Vielmehr geht es darum, die richtigen Menschen an unserer Seite zu haben – Menschen, mit denen wir gemeinsam lachen können und die uns auch in schwierigen Zeiten unterstützen.

Wer sind die wichtigsten Menschen für Sie?

____

____

____

____

____

Ihre Werte

Vorhin hatte ich Sie gefragt, in welcher Situation Sie wirklich verletzt sind, gekränkt. Was fasst Sie richtig an?

Wir hatten gesagt: Wer sich selbst und seine Bedürfnisse besser kennenlernt, kann bessere Entscheidungen treffen. Diese Entscheidungen sollten im Einklang mit den eigenen Werten und Zielen stehen.

Die Frage nach den Werten, die für uns Menschen von Bedeutung sind, ist eine der grundlegenden Fragen der Menschheit. Werte sind jene Prinzipien, die unser Handeln und Denken bestimmen und uns als Individuen ausmachen. Sie geben uns Orientierung und sind unverzichtbar für ein erfülltes Leben.

Nehmen wir ein Beispiel. Wir hatten es von den Trollen, die uns reinreden, obwohl es ihnen nicht zusteht. Die uns bevormunden wollen und uns vorschreiben wollen, was wir tun und was nicht.

Ich selbst reagiere auf solche Versuche megaallergisch. Ich bekomme nicht nur Pickel, sondern schlage auch sehr schnell zurück. Na ja. Nachdem ich versucht habe, das Ganze nur als »Lärm« wahrzunehmen, was ja bei mir auch nur eine Zeit lang klappt.

Welcher Wert ist verletzt, wenn uns jemand bevormundet? Der Wert der Freiheit, der Selbstbestimmung. Also einer der wichtigsten westlichen Werte. Er hängt zusammen mit der freien Entfaltung der Persönlichkeit, ohne die wir keine Unternehmer hätten, keine Geschäftsideen, keine Arbeitsplätze, keine Produkte und keine zufriedenen Kunden. Am Anfang steht die Freiheit.

Vermutlich haben alle Unternehmerpersönlichkeiten die Freiheit als unumstößlichen Wert. Es gibt aber noch andere Werte. Welche liegen Ihnen am Herzen? Ist es die Familie, die Neugier, die Ordnung, die körperliche Aktivität? Das sind nur wenige Beispiele von vielen – und Sie sehen schon, wie unterschiedlich diese Werte das unternehmerische Agieren bestimmen können.

Der Wert »Familie« zum Beispiel ist sicher ein Motiv, wenn Sie einen Campingplatz betreiben oder ein Altersheim. »Neugier« ist ein Wert, wenn Sie eine TV-Produktionsfirma oder eine Redaktion gründen. »Ordnung« als Wert – das klingt etwas konservativ, aber sobald wir uns einen Anbieter für Dokumentenmanagement ansehen, hat der Unternehmer ganz sicher diesen Wert in seinem Denken. Wer eine Software entwickelt, die aufräumen soll, mag sicher keine Unordnung. Und die »körperliche Aktivität«? Die vertritt ganz sicher jeder einzelne Mitarbeiter bei Eintracht Frankfurt oder auch bei anderen Fußballvereinen – mir fällt im Augenblick keiner ein – als Wert, sonst wäre er dort falsch. Korrekt?

Und jetzt stellt sich die Frage: Welcher Wert treibt Sie an?

Ganz ehrlich: Ich konnte mit »Werten« am Anfang erst mal gar nichts anfangen. Ich habe mir gedacht: »Was soll das denn mit diesen Werten?« Für mich gab es Werte im Sinne von Geldanlagen und es ist mir erst im Laufe meines Lebens gelungen, sozusagen mit zunehmender Reife, die wahren Werte im Leben zu erkennen und für mich zu priorisieren. Heute weiß ich: Meine wichtigsten Werte im Leben sind Lust, Harmonie und Freiheit.

Meine Karriere begann ja bei einem Büromaschinenhersteller. Sie wissen schon, Kopierer, Faxgeräte – so was halt. Das war schön, das hat Spaß gemacht – bis wir von einem Konzern gekauft wurden, der uns gleich eingegliedert hat. Plötzlich wehte ein anderer Wind. Sie können sich vorstellen, wie es im Konzern um den Freiheitsdrang eines Machers wie mir bestellt war. Plötzlich galten die absurdesten Regeln. Ich habe gekämpft wie ein Löwe, um alles richtig zu machen, und mit der Zeit habe ich gemerkt, dass ich gegen mein Inneres handelte, das im Kern frei sein wollte. Nur wusste ich eben damals als Berufseinsteiger nicht, dass mein wichtigster Wert die Freiheit war.

Anpassung und vielleicht sogar Opportunismus erleben zahlreiche Mitarbeiter in Konzernen, wie wir alle wissen. Weniger böse klingt das, wenn Menschen gerne tun, was sie an Aufgaben vorgesetzt bekommen. Es gibt tatsächlich Menschen in Konzernen, die funktionieren sehr gerne im Sinne des Unternehmens. Denen macht es Spaß, jeden Tag ihren kleinen Beitrag dazu zu leisten, dass der riesige Tanker erfolgreich bleibt oder wird. Es spricht auch prinzipiell nichts dagegen. Nur ist dann eben der Wert der Freiheit möglicherweise nicht so stark ausgeprägt wie bei Typen wie mir. In meinem Fall hat die Arbeit im Konzern meinem inneren Wert der Freiheit massiv widersprochen.

Der Wert »Lust« heißt für mich, dass ich Dinge tun will, die ich gerne tue und die mir Erfüllung geben. Neue Ideen ausprobieren, neue Konzepte entwerfen und verfolgen – oder hier, dieses Buch zu schreiben. Aktuell schreibe ich diese Zeilen übrigens in Orlando, wo ich hinreise, weil ich das will. Das bedeutet für mich Lust in Verbindung mit Freiheit.

Andere können das nicht – sie müssten für so eine Reise Urlaub nehmen oder können sich die Abwesenheit aus der Firma nicht erlauben.

Ich besuche hier übrigens meinen Lehrer Kenneth, der Hausmeister in meiner US-Schule war. Kenneth hat mich als Schüler damals unter seine Fittiche genommen und mir letzten Endes gezeigt, wie sich jemand vom sprichwörtlichen Tellerwäscher zum Schulleiter und zum Unternehmer hocharbeiten kann. Er ist jetzt 80 geworden und hat seine 60-jährige Partnerin geheiratet. Die beiden kennen sich schon seit der Highschool. Bei Kenneth in Orlando, Florida, mache ich gerade meine »Workation«, also eine Art Auszeit mit Besinnung aufs Wesentliche – was auch bedeutet, dass ich an meinem Buch arbeite und ein paar Zoom-Calls führe.

Dann zu meinem Wert »Harmonie«: Ich darf für mein Verständnis zwar anecken, um meine Überzeugungen zu vertreten und damit etwas anzustoßen. »Eine Null hat keine Ecken und Kanten«, sage ich dazu gerne. Zugleich lege ich enorm viel Wert auf ein angenehmes Miteinander ohne große Konflikte unter meinesgleichen: Ich will mit denjenigen harmonisch zusammenleben, die ebenfalls wie ich der Meinung sind, dass theoretisch alle Menschen auf der Welt etwas aus ihrem Leben machen können, wenn sie wissen, wie es geht. Wenn Sie so wollen, geht es mir um Harmonie in der Wertegemeinschaft der Macher und Leistungsträger, die einander ohne Neid gönnen, was sie erreichen. Harmonie mit Leuten, die diese Prinzipien infrage stellen und Probleme statt Lösungen suchen, brauche ich nicht.

Außerdem vertrete ich natürlich die Werte der Limbeck Group, also die vier R- und die vier L-Werte »Respekt«, »Regeln«, »Richtung«, »Rituale«, »Loyalität«, »Leistungswille«, »Leidenschaft« und »Lernbereitschaft«. Das sind die Werte, die mir im Unternehmen wichtig sind – auf sie komme ich im Kapitel über Manpower noch zu sprechen.

Essenziell ist in jedem Fall, dass du deine Werte kennst – denn sonst besteht die Gefahr, dass du an ihnen vorbeiarbeitest, ohne dir dessen bewusst zu sein. Ich hatte das Glück, dass ich mich in der Seminarszene automatisch mit Menschen umgeben habe, die diese Bildungsinhalte thematisieren. Und ich war von Anfang an in ein starkes Netzwerk von Top-Performern eingebunden, mit denen ich auf die Suche gehen konnte nach den Werten, die wirklich wichtig sind.

Wer seine Werte kennt und merkt, dass diese Werte ständig ins Hintertreffen geraten, weil er auf der Basis seiner Werte ein anderes Leben führen will, als er es tut, der erlebt schon mal ein ziemliches existenzielles Dilemma. Dann ist er vielleicht auf der Spur, zu erkennen, wohin seine wahre Reise geht.

Sind Sie Sie selbst?

Stellen Sie sich mal vor, jemand handelt entgegen seinen Werten. Bei Arbeitnehmern findet sich das ja oft: Die Zahlen des Gallup Engagement Index zeigen Jahr für Jahr, dass die allermeisten Arbeitnehmer nur noch Dienst nach Vorschrift machen. Grundsätzlich gilt natürlich auch für Arbeitnehmer, dass allein sie selbst verantwortlich sind für ihr Wohlergehen – wie jeder Mensch auf dieser Welt. Wenn Arbeitnehmer nun die Verantwortung für ihr Wohlergehen auf ihren Arbeitgeber schieben, dann können wir als Unternehmen da relativ wenig tun. Wir können uns im Grunde nur darauf konzentrieren, gute Leute zu rekrutieren – ein Thema, zu dem wir ja später noch einmal kommen.

In jedem Fall zeigt sich ein Delta zwischen der Realität und den Werten eines Menschen meistens in Form einer Sinnkrise. Unfassbar viele Arbeitnehmer leben in einer solchen Krise, weil sie ihren Job in der Tiefe ihres Herzens hassen. Das heißt, dass sie ein Drittel ihres Lebens ablehnen. Wie gesagt ist das deren Entscheidung: Zur individuellen Freiheit gehört, dass wir uns für ein unglückliches Leben entscheiden dürfen. Die allermeisten Menschen könnten ihr Leben anders gestalten, gerade in Zeiten des Personalbedarfs, aber sie tun es eben nicht. Das ist nun einmal die Realität.

Eine solche Sinnkrise bei einem Unternehmer dagegen wirkt auf mich im Grunde unrealistisch. Warum sollte ein Unternehmer ein Unternehmen gründen, für das er nicht brennt?

Gegen die eigenen Werte zu handeln, kostet unfassbar viel Energie. Wer andauernd etwas tut, was ihm nicht liegt, führt ein gnadenlos anstrengendes Leben und braucht wesentlich mehr Pausen als andere Menschen. Die Lösung dabei ist auch nicht der »Flow«, von dem der Autor Mihály Csíkszentmihályi (1934–2021) schrieb und womit die Mitte aus Überforderung und Unterforderung gemeint ist. Das hilft meines Erachtens nur, wenn der Job grundsätzlich passt und wir nur an der Intensität schrauben müssen.

Es geht erst einmal darum, was wir tun. Und wenn wir einen Sinn für Mathematik haben und Werte vertreten wie Präzision und Korrektheit, dann dürfte uns die Entwicklung einer Steuersoftware eher liegen als die Organisation von Abenteuerreisen mit Rollenspielcharakter für junge Leute. Das wiederum ist eher etwas für Unternehmer mit einer Vorliebe für gute Laune, feines Essen und Inszenierungen.

Entscheidend ist, dass wir uns unseres Wesens bewusst sind. Es geht um unsere Identität, also mehr oder weniger um eine Art Menschenkenntnis für uns selbst. Wir sollten unsere Persönlichkeit erkennen und erfassen, bevor wir unternehmerisch tätig werden. Es ist wichtig, dass wir wissen, wer wir sind.

In diesem Zusammenhang wird der Begriff »Authentizität« heutzutage immer wichtiger. Noch nie waren wir so frei und hatten so viele Optionen wie heute. Wer will, kann jederzeit in eine andere Rolle schlüpfen. Zugleich wirken Menschen attraktiv, die in einer Welt der kurzlebigen Informationen so etwas wie Felsen in der Brandung sind. Menschen suchen nach Menschen, die echt und aufrichtig sind.

Wir Unternehmer spielen da eine ähnlich wichtige Rolle wie Prominente, also wie Sportler, Schauspieler oder Politiker. Wir sind Vorbilder beziehungsweise wir sollten Vorbilder sein. Und dazu sollten wir uns unserer Werte und Motive bewusst werden und unsere Vision sowie unsere Mission kennen. Mit diesen Botschaften unterstützen wir dann unser unternehmerisches Handeln.

Die Begriffe »Mission« und »Vision« werden oft synonym verwendet, aber sie haben tatsächlich unterschiedliche Bedeutungen. Die Mission beschreibt das grundlegende Ziel einer Organisation, ihre Aufgabe und den Zweck ihrer Existenz. Die Mission ist also das, womit wir rausgehen, was wir konkret tun. Es geht um das »Was«.

Die Vision hingegen beschreibt die langfristigen Ziele und Träume, auch wenn sie unerreichbar sind. Die Vision ist das Bild, das die Organisation von der Zukunft hat und das sie motiviert, sich kontinuierlich weiterzuentwickeln. Während die Mission die Gegenwart definiert, gibt die Vision der Zukunft eine klare Richtung vor, also das »Warum«. Eine klare Unterscheidung zwischen Mission und Vision ist unerlässlich, um sicherzustellen, dass eine Organisation auf Kurs bleibt und ihre Ziele erreicht.

Eine Vision wirkt zugleich wie ein Kompass, mit dem wir das Unternehmen auf Kurs halten. Wir fragen uns eben immer wieder: »Zahlt das, was wir tun, auf diese Vision ein? Verfolgen wir tatsächlich unsere Unternehmensziele?« Eine Vision gibt auch den Mitarbeitern ein Gefühl der Zugehörigkeit und des Engagements. Sie inspiriert sie, ihr Bestes zu geben. Eine Vision ist also nicht nur wichtig, um das Unternehmen auf Kurs zu halten, sondern auch, um ein starkes Team zu bilden, das zusammenarbeitet, um die Vision zu verwirklichen.

Aus Vision und Mission leiten sich dann die Strategien ab – das »Wie«. Wie versuchen wir, unsere Ziele zu erreichen? Welche Methoden wenden wir an?

Wahrscheinlich sehen Sie jetzt, warum es wichtig ist, dass wir Unternehmer uns unserer Werte bewusst sind. Denn unsere persönliche Vision und die Vision unseres Unternehmens sollten natürlich möglichst ähnlich sein, vielleicht sogar identisch. Es ist, wie gesagt, Unsinn, wenn wir etwas tun, was wir nicht vertreten. Und da wir als Unternehmer den Charakter und das Wesen unseres Unternehmens maßgeblich bestimmen, müssen wir uns selbst kennen. Wir müssen wissen, wie wir sind, damit wir wissen, wer das Unternehmen ist. Wer nicht weiß, wer er ist und wo er steht, wird kaum eine Vision und Mission formulieren können.

Und damit sind wir wieder bei der Authentizität. Es ist wichtig, dass wir mit uns selbst im Reinen sind. Hier spielt wieder die Spiritualität hinein. Immer mehr Manager und Unternehmer meditieren, und zwar aus genau diesem Grund: Sie wollen ihr wahres Wesen erkennen. Denn das ist die Voraussetzung dafür, dass wir die Welt und die Menschheit überhaupt weiterbringen können, dabei selbst gut leben und nicht ausbrennen und der Nachwelt am Ende einen besseren Zustand hinterlassen als vorher.

Konkret heißt das: Wir Unternehmer sollten uns selbst treu bleiben. Nur wer zu sich selbst steht, ist für andere als authentisch wahrnehmbar. Es geht also darum, seine eigenen Werte und Überzeugungen zu kennen und diese auch zu leben – und zwar oft genug völlig unabhängig davon, was die anderen sagen. Zur Authentizität gehört auch, dass wir unsere Schwächen kennen und die Größe besitzen, uns bei Bedarf Hilfe zu holen. Ob in Gestalt von Fachleuten, die die Aufgaben übernehmen, die wir nicht erfüllen können, oder in Gestalt von Beratern, Coaches und Trainern, die es uns beibringen.

Rituale erfolgreicher Unternehmer

Was ich in den vergangenen Jahren wirklich als wirkungsvoll entdeckt und lieb gewonnen habe, sind Rituale. Ich beginne jeden Morgen mit einem Ritual. »Wir sind, was wir wiederholt tun«, hat Aristoteles (384–322 v. Chr.) gesagt. »Daher ist Exzellenz kein einmaliger Akt, sondern Gewohnheit.«

So sind natürlich meine »Qantexx«-Sessions zu einem Ritual geworden, ebenso das Saftfasten.

Rituale sind Handlungen oder Abläufe, die wir regelmäßig und wiederkehrend durchführen und die eine symbolische oder spirituelle Bedeutung haben. Sie können individuell oder kollektiv sein und dienen dazu, bestimmte Werte, Traditionen oder Glaubensvorstellungen zu vermitteln.

In vielen Kulturen sind Rituale ein wichtiger Bestandteil des täglichen Lebens, wie Sie wissen. Sie helfen den Menschen dabei, ihre Gemeinschaft zu stärken und ihre Beziehungen zueinander zu festigen. Sie können auch helfen, schwierige Situationen im Leben zu bewältigen, wie zum Beispiel Trauer oder Krankheit.

Rituale haben eine tiefgreifende Wirkung auf unser Leben, da sie uns helfen, uns mit unserer Umwelt zu verbinden und unsere Identität zu stärken. Sie schaffen Vertrauen, Sicherheit und Kontinuität in unserem Leben. Durch Rituale können wir unsere Emotionen ausdrücken, unsere Gedanken ordnen und unsere Spiritualität ausleben. Sie sind Gewohnheiten, die uns helfen, uns auf das Wesentliche zu konzentrieren und unsere Ziele zu erreichen. Ferner geben sie uns Struktur und helfen uns, uns auf das zu fokussieren, was wirklich wichtig ist.

In der modernen Gesellschaft gelten Rituale oft als überflüssig oder altmodisch. Doch ich sehe das anders als viele, die sich für moderne Menschen halten: Gerade in einer Zeit des Wandels und der Unsicherheit können Rituale uns Halt geben und uns dabei unterstützen, mit den Herausforderungen des Lebens umzugehen. Wobei ein Ritual nicht religiös sein muss.

Also: Die morgendliche Fahrt zur Arbeit ist kein Ritual, sondern ein banaler Ablauf, der einen klaren sachlichen Zweck hat. Aber auf dieser Fahrt zum Beispiel immer denselben Musiktitel zu hören, kann ein Ritual sein – nämlich dann, wenn dieser Titel für uns etwas bedeutet, also etwas symbolisiert. Oder wenn wir uns dadurch spirituell in irgendeine Richtung hin aufladen.

Anderes Beispiel: Regelmäßig Kraftsport zu machen, ist für sich genommen noch kein Ritual. Zum Ritual wird das Ganze, wenn wir beispielsweise bestimmte Bewegungen mit bestimmten Schreien verbinden. So haben Judo und Karate eine viel stärkere rituelle Bedeutung als simples Pumpen durch Gewichtestemmen.

Was ich schön finde, ist eben, alltägliche Notwendigkeiten zu Ritualen zu machen. Damit verleihen wir dem, was wir tun, eine besondere und tiefere Bedeutung, wodurch uns diese Dinge dann auch leichter fallen – ob es die Fahrt zur Arbeit ist, auf die sich auch durchschnittliche Arbeitnehmer plötzlich freuen, oder eben der Sport.

Eines meiner wichtigsten Rituale ist jeden Morgen meine 60-Sekunden-Bettkantenübung zur Persönlichkeitsentwicklung. Wie der Name schon sagt, setze ich mich auf die Bettkante, sobald der Wecker klingelt. Kein Snooze, nicht noch mal umdrehen. Und dann aktiviere ich das ideale Programm in meinem Kopf. Ich stelle mir vor, wie sich Gewinnen anfühlt und wie mein perfektes Leben aussieht. Dabei spreche ich mit mir wie mit einem guten Freund. Ich reflektiere, was anliegt, und sage mir dann, wie ich das alles mache – und vor allem mit welcher Haltung. Entscheidend ist dabei, auch ehrlich mit sich zu sein, wenn etwas nicht so gut läuft. Sei es im Business wie auch im Privaten. Dann frage ich mich: »Wie war es in den letzten drei Wochen? Und wenn es so weiterläuft – gefällt mir das oder nicht?« Wenn die Antwort Nein lautet, ist es Zeit, die Ärmel hochzukrempeln und etwas zu verändern.

So gelingt es mir, positives Denken in den Alltag zu bringen, und nach dem Prinzip der sich selbst erfüllenden Prophezeiung gelingen die Dinge dann auch tatsächlich besser. Und das steigert den Selbstwert – also den unsichtbaren Teil der Kraft. Dazu kommen Atemübungen nach dem niederländischen Extremsportler Wim Hof (* 1959) – eins der drei Elemente der Wim-Hof-Methode, mit der du deinen Körper und deinen Geist in einem idealen natürlichen Zustand hältst.

Nach diesen Atemübungen mache ich Sport und höre dabei ein Hörbuch, das mich weiterbringt. Das können die unterschiedlichsten Inhalte sein. In jedem Fall höre ich nicht die Nachrichten und schaue schon gar kein Frühstücksfernsehen. Nach dem Sport gibt es einen »Bulletproof Coffee« – das ist ein Butterkaffee, so ähnlich wie der in der Mongolei und im Himalaya übliche Buttertee. Googeln Sie das einfach mal.

Erfolgreiche Menschen haben oft Rituale, die ihnen dabei helfen, ihre Ziele zu erreichen. Das können kleine Dinge sein, wie zum Beispiel jeden Morgen eine Tasse Kaffee zu trinken, oder größere Rituale, wie zum Beispiel tägliches Meditieren oder Sport treiben. Diese Rituale geben ihnen die nötige Energie und Motivation, um ihre Ziele zu erreichen und erfolgreich zu sein.

Also, wenn Sie erfolgreich sein wollen, sollten Sie sich überlegen, welche Rituale Ihnen dabei helfen, Ihre Ziele zu erreichen. Vielleicht stehen Sie jeden Tag eine halbe Stunde früher auf, um Zeit für Yoga oder Meditation zu haben.

Besonders hilfreich ist mein High-Performance-Planer. Das ist ein dickes Buch in DIN A4, in dem ich jeden Morgen mein Mindset plane und abends meine Reflexionen eintrage. Morgens trage ich unter anderem ein: »Welche drei Neukunden rufe ich heute an? Worüber freue ich mich heute? Was will ich heute lesen oder lernen?« Und abends: »Warum war der Tag ein Erfolg? Was habe ich heute für meine Gesundheit getan?« Dazu gibt es jeden Tag einen High-Performer-Impuls, zum Beispiel: »Die Fähigkeit, mit jedem Kunden ganz individuell zu kommunizieren, ist die Kernkompetenz eines guten Verkäufers.«

Wissen Sie, was das Geniale daran ist? Mithilfe dieses Planers können Sie die wirklich wichtigen Aufgaben jedes Tages zu Ritualen machen. Indem Sie sie ritualisieren, tun Sie diese Dinge regelmäßig und lassen sie so zur Gewohnheit werden. Am Morgen vergegenwärtigen Sie sich das »Mindset des Tages«, also mit welchem Priming Sie in den Tag starten. Denn eines ist ja klar: Nur wir selbst entscheiden, wie es uns geht und wie wir uns fühlen, korrekt? Und abends reflektieren Sie, warum und inwiefern der Tag ein Erfolg war.

Also, ich kenne kein besseres Tool für ein bewusstes Leben – und zwar täglich – als diesen Planer. Er ist übrigens zeitlos, da ist nicht die Rede von »Januar« oder »September« – Sie können damit starten, wann Sie wollen. Jedes Buch bietet Platz für drei Monate.

Überhaupt: Es ist ein tolles Ritual, einen Planer zu führen und jeden Abend die Aufgaben für den kommenden Tag zu überprüfen und neu zu definieren. Also mache ich mir beispielsweise jeden Abend exakt klar, was am nächsten Tag zu tun ist und was nicht.

So ein Terminplan füllt sich ja in aller Regel Schritt für Schritt – und wenn wir dann reinschauen und der konkrete Tag ansteht, sind darin auch ältere Einträge. Wir legen ja nicht heute alle Termine für morgen fest, sondern die Termine für morgen sind in den vergangenen Wochen zusammengekommen. Und so füllt sich eine Woche mit unterschiedlichsten Terminen.

Ob diese Termine wirklich wichtig sind, ist erst einmal gar nicht gesagt. Wir wissen nur: Die Termine waren mal wichtig, sonst hätten wir sie nicht festgelegt. Aber ob sie dann immer noch wichtig sind, ist eben die Frage. Und die tatsächliche Relevanz eines Termins lässt sich zumindest nach meiner Erfahrung am besten kurz vorher einschätzen. Fliegt so ein Termin dann kurzfristig aus dem Kalender, tut mir das manchmal leid für die Beteiligten, aber wenn sich etwas als unwichtig erwiesen hat und nicht mehr – wie anfangs gedacht – aufs Unternehmensziel einzahlt, widerspricht der Termin dem Prinzip der Ergebnisorientierung. Ganz einfach.

Hier lauert übrigens eine Gefahr von Ritualen: Unwichtiges sollten wir nicht zum Ritual machen. Und nur weil etwas im Kalender steht und wir uns über ein Ritual auf unsere Aufgaben konzentrieren, heißt das noch lange nicht, dass unser gesunder Menschenverstand unsinnige Termine nicht auch kurzfristig hinterfragen und canceln sollte.

Ich erinnere mich an eine mittelfristig geplante Veranstaltung für eine Medienhochschule. Die Sache hatte ungefähr ein halbes Jahr Vorlauf. Die Studenten und der Dozent wollten von mir einen Workshop und ich wollte Bilder – Video und Foto – von einem Seminar an einer Hochschule.

Sie wissen schon: Hochschule. Schon bei dem Wort winken viele Profis ab. Im Hochschulumfeld klappt selten etwas wirklich. Erfahrungsgemäß ist der Ablauf von Aktionen an Hochschulen oft nicht professionell, weil dahinter keine Prozesse stehen, die nach unternehmerischen Maßstäben auf die Beine gestellt worden wären.

Also habe ich mir in weiser Voraussicht vorgenommen, am Montag nachzufragen, ob mit der Technik alles klappt; am Freitag war der Termin. Bin ich ordentlich verkabelt, sodass wir einen professionellen Ton haben? Gibt es eine Funkstrecke oder stolpere ich übers Kabel? Ist gute Lichttechnik da? Bin ich professionell ausgeleuchtet? Sind alle Studenten bereit, sich filmen zu lassen, und unterschreiben sie das auch? Fotografiert jemand professionell und tritt mir die Nutzungsrechte an den Fotos ab? Und, und, und. Das will ich alles fragen an diesem Montagmorgen.

Und was geschieht? Noch bevor es acht Uhr ist und ich anrufen kann, kommt eine E-Mail vom Dozenten: Die Technik stehe nun leider doch nicht zur Verfügung und statt der erwarteten großen Gruppe hätten wir nur sieben Teilnehmer.

So erübrigen sich manche Dinge, die mal wichtig waren, von ganz allein, getreu dem Motto: »Nichts wird so heiß gegessen, wie es gekocht wird.« Hier scheiterte – mal wieder – eine Institution des öffentlichen Dienstes an ihrem Unvermögen zu professioneller Performance.

Wobei ich die Absprache natürlich eingehalten hätte, wenn die zugesagten Bedingungen erfüllt gewesen wären. Denn wie gesagt: Entweder wir machen etwas, dann machen wir es richtig und mit voller Energie – oder wir machen etwas nicht, dann machen wir es gar nicht.

Aber so war ich glücklich über einen unverhofften freien Tag, und das sogar kurzfristig. Solche Verschiebemasse ist enorm wertvoll, weil du dann zum Beispiel einen ganzen Tag für ein Prio-1-Projekt verwenden kannst. Wobei es sowieso sinnvoll wäre, mit mehr Puffern zu planen und auch einige Zeiten im Kalender frei zu halten – aber da bin ich wohl das falsche Vorbild.

Und klar, auch bei meinem High-Performance-Planer bin ich nicht immer konsequent. Es gibt Tage, an denen ich im Tunnel bin und arbeite und mal keinen neuen Kontakt zu einem besonderen Menschen herstelle. Oder an denen ich mehr Zeit mit E-Mails und WhatsApp verbringe, als ich anderen empfehle. Nur stimmt halt die Richtung. Es geht ums große Ganze.

Und dazu sind Rituale eben wichtig. Auch wenn mal der Terminkalender durcheinandergerät, geben Rituale – wie beispielsweise mein Ritual am Morgen – dem Tag Struktur. Selbst wenn du nach dem Mittagessen eine halbe Stunde mit dem Hund rausgehst, kann das ein Ritual sein, das dich erdet. Ich denke, es ist wichtig, dass jeder Mensch eigene Rituale findet, die ihm helfen, sein Leben mit Struktur und Sinn zu füllen.

Das gilt übrigens auch fürs Unternehmen selbst: Es spricht nichts dagegen, auch für die Mitarbeiter einige Rituale einzuführen. Das muss gar nichts Esoterisches sein – beispielsweise ist unser Montagsmeeting um acht Uhr ein Ritual. Damit starten wir die Woche. Das ist keines der sinnlosen Meetings, die es in vielen Unternehmen gibt, sondern der Startpunkt der Woche. Maximal dreißig Minuten. Meine Mitarbeiter freuen sich sogar darauf. Es macht Spaß, alle zu sehen, auch die Kollegen im Homeoffice, und sich gemeinsam auf die neue Woche einzustimmen. Alle erfahren, woran die anderen in dieser Woche arbeiten. Technikfragen werden geklärt. Es ist der Startschuss für die Woche.

Immer wieder gerne machen wir auch ein Freitagnachmittag-Meeting mit einem Bier und einer Bratwurst, bei Bedarf alkoholfrei und vegan. Das schweißt das Team zusammen.

Insofern schaffen Rituale ein gemeinsames Erlebnis und stärken dadurch das Zusammengehörigkeitsgefühl. Das wiederum führt zu einer emotionalen Bindung und so stärkt sich auch die Identität der Gruppe.

Ich weiß gar nicht, wo ich aufhören soll, wenn es um den Vorteil von Ritualen geht. Auf jeden Fall empfehle ich Ihnen, Rituale einzuführen, sofern Sie noch keine haben. Für sich selbst und auch fürs Unternehmen.

Welche Werte vertreten Sie? Wofür setzen Sie sich ein?

____

____

____

____

____

Welche Beziehung haben Sie zum Thema Spiritualität? Falls Sie sich nicht für einen spirituellen Menschen halten: Beschreiben Sie bitte, inwiefern Sie sich vorstellen könnten, dass die Spiritualität Ihnen helfen kann.

____

____

____

____

____

Welche Rituale pflegen Sie bisher und welche Rituale werden Sie einführen?

____

____

____

____

____

Was ist Ihr Morgenritual?

____

____

____

____

____

1.5 Ihr Unternehmer-Mindset

Sich Hilfe zu holen, ist übrigens nicht jedermanns Sache. Kennen Sie das? Manche Zeitgenossen sind sich zu fein dazu. Und das halte ich für idiotisch. Es ist immer sinnvoll, sich Hilfe zu holen. Natürlich nur von Menschen, die helfen können und die etwas von ihrem Handwerk verstehen, ist klar. Aber gar nicht erst nach Hilfe zu fragen, ist idiotisch. Es ist einfach Quatsch, sich am Wegrand zu krümmen und zu den anderen Cowboys zu sagen: »Ihr müsst mich hier liegen lassen, ich komme schon irgendwie durch.« Nein, es gibt eine Notrufnummer und die rufen kluge Menschen dann an. Und wenn es mit dem Business hapert, fragen kluge Menschen andere kluge Menschen um Rat.

Und damit sind wir beim Unternehmer-Mindset, wie ich es sehe und wie ich es Ihnen empfehle.

Lassen Sie es mich auf den Punkt bringen. Die allerwichtigste Erkenntnis ist mein extra für dieses Buch entwickelte SKI-Prinzip:

Sei kein Idiot.

Das klingt ein wenig pauschal und radikal, aber es stimmt und ich stehe dazu. Seien Sie einfach kein Idiot. Alle meine Buddys in meiner Unternehmerblase mit Unternehmer-Mindset wissen sofort, was damit gemeint ist. Und hier will ich Ihnen das Konzept einfach mal zusammengefasst darstellen.

Insgesamt zeichnen sich Menschen mit Unternehmer-Mindset durch Offenheit, Zugewandtheit, Menschlichkeit, Proaktivität und viele weitere positive Dinge aus. Und wie Sie sehen werden, lässt sich das Unternehmer-Mindset sehr gut anhand von Dualitäten beschreiben, also von Gegensätzen, die einander gegenüberstehen:

Auf der einen Seite steht das sinnvolle und kluge Denken und Handeln, auf der anderen Seite steht das unsinnige und idiotische Denken und Handeln.

Ohne Frage: In einem freien Land dürfen Sie sich auch dazu entscheiden, idiotisch zu denken und zu handeln. Es ist halt nicht klug.

Also, legen wir los! Wie sind Sie kein Idiot? Hier sind die zehn Gebote dazu:

1. Unternehmer denken selbstbestimmt statt fremdbestimmt.

Das Allerwichtigste ist die gelebte Überzeugung, dass wir selbst die Welt bestimmen und dass wir dazu beitragen können, wie sich das Leben der Menschen entwickelt. Daraus resultiert, dass wir gute und schlechte Entscheidungen treffen können. Unternehmer wissen: Sie haben nicht nur das Recht, sondern auch die Möglichkeit, ihre Entscheidungen zu treffen.

Einmal also gilt das Prinzip nach Konfuzius (vmtl. 551–479 v. Chr.): »Wähle einen Beruf, den du liebst, und du brauchst keinen Tag in deinem Leben mehr zu arbeiten.«

Und dann gilt das Prinzip des berechtigten Eigensinns, wie ich es nenne. Ja, wir dürfen eigensinnig sein und müssen uns nicht davon abhängig machen, was andere denken oder sagen – vor allem dann, wenn die Leute keine Ahnung haben.

Das Wort »eigensinnig« ist in der Kulturgeschichte übrigens negativ besetzt – obwohl es etwas völlig anderes ist als »starrsinnig« oder »egoistisch«. Ich meine mit »eigensinnig« einfach, dass du dich auf dein Urteilsvermögen verlassen kannst und dich nicht negativ von Leuten beeinflussen lässt, die gar keine Ahnung haben, was du überhaupt tust. Was für dich richtig ist, entscheidest nur du – meinetwegen beziehst du noch deinen Partner mit ein, aber am Ende sind deine Entscheidungen freie und legitime Entscheidungen.

Sie sehen schon: Das hat mit Autonomie zu tun. Unternehmer haben sich in aller Regel von den Beeinflussungsversuchen anderer befreit, ob das die Eltern und Geschwister sind, die öffentliche Meinung, Kommentare in der Presse oder auch mal ein Verriss über uns selbst oder eines unserer Produkte. Es ist wichtig, sich qualifiziertes Feedback zu Herzen zu nehmen, aber unqualifizierte Äußerungen anderer spielen für Unternehmertypen keine Rolle.

Und so denken Unternehmertypen dann auch. Sie machen sich unabhängig von den Meinungen anderer – und auch von Entwicklungen anderer. Apple-Gründer Steve Jobs (1955–2011) hat sich bei der Entwicklung des iPhones nicht darum gekümmert, ob Wettbewerber nach wie vor an Plastiktastaturen festgehalten haben. Das »Benchmarking« – also der Blick auf das, was die Konkurrenz treibt – war ihm völlig egal. Er wusste, dass die anderen konvergent denken und es für ihn daher nicht wichtig ist, was sie tun. Aus Sicht derer, deren Meinung für einen divergenten Denker nicht maßgeblich ist, mag das verletzend sein, aber es ist eben so. Es kommt nicht darauf an, was Menschen denken, die von deinem Tun nichts verstehen und vielleicht auch gar nicht in deiner Liga spielen. Was Idioten denken oder von dir halten, ist erst recht völlig gleichgültig.

Im Übrigen bedeutet das selbstbestimmte Denken auch, dass Unternehmerpersönlichkeiten keinen unsinnigen Trends hinterherrennen, sondern etwas tun, wofür sie brennen und wohinter auch ein Sinn steht. Vor allem junge Leute scheinen gerne auf »Marketing« zu setzen oder auf »Controlling«, wenn wir sie bei einer Hochschulveranstaltung mal fragen – aber sind das wirklich Dinge, die für die jeweilige Gründung einzigartig sind?

2. Unternehmer denken groß statt klein.

Aus dem eigensinnigen Denken folgt fast automatisch das Groß-Denken. Besonders wichtig ist hier wieder Steve Jobs. Er sagte: »Alles um dich herum, was du Leben nennst, wurde von Menschen erfunden, die nicht klüger sind als du.«

Und das stimmt einfach. Wir kochen alle nur mit Wasser. Und am Ende sind wir selbst in der Lage, die Welt zu bereichern und der Menschheit etwas zu geben. Steve Jobs sagte noch etwas anderes, und zwar zur Frage, wie wir unseren Lebensinhalt finden: »Die einzige Möglichkeit, wirklich zufrieden zu sein, besteht darin, das zu tun, was du für eine großartige Arbeit hältst. Und die einzige Möglichkeit, großartige Arbeit zu leisten, ist, das zu lieben, was du tust. Wenn du es noch nicht gefunden hast, such weiter. Gib dich nicht zufrieden.«

Wieder bedeutet das Ganze, dass wir unser eigenes Ding machen und uns nicht von außen beeinflussen lassen. Unternehmertypen wissen: Die allermeisten Konventionen sind klein gedacht. Die Kategorien, in denen die meisten Menschen denken, sind kleinbürgerlich und beschränkt. Insofern sind auch deren Kommentare meist nicht qualifiziert.

Unternehmerpersönlichkeiten geben sich auch nicht mit kleinen Lösungen zufrieden. Es ist für sie nicht damit getan, einen Handwerksbetrieb zu gründen, in dem sie sich zeitlich limitieren, weil sie alles selber machen und der Kalender eben irgendwann lückenlos voll ist. Unternehmerpersönlichkeiten überlegen, wie sie expandieren können, sodass angestellte Mitarbeiter oder meinetwegen Subunternehmer operativ die Aufträge erledigen, die die Unternehmer selbst strategisch akquiriert haben.

Außerdem haben Unternehmerpersönlichkeiten ein positives Verhältnis zum Thema Geld – sie halten es mit Robert Kiyosaki (* 1947) und arbeiten nicht für Geld, sondern lassen Geld für sich arbeiten. Unter den beiden Vorbild-Modellen Kiyosakis – der reiche Vater, der Geld versteht, und der arme Vater, der Geld nicht versteht – ziehen sie den reichen Vater vor.

Unternehmerpersönlichkeiten sind auch nicht genügsam in dem Sinne, dass sie bei einer sechs- oder siebenstelligen Summe auf dem Privatkonto sagen würden, nun sei es »aber mal genug«. Der Auftrag ist nicht das persönliche Vermögen, sondern der Auftrag ist das Unternehmen, an dem am Ende auch Arbeitsplätze hängen. Einwürfe der Sorte »Es muss doch mal gut sein« lehnen Unternehmerpersönlichkeiten ab. Weshalb sollten Sie Ihre Projekte nicht weiterverfolgen, nur weil Sie selbst ausgesorgt haben? So etwas tun nur Egoisten. Unternehmertypen tragen lieber weiter etwas zur Menschheit bei, weil Wirtschaft im Grundsatz eben nicht egoistisch ist, sondern immer den Kunden im Blick hat, also den Mitmenschen. Dass das anstrengend ist, betrachten Unternehmertypen als Weg zum Erfolg und nicht als nervtötend.

3. Unternehmer haben ein offenes Weltbild statt eines geschlossenen Weltbildes.

Grundsätzlich sind Unternehmerpersönlichkeiten mental aufgeschlossen. Kennen Sie Leute, die »zu« sind? Ich kenne solche Leute, aber ich habe mit ihnen nichts zu tun. In meinen Augen sind Unternehmerpersönlichkeiten offen für Neues, statt ständig nur an Bekanntem festzuhalten, wodurch sie bald den Anschluss verlieren.

Eine der schlimmsten menschlichen Eigenschaften ist für mich die Selbstgerechtigkeit. Selbstgerechte Menschen halten sich selbst für vollkommen unwiderstehlich, sind aber von außen betrachtet oft Luschen, die nichts bis wenig auf die Kette kriegen. Viele denken, sie hätten die Weisheit mit Schöpfkellen gefressen und ruhen sich auf ihren wenigen Erfahrungen aus, die sie als viele empfinden. Das Selbstbild dieser Menschen ist in aller Regel völlig verzerrt. Letztlich ist Selbstgerechtigkeit eine Art der Selbsttäuschung, bei der wir uns selbst als moralisch überlegen und fehlerfrei betrachten, oft in einer Bubble eingebunden, die uns das ständig bestätigt. Eigene Fehler erkennen? Fehlanzeige. Stattdessen rechtfertigen sich selbstgerechte Menschen für ihre Fehler oder reden sie klein – und gewinnen insgesamt ihre moralische Lufthoheit, indem sie andere verurteilen. Zum Beispiel Unternehmer.

Sehen Sie, dass Unternehmer gar nicht selbstgerecht sein können, wenn sie dauerhaft erfolgreich sein wollen? Beides geht kaum zusammen. Wer glaubt, dass er selbst immer im Recht ist, nimmt Meinungen oder Perspektiven anderer kaum an. Selbstgerechte Menschen neigen dazu, andere Menschen zu verurteilen und abzuwerten, ohne deren Sichtweise zu verstehen oder ihre Beweggründe nachzuvollziehen. Viele Idioten sind selbstgerecht und es erscheint oft aussichtslos, ihnen da rauszuhelfen.

Die Folge ist oft Isolation – also wieder das Gegenteil dessen, wie Unternehmerpersönlichkeiten sozial aufgestellt sind. Unternehmer erscheinen zwar selten in der Öffentlichkeit – auch weil die öffentliche Meinung oft selbstgerecht ist –, aber in ihrem persönlichen Universum sind sie von wohlwollenden und offenherzigen Menschen umgeben.

»Open-minded« zu sein, ist das, worum es geht. Die ganze Haltung von Unternehmerpersönlichkeiten ist eher von Neugier geprägt als von Ablehnung gegenüber Neuem. Dazu gehört es dann auch, andere – allerdings nur Menschen mit Unternehmer-Mindset – um Rat zu fragen, statt alles selbst zu wissen und immer wieder die gleichen Fehler zu machen.

4. Unternehmer akzeptieren lebenslanges Lernen.

Aus der Aufgeschlossenheit folgt die Bereitschaft für lebenslanges Lernen. »Es ist gut, Erfolge zu feiern, aber es ist wichtiger, die Lektionen des Misserfolgs zu beachten«, sagt Microsoft-Gründer Bill Gates (* 1955). Gates spricht damit etwas ganz Wichtiges an: Unternehmerpersönlichkeiten sind eben nicht selbstgerecht und tun so, als wüssten sie schon alles. Stattdessen sind sie offen und bereit, ständig Neues zu lernen.

Lebenslanges Lernen bedeutet, dass wir uns kontinuierlich weiterbilden und neue Fähigkeiten und Kenntnisse erwerben, auch über die Schulzeit hinaus. Es ist ein Prozess, der ein Leben lang andauert und dazu beiträgt, dass wir uns persönlich und beruflich weiterentwickeln. Die Überzeugung dahinter lautet: Wir können alles lernen, was wir wollen – statt zu sagen, wir können etwas oder eben nicht und das bleibe dann auch so.

Es ist ein völlig anderes Konzept, als es die Mehrheit der Bevölkerung praktiziert: Die meisten Menschen scheinen zu denken, dass sie nach ihrer Schule, Ausbildung oder ihrem Studium alles wissen, was sie für den Rest ihres Lebens brauchen. Ein grandioser Irrtum, der unternehmerischen Erfolg quasi unmöglich macht. Wer so denkt, arbeitet – bildhaft gesprochen – am Ende immer noch auf Windows 3.11 und druckt mit dem Nadeldrucker. Oder verpasst als Inhaber eines Übersetzungsbüros die Entwicklung der KI, die Übersetzungsbüros weitgehend vom Markt fegt.

Solche Leute verpassen es dann schlicht, sich umzuorientieren, wenn es nötig wird. Dass es tatsächlich Zeitgenossen gibt, die stehen geblieben sind, hatten wir ja schon.

Wer nicht bereit ist, zu lernen, verliert den Anschluss. Viele dieser Leute schmücken sich mit ihren »Leistungen von damals«, schwelgen in Erinnerungen und sind mental auch sonst stark in der Vergangenheit verhaftet. Dabei ist es in unserer schnelllebigen Welt wichtiger denn je, lebenslanges Lernen zu praktizieren. Die Technologie verändert sich ständig und neue Entwicklungen erfordern neue Fähigkeiten.

Unternehmerpersönlichkeiten sind schon deswegen vom lebenslangen Lernen überzeugt und begeistert, weil es Spaß macht und das Gehirn fit hält. Wir trainieren das Denken und das Gedächtnis, wir arbeiten kontinuierlich an unserer Konzentrationsfähigkeit und bleiben insgesamt kognitiv flexibel. Das lebenslange Lernen führt zum Gegenteil des Starrsinns. Unternehmerpersönlichkeiten wollen ihr Talent und Können konkret nutzen, nicht damit angeben. Kompetenzen sind nichts, worauf wir uns ausruhen, sondern etwas, was wir immer weiterentwickeln.

Und wir entwickeln uns selbst permanent weiter – Stichwort: »Persönlichkeitsentwicklung«. Hier gelten die Worte des Unternehmers Warren Buffett (* 1930): »Du solltest vor allem in dich selbst investieren. Das ist die einzige Investition, die sich tausendfach auszahlt.« Wir entdecken immer wieder neue Interessen und Leidenschaften, die wir bisher nicht im Blick hatten. Also, ich finde es wunderbar. Die vielen Veränderungen in meinem Leben sind allesamt positive Entwicklungen – was wieder damit zu tun hat, dass sich Unternehmerpersönlichkeiten mit dem Status quo nicht zufriedengeben.

Insgesamt bedeutet lebenslanges Lernen also weit mehr als nur das Sammeln von Wissen. Es geht darum, offen für Veränderungen und bereit zu sein, sich anzupassen. Es geht darum, neugierig zu bleiben und immer wieder neue Herausforderungen anzunehmen. Nur so können wir uns persönlich und beruflich weiterentwickeln und erfolgreich sein – ein Leben lang.

Wobei Fehler kein negatives Urteil bedeuten, sondern Entwicklungschancen aufzeigen. Selbstredend haben Unternehmertypen auch eine aufgeschlossene Fehlerkultur, statt Fehler rigide zu bestrafen, wie starre Systeme es tun. Nur Idioten halten sich selbst für perfekt und glauben, sie würden Menschen über Strafen motivieren und zu besseren Ergebnissen bringen.

5. Unternehmer handeln wertschätzend statt geringschätzend.

Aus der Offenheit für Neues und der Überzeugung, dass sich das Individuum entwickeln kann, ergibt sich auch das Prinzip der Wertschätzung.

Wertschätzendes Handeln bedeutet, anderen Menschen mit Respekt und Anerkennung zu begegnen. Wir erkennen ihre Würde und ihren Wert als Individuen an und behandeln sie entsprechend wertschätzend. Im Gegensatz dazu steht geringschätziges Handeln, bei dem jemand andere Menschen herabwürdigt und ihre Bedürfnisse und Gefühle mit Füßen tritt.

Wertschätzendes Handeln zeigt sich in vielen Bereichen des Lebens, sei es im Umgang mit Freunden, Familie oder Kollegen. Es bedeutet, aufmerksam zuzuhören, Empathie zu zeigen und die Meinungen anderer zu akzeptieren. Es geht darum, eine positive Einstellung gegenüber anderen Menschen zu haben und sie nicht aufgrund von Vorurteilen oder Stereotypen zu beurteilen.

Geringschätziges Handeln – unter Idioten weitverbreitet – zerstört das Vertrauen zwischen Menschen. Und es ist zumindest nach meiner Erfahrung vor allem den selbstgerechten Zeitgenossen eigen – also denen, die uns Unternehmertypen meistens sowieso nur blöd von der Seite kommen mit ihren unqualifizierten Anwürfen und ihrer Neidzerfressenheit.

Unternehmerpersönlichkeiten sind wohlgesinnt statt missgünstig. Wir sind eben nicht zerfressen vom Neid. Wir gönnen anderen ihren Erfolg, statt ihn ihnen abzusprechen oder ihn kleinzureden. Und wir helfen anderen, statt unsere Erfolgskonzepte für uns zu behalten. Missgunst und Selbstsucht sind Unternehmerpersönlichkeiten völlig fremd.

Woran ich mich schon lange halte, ist das Prinzip, den Kuchen größer zu machen. Das Konzept lautet »Expand the Pie« und geht auf Richard Cavett zurück. Gemeint ist: Statt um Kuchenstücke (Marktanteile) zu kämpfen und die Wettbewerber wegzubeißen, sollten wir gemeinsam daran arbeiten, den Kuchen (den Markt) insgesamt zu vergrößern. Beispielsweise arbeitet auch die German Speakers Association e. V. (GSA) nach diesem Prinzip: Sie will das Speaking, also das Redenhalten, breit in der Gesellschaft verankern, als Angebot der Wissensvermittlung und spannender Impulse, die ein Menschenleben zum Guten hin beeinflussen können. Entsprechend helfen sich alle in diesem Branchenverband gegenseitig, obwohl sie im Grunde Wettbewerber sind.

Für mich heißt das insgesamt, dass ich anderen Menschen ihr Glück und ihren Erfolg gönne und nicht neidisch reagiere. Es geht darum, eine positive Einstellung gegenüber anderen zu haben und sich über deren Erfolge zu freuen, anstatt sie herabzusetzen oder ihnen den Erfolg mieszumachen.

Missgunst ist am Ende negative Energie und hält uns davon ab, unser Leben positiv zu gestalten. Wenn wir uns ständig mit anderen vergleichen und neidisch auf ihre Erfolge sind, sabotieren wir uns damit selbst und verlieren unsere eigenen Ziele aus den Augen.

Also, ich freue mich, wenn andere in meinem Top-Speaker- oder Unternehmer-Umfeld erfolgreich sind. Für mich sind diese Erfolge Inspirationen für mein Leben und für meine unternehmerische Entwicklung. Indem wir uns auf das Positive konzentrieren und eine unterstützende Haltung gegenüber anderen einnehmen, können wir übrigens auch insgesamt eine bessere Beziehung zu uns selbst und unseren Mitmenschen aufbauen. Wir sind dann keine Miesepeter mehr, die andere runterziehen, sondern werden zu Motivatoren.

6. Unternehmer denken in Wachstum statt in Stagnation.

Natürlich gilt das indianische Sprichwort: »Ist dein Pferd tot, steig ab.« Doch wenn es um eine sinnvolle Sache geht, die du erreichen kannst, dann bleib dran.

Unternehmerpersönlichkeiten denken in Wachstum statt in Stagnation, weil sie verstehen, dass Stillstand gleichbedeutend mit Rückschritt ist. Das betrifft nicht nur die eigene Geschäftsentwicklung, sondern eben auch die Persönlichkeitsentwicklung. Es geht immer weiter.

Wieder kommen die Einwände von der selbstgerechten Seite mit ihren unqualifizierten Anwürfen: »Kannst du nie genug haben?« Dieser Totschläger sagt mehr über den Absender aus als über den angegriffenen Unternehmer. Der Angreifer offenbart seinen missgünstigen Charakter – nur ist es am Ende eben sein Problem, wenn er nichts aus seinem Leben macht. Irgendwann, denke ich, ist auch Schluss mit dem wohlwollenden Versuch, alle mitzunehmen und auch die Miesepeter umzudrehen. Bei manchen geht es einfach nicht, denn sie wollen nicht. Nur liegt das nicht in unserer Verantwortung, sondern in ihrer.

Was diese Leute nicht verstehen wollen: Wachstum ist ein Prinzip der Natur. Die Natur ist in ständigem Werden und Vergehen begriffen. So, wie die Dinosaurier ausgestorben sind, sind auch die Pferdekutschen verschwunden oder die Diafilme. Stattdessen kommen ständig neue Dinge in unser Leben, wie zum Beispiel schwarze amerikanische Eichhörnchen in Europa oder eben auch Instagram und LinkedIn. Darauf reagieren wir, indem wir schauen, wie wir damit umgehen und was wir daraus machen. Das Prinzip des Wachstums lehnen nach meiner Erfahrung vor allem die Menschen ab, die auch das lebenslange Lernen ablehnen: Sie verstehen weder das Prinzip noch die Tatsache, dass diese Dinge miteinander zusammenhängen.

Also: Unternehmerpersönlichkeiten legen den Fokus auf ständige Entwicklung. Dazu gehört automatisch das Denken in Wachstumskategorien, und zwar ebenso, wie es die Natur tut. Nicht nur wir selbst wachsen in unseren Persönlichkeiten, sondern auch Unternehmen und Märkte wachsen. Zugleich vergehen Unternehmen und Märkte auch wieder und neue entstehen. Am Status quo festzuhalten, ist schon deswegen Unsinn, weil schon immer alles in Bewegung und im Fluss war.

Konkret heißt das für Unternehmerpersönlichkeiten, dass wir ständig innovativ und wettbewerbsfähig bleiben müssen, um unseren Erfolg zu halten. Wir müssen unsere Produkte und Dienstleistungen ständig verbessern und erweitern, auch um den sich ändernden Bedürfnissen unserer Kunden gerecht zu werden.

Wachstum heißt darüber hinaus, dass wir diversifizieren und unsere Sicherheit erhöhen: Wir erschließen neue Märkte und vergrößern unsere Reichweite. Damit minimieren wir die Abhängigkeit von einzelnen, exklusiven Märkten oder Kundengruppen. So vervielfachen wir außerdem noch unsere Einnahmequellen.

Unternehmerpersönlichkeiten denken in Wachstum statt in Stagnation, weil sie verstehen, dass Unternehmen nur so auf lange Sicht erfolgreich sein können. Wenn ein Unternehmen stagniert oder sich nicht weiterentwickelt, besteht die Gefahr, dass es von anderen, innovativeren Konkurrenten überholt wird – so wie auch Menschen, die »stehen geblieben« sind, irgendwann überholt werden. Wachstum zu erzielen, heißt auch, dass wir in Sachen Technologie up to date bleiben.

Dieses Denken in ständiger Entwicklung hat übrigens auch Folgen für die persönliche Frustrationstoleranz. Unternehmerpersönlichkeiten halten auch bei Frust durch, statt aufzugeben – auch bei größeren Widerständen. Denn Entwicklung ist absolut notwendig. Entsprechend beißen wir uns durch.

Dabei will ich noch einmal auf Robert Kiyosaki zurückkommen, dessen »FOCUS«-Motto ich sehr brauchbar finde. Die Buchstaben ergeben ausgeschrieben: »Follow One Course Until Successful.« Was so viel heißt wie »Konzentration statt Verzettelung«. Und das Dranbleiben, die Beharrlichkeit, das Durchhaltevermögen sind auch Dinge, die die Neider nicht an den Tag legen – ebenso wenig wie diejenigen, die sich von Konventionen leiten lassen oder von dem, was die anderen sagen.

7. Unternehmer sind klar statt widersprüchlich.

Unternehmer vertreten den Gedanken der Integrität: Sie sind eine runde Persönlichkeit, die völlig klar ausgerichtet ist. Es gilt das Konzept des »Vertrages mit sich selbst«: Wir tun, was wir sagen, und wir sagen, was wir tun.

Der Hintergrund ist klar: Wenn ein Unternehmer widersprüchliche Entscheidungen trifft oder seine Ziele nicht klar kommuniziert, führt das zu Verwirrung und Frustration bei Mitarbeitern und Kunden. Das Vertrauen in das Unternehmen schwindet und alle Geschäftsbeziehungen leiden.

Stattdessen geben Unternehmerpersönlichkeiten eine klare Richtung vor. Sie sind der Fels in der Brandung, der Nordstern, der Kompass. Klare und eindeutige Entscheidungen ermöglichen es den Mitarbeitern, ihre Aufgaben besser zu verstehen und effektiver zu erledigen. Das führt zu einer höheren Produktivität und einem besseren Arbeitsklima im Unternehmen. Wenn Mitarbeiter wissen, was von ihnen erwartet wird und welche Ziele das Unternehmen verfolgt, sind sie motivierter und engagierter bei der Arbeit.

Darüber hinaus tragen klare Entscheidungen auch dazu bei, dass das Unternehmen schneller auf Änderungen im Markt reagieren kann. Wenn die Ziele des Unternehmens eindeutig definiert sind, ist schneller klar, welche Entscheidungen zu treffen sind. Das Unternehmen reagiert schneller und effizienter auf Veränderungen.

Wieder erleben wir zugleich den Gegenpol: Ganz viele Menschen sind eben nicht klar in ihrem Denken und Handeln, sie haben keinen Fokus und keinen Kompass und sie führen insgesamt ein inkonsistentes Leben. Dass sie wirtschaftlich auf keinen grünen Zweig kommen, ist dabei nur eine Folge von mehreren. Zugleich liegt es in ihrer eigenen Verantwortung.

8. Unternehmer sind praktisch orientiert statt theoretisch.

Was Unternehmerpersönlichkeiten noch ausmacht, ist ihr Sinn fürs Machbare. Viel wichtiger als theoretisch perfekte Konzepte sind Dinge, die funktionieren. Was in der Theorie sinnvoll erscheint, kann in der Praxis völlig versagen. Theorie ist wichtig, um ein Verständnis für die Grundlagen des Geschäfts zu entwickeln, aber sie kann nicht alle Herausforderungen und Probleme vorhersagen, die im realen Geschäftsumfeld auftreten können. Ebenso genügt ein theoretischer Blick oft nicht, um Chancen und Potenziale sichtbar zu machen – auch sie ergeben sich oft erst aus der Praxis.

Typische Angriffe von der Neiderseite sind Sprüche wie: »Das kann ich auch« oder »Das ist ja nicht schwer«. Solche Neider sind oft theoretisch getrieben und lassen völlig außer Acht, dass es nicht darauf ankommt, ob etwas schwer ist oder leicht. Worum es geht, ist, dass jemand etwas *tut*, also konkret umsetzt.

Entsprechend würdigen Unternehmertypen das Konkrete, also reales Geschäft und tatsächliche Erfolge anderer. Eine gute Idee verdient noch kein Lob, erst die

Umsetzung verdient es. Unternehmer wissen, dass da draußen jede Menge Maulhelden rumrennen, die alles besser wissen – doch maßgeblich ist es nicht, was diese Leute sagen.

Also: Unternehmertypen verbreiten keine heiße Luft, sondern schaffen Fakten. Da sie praxisorientiert sind, besitzen Unternehmertypen eine flexible Denkweise und die Fähigkeit, schnell auf Veränderungen zu reagieren. Nur durch praktisches Handeln sammeln Unternehmer wertvolle Erfahrungen und erweitern so ihr Wissen übers Geschäft.

9. Unternehmer sind umgänglich statt kompliziert.

Unternehmertypen veranstalten auch einfach keine Dramen. Sie sind weder bockig noch zickig.

Es gibt Menschen, die schon aus ihrem Charakter heraus viel zu viele Probleme verursachen. Damit meine ich jetzt nicht die Energieräuber, über die wir beim spirituellen Ansatz zur Frage »Wer bin ich?« gesprochen haben, sondern ich meine Menschen, die irgendwie unter komplizierten Denkstrukturen leiden. Beziehungsweise leiden eher die anderen.

Kennen Sie das Sprichwort: »Wer will, sucht Wege; wer nicht will, sucht Gründe«? Genau darum geht es. Unternehmertypen suchen Wege. Sie suchen auch keine Fehler und stellen sich nicht dumm an. Sie spielen keine Spielchen wie absichtliches Missverstehen, sondern sie sind Treiber, die ihre Projekte voranbringen. Unternehmertypen wissen, wie ätzend und ressourcenintensiv Bremser sind, und sind daher selbst natürlich keine Bremser.

Entsprechend umgänglich sind Unternehmertypen. Sie stellen sich nicht quer, sondern sind kooperativ und tragen ihren Teil dazu bei, dass die Dinge vorangehen.

Das liegt natürlich daran, dass gute Unternehmer wissen, was wichtig und was unwichtig ist. Gute Unternehmer halten sich nicht mit Gedöns auf und erst recht veranstalten sie keins. Haben sie Dramaqueens im Team, schauen sie, dass sie sie möglichst rasch loswerden.

Nehmen wir eine einfache Situation: Stellen Sie sich vor, jemand präsentiert einem Unternehmer ein Konzept. Es geht um eine mögliche Zusammenarbeit. Das Konzept selbst besteht, wie so oft, aus einer PowerPoint-Präsentation und in dieser PowerPoint-Präsentation sind Tippfehler. Und der Präsentator spricht sehr langsam, weil er sich konzentrieren muss.

Ein Idiot wird sich jetzt über die Tippfehler aufregen und sich über den langsamen Sprecher lustig machen – er sucht »Gründe«, um den potenziellen Partner niederzumachen, obwohl das Projekt selbst vielleicht eine klasse Sache wäre. Ein guter Unternehmer wird über Fehler hinwegsehen und sich aufs Wesentliche konzentrieren – er sucht »Wege«, um sich vorurteilsfrei über den Vorschlag zu informieren und die Partnerschaft, sofern sinnvoll, zu verwirklichen.

Sehen Sie den Unterschied? Ein charakterloser Idiot wird sich selbst zu profilieren suchen, und zwar zulasten des anderen. Ein kluger Unternehmer oder eben eine stabile Unternehmerpersönlichkeit hat solcherlei nicht nötig, sondern ihm geht es um Chancen, Möglichkeiten und Ergebnisse.

Auch wird ein kluger Unternehmer, selbst wenn er Experte ist, nicht auf unwichtigen Unschärfen herumreiten, so wie das viele besserwisserische Idioten tun. Sofern die Unschärfen nicht das große Ganze infrage stellen, werden sie sich hinterher in Ruhe klären lassen; Unternehmerpersönlichkeiten arbeiten sich vom Groben zum Feinen vor. Der Idiot dagegen hängt sich an allen möglichen denkbaren Widersprüchen auf, und seien sie auch nur scheinbar. Und damit verhageln sich Idioten der Reihe nach ihr Business. Oft ohne es zu merken, denn sie halten sich selbst ja für die Größten.

Ein umgänglicher Unternehmer erleichtert außerdem auch die Arbeit im Unternehmen – das Betriebsklima ist angenehmer, alles läuft einfacher und schneller. Wer ständig Dramen inszeniert und Probleme schafft, verliert auf Dauer seine guten Leute und bekommt auch kaum fruchtbare Partnerschaften mit Externen zustande. Denn wer will schon mit einem Choleriker arbeiten, einem Neurotiker, Borderliner oder Psychopathen?

Mir ist übrigens klar, dass das ein zweischneidiges Schwert ist – der Psychologe Jens Hoffmann (* 1968) weist zu Recht darauf hin, dass Psychopathen sehr oft Chefs bis ins höchste Management werden, wo sie dann ihr Dominanzstreben und ihre Sucht nach fiesen Intrigen ausleben.* Darum will ich hier noch mal klar zwischen Managern und Unternehmern unterscheiden: Wenn Psychopathen sich als Unternehmer versuchen und ein eigenes Business auf die Beine stellen, merken sie schnell, dass die Maschine nicht rundläuft. Außenstehende erkennen, dass sich der Charakter dieser Leute eben übel aufs Unternehmen auswirkt – niemand mag sie, niemand traut ihnen, niemand will mit ihnen zu tun haben. Es ist völlig klar, dass sich dieser Menschenschlag eher parasitär an Managementposten in Konzernen hängt, statt das eigene Geld zu riskieren. Ein schwieriger Charakter als Chef, der

* https://www.zeit.de/karriere/beruf/2014-05/psychopathen-interview-psychologe-jens-hoffmann/komplettansicht

möglicherweise auch seine psychischen Probleme nicht gelöst hat, schadet am Ende dem gesamten Unternehmen.

10. Unternehmer arbeiten am, nicht im Unternehmen.

Letztlich sind erfolgreiche Unternehmertypen also auch völlig uneitel. Sie reißen nichts an sich, nur weil sie denken, sie könnten es besser. Im Gegenteil: Unternehmerpersönlichkeiten delegieren alles, was jemand besser kann als sie.

Am besten lenken Sie die ersten Einnahmen sofort in Ressourcen, vor allem in Personal. Damit ist der Gedanke verbunden, dass wir so schnell wie möglich delegieren sollten. Nach meiner Erfahrung ist es wirklich existenziell wichtig, dass Sie als Unternehmer Ihre wertvolle Zeit nicht in Dinge stecken, für die Sie Mitarbeiter oder externe Dienstleister beschäftigen sollten.

Eine ganz gefährliche Falle ist das sogenannte »Monkey Business«. Im Jahr 1974 ist im Harvard Business Review ein Beitrag über Rückdelegation erschienen – weil er so legendär und wichtig ist, findet er sich heute im Netz.* Das Phänomen ist also schon seit Langem bekannt. Rückdelegation bedeutet, dass eine Aufgabe, die Sie einem Mitarbeiter anvertrauen, zu Ihnen zurückwandert. Diese Aufgabe ist wie ein Affe. Diesen Affen hatten sie ursprünglich mal delegiert und einem Mitarbeiter auf die Schulter gesetzt. Doch dann springt dieser Affe zu Ihnen zurück und setzt sich auf Ihre Schulter. Das heißt: Sie sind jetzt mit der Aufgabe betraut, obwohl sie eigentlich Chef sind und das Tagesgeschäft auslagern sollten. Nachdem »Schwarzer Peter« nicht mehr politisch korrekt ist, heißt das heute eben »Arschkarte«.

Diese Aufgabe wandert jedenfalls aus ganz bestimmten Gründen zu Ihnen zurück: Das Briefing ist unklar, der Mitarbeiter prokrastiniert, er gibt vor, dass er zu der Aufgabe nicht in der Lage sei, er sagt, er habe genug andere Sachen zu tun – und so weiter. Oft heißt es auch, die Angelegenheit sei Chefsache oder der Kunde erwarte, dass sich der Chef persönlich kümmert. Das ist »Monkey Business«. Es gibt tausend Möglichkeiten, wie Mitarbeiter Ihren Kalender mit solchen Affen vollknallen. Was dann zur Folge hat, dass Sie Ihre wichtigste Aufgabe vernachlässigen: für Umsatz zu sorgen.

Und viele Chefs behalten den Affen eben. Sie denken, sie können es ohnehin schneller. Oder sie dürften ihren Mitarbeitern nicht zu viel aufhalsen. Oder sie nehmen dem Mitarbeiter ja nur »kurz mal« etwas ab. Ist klar. »Kurz mal«. »Kurz mal« ist eine der gefährlichsten Fallen im Unternehmerdasein. Es bleibt nämlich nicht

---

* https://hbr.org/1999/11/management-time-whos-got-the-monkey

bei einem »Kurz mal«, sondern das häuft sich. Es bedeutet Ablenkung und Verzettelung – und das ist der Anfang vom Ende. So bekommen Sie nie eine Pipeline voll.

Mal abgesehen davon, dass Sie so auch keine Gelegenheit haben, um sich konzentriert und mit voller Kraft auf die Kundenfindung zu fokussieren. Obwohl das das Allerwichtigste ist.

Unter dem Strich steht hier also die erwähnte Frage: Arbeitest du *im* oder *am* Unternehmen? Wer *im* Unternehmen arbeitet, ist Teil des Teams, das die täglichen Aufgaben und Projekte erledigt. Du bist dann quasi wie ein Mitarbeiter, der aktiv an der Umsetzung der Unternehmensziele beteiligt ist. Du kennst die Abläufe und Prozesse des Unternehmens und bist in der Lage, deine Arbeit effektiv zu erledigen.

Wenn du jedoch *am* Unternehmen arbeitest, bist du mehr als nur ein Mitarbeiter. Du bist ein Teil des größeren Bildes und arbeitest daran, das Unternehmen als Ganzes voranzubringen. Du bist ein Visionär, der in der Lage ist, neue Ideen und Strategien zu entwickeln, um das Unternehmen auf die nächste Stufe zu bringen. Du bist in der Lage, die Stärken und Schwächen des Unternehmens zu erkennen und Maßnahmen zu ergreifen, um es zu verbessern. Und genau das ist deine Aufgabe als Unternehmer.

Also: *Im* Unternehmen zu arbeiten, ist vor allem operativ. Dafür haben Sie im Idealfall Leute. *Am* Unternehmen zu arbeiten, ist strategisch. Das ist das eigentliche unternehmerische Arbeiten.

Wobei das natürlich die Theorie ist. Wenn du am Unternehmen arbeiten willst, brauchst du dazu erst mal einen Sockel. Da muss Geld reinkommen, also konkret operativ. Ich weiß das. Und darum ist der Punkt auch so wichtig: Drei Millionen Unternehmen in Deutschland haben weniger als zehn Mitarbeiter, und der Chef packt mit an. Ab ungefähr 20 Mitarbeitern kannst du eher am Unternehmen arbeiten. Dazu ist aber eine gewisse Grundstruktur nötig und die solltest du dir erarbeiten. Halten Sie sich vor Augen: Nur 1,2 Prozent der Unternehmer in Deutschland machen mehr als 10 Millionen Umsatz. Die meisten machen weniger, etwa 1 Million. Das ist, wenn du Mitarbeiter hast, nicht viel.

Was mich zu einem wichtigen Punkt bringt: Die Strategie sollte die Struktur bestimmen, nicht die Struktur die Strategie. Dieser Leitsatz stammt von Alfred J. Chandler jr. (1918–2007). Bei Gründern bestimmt naturgemäß erst einmal die Struktur die Strategie – wir arbeiten mit dem, was wir haben. Also: Sie werkeln beispielsweise in einer Garage. Daraus entwickeln Sie Ihre Strategie und treffen Ihre Entscheidungen.

Mir ging es natürlich genauso: Die ersten zwei Jahre meiner Selbstständigkeit waren rappelvoll, mein Sohn Chris kam zur Welt, als er zwei Jahre alt war, folgte die Trennung von meiner damaligen Frau, danach Akquise und Firmenaufbau. Ich hatte echt ein schlechtes Gewissen Chris gegenüber, weil sich das Leben nur um die Firma gedreht hat. Ich hatte ein schlechtes Gewissen, wenn ich mal auf der Couch lag. Wobei ich nie im Fernsehen irgendeinen Müll angeschaut habe, sondern ich habe immer Ideen entwickelt.

Jedenfalls kenne ich keinen Selbstständigen, der am Anfang nicht Raubbau an seinen Ressourcen betrieben hat, um den Grundumsatz reinzubekommen. Von dem Leichtathleten und Arzt Thomas Wessinghage (* 1952) habe ich mal aufgeschnappt: »Die erste Hälfte des Lebens ruiniert der Unternehmer seine Gesundheit, um Geld zu haben, und in der zweiten Lebenshälfte gibt er das Geld aus, um gesund zu sein.«

Schauen Sie, ich bin kein perfekter Mensch. Ich habe auch meine Brüche im Leben. Chris ist im Internat groß geworden, meine Eltern waren lange Zeit typische Großeltern für ihn, die weite Teile der Erziehung übernommen habe. So was tut weh. Aber ich tue, was ich kann. Perfektionismus ist etwas, wovon ich Ihnen abrate – damit bist du immer unzufrieden. Wozu ich Ihnen rate, ist der Optimismus. Das ist zwar nicht direkt damit gemeint, wenn ich an meinem Optimum arbeite, aber für mich bedeutet Optimismus auch, dass das Leben immer weitergeht.

Und für Unternehmer hat es eben Priorität, *am* statt *im* Unternehmen zu arbeiten.

Wenn du jetzt ein kleines Unternehmen hast und *im* Unternehmen arbeitest und ständig mit anpackst, wirst du vor lauter Tagesgeschäft nicht dazu kommen, dein Business zu entwickeln und *am* Unternehmen zu arbeiten. Folge: Du bleibst auch weiterhin im Tagesgeschäft gefangen und arbeitest im Unternehmen. Ein Teufelskreis. Dieses Phänomen beschreibt die Geschichte von dem Waldarbeiter, der mit einer stumpfen Säge versucht, Bäume zu fällen. Ein Wanderer empfiehlt ihm, die Säge zu schärfen. Der Waldarbeiter entgegnet, dazu habe er keine Zeit, denn er müsse ja Bäume fällen.

Also: Sie arbeiten möglicherweise viel zu sehr *im* als *am* Unternehmen. Wenn Sie das erkannt haben – super! Die gute Nachricht: Sie sind nicht allein. Vielen geht es so. Und einen Ausweg gibt es auch: Geben Sie das Tagesgeschäft möglichst früh ab. Damit die Strategie die Struktur vorgibt und nicht andersherum, sollten wir möglichst früh den Fokus auf unsere persönlichen Kompetenzen legen und alles auslagern, was wir nicht selber können. Wege für den Anfang bei knappen Ressourcen sind 450-Euro-Kräfte oder auch virtuelle Assistenzen. Das ist wichtig, damit wir uns am Anfang nicht mit Dingen aufhalten, die unnötig bremsen.

Letztlich sollten Sie nur noch am Unternehmen arbeiten. Die Säge muss scharf sein.

Übung: Selbstbild und Fremdbild

Und jetzt empfehle ich Ihnen eine ziemlich krasse Übung, mit der Sie herausfinden können, ob sich Ihr Selbstbild und Ihr Fremdbild decken oder voneinander abweichen. Es ist eine einfache Übung, für die Sie nur ein paar Blätter Papier brauchen, etwas zum Schreiben und drei, vier oder fünf Leute, die ehrlich zu Ihnen sind.

Sie können für diese Übung einen Seminarraum in einem Hotel buchen mit Rund-um-die-Uhr-Verpflegung und Saufen an der Bar, Sie können diese Übung aber auch in einem ruhigen Restaurant machen oder bei sich zu Hause. Es ist keine große Sache, das übliche Seminartheater ist dafür nicht nötig.

Aber Vorsicht: Es geht hier um schonungslose Ehrlichkeit! Viele, die sich selbst für grandiose Unternehmerpersönlichkeiten gehalten haben, mussten durch diese Übung erkennen, dass sie Idioten sind. Wobei ich es auch etwas sanfter sagen kann: Sie haben erkannt, dass sie sich bisher wie Idioten verhalten haben. Diese Formulierung lässt uns noch den Ausweg, dass wir uns verändern können. Und dafür ist diese Übung auch da.

Sie sehen den Unterschied, richtig? Wenn wir sagen: »Jemand ist ein Idiot«, dann hat er dieses Etikett, fertig. So, wie wir das Etikett haben, Mann zu sein, Berliner, Golfspieler, Mutter, Chefin. All das sind tatsächlich soziale Rollen, die wir erfüllen. Niemand würde uns sagen, wir reden wie ein Berliner, wenn wir einer sind. Niemand würde sagen, wir spielen Golf wie ein Golfer, wenn wir einer sind. Wenn wir Berliner sind, bleiben wir Berliner, und die meisten Golfer bleiben Golfer.

Ein Idiot aber muss niemand bleiben, daran glaube ich fest. Viele sind beratungsresistent, da kannst du dann irgendwann nichts mehr machen. Aber die allermeisten Menschen können sich verwandeln – wenn sie nämlich erfassen, wie sinnlos, absurd und kontraproduktiv ihre bisherigen Verhaltensmuster waren. Und deswegen ziehe ich diese Formulierung vor: Jemand handelt wie ein Idiot.

Wobei ich natürlich der Griffigkeit halber an meinem SKI-Konzept festhalte: »Sei kein Idiot«. Warum? Weil niemand ein Idiot sein will. Also: Handeln Sie nicht wie ein Idiot, dann sind Sie auch keiner.

Bereit für die Übung? Alle in Ihrer kleinen Übungsgruppe schreiben auf, welche Stärken und Schwächen sie bei sich selbst sehen, was Entrepreneurship und Führung betrifft. Hier geht es um das Selbstbild:

Meine Unternehmens- und Führungsstärken sind in meinen Augen:

____

____

____

____

____

Meine Unternehmens- und Führungsschwächen sind in meinen Augen:

____

____

____

____

____

Außerdem beantworten alle auf jeweils einem separaten Blatt Papier diese beiden Fragen bezüglich der anderen Teilnehmer. Also: Sie schreiben zu jedem Ihrer drei, vier oder fünf Übungsgenossen auf, welche Unternehmens- und Führungsstärken sowie welche Unternehmens- und Führungsschwächen Sie bei ihnen sehen.

Und wenn alle alles ausgefüllt haben, bekommt jeder die Blätter der anderen mit den Einschätzungen über sich selbst.

Meistens herrscht dann erst mal Schweigen. Oft Betroffenheit. Manche bestellen einen Schnaps. Andere verschwinden nach draußen. Oft höre ich auch Gelächter, manchmal sarkastisches. Auch Tränen fließen. Ich sage Ihnen: Diese Übung hat es in sich. Machen Sie sie mal.

Hier in diesem Buch können Sie dann notieren, welche Aussagen die anderen über Sie treffen:

Meine Unternehmens- und Führungsstärken sind aus Sicht der anderen:

____

____

____

Meine Unternehmens- und Führungsschwächen sind aus Sicht der anderen:

Und noch einmal, ich meine das ganz im Ernst: Vorsicht mit dieser Aufgabe! Das kann richtig hässlich werden. Sollten Sie eher zart besaitet sein, schauen Sie bitte, dass Sie in Ihrer Übungsgruppe auch jemanden für ein Gespräch haben.

Als wir diese Übung einmal im Seminar gemacht haben, bekam übrigens eine Führungskraft von ihren Leuten richtig heftig auf die Mütze. Einer aus der Gruppe sollte bald in einen anderen Bereich wechseln und der gab dieser Führungskraft ein Feedback, das diese sicher so nicht erwartet hatte. Ganz nach dem Motto: »Nach mir die Sintflut«. Der Feedbackgeber dachte, er würde dem anderen sowieso nicht mehr begegnen, und war froh, dass er ihn los war. Das darf er ja gerne so empfinden, nur befreit ihn das meiner Meinung nach nicht von seiner moralischen Pflicht zu einem wertschätzenden Feedback.

Es geht also nicht darum, vom Leder zu ziehen und dem anderen eine mitzugeben oder ihn zu vernichten, sondern ihm ein Feedback mitzuteilen, das er positiv umsetzen kann.

Inwiefern haben Sie bisher wie ein Idiot gehandelt? Welche Verhaltensweisen werden Sie abstellen?

Inwiefern bestimmt bisher die Struktur Ihre Strategie?

Welche Schlüsse ziehen Sie aus der Selbstbild-Fremdbild-Übung?

Limbeck. Don't do this, do that!

Stellen Sie Ihr Licht als Unternehmer nicht unter den Scheffel, sondern seien Sie stolz darauf, Unternehmer zu sein.

Betrachten Sie sich nicht als Manager, sondern als Unternehmer.

Denken Sie nicht, Unternehmer sei eine zufällige Qualifikation oder Kompetenz, sondern machen Sie sich klar: Unternehmertum lässt sich lernen.

Scheren Sie nicht alle Unternehmen über einen Kamm, sondern unterscheiden Sie genau zwischen Mittelstand und Konzern. Gehört ein Unternehmen einem Menschen aus Fleisch und Blut oder einer Struktur?

Seien Sie im Sinne von Scott Alexander keine Kuh, sondern ein Nashorn.

Zweifeln Sie nicht an Ihrer Rolle als Unternehmer, nur weil Sie Gegenwind bekommen. Sehen Sie den Gegenwind als Herausforderung und als Grund, stolz zu sein! Sie stehen für das Unternehmertum im Lande, das wir so dringend brauchen. Verstecken Sie sich nicht als Unternehmer, sondern stellen Sie sich in den Wind. Sie als Unternehmer schaffen Werte und Arbeitsplätze. Sie bringen die Volkswirtschaft voran.

Verzweifeln Sie nicht an der Wirtschaftsfeindlichkeit in Deutschland, sondern verstehen Sie, woher diese Wirtschaftsfeindlichkeit kommt: Zahlreiche Menschen denken, es gäbe nur Konzerne und Arbeitnehmer und einen öffentlichen Dienst. Dass Unternehmer Werte schaffen, findet im Bewusstsein der Mehrheit nicht statt.

Regen Sie sich nicht über die oft zitierte Neidkultur auf. Verstehen Sie, dass es um Missgunst geht: Niederträchtige Menschen gönnen anderen ihren Erfolg nicht. Das ist keine positive Charaktereigenschaft.

Stecken Sie angesichts der vielen heftigen Veränderungen in unserer Gegenwart nicht den Kopf in den Sand, sondern öffnen Sie sich und seien Sie bereit, sich auf die VUCA-Welt einzulassen.

Machen Sie sich klar, dass nichts im Business ohne Verkauf geht. Hören Sie auf, den Verkauf als eine von vielen unternehmerischen Funktionen zu betrachten. Gehen Sie dazu über, den Verkauf als die zentrale Funktion im Unternehmen zu sehen.

Betrachten Sie die Sales-Pipeline nicht als Aufgabe Ihres Vertriebs, sondern haben Sie Ihre Sales-Pipeline selbst im Blick.

Leben Sie nicht planlos in den Tag hinein, sondern tun Sie exakt das, was Sie vorhaben. Und seien Sie sich genau bewusst, warum Sie tun, was Sie tun.

Lassen Sie sich nicht gehen, sondern achten Sie auf sich selbst.

Sehen Sie das Unternehmertum nicht nur als eine Möglichkeit, Geld zu verdienen, sondern betrachten Sie es auch als eine Möglichkeit, etwas Sinnvolles in der Welt zu bewirken. Fragen Sie Ihr Herz, wonach es strebt, und tun Sie etwas, was Ihnen wichtig ist.

Gehen Sie nicht orientierungslos durchs Leben, sondern seien Sie sich Ihrer Werte bewusst.

Haben Sie klare Ziele, statt ziellos zu planen.

Arbeiten Sie nicht in den Tag hinein, sondern orientieren Sie sich an Meilensteinen und Ritualen. Nutzen Sie Rituale, um wiederkehrende Abläufe mit Sinn zu füllen.

Seien Sie kein Idiot, sondern handeln Sie wie ein kluger Unternehmer.

2 Entwickeln Sie eine attraktive Geschäftsidee!

Leider lernen wir nicht schon in der Schule, wie wir Geschäftsideen entwickeln und bewerten. Das Problem ist: Der Grundgedanke der Wertschöpfung ist vielen Menschen überhaupt nicht geläufig – die Leute wissen einfach nicht, was das bedeutet. Zugleich erscheint der Gedanke in der öffentlichen Kommunikation immer wieder als eine der Weisheiten, die so banal sind, dass wir sie gar nicht erklären müssen. Alle sagen: »Na klar brauchen wir Wertschöpfung, damit die Wirtschaft wächst.« Dabei geht es vielleicht gar nicht unbedingt um Wachstum, sondern erst mal darum, dass wir überhaupt eine Basis haben, auf der wir unser Leben und unseren Lebensstandard aufbauen können.

Damit meine ich nicht, dass wir im Luxus leben und immer mehr Dinge anhäufen, die wir nicht brauchen. Es geht einfach darum, dass wir in Frieden und Freiheit konstruktiv und produktiv leben und arbeiten können. Dass alle, die Lust haben, schöpferisch tätig zu sein und Werte zu schaffen, die Möglichkeit dazu haben.

Im Grunde ist die Selbstständigkeit die einfachste Lebensweise, die es gibt. Es müsste im Grunde die Normalität sein, wenn Sie mich fragen. Jemand bietet etwas an, was andere brauchen, und bekommt dafür Geld. Wie an der Currywurstbude. Und von den Einnahmen bestreiten wir dann halt unser Leben. Wir bezahlen auch alle unsere Versicherungen selbst. Der Kunde zahlt nur für die Currywurst, nicht für unsere Rente.

Dagegen finde ich die sozialversicherungspflichtige Beschäftigung unfassbar kompliziert. Ich glaube, das ist eine der kompliziertesten Konstruktionen, die wir in unserer Gesellschaft haben. Meine Güte, was da für Elemente reinspielen! Bis hin zur Krankenversicherung und Pflegeversicherung. Dann die Berufsgenossenschaft, falls dir ein Arbeiter vom Gerüst fällt. Oder erinnern Sie sich an die Lohnsteuerkarten? Was für ein Irrsinn, auch wenn das Tool heute digitalisiert ist. Wenn jemand angestellt ist, dann befindet er sich in einem unglaublich komplexen System, in dem er am Ende eine relativ verlässliche, aber auch immer gleich hohe monatliche Zahlung bekommt, meinetwegen plus Weihnachtsgeld plus Urlaubsgeld.

Die Prägung dadurch ist allerdings fatal. Der regelmäßige Geldeingang vom Arbeitgeber fühlt sich am Ende genauso an wie der regelmäßige Geldeingang vom Arbeitsamt oder vom Sozialamt. Die Leute verlieren das Gefühl dafür, dass sie tatsächlich für eine Leistung bezahlt werden, sondern glauben, sie werden für den Monat bezahlt.

Das ist einer der wichtigsten Gründe dafür, dass wir in unserem Land so gut wie kein Verständnis für Geschäftsideen und Wertschöpfung haben. Die Leute stecken in ihrer Arbeitnehmerprägung richtig fest! Es ist nicht leicht, das Muster zu durchbrechen und plötzlich in Geschäftsideen zu denken.

Das Denken in Kategorien wie »Es ist schon wieder Montag« oder »Endlich ist Wochenende« – vor allem von privaten Radiosendern enorm propagiert – ist das Denken einer Pseudowelt. Einer Welt, die es nicht gibt. Natürlich sollen die Leute doch bitte Feierabend machen und Wochenende haben, darum geht es mir nicht. Mir geht es um das gedankliche Setting, dass die Leute glauben, sie würden für ihre Zeit bezahlt.

Kein normaler Arbeitgeber bezahlt irgendjemanden für dessen Zeit. Zeit ist auch mir völlig egal! Was ich von meinen Mitarbeitern will, sind Ergebnisse.

Ich weiß auch, dass wir eine Zeiterfassung haben, und natürlich bezahle auch ich meine Mitarbeiter nach Zeit. Nur würde ich das gerne ändern. Denn auch Arbeitnehmer sind Anbieter in der Leistung, für die ein Stammkunde mit einem Exklusivvertrag regelmäßig Honorare überweist. Das ist so, als wenn Sie ein Abo bei einer Zeitschrift oder bei einem Friseur haben. Darauf komme ich später noch detaillierter zu sprechen, wenn es im Kapitel »Manpower« ums Thema »Leistungsgerechte Bezahlung« geht.

Aus Sicht eines Arbeitnehmers ist der Gegenwert des Lohns entweder die Zeit, die er im Unternehmen absitzt, oder meinetwegen die Arbeitskraft. Also konkret die Energie in Kilojoule, die er an der Werkbank im Unternehmen lässt. Oder es ist die Geschicklichkeit oder irgendein anderes Mittel zum Zweck. Arbeitnehmer denken selten daran, dass sie für Ergebnisse bezahlt werden, also für den Nutzen, den sie mit ihrer konkreten Arbeit tatsächlich für den Arbeitgeber erbringen.

Entsprechend unterrepräsentiert ist in unserer Gesellschaft das Bewusstsein für Geschäftsideen. Und entsprechend viele Gründer fallen auf die Nase.

Also, ich finde es grundsätzlich toll, wenn Leute eine Ressource in die Hand nehmen und sie in ihre Selbstständigkeit stecken. Ich finde es großartig, wenn junge Menschen von der Schule kommen oder meinetwegen vom Studium und sagen:

»Ich mache mich selbstständig.« Ich finde das großartig, weil wir Macher brauchen! Aus den erwähnten Gründen muss ja irgendjemand in diesem Land die Wertschöpfung auf die Beine stellen.

Gleichzeitig ist natürlich zu beobachten, dass viele dieser Versuche scheitern. Wenn niemand diese Gründer unterstützt – und zwar nicht mit Geld, sondern mit Know-how –, dann gehen 80 Prozent der Start-ups in den ersten paar Jahren schon wieder pleite oder hören auf. Ein Hauptgrund ist unter anderem der, dass diese Gründer nicht wissen, wie sie ihre Produkte auf die Straße bringen. Also: Sie haben eine Geschäftsidee, sie glauben, ein Produkt zu haben – aber oft interessiert es niemanden oder wird schlicht nicht bekannt. Oder es wird bekannt und dann hängt es an der Auslieferung, die nicht funktioniert.

Und dann ist es eben schade, wenn sie aufgeben. Es ist schade, denn das Wissen, um diese Fehler zu vermeiden, ist da! Das Wissen, mit dem wir eine Geschäftsidee auf die Beine stellen, ist verfügbar. Jeder kann es sich aneignen.

Dass wir so wenige Gründer haben, ist auch eine Frage der Mentalität: Mit dem Arbeitnehmer-Mindset begeben wir uns also – wie im Berufsinformationszentrum – in eine Auswahl von Möglichkeiten, die es bereits gibt. Wir sind nicht darauf konditioniert, neue Möglichkeiten zu erschaffen.

Stattdessen sehen wir, dass »Hartz IV« zum »Bürgergeld« wird und damit völlig normal klingt, obwohl es die Ausnahme sein sollte für den Fall, dass jemand wirklich nicht für sich selbst sorgen kann. Zugleich macht jeder Musiker in der U-Bahn seine 20 bis 30 Euro pro Stunde und steckt die schwarz ein. Wenn du 25 Euro mit 8 Stunden multiplizierst, kommst du auf 200 Euro am Tag, mal 20 Tage im Monat macht 4000 Euro cash und am Finanzamt vorbei.

Wozu, bitte, sollen wir arbeiten gehen? Wieso sollten wir Geschäftsideen entwickeln?

Und die, die sich heute mit einer Geschäftsidee eine Existenz aufbauen wollen, merken, dass unfassbar viel Geld im Markt ist. Start-up-Unternehmer wissen: Mit einem guten Pitch Deck gibt es sehr schnell sehr viel Geld. Und wenn die Gründung schiefgeht, dann lassen wir uns halt wieder anstellen.

Einigen kommt das Leben offenbar vor wie ein großes, weltweites Counterstrike.

Dann kenne ich einen Videomann, der mit seiner Selbstständigkeit gescheitert ist, weil Akquise nicht seins ist. Also sucht er eine Festanstellung und sagt gleichzeitig, er würde aber schon gerne am Wochenende selbstständig Videos drehen.

Es ist alles so halbherzig, finde ich. Kaum jemand nimmt die Selbstständigkeit oder das Unternehmertum wirklich fundiert in Angriff, mit voller Energie.

Dabei ist die Disziplin bei dem Ganzen die Grundlage für unternehmerischen Erfolg. Gute Unternehmer haben ein Gespür dafür, was funktioniert und was nicht. Wichtig ist dafür vor allem ein pragmatischer Blick: Am Ende ist ein Unternehmen ein System aus Funktionen und Abläufen, mit Rohstoffen und Ergebnissen. Diese Maschine gilt es zu bauen. Gefragt ist also auch ein technisch-logisches Verständnis für Zusammenhänge: Was genau müssen wir tun, damit etwas dabei herauskommt?

Zunächst sind es drei Dinge, die wir zueinander bringen müssen. Mein Freund Stefan Frädrich hat es in einem seiner Kurse sehr gut dargestellt: Er zeigt drei Kreise, die einander so überschneiden, dass es eine Schnittmenge gibt.

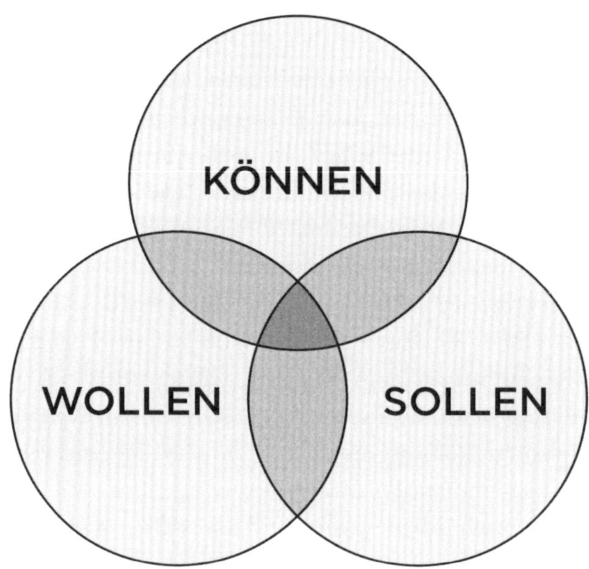

- Der erste Kreis lautet »Können«: Darin befinden sich unsere Kompetenzen und Eignungen. Was können wir richtig gut? Worin sind wir qualifiziert? Wofür sind wir geeignet?
- Der zweite Kreis lautet »Wollen«: Darin befindet sich das, was wir gerne tun. Was fällt uns leicht? Was macht uns Freude und entspricht unseren Werten?
- Der dritte Kreis lautet »Sollen« oder »Markt«: Darin steht, was gefragt ist und was wir der Welt geben sollten. Was funktioniert als Produkt? Was brauchen die Leute?

In der Schnittmenge der drei Kreise befindet sich natürlich noch kein ganzer Businessplan, aber dessen Wurzel. In der Schnittmenge steht das, was wir relativ mühelos als Geschäftsidee auf die Beine stellen können. Die Vertriebskanäle und die anderen nötigen Prozesse haben wir damit natürlich noch nicht geklärt.

Ein Beispiel: Wenn jemand gerne programmiert und auch gut programmieren kann, dann heißt das noch lange nicht, dass er eine Geschäftsidee entwickeln kann. Gefragt ist eine Programmierung, die andere brauchen. Also zum Beispiel eine bestimmte App.

Nun kann dieser Jemand diese App programmieren, aber damit ist sie noch lange nicht auf dem Markt und schon gar nicht erfolgreich verkauft. Was wir brauchen, ist ein Geschäftsmodell, das all diese Dinge definiert.

Eine gute Geschäftsidee ist dabei das Fundament. Doch was macht eine Idee wirklich gut? Am Ende zählt nur eins: Eine ausreichend große Anzahl von Kunden ist bereit, dafür zu bezahlen.

Bei der Bewertung einer Geschäftsidee geht es also nicht unbedingt um Einzigartigkeit, sondern es muss jemand dafür Geld ausgeben wollen. Und solange Sie nicht wissen, wer das weshalb tun sollte, haben Sie noch keine gute Geschäftsidee.

Auch die immer wieder gerne gehörte Behauptung, eine gute Geschäftsidee müsse eine Lücke im Markt schließen, ist nicht der Punkt. Wenn Ihr Produkt ein Problem löst und deswegen genügend Menschen dafür bezahlen, muss es keine Marktlücke stopfen. Es ist nicht erforderlich, dass es ein solches Produkt vorher noch nicht gab.

Auch die oft geforderte Innovationskraft ist für mich kein entscheidendes Merkmal. Nur weil ein Produkt neu ist und vielleicht auch technisch eine Neuerung darstellt, heißt das noch lange nicht, dass es jemand kauft. Und wieder lande ich beim Punkt: Wir brauchen eine ausreichende Menge an Menschen, die für das Produkt zu bezahlen bereit ist. Fertig. Darum geht es. Wie Sie dahin kommen, ist die nächste Frage. Aber das ist das Entscheidende.

Die Schnittmenge der drei Kreise ist also die Basis. Das Modell mit den drei Kreisen ist im Grunde ein ganz einfaches Konzept für Positionierung. Dieses Modell können Sie für Unternehmen anwenden. Sie können es aber auch für sich selbst anwenden: Was tun Sie selbst gerne, was ist Ihre Positionierung? Daran zeigt sich, dass auch Arbeitnehmer letzten Endes Unternehmer sind: Sie bieten Ihnen als Arbeitgeber im Idealfall etwas an, was Sie brauchen, was Ihre Mitarbeiter können und was sie möglicherweise auch gerne tun. Und wofür Sie als Arbeitgeber bereit sind zu bezahlen.

Befinden sich Ihre Mitarbeiter in der Schnittmenge – also tun sie etwas gerne, was sie können und was gebraucht wird –, wird es übrigens kaum Burn-out-Fälle geben. Wer sein Ding macht, brennt nicht aus. Meine Meinung.

Bevor wir nun schauen, wie aus einer Geschäftsidee ein Geschäftsmodell wird, lassen Sie mich noch einige Punkte ergänzen:

- Eine gute Geschäftsidee ist skalierbar. Sie hat also das Potenzial, zu wachsen und sich weiterzuentwickeln. Skalierung heißt, dass Sie nicht nur eine Waschmaschine bauen und verkaufen, sondern dass Sie ein Konzept entwickeln, mit dem Sie theoretisch beliebig viele Waschmaschinen bauen und verkaufen können. Besonders sexy ist die Skalierung natürlich bei digitalen Produkten, deren Herstellung nur ein Mal Kosten verursacht, nämlich bei der Programmierung des Prototyps. Der Rest ist Copy & Paste. Zudem verursacht die Auslieferung überhaupt keine Kosten. Auf Skalierbarkeit gehen wir später noch genauer ein.
- Eine gute Geschäftsidee ist die Grundlage für eine starke Marke und sollte ein klares Alleinstellungsmerkmal haben, um sich von der Konkurrenz abzuheben.
- Eine gute Geschäftsidee orientiert sich konsequent am Bedarf der Kunden. Sie entsteht nicht ein Mal und bleibt dann unverändert – es sei denn, es handelt sich um ein perfektes Produkt. In aller Regel passen sich Produkte und Angebote immer wieder an, auch weil sich Märkte und Kundenbedürfnisse immer wieder ändern können. Deshalb ist es wichtig, sich intensiv mit der Zielgruppe auseinanderzusetzen und ihre Bedürfnisse zu verstehen.
- Eine gute Geschäftsidee ist flexibel. Wegen der erwähnten Unwägbarkeiten der VUCA-Welt sollte nicht nur das Unternehmen beweglich sein, sondern auch jedes einzelne Produkt. Eine starre Idee kann hierbei zum Nachteil werden – denken wir an das Festhalten der Fotografieindustrie am Negativfilm, als die Digitalfotografie aufkam.
- Eine gute Geschäftsidee ist wirtschaftlich nachhaltig. Das Produkt sollte langfristig profitabel sein und nicht nur kurzfristig einen Gewinn generieren. Idealerweise ist das Produkt kein Strohfeuer, sondern ein Longseller. Etwas, was die Menschen immer wieder brauchen.
- Eine gute Geschäftsidee bietet ein ausgewogenes Verhältnis zwischen Kosten und Erträgen. Idealerweise ist die Gewinnmarge beliebig groß.
- Eine gute Geschäftsidee ist sofort und leicht zu verstehen. Sie ist nicht erklärungsbedürftig und passt auf ein Pitch Deck – also auf wenige Seiten Präsentation. Wer von der Geschäftsidee hört, muss sofort davon überzeugt sein.

Meine erste Geschäftsidee war supereinfach. Ich war in Amerika und brauchte Geld, weil das Austauschjahr selbst schon eine Stange Kohle kostete und ich meinen Eltern nicht noch mehr auf der Tasche liegen wollte. Jeder Schüler kennt das Motiv, wenn es um Ferienjobs geht: Am Anfang steht die Frage, wo wir Geld herbekommen. Wofür ist jemand bereit, uns zu bezahlen? Das ist die Kernfrage. Und irgendwann kommt die Erkenntnis: Wenn ich anderen etwas gebe, was die brauchen, dann habe ich eine Geschäftsidee. Denn dann werden die Menschen mich dafür honorieren. Erst recht, wenn ich anderen aus einer Notlage helfe. Was habe ich gemacht? Ich habe den Leuten im Winter die Auffahrt zur Garage vom Schnee befreit, woraus ja dann mein Spruch entstanden ist: »Erst schaufeln, dann scheffeln.«

Die Idee war damals, dass ich einfach anfange zu schaufeln und gar nicht erst frage. Einfach machen! In Amerika haben wir es natürlich mit einer anderen Mentalität zu tun als in Deutschland oder im deutschsprachigen Raum – und so haben die Amerikaner durchs Küchenfenster gesehen, dass da einer am Schneeschippen ist. Anders als in Deutschland reagiert ein Amerikaner jetzt nicht böse und ruft die Polizei wegen Hausfriedensbruchs und er kommt auch nicht mit seiner Waffe aus dem Haus und ballert in die Luft. Sondern die Amerikaner, die ich dort erlebt habe, die sind rausgekommen und haben gesagt: »Mensch, wer hat Sie denn beauftragt? Sie machen die Einfahrt frei, das ist ja toll!«

Daraufhin habe ich gesagt, dass mich bisher niemand beauftragt hat, »… aber ich helfe Ihnen, Ihre Auffahrt vom Schnee zu befreien.« Es gab keinen Vertrag, es gab keine Vereinbarung, aber alle diese Hausbesitzer wussten, sie mussten sowieso demnächst mit ihrem Auto aus der Garage, um zur Arbeit zu fahren.

Die einen haben mir gleich 50 Dollar in die Hand gedrückt, die anderen haben später bezahlt – und weil sie selbst entscheiden durften, was sie mir geben, hatte ich am Ende mehr Geld, als wenn ich einen marktüblichen Preis festgesetzt hätte.

Manche haben mich dann noch reingebeten und mir Pancakes vom Frühstück angeboten und eine Tasse von dem, was die Amerikaner als »Kaffee« bezeichnen.

Was war also die Geschäftsidee? War die Geschäftsidee die Schneereinigung? Nein, die Schneereinigung war nur der Prozess. Die Geschäftsidee war, die Leute zu überraschen und ihnen eine Freude zu machen. Am Schluss haben sie nicht für meine Arbeit bezahlt, sondern für diese Freude. Und die ist mehr wert als eine freigeschippte Garagenauffahrt.

Und sie haben für den Nutzen bezahlt, den das Ganze für sie indirekt hatte, sozusagen für die sekundären Effekte. Sie haben zum Beispiel für den Zeitgewinn bezahlt, den sie dadurch hatten, dass sie die Zufahrt nicht selbst räumen mussten. Es ist wie bei einem Korkenzieher: Du bezahlst nicht für die Metallkonstruktion mit dem lustigen Mechanismus, sondern dafür, dass du an den Wein rankommst. Auf Produkte und ihren Nutzen gehe ich gleich noch tiefer ein.

Was ich jedenfalls sagen möchte: Das Prinzip »Erst schaufeln, dann scheffeln« ist elementar. Wir müssen Werte schaffen. Wir müssen dazu vielleicht auch erst einmal in Vorleistung gehen. Wir müssen den Menschen dabei helfen, ein Problem zu lösen. Sicher können Sie ein Start-up gründen und Preise für Ihre Produkte auf Ihre Webseite schreiben – aber viel reizvoller finde ich es, mit diesen sekundären Effekten zu arbeiten. So kommen wir weg von dem Gedanken, wir würden die Leute für ihre Zeit bezahlen. Um das Prinzip Wertschöpfung zu verstehen, müssen wir erkennen: Wir sollten anderen etwas geben, was diese Leute brauchen oder wollen. Oder beides.

Also, wenn ich heute von der Schule oder von der Uni käme und Geld bräuchte, dann würde ich mit Sicherheit nicht verhungern. Nicht, weil ich eine Bank überfallen würde, sondern weil ich überlegen würde, mit welcher Geschäftsidee ich ein Einkommen generieren kann.

Die Möglichkeiten sind am Ende wirklich enorm. Ein Bekannter von mir ist im Sommer mit einem Motorboot auf einem großstädtischen See unterwegs und beliefert die Jachten dort mit allem, was die Leute so vergessen haben. Tampons, Taschentücher, Champagner – was auch immer. Manche Kleinigkeiten hat er an Bord und dann fährt er eben übers Wasser und klopft bei den Jachten an. Die Menschen auf den Booten rufen sich kurz was zu, das ist diese Kollegialität unter Seeleuten, und dann sagt er: »Falls Sie was brauchen, hier ist meine Handynummer.« Und er reicht seinen Flyer rüber. Egal, was die Leute brauchen, und wenn es etwas Außergewöhnliches ist, völlig egal – er organisiert es. Damit verdient der Mann wesentlich mehr Geld, als all diese Dosenöffner, Weine und Toastbrote wert sind. Sie glauben nicht, was eine Rolle Klopapier plötzlich wert ist, wenn Sie keine an Bord haben.

Was tun Sie gerne, was Sie können und wofür es eine Nachfrage gibt?

____

____

____

____

____

Wie könnten Sie daraus eine nachhaltige Geschäftsidee entwickeln?

____

____

____

____

____

Inwiefern übersteigen bei Ihrer Idee die Einnahmen die Kosten?

____

____

____

____

____

2.1 Welches Feuer löschen Sie?

Und damit sind wir bei der Kernfrage: Welches Feuer löschen Sie? Also: Aus welcher Notlage genau retten Sie Ihre Kunden?

Haben Sie schon mal von Red Adair (1915–2004) gehört, bürgerlich Paul Neal Adair? Das war der Mann, der Feuer löschen konnte. Er war tatsächlich Feuerwehrmann – bekannt für seine Fähigkeit, Brände in den schwierigsten und gefährlichsten Umgebungen zu löschen. Eine brennende Gasquelle in der Sahara? Kein Problem für Red Adair. 117 brennende Ölquellen in Kuwait am Ende des Golfkriegs 1991? Kein Problem für Red Adair. Ich denke, es waren seine unerschütterliche Entschlossenheit und sein unglaubliches Talent, das ihn von anderen Feuerwehrleuten unterschied. Red Adair war bereit, in die tiefsten und dunkelsten Ecken zu gehen. Er war bereit, Risiken einzugehen, die andere nicht einzugehen wagten. Sein Ruf als der beste Feuerwehrmann der Welt verbreitete sich schnell und bald wurden ihm Aufträge aus der ganzen Welt angeboten. Seine Arbeit war gefährlich, aber er hatte eine Mission: Leben zu retten und Brände zu löschen. Und so wurde Red Adair zum Millionär – nicht durch Glück oder Zufall, sondern durch harte Arbeit,

Talent und Entschlossenheit. Und durch Respekt vor dem Feuer, aber ohne Angst. Red Adair wusste vor allem eines: Jedes Feuer ist anders. Es gibt kein Patentrezept zur Löschung. Alle Löscharbeiten sind unterschiedlich. Deshalb hat er jede Situation individuell betrachtet und eine maßgeschneiderte Lösung gefunden. Er war ein Meister darin, den Brandherd zu lokalisieren und ihn dann gezielt zu löschen. Dabei hat er oft auf Sprengstoffe zurückgegriffen, um mithilfe der Druckwelle das Feuer einfach auszublasen wie eine Kerze.

Cool, oder? Ein Feuer mit einer Explosion löschen. Das ist wahrhaft ergebnisorientiertes Denken, divergentes Denken, ohne dass sich Red Adair an irgendeine Konvention gehalten hätte. Sicher hat er den Beruf des Feuerwehrmanns gelernt und beherrschte ihn – aber er war dann auch Profi genug, um diesen Beruf eigenständig zu erweitern. Red Adairs Fähigkeit, in den gefährlichsten Situationen einen kühlen Kopf zu bewahren und Lösungen zu finden, ist bewundernswert.

Red Adair wusste auch, dass es bei einem Brand nicht nur darum ging, das Feuer zu löschen, sondern auch darum, die Umgebung zu schützen. Deshalb hat er oft Barrieren errichtet, um zu verhindern, dass sich das Feuer ausbreitet. Er hat auch dafür gesorgt, dass das Löschwasser nicht in die Umwelt gelangt und Schaden anrichtet.

Insgesamt war Red Adair ein Mann, der mit Leidenschaft und Hingabe an die Arbeit ging. Er war ein Pionier in seinem Bereich und hat die Art und Weise revolutioniert, wie wir Brände bekämpfen.

Als Unternehmer können wir uns von Red Adair eine Menge abschauen: einmal die Überlegung, welche unkonventionellen Wege möglicherweise eher zum Ziel führen als die ausgetretenen Pfade, dann die Kompetenz, in scheinbar ausweglosen Situationen einen kühlen Kopf zu bewahren – und natürlich den Gedanken, worin eigentlich das Wesen einer Geschäftsidee besteht: Wir müssen ein Feuer löschen, und sei es mit ausgefallenen Methoden.

Und dazu nebenbei übrigens noch ein anderer Gedanke: Sie kennen doch diese Gehaltstabellen, in denen wir nachlesen können, wie viel Menschen in verschiedenen Berufen verdienen. So ein Feuerwehrmann verdient in Deutschland, wenn es gut läuft, um die 3500 Euro netto im Monat. Diese Tabellen sind immer ähnlich. So verdient ein Key Account Manager etwa 3900 Euro monatlich, Industriekaufleute 2750 Euro oder ein Juwelier 2400 Euro im Monat.

Wie geht das mit dem Erfolg von Red Adair zusammen? Genau das ist der Punkt: Diese Tabellen bilden nur die Arbeitnehmerwelt ab. Wenn du mit deiner Geschäftsidee an der richtigen Stelle bist und zur richtigen Zeit genau das anbietest, was die Leute brauchen, kannst du auch als Bäcker Millionär werden.

Die Feuer-Matrix

Lassen Sie uns das mal systematisch angehen, und zwar mit einem einfachen Fragebogen. Ich stelle Ihnen jetzt einige Fragen und Sie denken darüber nach, wie Sie sie beantworten. Sie können gerne den Platz hier nutzen, um ihre Antworten einzutragen. Ich schreibe Ihnen ein paar Beispiele dazu, damit Sie Anhaltspunkte haben, in welche Richtung das Ganze gehen soll. Okay?

1. Was ist der Schmerz des Kunden? Was also ist das vordergründige Problem?
Bei Red Adair war das Problem das Feuer: Eine Ölquelle brennt. Ein anderer Schmerz kann sein: Uns fehlt ein HDMI Adapter.

____

____

____

____

____

2. Was ist der Schmerz hinter dem Schmerz? Was ist das Problem hinter den Problemen?
Die allermeisten Probleme, die Menschen haben, sind für sich genommen sehr banal. Viel wichtiger ist, was dahintersteckt. Also: Was passiert, wenn wir dieses Problem nicht lösen? Welche Auswirkungen wird das haben? Dieses Problem hinter dem Problem ist in aller Regel der wahre Grund dafür, dass wir ein Produkt kaufen oder eine Dienstleistung anfordern. Bei Red Adairs brennender Ölquelle war, wie gesagt, nicht das Feuer das Problem, sondern das Problem war der Verlust des wertvollen Öls, außerdem der riesige ökologische Schaden und zudem die Zerstörung umliegender Infrastruktur. Daraus entstand die Notwendigkeit, dieses Feuer zu löschen. Wir wollen den Schaden gering halten. Beim fehlenden HDMI-Adapter ist das Problem hinter dem Problem, dass wir unseren Monitor nicht anschließen können. Daraus wiederum folgt, dass wir unser Online-Seminar nicht geben können.

____

____

____

____

____

3. Wie lösen Sie das Problem? Also, wie bekommen Sie das Problem in den Griff, sodass der Schmerz hinter dem Schmerz sich nicht weiter verschlimmert, sondern gelindert beziehungsweise gelöst wird?

____

____

____

____

____

Mit dieser Feuer-Matrix präzisieren Sie sozusagen den Kreis »Markt« oder »Sollen« aus dem Drei-Kreise-Modell. Sie spezifizieren, warum etwas auf dem Markt gefragt ist, worin genau der Bedarf besteht – und Sie beschreiben exakt, warum genau Sie dieses Problem lösen können.

Das ist der Kern, wenn es um die Entwicklung einer Geschäftsidee geht. Wir machen später an der Stelle weiter, an der es dann darum geht, Ihren Nutzen bekannt zu machen und an die Leute zu kommunizieren, die es brauchen.

Jedenfalls erinnere ich mich in diesem Zusammenhang an jemanden, der in unsere »Gipfelstürmer«-Gruppe dazukam. Der Mann konnte wunderbar programmieren, hatte aber keinen Sinn für Vertrieb. Ich hörte eine Frage, die ich oft höre: »Martin, kannst du mir helfen?«

Oft liegt die Antwort wirklich im Vertrieb, doch hier hatten wir es mit einer Ausnahme zu tun: Die Frage kam zu früh. Es ging noch gar nicht um Vertrieb. Natürlich sage ich, du solltest dein Unternehmen von Anfang an vertriebsmäßig aufbauen, ohne Frage. Doch bevor wir das tun, sollte klar sein, welchen Nutzen das Produkt überhaupt für welche Kunden hat. Oder? Und dieser neue Kollege war zwar ein wunderbarer Programmierer und er hat auch eine optisch sehr ansprechende Plattform programmiert, die sich an einen bestimmten Kundenkreis richtet – doch er hat es leider nicht geschafft, diese Plattform aus Kundensicht zu programmieren. Er hat sie aus seiner Sicht programmiert.

Kennen Sie das, wenn die IT die Kundensicht ignoriert? Wenn zum Beispiel irgendwelche Bezeichnungen auftauchen, die der Kunde gar nicht verstehen kann, weil er nicht bei diesem Anbieter arbeitet?

Bevor wir also Vertrieb machen und auf Kunden zugehen, sollte gewährleistet sein, dass unsere potenziellen Kunden auch verstehen, wovon wir da überhaupt reden.

Anders formuliert: Wenn Red Adair zwar der beste Feuerwehrmann der Welt war, es aber keiner gewusst hätte, dann hätte ihm das auch nichts gebracht. Wenn es ihm nicht gelungen wäre, deutlich zu machen, auf welche unkonventionelle Weise er Feuer löscht und dass er damit wirklich das Problem löst, hätte der Mann kein Geschäft gemacht. Wir können so gut sein, wie wir wollen. Wir können so gut programmieren, wie wir wollen. Wenn wir nicht rüberbringen, warum wir gut sind und weshalb der Kunde genau diese Kompetenz von uns braucht, werden wir auf unserer Idee sitzen bleiben. Als Geschäftsidee ist die Idee dann noch nicht wirklich durchdacht.

Insofern müssen wir uns unbedingt auf die Bedürfnisse und Wünsche potenzieller Kunden konzentrieren. Versuchen Sie herauszufinden, was die Leute wirklich brauchen und wie Ihr Produkt oder Ihre Dienstleistung dazu beitragen kann, ihre Probleme zu lösen. Bevor Sie Ihre Botschaft dazu über verschiedene Kanäle kommunizieren, muss diese Botschaft klar sein.

In unserer Mastermind-Gruppe haben wir da natürlich eine gute Lösung gefunden. Wir erkennen tote Pferde durchaus, von denen wir dem indianischen Sprichwort zufolge absteigen sollten. In diesem Fall war es kein totes Pferd, wir mussten nur die Idee besser rüberbringen.

In anderen Fällen beiße ich mir die Zähne aus – und ganz im Ernst: Manche Leute sind aber auch wirklich beratungsresistent. Immer wieder erlebe ich in meinen Unternehmercoachings angebliche Gründer, die mit großen Tönen ankündigen, dass ihre Entwicklung bahnbrechend sein wird, aber bei genauerem Hinsehen zeigt sich fast nur heiße Luft. Und da kommt es jetzt darauf an: Lässt sich jemand beraten oder nicht?

Ich bin überzeugt: Wer fleißig ist und nicht beratungsresistent, kann ein guter Unternehmer werden. Das Unternehmertum lässt sich lernen, wie auch Lkw-Fahrer oder Chemiker. Alles ist Handwerk, ganz wenig ist Kunst. Du musst kein Red Adair sein, um erfolgreich zu werden, das gelingt auch mit weniger Denk- und Urteilsvermögen. Ich komme zu meiner Metapher der Currywurstbude zurück, denn ich sage ja gerne: Jeder Wurstbudenbesitzer ist als Selbstständiger erfolgreich, wenn seine Bude am richtigen Platz steht, und dieser Erfolg bedarf keiner großen intellektuellen Anstrengung und keines Hochschulabschlusses. Der Punkt ist halt: Der Currywurstbudenbesitzer ist nicht beratungsresistent – sondern er akzeptiert die Regeln des Entrepreneurship und kapiert, dass er mit seiner Bude nicht dort stehen sollte, wo es ihm am besten gefällt, sondern dort, wo viel Laufkundschaft vorbeikommt. Und wenn es die hässlichste Ecke Duisburgs ist.

Es ist nicht schwer, diese Dinge zu verstehen. Und trotzdem sträuben sich manche beharrlich dagegen, diese Gedanken anzunehmen – indem sie sich beispielsweise kontinuierlich weigern, ihre fachliche Perspektive gegen die Kundenperspektive einzutauschen.

Es gibt viele Gründe, warum manche Menschen beratungsresistent sein können. Einige der häufigsten Gründe sind:

- Angst: Manche Menschen haben Angst vor Veränderungen oder vor dem Unbekannten. Sie wehren sich daher gegen Empfehlungen, die ihnen helfen könnten, weil sie befürchten, dass sie dadurch ihre Komfortzone verlassen müssten.
- Stolz: Manche Menschen möchten nicht zugeben, dass sie Rat brauchen. Sie wehren sich gegen Hilfe und Empfehlungen, weil sie befürchten, dass dies als Schwäche ausgelegt werden könnte.
- Selbstgerechtigkeit: Manche Menschen haben bereits viel Erfahrung in einem bestimmten Bereich und glauben, dass sie alles wissen, was sie wissen müssen. Sie wehren sich gegen Ideen, weil ihnen aus ihrer Sicht niemand das Wasser reichen kann.
- Denkbremsen: Manche Menschen haben Denkbremsen, die sie daran hindern, Rat anzunehmen. Sie wehren sich gegen alles, was ihrer Überzeugung widerspricht. Das geht oft bis zum Starrsinn.

Das Schlimmste, finde ich, sind Selbstgerechtigkeit und Denkbremsen. Mit diesen Eigenschaften dürfte eine unternehmerische Laufbahn schwer werden. Das mit der Angst verstehe ich noch, das lässt sich auch wegkriegen. Gerade angesichts von Veränderungen sollten wir keine Angst haben, sondern das Leben proaktiv in die Hand nehmen. Die Sache mit dem Stolz legt sich mit der Zeit erfahrungsgemäß auch – irgendwann kapieren wir, dass wir nichts Besseres sind. Es geht immer nur ums Weitermachen und ums lebenslange Lernen.

Aber eine Mischung aus Dummheit und Arroganz macht es nicht nur den Mitmenschen schwer, sondern auch den Betroffenen selbst. Am Ende ist es die gute alte Komfortzone, die wir nicht verlassen wollen – wir denken in der Box und wechseln die Perspektive nicht. Stur halten wir an dem fest, was wir irgendwann einmal als Wahrheit akzeptiert haben. Und das ist ein ziemlich brauchbares Konzept für den Misserfolg. Auch wer sich auf seinen Erfolgen ausruht und keine neuen Herausforderungen sucht, bleibt meist stehen und scheitert in naher Zukunft – oft an irgendeiner Kleinigkeit.

Also: Zu einem soliden Unternehmertum gehört das ständige Hinterfragen der

Komfortzone! Sonst verlieren wir den Anschluss. Wer sich nicht ständig weiterentwickelt und neue Ideen findet, wird irgendwann von anderen Unternehmen überholt, die innovativer und agiler sind.

Ich bringe diese Gedanken an dieser Stelle, weil es jetzt wirklich darum geht, dass wir für andere da sind. Das müssen wir begreifen und dazu ist ein wenig geistige Flexibilität nötig. Wie gesagt ist es keine Raketenwissenschaft, aber wir müssen offen sein. Und wir müssen uns in Demut zurücknehmen. Wir sollten erkennen: Es geht nicht um uns. Es geht nicht einmal um unser Produkt. Ganz im Ernst: Die allermeisten Produkte sind völlig egal. Auch wenn sich viele Unternehmen damit schmücken. Warten Sie's ab.

Was ist der Schmerz Ihres Kunden?

____

____

____

____

____

Was ist das wahre Problem hinter diesem Schmerz?

____

____

____

____

____

Wie löschen Sie dieses Feuer?

____

____

____

____

____

2.2 Niemand interessiert sich für Ihr Produkt

»Der Kunde will keinen Bohrer. Er will ein Loch in der Wand.«

Dieser Satz von Obi-Gründer Manfred Maus (* 1935) ist legendär. Manche schreiben ihn auch dem Unternehmen Hilti zu. Wo immer der Satz auch herkommt: Er bringt auf den Punkt, dass es um den Nutzen geht.

Was nützt das beste Produkt, wenn es für den Kunden keinen Mehrwert bietet? Der Nutzen ist das, was den Kunden letztendlich dazu bewegt, das Produkt zu kaufen und es weiterzuempfehlen. Ein Unternehmen sollte sich daher nicht nur auf die Entwicklung eines Produkts konzentrieren, sondern auch darauf, welchen Nutzen es für den Kunden hat. Um die Funktion dieses Produktes. Denn nur so lassen sich langfristiger Erfolg und Kundenzufriedenheit gewährleisten.

Na gut, es gibt Ausnahmen: Im Luxussegment sind wir scharf auf Produkte. Also auf Handtaschen von Hermès oder Louis Vuitton und Autos von Porsche oder Bentley. Aber bei Produkten, die wir nur brauchen (und im Grunde nicht wollen), geht es nahezu immer nur um den Nutzen.

Und hier sind wir schon in der nächsten Situation, in der geistige Flexibilität gefragt ist: Wir müssen anerkennen, dass unser Herzensanliegen, unser Baby – also unser Produkt – aus Kundensicht eine völlig andere Bedeutung hat als für uns. So, wie auch unser Unternehmen, für das wir brennen, für unsere Kunden im Grunde piepegal ist. Diese Abstraktion müssen wir geistig hinbekommen. Wir müssen verstehen, dass alle Begeisterung, die wir für unser Produkt zeigen, und die ganze Liebe, die wir hineinstecken, die Hingabe und die Mühe – dass all das aus Kundensicht keine Bedeutung hat. Sofern es sich, wie gesagt, nicht um Produkte handelt, die wir wollen, vor allem bei Luxusprodukten.

Der Kunde interessiert sich nicht für den Aufwand, den es kostet, einen Laserdrucker zusammenzusetzen. Er würdigt das null. Er will den Drucker und damit drucken – Ende.

Und da erinnere ich mich an eine Episode aus meiner Anfangszeit als Verkäufer in der Kopiererbranche. Da gab es einen genialen Kopierer mit noch genialeren Features: automatischer Originaleinzug, automatisches Sortieren, zwei Kassetten für zweimal 500 Blatt Papier. Duplex-Kopieren, also doppelseitig. 93 Prozent Heftrand, damit das Blatt in den Ordner passt. Wenn ich mit den ganzen Produktmerkmalen in den Verkauf gegangen bin, war mein Gegenüber schnell überfordert. Die meisten potenziellen Kunden wollten nur wissen: »Wie schnell bekomme ich eine Kopie?«

Es fällt vielen Unternehmern schwer, den Nutzen ihrer Produkte auf den Punkt zu bringen. Dabei genügt oft ein einfacher Perspektivenwechsel in die Kundensicht: Das wichtigste Produktmerkmal eines Akkuschraubers ist nicht, dass er endlos lange schrauben kann. Denn wir nehmen – zumindest als Laien – so ein Ding nur sporadisch zur Hand. Entscheidend ist also, dass der Akku nicht leerläuft, wenn das Gerät monatelang im Keller liegt. Verstehen Sie, was ich meine? Da ist ein Hersteller stolz auf einen langlebigen Akku, wogegen auch gar nichts spricht. Nur ist halt der wesentliche Aspekt dabei, dass der Akku die Energie auch hält, ohne dass der Akkuschrauber schraubt.

Ein gutes Beispiel für die Kundenperspektive ist Apple mit vielen seiner Produkte. Diese Geräte bieten nicht nur eine hohe technische Qualität, sondern vor allem auch einen hohen Nutzwert für den Anwender durch ihre intuitive Bedienbarkeit sowie zahlreiche nützliche Apps.

Hintergrund ist vor allem die Geisteshaltung von Steve Jobs, den ich schon erwähnt habe. Er hat jedes Produkt wirklich durch divergentes Denken geprüft. Als ihm der Shuffle-iPod vorgelegt wurde, hat er die Vor- und Rücklauftasten moniert – was soll diese Funktion bei einem Shuffle-iPod? Dank dieser Haltung ist es ihm gelungen, auch in der ansonsten als störrisch und eher kundenfern bekannten IT Produkte zu entwickeln, die einen ganz klaren Nutzen haben.

Und ich sage mal so: Bei uns im Unternehmen arbeiten alle mit Apple. Die komplette Limbeck Group hat Macs. Die sind zwar auf den ersten Blick teurer als die üblichen Windows-Maschinen, aber diese Kosten kommen durch die Zeitersparnis locker wieder rein. Macs stören einfach viel weniger beim Arbeiten. Es gibt weniger Issues und wir brauchen keine IT-Abteilung. Hätten wir Windows-Rechner, bräuchten wir mindestens zwei Arbeitsplätze mehr, nämlich einen Windows- und Netzwerk-Experten und seine Vertretung. Dazu kommt, dass jede Menge Funktionen auf Apple-Rechnern vorinstalliert sind, für die du unter Windows jeweils einzelne Komponenten zusammenkaufen musst, beispielsweise die Diktierfunktion.

Am meisten leiden Unternehmen nach meiner Erfahrung unter gewissen Unternehmenssoftware-Produkten, mit denen sich sämtliche Unternehmensprozesse abwickeln lassen sollen: Buchhaltung, Einkauf, Produktion, Lagerhaltung – alles in einer Riesen-Software. Enorm fehleranfällig, enorm erklärungsbedürftig, enorm zeitraubend. Ich bin froh, dass wir kein Großunternehmen sind, denn so können wir uns für alle Prozesse die jeweils beste Software aussuchen und diese dann über Schnittstellen miteinander verknüpfen. Das ist von den reinen Kosten für die IT vielleicht teurer und wir müssen es einmal aufwendig aufsetzen, aber dann fallen weitere Ausgaben in aller Regel flach. Vor allem brauchen wir keine Workshops, in denen uns Vertreter des Softwareentwicklers beibringen, wie ihre Software funktioniert, die am Kunden vorbei programmiert ist – Workshops, die wir dann auch noch bezahlen sollen.

Es ist wie beim Ticketautomaten der Deutschen Bahn: Da gibt es inzwischen Workshops zur Anwendung. Meistens sind die Teilnehmer im Rentenalter. Da sage ich: »Ein IT-System muss selbsterklärend sein, sonst ist es Mist.« Sollen die IT-Leute doch bitte die Kundenperspektive einnehmen und ihre Hausaufgaben machen. Aber Workshops buchen, die das Handling eines verkorksten Produktes erklären – das tun wir sicher nicht.

Ich denke gerade an einen anderen IT-Dienstleister: Nach einem Umzug haben wir im Profil jeder einzelnen IT-Anwendung unsere Rechnungsadresse aktualisiert und abgespeichert. Ein paar Monate später kommt die aktuelle Rechnung per E-Mail. Welche Adresse steht drauf? Die alte! Es beginnt ein unglaublich nerviges Hin und Her mit dem Softwareunternehmen, das es einfach nicht kapiert. Warum nimmt das System nicht an, was der Kunde eingibt? Wieso verursacht mal wieder ein IT-Unternehmen Gedöns ohne Ende?

Wenn Anbieter nicht merken, dass ihr Produkt nichts bringt

Oder nehmen wir ein inzwischen mustergültiges Beispiel für typisch deutsches Denken, das systematisch in den Misserfolg führt – die Art und Weise, wie der Norddeutsche Rundfunk (NDR) den Eurovision Song Contest (ESC) angeht. Sie erinnern sich: Am 13. Mai 2023 trat für Deutschland die Metal-Band »Lord Of The Lost« an, die den Titel »Blood & Glitter« von sich gab. Und wurde Letzter. Mal wieder. Letzter von 26! Seit der Jahrtausendwende landet Deutschland immer häufiger auf dem letzten Platz: 2005, 2008, 2015, 2016, 2022, 2023.

Klar kannst du Metal gut finden. Ich sage auch gar nicht, dass der Titel oder die Band schlecht wären. Sie sind ganz hervorragend – in ihrem Genre. Die bestialisch geschminkten Weltuntergangsfiguren von »Lord Of The Lost« spielen beim Wacken Open Air und treten mit »Iron Maiden« auf. Alles super.

Nur: Wie viel Prozent der Gesamtbevölkerung teilen diesen Geschmack? Warum kapieren wir in Deutschland nicht, dass ein exklusives Genre bei einem Mainstream-Event nicht den ersten Platz gewinnen kann? Warum verstehen wir nicht, dass wir beim ESC eine Band brauchen, die die breite Öffentlichkeit anspricht und nicht eine Special-Interest-Szene? Dass wir eine Band brauchen, die aus der Sicht von mehr Menschen aus mehr Ländern gefälliger ist?

Stattdessen vermuten einige im Ernst Schiebung bei der Platzvergabe und »Scripted Reality«. Lieber schieben wir wahrscheinlich auch noch Außerirdischen die Schuld zu, statt einfach mal der Realität ins Auge zu sehen: Deutschland hat den letzten Platz belegt, weil die Verantwortlichen sich keine Gedanken darüber gemacht haben, was die Zielgruppen gut finden.

Also noch mal: Die Band »Lord Of The Lost« ist super! Deren Fans stehen auf Augen mit Kajal. Auch »Iron Maiden« macht professionelles Marketing: Auf dem aktuellen Plakat dieser Band ist eine in eine Ritterrüstung gekleidete, halb verweste Leiche mit grimmigem Blick zu sehen, der das Blut aus Maul und Augen läuft, mit einem blutverschmierten Schwert in der Hand, offenbar gerade kurz davor, dem Betrachter den Kopf abzuhacken. Auf so was steht die Heavy-Metal-Szene.

Und die anderen? Die finden es abschreckend, affig oder kindisch oder auch einfach belanglos.

Also, worin liegt der Fehler? Klar ist »Lord Of The Lost« originell. Und gerade weil sich »Lord Of The Lost« vom üblichen ESC-Mainstream-Pop abhebt, galt die Idee als gut. Die Macher dachten also: »Wir gewinnen einen Preis, *weil* wir etwas Abseitiges einreichen.«

Kennen Sie dieses Phänomen? Da glauben Menschen, nur weil etwas originell ist, sei es gut. Oder nur weil es originell ist, würde es überzeugen. Nur ist das eben ist Unsinn! Es gibt auf dem Markt jede Menge originellen Schrott, der nicht überzeugt.

Der NDR publizierte am Tag nach der Sendung laut dpa eine Erklärung, die in meinen Augen genau zeigt, was falsch läuft: »Wir sind mit einem außergewöhnlichen Act gestartet, der überhaupt nicht das Ergebnis erzielt hat, das wir uns gewünscht haben. Das ist sehr, sehr enttäuschend und ernüchternd.« Der NDR erklärt den Flop, ohne zu merken, dass er ihn erklärt, und versteht die Erklärung offenbar selbst nicht. Dass etwas außergewöhnlich ist, ist eben kein Erfolgsfaktor. Nicht das *Extravagante* ist erfolgreich, sondern das *Relevante*. Das Relevante darf dann nebenbei natürlich auch extravagant sein, aber der entscheidende Punkt ist die Relevanz. Das gilt für jede Art von Produkt.

Ein außergewöhnlicher Act ist im Musik-Mainstream ein hochriskantes Konzept. Es kann aufgehen – wie 2006 bei Lordi, die im Monster-Grusel-Outfit den Wettbewerb für sich entschieden. Doch mit viel höherer Wahrscheinlichkeit geht es in die Hose.

Wir brauchen also etwas, was das Auge nicht stört und uns nicht vom Wesentlichen ablenkt, sondern das den Punkt dessen trifft, worum es geht. Und das in eine Musik verpackt, die den Menschen gefällt. Ein Produkt, das die Leute nur verblüfft oder provoziert, genügt nicht. Es muss uns auch bewegen und berühren. Möglichst viele Menschen müssen sich damit wohlfühlen. Nicht nur beim ESC, sondern auch bei Ihrer Produktentwicklung.

Wer das einmal begriffen hat, der stellt die ganze verkrampfte Suche nach Originalität ein. Das wäre ja mal eine Perspektive: Wir planen unsere ESC-Titel entsprechend der Relevanz aus Empfängersicht. Aber wir verstehen ja nicht (mehr), dass es für die Außenwelt keine Rolle spielt, wovon wir als Macher fasziniert sind.

Entsprechend sollten wir auch bei der Entwicklung von Geschäftsideen vom Ergebnis ausgehen und sozusagen von hinten denken. Welches Problem hat der Kunde? Wie lösen wir das Problem für ihn? Wie geht das? Wie erfährt der Kunde von uns? Was müssen wir tun, damit möglichst viele potenzielle Kunden von dem Nutzen erfahren, den wir bieten?

Wann Features wichtig sind

Der Nutzen ist also viel entscheidender als die Produkteigenschaften, die Features. Es geht viel weniger um das Produkt selbst als vielmehr um den Wert, den es für den Anwender hat, also um seine Bedeutung. Was bedeutet Ihr Produkt?

Die Automobilindustrie macht das gut: Sie wirbt mit dem Fahrgefühl, weniger mit dem Getriebe oder der Kupplung. Spezifische Angaben, wie sie auf dem Fahrzeugschein stehen (für Schlaubis: die »Zulassungsbescheinigung Teil I«), finden in der Autowerbung nicht statt. Oder kaufen Sie ein Auto, weil es 4429 Millimeter lang ist und ein Fahrgeräusch von 73 Dezibel hat? Eher nicht. Viele kennen nicht einmal die Anhängelast und wundern sich, wenn die Polizei sie anhält und das Gespann zur nächsten öffentlichen Waage eskortiert.

Meiner Erfahrung nach sind Features wirklich nur bei technischen Dingen nötig. Also, wenn wir einen neuen Mac anschaffen, dann hat der schon den größtmöglichen Arbeitsspeicher.

Wenn Sie ein Feature-Liebhaber sind, lieben Sie es vermutlich, diese Features potenziellen Kunden zu präsentieren. Nerds lieben das, oft auch die Nerds unter den Kunden. Doch am Ende kaufen Kunden ein Produkt nur vordergründig aufgrund seiner Funktionen. Tatsächlich kaufen sie es, weil sie glauben, dass es ihnen einen Wert bietet. Und genau hier kommt die Verkaufskompetenz ins Spiel. Wenn Sie nicht nur das Produkt, sondern seinen Wert aus Kundensicht effektiv kommunizieren können, wird Ihr Erfolg steigen. Sie werden in der Lage sein, Kunden zu überzeugen, dass Ihr Produkt das Beste für sie ist und dass es ihnen helfen wird, ihre Ziele zu erreichen. Also: Gerade Feature-Freunde sollten sich auf ihre Verkaufskompetenz konzentrieren und lernen, wie sie den Wert ihres Produkts effektiv kommunizieren können.

Streng genommen hat auch jedes gute Feature seinen Wert. Vom Feature zum Wert zu denken, ist auch eine unternehmerische Eigenschaft. Ich denke da an bestimmte Bürostühle mit außergewöhnlich kurzen Armlehnen. Warum sind diese Armlehnen kurz? Damit Sie mit dem Stuhl wirklich nah an die Tischplatte heranfahren können, ohne dass die Armlehne Sie stoppt, weil sie auf ungefähr derselben Höhe wie die Tischplatte ist. Suchen Sie im Internet mal nach Bürostühlen, die genau das berücksichtigen. Es gibt also Produkte, die mitgedacht sind – Produkte, deren eigentlicher Wert darin besteht, dass sie an irgendeiner Stelle wirklich durchdacht und clever konstruiert sind und die eine Schwäche üblicher Produkte – zum Beispiel von Bürostühlen – aufheben.

Was also ist die Bedeutung Ihres Produktes aus Kundensicht? Was ist der Wert, der Ihr Produkt zu einem relevanten Produkt macht, das der Kunde braucht oder will und deshalb kauft?

Welche Fehler haben Sie erkannt, die Sie auch schon gemacht haben? In welchen Situationen und wie sind Sie zu sehr von sich ausgegangen statt vom Kunden?

____

____

____

____

____

Wozu kauft jemand Ihr Produkt?

____

____

____

____

____

Was genau macht Ihr Produkt zu einem relevanten Produkt?

____

____

2.3 Kunden finden

Wenn die Leute brauchen oder wollen, was Sie anbieten, und wenn sie das sofort verstehen, dann brauchen Sie übrigens auch nicht mehrere »Touchpoints«, bis der Kunde kauft. Der Ansatz der Touchpoints ist klug, wenn Sie ein Produkt launchen, dessen Wert noch niemand kennt – zwei bis sieben Touchpoints sollen laut Theorie nötig sein.

Wer genau weiß, was er braucht oder will, und sofort die Lösung erkennt, kauft normalerweise sehr schnell – oft ohne vorher weitere Informationen oder Beratung zu benötigen. Da genügen dann zwei Touchpoints. Fürs Gelände suche ich derzeit einen Jeep Gladiator, am besten mit Hundeaufbau hinten. Wenn ich den finde, kaufe ich. Da brauche ich keine Touchpoints. Beziehungsweise: Die Touchpoints mit Marke und Modell sind schon gelaufen, und zwar ohne Hilfe des Verkäufers, der mir seine Karre am Ende vertickt.

Sind Produkte standardisiert wie Lebensmittel oder Kleidung, sind oft auch nicht mehrere Besuche des Gemüsestandes oder der Boutique nötig.

Auch wer schnell eine Lösung braucht, kauft gerne sofort. Wer am Bahnhof zwischen zwei Zügen Durst hat, kauft im Bahnhofsladen auch No-Name-Mineralwasser. Da braucht der Hersteller keine weiteren Touchpoints.

Obwohl es sicher wichtig ist, dass Unternehmen eine gute Customer Journey bieten und ihre Kunden unterstützen, sollten sie auch sicherstellen, dass der Kaufprozess schnell und einfach möglich ist und den Bedürfnissen des Kunden entspricht.

Am Ende aber ist entscheidend, dass der Kunde auf Ihr Angebot trifft. Er muss davon erfahren. Und er muss verstehen, dass er es braucht oder will.

Die Frage ist also: Wo finden sich Menschen, die genau das brauchen, was Sie anbieten?

Und: Sind die Leute, die Ihr Produkt brauchen, tatsächlich die Zielgruppe?

Käufer oder Anwender?

Vielleicht erinnern Sie sich an die Werbung von »Jacobs Krönung« aus den Achtzigerjahren. Ein Spot von 1985 beginnt mit Kindern, die sich über einen Hasen freuen. Die liebevolle Hausfrau und Mutter sagt: »Wir feiern auch bald Ostern!« Da kommt ihr Mann ins Bild – Brille, strenger Blick, eine Tasse Kaffee in der Hand – und sagt: »Aber mit einem besseren Kaffee!«

Die fürsorgliche Hausfrau, die ihren Mann natürlich restlos glücklich machen will, ist wegen des Tadels nahezu existenziell geknickt: »Dabei habe ich mir solche Mühe gegeben.« Okay? Mühe beim Kaffeekochen. Die Hausfrau wendet sich an »Frau Sommer«, die zufällig im Bild steht. Frau Sommer belehrt: »Mühe allein genügt nicht.« Und sie rät: »Nehmen Sie den Besten von Jacobs Kaffee. Die ›Krönung‹ mit dem Verwöhn-Aroma.« Schnitt auf die Kaffeetafel mit der Familie: Opa lobt den Kaffee (»Ein Aroma!«) und Oma bringt den Spoiler: »Das ist bestimmt ›Jacobs Krönung‹.«

Ein paar Jahre vorher haben wir das gleiche Motiv: In einem Spot von 1977 treffen sich zwei Nachbarinnen im Supermarkt vor dem Regal mit »Jacobs Krönung«. Im Dialog bringt die eine den entscheidenden Satz: »Für meine Familie ist eben gute Kaffeequalität wichtig.« Und die andere sagt: »Und besonderes Lob ernten Sie mit dem Besten von Jacobs. Der ›Krönung‹!«

So. Frage an Sie: Wer ist die Zielgruppe der »Jacobs Krönung«? Der Opa, dem der Kaffee schmeckt? Der grimmige Ehemann? Nein. Zielgruppe sind die fürsorglichen Hausfrauen, deren Seelenheil vom Lob der Männer abhängt. Es geht überhaupt nicht um den Kaffee. Es geht um ein Produkt, mit dem die treusorgende Ehefrau sich den Selbstwert stärken lässt, indem sie ihre soziale Rolle erfüllt.

Auch der Chef ist nicht die Zielgruppe der Kaffeewerbung. Es ist die Sekretärin, die diesen Kaffee kauft. Sie kauft ihn, damit der Chef sie nicht zusammenfaltet wegen der miesen Plörre, die sie fürs Büro zusammenbraut. Es muss schon »Jacobs Krönung« sein. Die Werbebotschaften zielen massiv auf den Selbstwert von Frauen, die es allen recht machen wollen. Harmonie, gutes Aroma – das ist das Ziel.

Ich weiß, dass Sie heute für Ihr Unternehmen wahrscheinlich bei einem Großhändler für Bürobedarf alles auf einmal bestellen, sodass Sie Kopierpapier, Gummibärchen, Druckertoner und Kaffeepakete auf einer Rechnung haben. Und natürlich ist dieser alte Typ von Mann wie in der »Jacobs«-Werbung von damals inzwischen weitgehend ausgestorben. Zugleich schärft sich dadurch möglicherweise unser Blick auf die Leute, die tatsächlich zu unserer Zielgruppe gehören.

Bei einer unserer letzten »Gipfelstürmer«-Sessions tauchte die Frage auf, wer eigentlich die Zielgruppe für eine Sonnenschutzkonstruktion an einem großen Bürogebäude ist, das jemand baut und in dem am Ende jede Menge Unternehmen residieren. Wir wissen, dass der Sonnenschutz für viele eine Rolle spielt – zum Beispiel für die Menschen, die irgendwann in diesem Gebäude arbeiten.

Sind die Menschen, die dann in diesem Gebäude arbeiten, die Zielgruppe, weil sie am Ende von dem Sonnenschutz profitieren? Ein Sonnenschutz, der verhindert, dass die Sonne ihnen direkt auf dem Bildschirm scheint?

Die Frage können Sie sich selbst beantworten: Nein, diese Menschen als Endanwender sind nicht die Zielgruppe.

Auch wenn im Zirkus am Ende die Kinder fröhlich sind, sind die Kinder nicht die Zielgruppe. Die Zielgruppe sind die Eltern, Kindergärtner und Lehrer, die mit den Kindern in den Zirkus gehen. Also diejenigen, die die Karten kaufen und den Ausflug planen.

Natürlich sprechen Zirkusplakate auch Kinder an. Natürlich sind Kinder empfänglich für den lustigen Clown auf dem Plakat und sie sagen ihren Eltern: »Lasst uns bitte in den Zirkus gehen.« Doch wer entscheidet am Ende, ob die Familie den Zirkus besucht? Die Eltern! Wenn dieser Zirkus durch die Presse geht, weil er seine Tiere nicht artgerecht hält, kann der Zirkusbesuch deswegen schon mal ausfallen.

Bei allen möglichen Veranstaltungen ist das so: Nicht das Publikum ist die Zielgruppe, sondern derjenige, der im Unternehmen entscheidet, dass vom Unternehmen zwei Abteilungen geschlossen zu dieser Veranstaltung gehen. Oder diejenigen, die im Unternehmen darüber entscheiden, dass sie diesen oder jenen Speaker zu einer Veranstaltung einladen. Ebenso ist es beim Sichtschutz. Die Menschen, die am Ende im Bürogebäude arbeiten, sind nicht diejenigen, die über den Kauf entscheiden.

Für Sie bedeutet das, dass Sie sich überlegen: Wer kauft eigentlich Ihr Produkt? Es gibt Nutzer und es gibt Käufer. Wer also kauft das Produkt?

Entscheider treffen

Ich habe erwähnt, dass wir in der Firma mit Apple arbeiten. Ich kaufe die Rechner ein. Unser Grafiker kauft sie nicht ein, der arbeitet nur damit. Manchmal wünschen sich Mitarbeiter gewisse Programme, dann kaufe ich diese Programme ein. Ich bin der Entscheider.

Apple muss also im Grunde nicht meine Mitarbeiter erreichen, sondern mich.

Ein anderes Thema ist der Bildmischer für mein Videostudio. Den hat nicht unser Videomann eingekauft, sondern er hat ihn sich zum Arbeiten gewünscht. Warum? Aufgrund einer Empfehlung unter Technikfreaks. Gekauft habe am Ende ich. Also: Der Fachmann ist überzeugt vom Produkt, aber ich bin der Entscheider. Weil ich meinem Fachmann vertraue, entscheide ich blind. Andere Entscheider trauen ihren Fachleuten nicht und treffen lieber eigene Entscheidungen – oft mit fatalen Folgen, weil sie dann Mist einkaufen.

Wie auch immer: Es geht darum, den Entscheider zu erreichen. Nicht den Anwender. Nicht die Frau aus der Jacobs-Werbung soll den Kaffee saufen, sondern der Opa. Der entscheidet, was sie zu kaufen hat. Okay?

Das ist das Erste, was Sie bedenken sollten, wenn Sie sich auf die Suche nach Ihren Kunden machen. Auf keinen Fall sollten Sie an den Entscheidern vorbei kommunizieren. Und oft genug ist der Entscheider eben nicht der Anwender. Manchmal schon, aber eben nicht immer.

Im B2B-Geschäft sind die Entscheider fast nie die Anwender. Deshalb ist der Einkaufsprozess ja auch so komplex. Deswegen müssen wir als Anbieter ja auch diese unfassbaren Pitches mitmachen, in denen Einkäufer – die von der Sache oft nichts verstehen – uns vergleichbar machen wollen mit anderen Anbietern, die möglicherweise gar nicht die Wirkung erzielen wie wir.

Und darum geht es halt. Wir müssen umtriebig sein, denn Entscheider treffen wir theoretisch überall. Klar kannst du dich mit Kaltakquise durchtelefonieren, um an der »weiblichen Firewall« vorbeizukommen und einen Termin mit dem Entscheider zu ergattern. Wir machen das auch und wir trainieren diese Methode sogar. Alles super! Nur: Es geht auch einfacher, vor allem wenn du Unternehmer bist. Geh einfach dorthin, wo deine Kunden sind.

Kunden sind theoretisch an allen möglichen Ecken zu finden, wo wir sie nicht erwarten. Umsatz schläft nie! Das heißt: Es entsteht grundsätzlich auch an jeder Ecke Geschäft. Nach meiner Wahrnehmung bin ich zum Beispiel der Einzige, der beim Fußball bei den Sponsoren Visitenkarten einsammelt und alle Kontakte nachbearbeitet. Mit einem Freund war ich in Hagen beim Handball – auch dort gibt es Sponsoren, die Visitenkarten dabeihaben. Auch durch die üblichen Urlaubsfragen (»Wie heißt du?«, »Wo kommst du her?«, »Was machst du?«) habe ich schon jede Menge Umsatz generiert.

Also: Na klar kann ich mich durchtelefonieren, bis ich einen Entscheider am Telefon habe. Ich kann aber auch einen Entscheider überzeugen – vielleicht einen anderen –, mit dem ich sowieso gerade in der VIP-Lounge bei einem Event herumstehe und Champagner trinke. Wir sind doch sowieso schon im Gespräch, weil wir uns über unsere Armbanduhren unterhalten. Wozu, bitte, soll ich mir die Mühe machen, ihn im Büro anzurufen und erst seine Assistentin dazu zu bringen, mir einen Telefontermin zu machen?

Der Grundsatz »Umsatz schläft nie« ist für mich eine der wichtigsten Überlegungen, wenn es um unternehmerische Kompetenzen geht. Ein guter Unternehmer findet immer Abnehmer für sein Produkt. Das liegt vor allem daran, dass sich gute Unternehmer des Wertes ihrer Produkte bewusst sind. Sie wissen also, welches Problem sie beim Kunden lösen.

Wenn du bei einer Veranstaltung als Unternehmer Großkopferte triffst, dann wollen auch die wissen, wer du bist, wo du herkommst und was du machst. Und dann sagen eben auch Unternehmer, was sie leisten.

Klassische Arbeitnehmer beantworten übrigens die Frage »Was machst du beruflich?« gerne mit einer Funktion: »Ich bin im Marketing«, »Ich leite die Forschungsabteilung«. Unternehmer beantworten diese Frage in aller Regel mit dem Wert, den sie verkaufen: »Ich erhöhe die Erfolgsquote in Ihrem Vertrieb.« Um diesen Nutzen geht es.

Dafür ist der Unternehmer zugleich die glaubwürdigste Absenderadresse: Wenn ein Vertriebsprofi im Auftrag seines Arbeitgebers im Fußballstadion oder beim Handball Sponsoren anspricht, dann fühlen sich diese Top-Leute zu Recht blöd angemacht. Was soll das? Wir wollen hier Spaß haben! Wenn du aber der Unternehmer bist – oder natürlich die Unternehmerin –, dann kommunizierst du auf Augenhöhe. Dann interessieren sich die Leute für dich. Und das ist interessant, denn beide verkaufen ja das gleiche Produkt und damit den gleichen Wert.

Wenn du bei so einer Veranstaltung mit Menschen sprichst, hast du die Chance, in der Art eines »Elevator Pitch« den Leuten deutlich zu machen, was du bringst. Das ist die Aufgabe.

Die Pipeline

Ausschlaggebend ist am Schluss Ihre Pipeline. Welche Kunden haben Sie in der Pipeline? Ja, genau, ich meine die Redensart, etwas »in der Pipeline« zu haben. Etwas ist auf der Rampe, ein Eisen im Feuer – da ist etwas am Werden. Wie viele Kunden sind bei Ihnen also auf dem Weg zum Abschluss? Gerade wenn es um größere Produkte geht, ist das eine spannende Frage. Im klassischen Einzelhandel ist das sicher nicht so sehr Thema.

In meinem Netzwerk frage ich natürlich immer wieder herum, wie viele potenzielle Kunden die Leute so in der Pipeline haben. Da hat mir einer eine Liste geschickt – von September 2022 bis März 2023 waren das ganze 17 Unternehmen. Ganz ehrlich? Das ist keine Pipeline. Es sei denn, Sie sind mit drei oder vier Kunden ausgebucht.

Das Faszinierende ist: Die Leute haben alle ganz tolle Ideen, sie arbeiten an ihrem Produkt bis zur Perfektion, aber sie vergessen den Sales-Gedanken. Und haben dann keine Pipeline.

Oft liegt das daran, dass sich die Chefs selbst nicht um den Verkauf kümmern. Und sie delegieren nicht – sind also völlig durchgetaktet mit Aufgaben, für die sie eigentlich Mitarbeiter haben. Manchmal auch, weil sie denken, sie könnten es besser oder schneller. So füllt sich der Kalender mit allen möglichen Nebenterminen für Dinge, die im Grunde unwichtig sind – jedenfalls verglichen mit dem Verkauf, um den es wirklich gehen würde. Die To-do-Listen sind voll, aber darauf steht kein einziger Sales-Termin für eine Neukundenakquise.

Der Grund dafür ist oft das erwähnte »Monkey-Business«. Ich kenne echt viele Unternehmer, die genau deswegen nicht dazu kommen, ihre Pipeline zu füllen.

Es ist also wirklich außerordentlich wichtig, dass Sie sich konzentrieren. Und zwar auf die Aufgabe, die jeder Unternehmer und jede Unternehmerin zuallererst leisten muss: Es ist unvermeidbar, dass Sie sich Gedanken darüber machen, wer Ihre Kunden sind. Wessen Schmerz Sie lindern, wessen Problem Sie lösen. Es ist Ihre ureigenste Aufgabe als Unternehmer, herauszufinden, wie Sie diese Menschen oder Unternehmen erreichen. Und wie Sie ihnen verdeutlichen, dass genau Sie die Lösung für ihre Probleme sind.

Das ist nichts, was Sie nebenher machen. Das ist nichts, was sich von allein ergibt. Das ist auch nichts, was die Zeit bringen wird. Das kommt nicht von selbst, wenn Sie mit Ihrem Produkt nur lange genug auf dem Markt sind. Verstehen Sie, was ich meine? Wenn Sie nicht hinterher sind, tickt die Uhr gegen Sie. Ihr Kapital verschwindet – ob Eigenkapital, Fremdkapital oder Kredite. Es versickert einfach im sinnlosen Tagesgeschäft – sinnlos, weil Tagesgeschäft nur dann einen Sinn hat, wenn das Unternehmen ganz grundsätzlich läuft. Und das zu bewerkstelligen, ist Ihre Aufgabe! Was Sie unbedingt »unternehmen« müssen, ist das Generieren kontinuierlicher Einnahmen. Das A und O des Ganzen, das viel zu wichtig ist, um es zu vergessen. Und Einnahmen generieren Sie nur über Kunden.

Viele Leute denken in diesen tagesaktuellen operativen Tasks, kennen Sie das? Die Leute meinen, eine To-do-Liste sei nur dann eine gute To-do-Liste, wenn darin Dinge stehen, die sie handwerklich operativ erledigen und abhaken können.

Die wichtige To-do-Liste für Unternehmer aber sieht völlig anders aus: Darauf stehen nicht operative Aufgaben, sondern strategische Überlegungen. Und diese strategischen Überlegungen und Entscheidungen verdienen noch viel höhere Aufmerksamkeit als das ganze Tagesgeschäft.

Der Unterschied ist klar, oder? Eine militärische Taktik mag noch so clever sein – sie hat keinen Sinn, wenn die Strategie, die Sie darübergespannt haben, nicht klug ist.

Und eine volle Pipeline bekommst du eben nicht, wenn du die strategischen Aufgaben vernachlässigst. Eine Pipeline kann sich nur dann füllen, wenn du dich konzentriert auf die Kundensuche und -akquise machst und wenn du diese Kernaufgabe wirklich als deinen Hauptjob betrachtest.

Das gelingt auch nur dann, wenn Sie das Tagesgeschäft wirklich effektiv an Ihre Mitarbeiter delegieren, und zwar konsequent. Es muss Schluss sein mit dem »Monkey-Business«. Es muss Schluss sein mit der Rückdelegation. Es muss Schluss sein mit den Ausreden. Ihre Mitarbeiter müssen Ihnen den Rücken frei halten, damit Sie Ihr Unternehmen voranbringen können. Deswegen haben Sie ja die Mitarbeiter. Damit sie Ihnen die operativen Tätigkeiten des Tagesgeschäfts abnehmen.

Den Wert des Produktes vermitteln

Dann lassen Sie uns mal überlegen, wie Sie Ihre Pipeline füllen. In meinen Augen geht das, indem Sie die infrage kommenden potenziellen Kunden vom Wert Ihres Produktes überzeugen.

Nehmen wir mal Produkte für Unternehmen. Oft sind das erklärungsbedürftige Produkte, die wir nicht so einfach und nicht sofort kapieren. Einfach und sofort kapieren wir einen Stromvertrag bei einem neuen Anbieter, einen Reisebuchungsservice oder auch eine neue Flottenversicherung für den Fuhrpark. Hier genügen Stichwörter und wir haben das Produkt verstanden.

Schwerer zu vermitteln sind spezialisierte Softwarelösungen oder komplexe Finanzprodukte. Wobei ich eines klarstellen will: Eine Spezialmaschine für die Industrie mag in der Anwendung erklärungsbedürftig sein und Ihr Personal mag einige Einweisungen brauchen. Der Bedarf Ihres Unternehmens an dieser Maschine kann trotzdem klar und sofort zu begreifen sein – dann zählt das für mich nicht als erklärungsbedürftiges Produkt.

Gerade bei erklärungsbedürftigen Produkten ist es wichtig, eine gezielte Marketingstrategie zu entwickeln, um Kunden zu finden. Die Herausforderung dabei ist: Der Kunde weiß noch nicht, dass er Ihre Lösung braucht. Das sollten Sie ihm beibringen. Ausschlaggebend ist dabei in meinen Augen, den Kunden bei seinem Schmerz zu packen. Also dem Feuer, das Sie löschen. Es geht gar nicht so sehr darum, das Produkt zu beschreiben, also die Lösung, als vielmehr darum, erst einmal herauszufinden, wer genau diesen Schmerz hat.

Nehmen wir mal an, Sie sind Berater für Prozessmanagement. Dann dürften Sie schon in Ihrer Rolle als Kunde zahlreicher Unternehmen erkennen, wer Ihre Beratung braucht. Bei unglaublich vielen Unternehmen sind die Prozesse nicht sinnvoll aufgesetzt und diese Unternehmen lassen sich relativ leicht finden.

Letztens haben wir einen ganzen Haufen externe Festplatten reklamieren müssen, deren Verschlüsselung sich nach einem MacOS-Update plötzlich nicht mehr entschlüsseln ließ – obwohl die Festplatten auch nach dem Update laut Werbung mit Mac kompatibel sein sollten. Zum Glück hatten wir die Daten auch noch anderweitig gesichert. Also ging es erst mal um die Frage, ob der Hersteller die Festplatten zum Laufen bekommt oder uns neue schickt, die dann funktionieren. Oder ob er uns einfach die Kosten für die Platten aufs Konto überweist und wir uns einen anderen Anbieter suchen.

Das Handling des Herstellers war gelinde gesagt eine Katastrophe, wie so oft in der IT. Das sage ich als Unternehmercoach, der in der IT auch oft genug selbst die Anwenderrolle einnimmt. Viele IT-Firmen ignorieren den Kunden geradezu. Weder haben wir eine klare Orientierung bekommen, was der Stand der Dinge ist, noch hat sich der Hersteller irgendwie dazu geäußert, ob sich das Problem softwaretechnisch lösen lässt. Ständig mussten wir nachhaken und nie ging etwas vorwärts. Nachdem sich das Ganze über ein Vierteljahr hingezogen hat, haben wir angekündigt, unseren Anwalt einzuschalten, der Schadenersatz für die Festplatten fordert. Dann hat sich etwas bewegt.

Solche Unternehmen kannst du, wenn du dich auf Prozessmanagement spezialisiert hast, sofort als potenzielle Kunden identifizieren. Natürlich ist es denkbar, dass der ganze Laden egozentrisch ist – wenn der Chef so tickt wie sein Support, kannst du es fast immer vergessen. Dann hast du es mit einem Inhaber zu tun, der zu menschlichen Beziehungen nicht fähig ist, also mit dem technokratischen Menschenschlag, der ohne menschliche Regung zu sein scheint und dessen Denken komplett aus Nullen und Einsen besteht.

Aber wenn so ein Chef erfasst, was er da alles durch seine kranken Prozesse verbockt und dass ihm dadurch Umsatzeinbußen drohen, hast du einen Hebel. Der Bedarf liegt zunächst darin, die Prozesse zu prüfen und herauszufinden, wer diese Kundenfeindlichkeit zu verantworten hat. Dann gehört der Urheber dieses Prozesses gefeuert oder zumindest auf einen Arbeitsplatz versetzt, an dem er keinerlei Berührung mit Kunden hat und insofern keinen Schaden mehr anrichten kann. Und dann setzt du mit deinem Kunden einen Prozess auf, der das Prädikat »kundenorientiert« verdient.

Für mich haben sich die folgenden Punkte in ungefähr dieser Reihenfolge als erfolgreich erwiesen:

- Identifizieren Sie Ihre Zielgruppe: Bevor Sie mit der Suche nach konkreten B2B-Kunden beginnen, müssen Sie genau wissen, wer Ihre Zielgruppe ist. Also: Wem ist mit Ihrem Produkt am besten geholfen? Recherchieren Sie potenzielle Kunden und analysieren Sie deren Bedürfnisse und Anforderungen.
- Erstellen Sie eine ansprechende Website: Eine gut gestaltete Website kann dazu beitragen, das Interesse potenzieller Kunden zu wecken. Stellen Sie sicher, dass Ihre Website den Nutzen und den Wert Ihres Produktes klar vermittelt und benutzerfreundlich ist. Die Website muss unbedingt die Möglichkeit bieten, sofort und direkt mit Ihnen oder Ihrem Vertrieb Kontakt aufzunehmen.
- Um B2B-Kunden zu erreichen, sollten Sie verschiedene Kanäle nutzen – von E-Mail-Marketing bis hin zu Social Media und persönlichen Gesprächen. Je nach Zielgruppe können bestimmte Kanäle effektiver sein als andere.
- Vor allem LinkedIn ist ideal für die Suche nach B2B-Kunden. Wie das genau funktioniert, behandeln wir im Kapitel über Social Selling (Seite 321). In jedem Fall kommunizieren Sie dort vor allem den Nutzen und den Wert des Produktes und Sie verweisen dabei auch auf Ihre Website. Gerade wenn es um erklärungsbedürftige Produkte geht, ist eine klare und prägnante Botschaft besonders wichtig. Sie müssen in der Lage sein, Ihr Produkt auf den Punkt zu bringen und die Vorteile für den Kunden deutlich zu machen.
- Demonstrieren Sie Ihr Produkt. Auf diese Weise können potenzielle Kunden das Produkt selbst erleben und besser verstehen.
- Veranstalten Sie Webinare: Webinare sind nach wie vor eine großartige Möglichkeit, um potenzielle Kunden zu identifizieren: Wer sich zu einem Webinar zu einem neuen Gerät fürs Krankenhaus anmeldet, arbeitet vermutlich in einem Krankenhaus und gehört vielleicht sogar zum Kreis derer, die über eine Anschaffung entscheiden.
- Nutzen Sie Empfehlungen: Bestehende Kunden können Ihnen dabei helfen, neue B2B-Kunden zu gewinnen. Bitten Sie zufriedene Kunden um Empfehlungen oder Bewertungen auf Ihrer Website oder anderen Plattformen.
- Bauen Sie Beziehungen auf: Im B2B-Bereich sind Beziehungen oft entscheidend. Versuchen Sie daher, langfristige Beziehungen mit potenziellen Kunden aufzubauen – zum Beispiel durch regelmäßige Kommunikation oder die Teilnahme an Branchenveranstaltungen. Gemeint sind natürlich die Branchen Ihrer Kunden, nicht Ihre.
- Arbeiten Sie mit Partnern zusammen: Kooperationen mit anderen Unternehmen können Ihnen dabei helfen, neue B2B-Kunden zu finden. Suchen Sie

nach Unternehmen, die Ihre Zielgruppe ansprechen, und bieten Sie ihnen eine Zusammenarbeit an. Wichtig ist dabei natürlich, dass auch Ihr potenzieller Partner einen Benefit hat.

Wenn Sie wissen, wem Ihr Produkt wirklich dient, und wenn Sie auch wissen, wo Ihre Kunden zu finden sind, dann geht es vor allem darum, den Weg des Kunden zu Ihrem Produkt zu planen. Diesen Weg müssen wir unbedingt ganz sorgfältig anlegen.

Ich kenne Geschäftsleute und Unternehmer, die interessiert das nicht. Solche Leute habe ich auch in meinem Umfeld. Das sind kreative Typen, die wirklich schöne Ideen entwickeln und auch schöne Produkte herstellen – aber dann kümmern sie sich nicht darum, dass diese Produkte tatsächlich auch den Kunden erreichen.

Das ist ungefähr so, als würden wir einen schönen Kuchen vorbereiten und ihn nicht in den Ofen schieben. Da steht er dann in der Küche und kann nicht fertig werden, weil sich niemand mehr darum kümmert.

Deswegen ist eine Botschaft ganz wichtig: Mit einer reinen Geschäftsidee ist es nicht getan. Wir müssen aus der Geschäftsidee ein Geschäftsmodell entwickeln. Ein Modell, das den Nutzen des Produktes wirklich dem Kunden in die Hand spielt, sodass der Kunde dafür bezahlt. Dieser Weg muss exakt definiert sein.

Wenn wir uns im nächsten großen Kapitel um das Flussdiagramm kümmern, nach dem Ihr Unternehmen funktionieren soll, werden wir diesen Weg so gut es geht definieren.

Entscheidend ist zunächst einmal: Sie sollten sich darüber im Klaren sein, dass Sie diesen Weg planen müssen. Es genügt nicht, ein Produkt zu produzieren. Manchmal genügt es nicht einmal, es irgendwo in den Handel zu bringen. Solange niemand von dem Produkt und seinem Nutzen weiß, wird es niemand kaufen.

Der Weg muss also komplett durchdacht sein. Gerade wenn du ein kleines Unternehmen gründest oder leitest, gehen solche Gedanken ab und zu mal unter. Wir sind es von großen Konzernen gewöhnt, dass es für alles eine Abteilung gibt. In jeder Abteilung arbeiten die Fachleute, deren Aufgabe es ist, beispielsweise die Kunden auf das Produkt aufmerksam zu machen. Das nennt sich »Marketing« und ist eine ganz wunderbare Sache. Zugleich gibt es manchmal eine Vertriebsabteilung, die auch gut sein kann. Diese Leute sprechen die Kunden direkt an, individuell oder meinetwegen auch massenhaft, um dann Abschlüsse, also Verkäufe, zu tätigen.

Zwei unterschiedliche Modelle: Google und Facebook

Bei manchen Geschäftsmodellen beantwortet sich die Frage, wo die Kunden herkommen, ganz einfach: zum Beispiel über Google. Später spreche ich noch über die Gefahren, die drohen können, wenn Sie Ihre Akquise ausschließlich von einem Anbieter abhängig machen. Doch grundsätzlich spricht erst mal nichts dagegen, *auch* über Google zu finden zu sein.

Zugleich gibt es auch so was wie Facebook-Werbung, die dann auch bei Instagram erscheint – und auch viele weitere Formen von Werbung in den sozialen Netzwerken.

Mir ist wichtig, dass Sie hier einen Unterschied wirklich glasklar auf dem Schirm haben: Über Google finden wir Produkte, die wir schon kennen. Bei Google suchen wir in aller Regel Dinge, von denen wir wissen, dass sie die Lösung für etwas sind. Wir geben bei Google »Taxi« ein oder »Pizza«.

Wenn Sie ein Taxi brauchen oder eine Pizza bestellen wollen, dann schauen Sie nicht bei Facebook, ob Ihnen da zufällig eine Werbeanzeige für einen Taxibetrieb oder einen Pizza-Lieferdienst ins Auge fällt, sondern Sie googeln. Sofern Sie nicht in der Wüste stehen, erscheint ein Ergebnis.

Facebook-Werbung dagegen kommt unbestellt. Sie erscheint einfach in unserer Timeline und bringt uns oft auf Ideen. Facebook schaut, wofür wir uns ungefähr interessieren – das weiß Facebook, weil wir ja nur bestimmte Seiten liken und andere nicht. Anhand unseres Verhaltens bei Facebook sehen wir dann Anzeigen, die für uns interessant sein könnten.

Für Sie bedeutet das: Sie sollten sich grundsätzlich die Frage stellen, ob Ihr Produkt bereits eine bekannte Lösung für ein Problem ist, das die Leute möglicherweise googeln, oder ob Sie Menschen zu etwas inspirieren müssen, um Ihr Produkt zu verkaufen. Möglicherweise weiß die Menschheit gar nicht, dass Sie die lang ersehnte Lösung für ein quälendes Problem entwickelt haben – aber da niemand eine Lösung vermutet, googelt auch niemand danach.

Ein Irrtum vieler Anfänger jedenfalls ist es, zu glauben, das Produkt verkaufe sich von allein. Das tut es ganz bestimmt nicht. Wir müssen wirklich auch hier hinterher sein. Und zwar bei allem. Wenn wir uns nicht reinhängen, geschieht nichts. Selbst wenn wir ein »Google-Produkt« haben, müssen wir immer wieder schauen, ob die Keywords noch gut abgestimmt sind – denn eventuell verändern sich im Laufe der Zeit auch die Suchanfragen.

Wir müssen jeden einzelnen Schritt unseres Geschäftsmodells definieren. Alles muss klar sein und wir müssen mit unseren Kompagnons und anderen Sparringspartnern das ganze Konstrukt auf Plausibilität prüfen. Ist es schlüssig? Funktioniert es? Oder gibt es an irgendeiner Stelle Hindernisse? Also irgendwelche Widerhaken, an denen der Kunde hängen bleibt, sodass er im Prozess des Kaufs nicht weiterkommt? Und bevor wir überlegen, wie wir Ihre Geschäftsidee zu einem Geschäftsmodell erweitern können, reden wir eben noch mal über den Preis.

Inwiefern versäumen Sie Ihre wichtigen Aufgaben, weil Sie stattdessen Aufgaben erledigen, die Sie delegieren sollten?

____

____

____

____

____

Wo finden Sie Ihre Kunden?

____

____

____

____

____

Welche Produkte in Ihrem Portfolio sind »Google-Produkte« oder »Facebook-Produkte«? Inwiefern?

____

____

____

____

____

2.4 Der Preis spielt (grundsätzlich) keine Rolle

Wichtig ist dabei übrigens: Der Preis spielt grundsätzlich erst mal keine Rolle. Es gibt nur wenige Ausnahmen, bei denen der Preis eine Rolle spielt.

Stellen Sie sich vor, ein Verkäufer kommt auf Sie zu und bietet Ihnen einen gebrauchten, leeren, schmutzigen Kaffeebecher von McDonald's aus Pappe an. Der Nutzen ist nicht von der Hand zu weisen: Diesen Kaffeebecher können Sie spülen und wieder Kaffee daraus trinken. Der Verkäufer bietet Ihnen diesen Kaffeebecher zum Kauf an. Preis: 1 Euro. Weil Sie es sind. Was würden Sie sagen?

Wahrscheinlich würden Sie sagen: »Nein, ich brauche diesen Kaffeebecher nicht. Vielen Dank für das Angebot.«

Ein guter Verkäufer akzeptiert natürlich kein Nein – und wenn Sie Martin Limbeck kennen, dann wissen Sie: »Nein« heißt im Grunde nur »Noch ein Impuls nötig«. Also kommt der Verkäufer erneut auf Sie zu und betont den unfassbaren Nutzen dieses Kaffeebechers noch einmal. Nehmen wir an, es sei ein schlechter Verkäufer, dann geht er irgendwann mit dem Preis runter. Für 50 Cent wäre der Kaffeebecher Ihrer. Was sagen Sie jetzt?

Jetzt sagen Sie natürlich immer noch Nein. Sie brauchen keinen Becher. Sie zahlen auch keine 50 Cent für diesen Becher. Und sogar als der Verkäufer Ihnen den Becher für 20 Cent anbietet und Ihnen klarmacht, dass er sich damit ruiniert, schlagen Sie nicht zu. Auch wenn der Verkäufer sagt, dieses exklusive und begrenzte Angebot gelte nur noch eine halbe Stunde: »Sichern Sie sich jetzt Ihren schmutzigen Kaffeebecher!«

Was lernen wir daraus? Wir lernen daraus, dass der Preis keine Rolle spielt, wenn wir etwas nicht brauchen. Wenn Sie etwas nicht brauchen, kaufen Sie es nicht, fertig. Es ist dabei völlig egal, ob der Preis besonders niedrig ist oder ob Sie einen Rabatt bekommen, weil in München Wies'n ist, Sommerschlussverkauf oder der Tag der schmutzigen Kaffeebecher.

Jetzt können wir diesen Kaffeebecher natürlich emotional aufladen und sagen, aus diesem Kaffeebecher habe schon Michael Jackson (1958–2009) getrunken. Dann wird der Kaffeebecher natürlich an Wert gewinnen. Es ist zwar immer noch derselbe schmutzige Kaffeebecher, aber weil dieser Kaffeebecher eine besondere Bewandtnis für Michael-Jackson-Fans hat, steigt er im Wert.

Sie erinnern sich bestimmt an den VW Golf von Joseph Ratzinger (1927–2022), dem verstorbenen Papst Benedikt XVI. Als junger Theologe fuhr Ratzinger einen Golf – es war nichts Besonderes, einfach ein alter Golf wie jeder andere auch aus diesem Baujahr. Trotzdem war der Golf an dieser Stelle aufgeladen, weil es nämlich das »Heilige Blechle« von Joseph Ratzinger war. Die Karre wechselte als Gebrauchtwagen für 188.936,88 Euro den Besitzer. Für den Betrag kriegst du schon eine ordentliche Armbanduhr.

Nur: Es geht hier nicht ums Brauchen. Niemand braucht genau diesen VW Golf, um sich von A nach B zu bewegen. Da genügt ein einfacher gebrauchter VW Golf. Die emotionale Aufladung, die den hohen Preis erklärt, brauchst du nicht. Und weil du sie nicht brauchst, kaufst du den Wagen nicht.

Also noch mal: Wenn du eine Handtasche brauchst, um Portemonnaie und Lippenstift zu transportieren, dann brauchst du keine Louis-Vuitton-Handtasche, sondern einfach eine Handtasche. Es genügt eine vom Grabbeltisch in der Fußgängerzone. Wenn du aber eine Louis-Vuitton-Handtasche *willst*, dann haben wir es mit einer völlig anderen Situation zu tun. Dann bezahlst du die emotionale Aufladung mit.

Und jetzt lassen Sie uns mal überlegen: Was ist denn, wenn Sie ein Produkt wirklich brauchen? Also, weil es ein Problem löst, das Sie haben? Vielleicht kennen Sie die Geschichte mit der Flasche Wasser. Ich liebe dieses Beispiel, weil es einfach die Realität abbildet.

Was ist eine Flasche Wasser wert? So eine übliche 1,5-Liter-PET-Flasche mit stillem Wasser aus dem Supermarkt. Was ist die wert?

Jetzt sagen Sie: »Na ja, vielleicht 50 Cent, beim Discounter 19 Cent. Plus Pfand.« Dann sage ich: »Ja, unter normalen Umständen kostet eine Flasche Wasser diesen Preis.« Doch jetzt stellen Sie sich vor, Sie sind in der Wüste am Verdursten. Sie wissen: Nur Wasser kann Sie jetzt noch retten. Und jetzt kommt der Typ von vorhin mit seinem leeren Kaffeebecher vorbei und mit einer 1,5-Liter-Flasche Wasser. Den Kaffeebecher bietet er Ihnen immer noch für 20 Cent an, weil Sie es sind, aber für die Flasche Wasser – eingekauft in einem Supermarkt für ungefähr 29 Cent – will er 500 Euro. Sie sagen, Sie haben nicht ausreichend Bargeld dabei, aber das ist kein Problem, der Typ zückt sofort sein Kartenlesegerät. Jetzt können Sie von Ihrer Kreditkarte 500 Euro runterziehen lassen und haben dafür das eine Lebenselixier, das Ihnen das Leben rettet und erst mal das weitere Überleben sichert.

Ich bin sehr sicher, Sie werden diesen Deal abschließen. Na gut, vielleicht bringen Sie den Verkäufer auch um und rauben ihm das Wasser. Oder Sie merken sich sein Gesicht, weil Sie wissen: Wir begegnen uns immer zwei Mal. Der Punkt ist jedenfalls: Ob eine Flasche Wasser 50 Cent wert ist oder 500 Euro, hängt nicht von der Flasche Wasser ab. Es hängt vom Bedarf ab.

Nur damit wir hier klar sind: Das heißt, wenn wir ein Produkt wirklich brauchen, spielt der Preis keine Rolle. Und was war mit dem leeren Kaffeebecher? Wir haben gesagt: Wenn wir ein Produkt nicht brauchen, spielt der Preis keine Rolle. Jetzt lassen Sie mich mal eins und eins zusammenzählen und messerscharf folgern: Der Preis spielt grundsätzlich erst mal nie eine Rolle.

Oder wie es mein Kollege Tim Taxis sagt: »Wenn der Kunde sowieso nicht bei dir kauft, brauchst du ihm keinen Nachlass zu geben. Und kauft er bei dir, eben auch nicht.«

Natürlich spielt der Preis eine Rolle, wenn wir im Wettbewerb stehen und wenn andere Anbieter ähnliche Produkte auf den Markt werfen. Der Preis spielt natürlich eine Rolle, wenn Sie auf der Autobahn überlegen, ob Sie schnell zum Tanken an die Autobahnraststätte fahren und 30 Cent pro Liter mehr bezahlen oder ob Sie kurz die Autobahn verlassen und bei einer freien Tankstelle tanken. Oder bei der Auswahl von Alltagsprodukten wie Lebensmitteln oder Hygieneartikeln. Sofern diese Produkte vergleichbar sind – ein überaus hässliches Wort aus Sicht eines Verkäufers, ich gehe darauf später noch genauer ein –, spielt der Preis in der Tat eine Rolle.

Aber sonst nicht. Vor allem, wenn du mit einem exklusiven Produkt auf den Markt gehst, das sich sowieso von anderen Produkten abhebt, spielt der Preis keine Rolle. Wenn du dich auf der anderen Seite anstrengst, ein Produkt auf den Markt zu pressen, das kein Mensch braucht, dann wirst du dir auch da die Zähne ausbeißen. Denn der Preis spielt keine Rolle.

Einige Seiten zuvor habe ich ja von meinem Besuch bei Kenneth in Orlando berichtet. Wir waren gemeinsam in »Gatorland«, Krokodile anschauen. Und was stand da auf dem Schild am Parkplatz? »Parken $20«. Und darunter: »Parken heute frei«. Damit hat der Kunde schon mal das Gefühl, 20 Dollar zu sparen, und bezahlt mit viel mehr Freude die rund 100 Dollar Eintritt für den Park.

Die Frage ist einfach, ob Sie aus einem Bedürfnis einen Bedarf machen können. Das reine Bedürfnis unserer Zielgruppe bringt uns Unternehmern noch gar nichts. Erst wenn der Bedarf da ist, also die konkrete Bereitschaft zum Kauf und die Akzeptanz des Preises, läuft das Geschäft. Jetzt kannst du sagen, die Parkbesucher sind sowieso schon auf dem Parkplatz angekommen, weil sie die Krokodile sehen wollen. Doch das Gefühl, beim Parken schon mal 20 Dollar zu sparen, macht den Kauf dann eben doch noch mal leichter.

Und noch mal zurück zum Sonnenschutz. Letztlich gibt es Kaufmotive und von denen müssen wir das dominante ermitteln. Klassische Kaufmotive sind Wirtschaftlichkeit, technische Neuerung, Bequemlichkeit, Soziales und Umwelt, Sicherheit, Kontaktstreben oder auch Prestige. Beim Sonnenschutz kann die Bequemlichkeit das Motiv sein: Wir wollen keine Rollläden runterfahren. Oder die Wirtschaftlichkeit, wenn wir keine Außenjalousien anbringen wollen. Oder der Kauf ist sozial motiviert, weil wir unseren Mitarbeitern etwas Gutes tun wollen. Der Preis jedenfalls stellt niemals die Kosten dar, die wir für die Entwicklung eines Produktes haben. Er spiegelt in jedem Fall den Wert wider, den der Nutzen für den Kunden hat.

Ich hoffe, damit denken Sie ab sofort nicht mehr kostenorientiert. Wer nichts vom Business versteht, errechnet den Preis oft anhand der Kosten. Das ist natürlich fatal und unsinnig: Wenn Sie nur Ihre Kosten reinholen, machen Sie keinen Gewinn. So arbeiten gemeinnützige Organisationen und Vereine, die keine Gewinne machen dürfen, aber Unternehmen brauchen eine Marge. Später wird dieser Gedanke noch wichtig sein, wenn es ums Skalieren geht.

Der Preis auf B2B-Märkten

Wo der Preis immer eine Rolle spielen wird, ist das B2B-Geschäft, also im »Business to Business«. Allerdings gibt es dort dann auch das Phänomen des Preisstolzes, wie ich es in »Limbeck.Verkaufen« dargestellt habe. Das Motto lautet: »Ja, lieber Kunde, es stimmt: Wir sind teuer. Wir sind teuer aus bestimmten Gründen.« Wer das gut argumentiert, kann den Kunden beim Preisstolz packen – dann werden wir möglicherweise gebucht, gerade weil wir teuer sind.

Und du wirst bei ganz vielen Gesprächen feststellen: Viele Gesprächspartner fragen gar nicht nach deinem Preis, sondern die Top-Performer wollen erst mal wissen, was du bringst. Was etwas kostet, das fragen in aller Regel nur Konsumenten sofort, also Privatleute. Ein Unternehmen wird sich erst mal mit deinem Wert auseinandersetzen und überlegen, inwiefern es diesen Wert braucht. Dann wird es ins Internet gehen und schauen, wer noch diesen Wert anbietet – und dann wird irgendwann eine Einkaufsabteilung versuchen, alles vergleichbar zu machen, und dann beginnen die Verhandlungen über den Preis.

Aber wenn du ein guter Typ bist und am Rande einer Veranstaltung erklärst, dass du mit deinen Seminaren das Denken im Unternehmen verändern kannst, dann fragt doch erst mal niemand nach dem Preis. Sie fragen dich höchstens, wie du das machst und warum es ausgerechnet dir gelingt, die störrischen Mitarbeiter bis hin zum Betriebsrat zu produktiven Kollegen zu machen. Und wenn sie geschluckt haben, dass du das wirklich kannst und dass du dem Unternehmen einen massiven Wert bescherst, dann fragen sie irgendwann, was das kostet.

Und dann gelten die bekannten Verkaufsregeln, wonach du das Wort »Rabatt« nicht kennst und den Kunden fragst, ob er damit die Hauptstadt Marokkos meine – oder auch die klare Ansage des begnadeten Verkäufers, Hoteliers und Autors Klaus Kobjoll (* 1948): »Wer Rabatt gibt, ist verzweifelt.«

Und noch einmal zu den angeblich immer gültigen Touchpoints: Wenn du in der Wüste nach Wasser hechelst, nutzt du die erste Gelegenheit, um Wasser zu kaufen. Du lässt den Verkäufer nicht erst noch sechs weitere Male antreten, damit er seine Vertrauenswürdigkeit oder Kompetenz beweisen kann. Und du zahlst jeden Preis.

Übrigens vertraust du in der Lage auch darauf, dass das Wasser sauber ist. Du trinkst mehr oder weniger blind aus einer Flasche, von der du gar nicht weißt, was drin ist.

Gelingt es Ihnen, ein Business auf die Beine zu stellen, in dem Sie – wie Red Adair – jeden Preis verlangen können, weil Ihre Kunden Sie dringend brauchen? Gelingt Ihnen eine solche Absenderkompetenz, dass Ihre Kunden sofort davon überzeugt sind, dass Ihr Produkt die Lösung ist?

Was brauchen Ihre Kunden dringend? Was ist das entscheidende Kaufargument?

___

___

___

___

___

Welche Rolle spielt der Wettbewerb bei Ihrer Preisfindung?

___

___

___

___

___

Wie finden Sie zu welchem Preis für welches Produkt?

___

___

___

2.5 Von der Geschäftsidee zum Geschäftsmodell

Lassen Sie uns kurz überlegen, was überhaupt ein Geschäftsmodell ist. Im Kern ist ein Geschäftsmodell ein Konzept, nach dem Sie durch Ihr Produkt Umsatz machen. Das ist auf einfache Weise formuliert.

Nun wissen wir. Das Ganze ist komplizierter und wir haben es mit einer ganzen Menge verschiedener Prozesse zu tun. Darum kümmern wir uns jetzt auch. Aber lassen Sie uns trotzdem der Reihe nach vorgehen. Lassen Sie uns erst mal verschiedene Geschäftsmodelle anschauen und uns überlegen, wie sich diese verändern.

Ein bekanntes Geschäftsmodell ist zum Beispiel die gedruckte Tageszeitung. Sie kennen Zeitungen, weil Sie sie vielleicht abonniert haben oder weil Sie sie vielleicht in der Bahnhofsbuchhandlung kaufen. Was vielen nicht bewusst ist, ist, dass es zwei grundlegend verschiedene Geschäftsmodelle auf diesem Markt gibt, nämlich Boulevard und Abonnement. Beim »Boulevard« kaufen Sie die Zeitung am Kiosk. Es gibt so gut wie keine Abonnements von Boulevardzeitungen. Deswegen sind auch die Überschriften so groß – sie fungieren als Kaufappell, wenn sie uns vom Kiosk aus anspringen.

Zeitungen im Abo finden ihren Weg zum Kunden eben übers Abo und das Geld wandert per Bankeinzug vom Kunden zum Verlag.

Wenn wir uns das Geschäftsmodell »Tageszeitung« genauer anschauen, stellen wir etwas Verrücktes fest: Das vermeintliche Produkt ist gar nicht das Produkt. Es geht beim Verkauf einer Zeitung nicht darum, das Papier zu verkaufen – also diese materialisierte Form, die wir am Ende in der Hand halten –, sondern letzten Endes ist es das Nachrichtengeschäft.

Hier hat das Internet die Vertriebswege komplett verändert. Wir brauchen heute kein Papier mehr, um Nachrichten zu erfassen. Schon in Zeiten vor dem Internet gab es alternativ das Fernsehen und das Radio. Das ist alles nichts Neues. Nun kam aber ein weiteres Medium dazu, nämlich das Internet, in dem wir Nachrichten nicht linear beziehen. Das heißt: Wir müssen nicht in Echtzeit eine Sendung verfolgen, sondern wir können das Video oder den Podcast abrufen, wann wir wollen. Auch Texte können wir wie bei einer Zeitung dann lesen, wenn wir sie lesen wollen.

Viele Geschäftsmodelle haben sich durch das Internet verändert: Statt Filme auf VHS-Kassetten oder DVDs auszuleihen, streamen wir. Die gute alte Videothek hat sich im Grunde an der guten alten Stadtbücherei orientiert. Der Weg des Produktes zum Kunden hat sich geändert und so sind die Videotheken verschwunden.

Ein anderes, sehr bekanntes Geschäftsmodell ist das von Bofrost. Bofrost liefert Tiefkühlware direkt an die Haustür. Es ist eine Art Verkauf aus dem Auto heraus, wie es auch manche Bäcker auf dem Land anbieten. Nur ist das Ganze viel professioneller aufgezogen: Es gibt Bofrost-Kataloge, bunte Lieferwagen, die als Werbefläche dienen, und wer sich von Bofrost-Tiefkühlkost ernährt, ist in aller Regel ein recht treuer Kunde und viel Neugeschäft läuft über Empfehlungen. Deswegen ist auch die öffentliche Präsenz von Bofrost relativ überschaubar.

Also stelle ich schon einmal eine Zwischenfrage: Welche Marketing- und Werbekosten können Sie einsparen, weil sich Ihr Produkt von allein herumspricht? Dazu noch eine Anregung: Vielleicht muss Ihr Produkt gar nicht weltberühmt werden. Vielleicht genügt es, wenn eine ausreichende Menge treuer Kunden immer wieder kauft und Sie immer wieder weiterempfiehlt.

Oder nehmen Sie den Thermomix von Vorwerk. Der Thermomix gilt für alle, die ihn nicht haben, als Kuriosum. Wer keinen Thermomix hat, bezeichnet viele, die einen haben, als Gläubige. Nur wissen eben die Thermomix-Besitzer, wie einfach sich mit dem Gerät Essen zubereiten lässt und wie zuverlässig die Rezepte sind. Die Thermomix-Gemeinde trifft sich regelmäßig zu Kochabenden und lässt sich von den Thermomix-Repräsentantinnen – und seltener -Repräsentanten – neue Rezepte vorführen. Am Ende spendet jeder etwas in die Kaffeekasse und die Thermomix-Repräsentantin hat vielleicht fünf Mal den neuen Gemüse-Styler verkauft.

Bofrost-Chef Jörg Körfer ist übrigens ein alter Vorwerk-Mann. Wie alle bei Bofrost musste er anfangs selbst mit anpacken und auch rausfahren zum Kunden. Bei welchem Unternehmen ist das schon so?

Ich führe diese Beispiele an, weil es Vertriebsbeispiele sind. Da brauchst du Leute, die vertriebsaffin sind. Und sowohl Bofrost als auch Vorwerk sind wegen ihres überzeugten und vertriebsbereiten Personals insgesamt enorm vertriebsorientiert. Damit meine ich: Diese Unternehmen gehen direkt auf den Kunden zu. Sie sprechen die Menschen proaktiv an. Der Thermomix steht nicht beim Elektromarkt im Regal als ein Produkt von vielen und wartet, bis vielleicht mal jemand danach fragt, sondern auf den Thermomix sprechen dich die Verkäufer an.

Die Thermomix-Repräsentantin führt das Gerät vor, es wird anfassbar, es wird nachvollziehbar. Die gesamte Energie beim Vertrieb geht darauf, den potenziellen Kunden zu zeigen, wie genial der Thermomix ist. Es genügt nicht, das zu behaupten. Es genügt auch nicht, darauf zu vertrauen, dass die Leute ins Internet gehen und googeln, was denn ein Thermomix sein könnte. Nein! Die Firma Vorwerk geht ganz bewusst auf die Menschen zu und knüpft direkte menschliche Kontakte. Übrigens sehr freundlich und hemdsärmelig, da laufen keine geschniegelten Verkäufertypen rum, sondern es sind Leute wie du und ich.

Bei den Kochabenden entwickeln sich sogar Freundschaften. Die Fans treffen sich wieder, es wird geplaudert – und wenn wir dann tatsächlich unseren Schwiegereltern einen Thermomix schenken, dann ganz bestimmt über unsere angestammte Thermomix-Repräsentantin. Denn diese Dame ist eine Vertriebsmitarbeiterin, die von Provisionen lebt.

Vor einigen Jahren noch war der Thermomix ein Mixer, der kochen kann. Es gab Rezepte, die in Büchern abgedruckt waren und die du Schritt für Schritt durcharbeiten konntest. Am Ende stand ein fertiges Essen auf dem Tisch – wie heute auch.

Doch der Thermomix von heute – aktuell der »TM6« – ist ein völlig anderes Produkt geworden. Am Ende produziert er das Gleiche, also leckeres und vor allem gesundes Essen. Gesund deshalb, weil du einfach keinen Müll einkaufst. Im Grunde bestehen alle Rezepte aus einfachen und gesunden Zutaten. Ich kenne kein Thermomix-Rezept mit einer Zutat, die selbst schon ein industriell verarbeitetes Lebensmittel ist.

Doch wenn du heute mit dem Thermomix kochst, musst du kein Buch mehr danebenlegen. Das Gerät ist mit dem Internet verbunden, du hast eine App auf dem Handy und in dieser App sind sämtliche Rezepte abgelegt. Du kannst deine Sprache auswählen und dir zum Beispiel französische Gerichte vorschlagen lassen. Oder du wählst Thailand. Vor wenigen Jahren noch hättest du dir aufwendig die entsprechenden Bücher besorgen müssen.

Wenn du heute ein Thermomix-Rezept nach dieser neuen Methode zubereitest, sagt dir das Gerät genau, an welcher Stelle du bist und was du jetzt einfüllen musst. »Bitte 50 Gramm Butter zugeben«, heißt es dann zum Beispiel.

Die Usability des Gerätes hat sich enorm verbessert. Und das verdanken wir der technischen Entwicklung durch das Internet. Der Trend ist klar: Er geht in Richtung »Smart Home«. Heute können wir auch über eine App und über das Internet die Heizung anders einstellen, wenn wir nach einer Reise merken, dass wir später nach Hause kommen.

Das alles sind intelligente Systeme, die in den vergangenen Jahren entstanden sind. Und keiner der Kunden wusste übrigens, in welche Richtung die Reise geht. Dass sich ein Kochmixer mit dem Internet verbindet, war für viele unvorstellbar.

Das »Geschäftsmodell Thermomix« ist dabei das gleiche wie bisher: Die Thermomix-Repräsentantin demonstriert die Fähigkeiten der Maschine beim Kochabend. Die Teilnehmer schauen auf die Smartphones der anderen und tauschen über Bluetooth oder WLAN Rezepte aus. Das Produkt hat sich der neuen Zeit angepasst und spricht heute auch die Zielgruppe an, die es gewohnt ist, das Leben über ein Smartphone-Display zu steuern. Und die ist eben bereit, rund 1300 Euro für das Gerät zu bezahlen.

Das US-Unternehmen Tupperware dagegen hat seine liebe Mühe, überhaupt zu überleben. Zum einen, weil weniger Menschen Vorgekochtes mit zur Arbeit nehmen, um es in der Mittagspause zu essen. Warum? Weil immer weniger junge Leute überhaupt noch kochen können. Sie holen sich lieber unterwegs einen Salat to go, ein Mikrowellengericht oder direkt einen Döner. Und diejenigen, die kochen? Die legen immer mehr Wert auf umweltfreundliche Verpackungen aus recycelten Materialien – das hat Tupperware verschlafen.

Also: Auf der Suche nach dem Weg zum Kunden müssen wir ein bisschen verstehen, wie die Menschen leben wollen. Und wir müssen uns vor allem Gedanken darüber machen, welche Elemente zu einem Geschäftsmodell gehören. Und hier habe ich einige Topics für Sie, die Sie im Grunde nur ausfüllen müssen. Diese Punkte sind inspiriert von dem Buch »Business Model YOU« (von Timothy Clark, Alexander Osterwalder und Yves Pigneur), das Geschäftsmodelle mehr oder weniger grafisch wie auf einer Leinwand versteht. Ich selbst denke, eine Liste tut es auch, denn wichtig sind die Funktionen dieser einzelnen Elemente eines Geschäftsmodells. Außerdem erlaube ich mir, die Punkte ein wenig zu erweitern und auszugestalten.

Kunden. Wem helfen Sie genau? Tragen Sie hier ein, welche Zielgruppe den größtmöglichen Nutzen durch Sie hat und wie und warum.

____

____

____

____

____

Wert. Welchen Wert, welchen Nutzen bekommen Ihre Kunden durch Sie? Tragen Sie hier das Motiv ein, das Kunden für den Kauf bei Ihnen haben.

Produkt. Was genau ist der Träger dieses Wertes, was konkret kaufen Ihre Kunden? Tragen Sie hier Ihre Ware oder Dienstleistung ein.

Ressourcen. Was haben Sie, das Sie einsetzen können, um Ihr Geschäft aufzubauen? Tragen Sie hier eigene Ressourcen ein und auch Ressourcen, die Sie sich erst aneignen. Über welche Wege geschieht das? Kaufen Sie Know-how hinzu? Stellen Sie Fachleute ein? Tragen Sie hier ein, was Sie bereits an Ressourcen haben.

Partner. Welche Partner steuern etwas zu Ihrem Erfolg bei? Was? Vermitteln Partner beispielsweise Kundenkontakte? Tragen Sie hier alle Menschen ein, die Ihnen helfen.

Vertriebskanäle. Wie kommen Kunden auf Sie? Auf welchen Wegen erfahren Kunden von dem Wert Ihres Angebotes? Tragen Sie hier ein, wie Ihr Produkt bekannt wird.

Kundenkommunikation. Wie betreuen Sie Ihre Kunden? Auf welchen Wegen kommunizieren Sie miteinander? Was ist der Sinn der Kundenkommunikation? Tragen Sie hier ein, auf welchen Wegen Sie welche Informationen mit Ihren Kunden austauschen.

Ausgaben. Welche Kosten haben Sie, um Ihr Geschäftsmodell laufen zu lassen? Tragen Sie hier ein, welche Ausgaben Sie für den Vertrieb haben, für Gehälter, aber auch Ihre Risiken und Ihren Zeitaufwand.

Umsatz. Welche Einnahmen erzielen Sie? Tragen Sie hier ein, wie genau Ihre Kunden Ihr Produkt bezahlen.

____

____

____

____

____

Nachdem wir jetzt ungefähr klargestellt haben, was ein Geschäftsmodell ist, kommt die nächste wichtige Unterscheidung: Sind Sie ein Einzelkämpfer – oder sind Sie tatsächlich Unternehmer? Denn daraus leiten sich auch unterschiedliche Folgen für Ihr Geschäftsmodell ab, beispielsweise zum Thema Ressourcen oder zur Frage, auf welchen Wegen Sie welche Kunden mit welchem Produkt erreichen.

Wenn Sie Einzelkämpfer sind, greifen Sie wahrscheinlich auf andere Ressourcen zurück, als wenn Sie ein Unternehmen leiten, in dem Sie Mitarbeiter beschäftigen. Auch die Ressource »Wissen« ist bei einem selbstständigen Einzelkämpfer völlig anders gelagert als in einem großen Unternehmen.

Aus meiner Sicht ist es deswegen von Anfang an klüger, sich nicht als Einzelkämpfer aufzustellen, sondern ein Unternehmen zu planen. Später zeige ich auch, warum Sie so früh wie möglich Aufgaben an Mitarbeiter auslagern sollten. Sobald es irgendwie möglich ist, beschäftige ich jemanden, der mir diese üblichen bürokratischen Unternehmeraufgaben abnimmt, wie beispielsweise die Kommunikation mit dem Steuerberater über die monatliche Umsatzsteuervorauszahlung.

Hebelwirkung

Ohne Frage: Wer sich nicht mit den wichtigen Dingen des Lebens befasst, sondern mit unwichtigen Dingen, kommt mit seinen Projekten nicht voran. Und wir haben schon einmal festgehalten: Es gibt Aufgaben, die du als Unternehmer erledigen musst, und auf diese Aufgaben solltest du dich konzentrieren.

Und auch das ist noch ausbaufähig. Stichwort »Hebelwirkung«.

Hebelwirkung bedeutet, dass wir mit einem relativ geringen Einsatz eine sehr große Wirkung erzielen. Sie kennen die Hebelgesetze in der Physik: Mithilfe eines langen Schraubenschlüssels dreht sich die festgezogene Schraubenmutter leichter heraus, als wenn Sie direkt an der Mutter drehen. Je größer der Hebel, desto mehr

Kraft ergibt sich. Schon Archimedes (um 287–212 v. Chr.) sagte in diesem Zusammenhang: »Gebt mir einen festen Punkt im All und ich werde die Welt aus den Angeln heben.«

Lassen Sie uns diesen Gedanken einmal aufs Unternehmerische übertragen: Eine ganz klassische Hebelwirkung haben Sie, wenn Sie einem Kunden nicht nur ein Produkt verkaufen, sondern zehn. Der Aufwand ist der gleiche. Einverstanden?

So haben Sie schon vom Geschäftsmodell her eine unterschiedliche Hebelwirkung, je nachdem, wie groß Ihre Produktpakete sind. Sie können einzelne Seminare verkaufen oder eben auch Seminarreihen. Sie können einzelne Autos verkaufen oder einen ganzen Fuhrpark. Der Aufwand des Verkaufs ist in aller Regel in etwa der gleiche.

Also: Ob ein Unternehmen, gerade im B2B-Geschäft, 10.000 Euro ausgibt oder 10 Millionen Euro, bedeutet keinen allzu großen Unterschied beim Aufwand. Der 10-Millionen-Auftrag ist nicht tausend Mal komplizierter und langwieriger als der 10.000-Euro-Auftrag.

Verwandt damit ist das Prinzip der »Low Hanging Fruits«: Es ist weniger anstrengend, die unten hängenden Früchte zu pflücken, als oben im Baum alles abzuernten. Wenn also die leicht akquirierbaren Aufträge genügen, damit Ihr Unternehmen läuft, weshalb sollten Sie es sich schwer machen?

Welche Hebelwirkung erzielen Sie? Wie?

____

____

____

____

____

Eine andere Form von Hebelwirkung erzielen Sie, wenn Sie Reibungsverluste minimieren. Sie können also zum Beispiel über ein Netzwerk wie Xing Menschen anschreiben, von denen Sie denken, dass sie potenzielle Kunden seien. Sie können aber auch überlegen, ob Xing überhaupt noch das richtige Netzwerk für die Akquise ist. Später kommen wir ja noch zu Social Media und zu Social Selling – hier will ich nur mal vorausschicken: Fürs B2B-Geschäft ist Xing in meinen Augen heute völlig unbrauchbar geworden. Es hat für meine Begriffe wenig Sinn, dort nach dem Gießkannenprinzip irgendwelche Leute anzuhauen. Die Entscheider tummeln sich – so wie in der Sponsoren-Lounge einer Sportveranstaltung – eben eher bei LinkedIn.

Jetzt können Sie auch bei LinkedIn mit dem Gießkannenprinzip am Erfolg vorbei agieren. Oder aber Sie nutzen den Sales Navigator, um die Qualität der Auswahl zu erhöhen: Sie reduzieren die Zahl der unsinnigen Kontakte und erhöhen die Zahl der qualifizierten tatsächlichen Top-Entscheider.

Hebelwirkung ist etwas ganz Großartiges. Wenn Sie einmal verstanden haben, dass die Mühe eines Verkaufsprozesses nichts mit dem Umfang des Verkaufs zu tun hat, also mit dem Preis des Produktes oder seinem Wert oder seiner Anzahl, dann sind Sie schon mal bestens ausgestattet, um Ihr Geschäft ziemlich effizient aufstellen zu können.

Konkret: Ob du einen gebrauchten Kleinwagen verkaufst oder einen neuen Mittelklassewagen – der Zeitaufwand, um den Kunden zu überzeugen und ihn zu gewinnen, ist unter dem Strich etwa der gleiche. Ein wohlhabender Kunde denkt genauso lange darüber nach, ob er 50.000 Euro ausgibt, wie ein armer Kunde darüber nachdenkt, ob er 1000 Euro lockermacht.

Also: Haben Sie eine zahlungskräftige Zielgruppe oder richten Sie sich an arme Schlucker? Sofern es um den gleichen Betrag geht, werden arme Schlucker viel länger für eine Kaufentscheidung brauchen als Menschen, bei denen der Euro locker sitzt. Sich an Menschen zu richten, die kein Geld haben, ist so ziemlich das Tödlichste, was du als Unternehmer machen kannst. Es sei denn, du bist Discounter und gehst in die Masse. Oder du verkaufst billige Klamotten, die in Fernost von Kinderhand zusammengeklebt werden, und handelst damit moralisch fragwürdig.

Viel sinnvoller finde ich es, sich auf reiche Kunden zu konzentrieren. Vor allem, wenn der Kunde riesige Budgets hat, ist der Verkauf größerer Produkte oft ganz einfach. Bei vielen Unternehmen ist es leichter, ein Paket für 1 Million Euro zu verkaufen, als ein paar einzelne Produkte für jeweils 1000 Euro. Das meine ich mit Hebelwirkung.

Verstehen Sie, warum? Es ist ganz einfach: Das Unternehmen, das Ihre Leistung einkauft, kalkuliert auch, welche Zeit für die ganze Aktion draufgeht. Wenn also ein Unternehmen einen Nutzen im Wert von einer Million einkauft und dabei denselben Aufwand betreibt wie beim Einkauf eines Produktes für 1000 Euro, dann wird dieses Unternehmen doch erkennen, dass es seine Energien besser in große Wirkungen stecken sollte statt in kleine.

Davon einmal völlig abgesehen, ist der Verkaufsprozess viel leichter, wenn eine Ausgabe nicht so schwerfällt. Vor allem, wenn Ihre Kunden Ihre Leistung wirklich brauchen, weil sie ohne diese Leistung an irgendeiner Stelle ihres Lebens nicht weiterkommen. Es ist ja sowieso eine Bringschuld für uns als Unternehmer, unsere Produkte anzubieten. Ich sage schon immer: »Es ist unsere Pflicht, als Verkäufer unsere Produkte anzubieten, denn wir tun unseren Kunden damit etwas Gutes!«

Und ob Sie Ihr Produkt nun jemandem anbieten, der Kohle hat, oder jemandem, der Bürgergeld bezieht – der Aufwand ist zumindest ungefähr der gleiche. Deswegen rate ich Ihnen, sich auf zahlungskräftige Kunden zu konzentrieren, die auch Ihre hochpreisigen Produkte genauso einfach kaufen wie ein armer Schlucker ein Dumpingprodukt.

Ob Sie für sich eine Hebelwirkung nutzen, hat also wieder mit Mindset zu tun. Denken Sie groß oder denken Sie klein? Zu D-Mark-Zeiten habe ich Trainingsprogramme für 250.000 Mark verkauft, aber gleichzeitig gemerkt, dass es auch Millionenaufträge gibt.

Das konnte ich mir nie vorstellen. Bis ich 2015 meinen ersten Millionenauftrag an Land gezogen habe – 1,8 Millionen Euro für ein komplettes Blended-Learning-Konzept mit Online-Akademie für eine Fertighaus-Holding. Danach war der Knoten in meinem Kopf gelöst. Was du einmal schaffst, schaffst du mehrmals. Das ist Hebelwirkung. Heute haben wir bei der Limbeck Group immer wieder mal Aufträge dieser Größenordnung.

Mit einem Minimum Viable Product (MVP) starten

Ein Unternehmen zu gründen, besteht also aus unglaublich vielen Aufgaben. Wir haben so viel zu tun, dass uns das Thema sehr schnell über den Kopf wächst. Deswegen ist es klug, gerade als Anfänger Schritt für Schritt vorzugehen. Die Kunst dabei ist der vollkommene Fokus aufs Wesentliche. Und das Wesentliche ist einzig und allein der Verkauf. Ein Produkt mit einem Nutzen muss zum Käufer. Das ist der Auftrag.

Jetzt kannst du ein Unternehmen planen, indem du dein Produkt bis zur Perfektion durchdesignst und dann auf den Markt bringst. Das ist der klassische Weg und an diesem klassischen Weg scheitern sehr viele.

Unsere gesellschaftliche Prägung auf Perfektion und Korrektheit bringt die Leute dazu, Produkte so stark zu verfeinern, bevor sie damit auf den Markt gehen, dass sie dadurch nahezu alle Ressourcen verschwenden. Dabei brauchen wir noch Ressourcen, um den Weg korrigieren zu können, wenn wir in eine falsche Richtung gehen.

Wenn also unser Produkt nicht genau den Kundenbedarf trifft, dann müssen wir das Steuer herumreißen. Wir müssen dann justieren und an irgendeiner Stellschraube die Richtung ändern.

Das fällt umso schwerer, je größer unser Tanker schon ist. Ist unser Unternehmen noch klein, lassen sich viele Entscheidungen besser korrigieren, als wenn wir tatsächlich schon auf hoher See Kurs auf ein riesiges Ziel genommen haben.

Die Softwareindustrie hat sehr früh erkannt, dass sich gerade ein Produkt wie Software viel flexibler managen und verkaufen lässt als beispielsweise ein Kopierer oder ein Möbelstück. Die Softwareindustrie hat im Grunde einfach die Produkthaftung ausgeschlossen. Sie hat gesagt: »Wenn der Kunde mit dem Produkt nicht klarkommt, liegt es im Zweifel an ihm und er soll das nächste Update abwarten.«

Wir können das kundenfeindlich finden oder nicht – es spielt wohl keine Rolle, was wir darüber denken. Entscheidend ist, dass dieser Weg des »Trial and Error« eine neue Richtung in der Produktentwicklung vorgegeben hat.

Wir entwickeln also nicht mehr als nötig, schicken das Produkt auf den Markt und lassen es vom Kunden testen. Zahlreiche Softwaregiganten benutzen den Kunden serienmäßig als Betatester. Manche beschweren sich, doch im Wesentlichen klappt es. Die Softwareindustrie verdient Milliarden damit, dass sie den Markt mit unausgereiften Produkten überschwemmt.

Bei einem Möbelstück ist das was anderes. Wenn du das ausgeliefert hast, steht es beim Kunden rum. Da kannst du nicht sagen, der Kunde möge das Update abwarten. Eine alte Software wird am Schluss gelöscht und ersetzt, die nimmt keinen Platz weg. Ständige Updates wegen ständig unzulänglicher Software sind zwar ärgerlich, aber immerhin entstehen keine Lagerkosten. Beim Kunden stapeln sich auch keine Möbel aus älteren Versionen.

Die Frage ist: Wie können Sie das Modell des »Trial and Error« auf Ihr Geschäftsmodell anwenden? Da kommt der Gedanke des »Lean Startup« ins Spiel, der auf den Silicon-Valley-Entrepreneur Eric Ries (* 1978) zurückgeht. Dieses Modell können Sie zum einen auf Ihre Gründung anwenden, andererseits natürlich auch auf Ihr bestehendes Unternehmen. Sie unterziehen dabei sämtliche bestehenden Produkte und Prozesse dieser Lean-Startup-Theorie.

Ries hinterfragt im Grunde die Reihenfolge in der Produktentwicklung. Bisher haben Unternehmen meist eine Idee, entwickeln daraus ein Produkt und bringen es dann auf den Markt – jeder Schritt begleitet durch das volle Programm an Unternehmenswahnsinn, von viel zu vielen eingebundenen Personen, viel zu vielen Meetings, viel zu vielen PowerPoint-Präsentationen und viel zu vielen Marketing-Brainstormings. Folgerichtig basiert das Konzept auf der Annahme, dass viele Startups scheitern, weil sie zu viel Zeit und Geld in die Entwicklung eines Produkts investieren, ohne sicher zu sein, ob es überhaupt eine Nachfrage dafür gibt. Sie haben ihre »Buyer Personas«, also ihre theoretischen Kunden-Dummys, oft aufwendig über Wochen hinweg entwickelt, aber ob ein realer Mensch das Produkt tatsächlich kauft, wissen sie nicht. Und auf diesem dünnen Eis produzieren sie. Im Grunde spielen sie Lotto.

Sinnvoller ist es nach Ries, Ideen zunächst einmal schnell und kostensparend zu testen, um herauszufinden, ob sie überhaupt funktionieren. Dann geht es darum, das Produkt anhand des Kundenfeedbacks schnell anzupassen. Durch die Tests können Unternehmen früh erkennen, ob es sich lohnt, weiterzumachen, oder ob sie ihre Strategie anpassen müssen.

Beispiele für Produkte, die nach dem Prinzip von Eric Ries entstanden sind und sich in der Geschäftswelt bewährt haben, gibt es viele – beispielsweise Airbnb, der Online-Marktplatz für Übernachtungen. Die Gründer haben mit einer einfachen Website begonnen, Feedback eingeholt und das Konzept ausgebaut. Heute ist Airbnb eines der erfolgreichsten Unternehmen weltweit.

Der Grundgedanke ist simpel: Funktioniert etwas im Kleinen nicht, funktioniert es auch im Großen nicht. Das dürfte unstrittig sein. Wenn es uns nicht gelingt, unser Produkt einer kleinen Testergruppe zu verkaufen, dann dürfte es auch auf dem Markt nicht bestehen.

Zugleich ist natürlich die Folgerung falsch, dass etwas im Großen auf jeden Fall funktioniert, wenn es im Kleinen funktioniert. Es kann sein, aber es muss nicht sein. Denn es mag Gründe geben, warum ein erfolgreich getestetes Produkt auf dem Markt dann doch floppt: Ein Beispiel für ein solches Produkt ist das »Google Glass« – eine im Grunde innovative Brille, mit der Benutzer Informationen direkt vor ihren Augen sahen. Im April 2014 startete der Test mit einigen Tausend Exemplaren. Doch die Google-Brille setzte sich trotz des Hypes und der positiven Reaktionen von Tech-Fans nicht durch. Einmal war wohl der Preis von 1500 Euro zu hoch. Und dann: »Vieles an der Datenbrille war nicht ausgereift«, schrieb die »Stuttgarter Zeitung«. Der Leiter des Elektroniklabors der ETH Zürich, Gerhard Tröster (* 1953), erklärte: »Die Handhabung ist nicht so, dass man sie als Ersatz für das Smartphone nutzen kann.« Für die wenigen Anwendungen, für die sich die Brille eignet, weil der Nutzer da gerne die Hände frei hat, seien Aufwand und Nutzen »nicht ausgelotet«.*

---

* https://www.stuttgarter-zeitung.de/inhalt.wearables-die-googlebrille-wollte-zu-viel.81b23b12-a545-42cd-97f1-85d88e58af5d.html

2015 nahm Google seine Brille zunächst vom Markt, 2019 folgte eine verbesserte Version für 1100 US-Dollar.

Also: Nur weil eine kleine, exquisite Gruppe von Nerds oder »Early Adopters« von unserem Produkt im Test begeistert ist, heißt das nicht, dass sich das Produkt auf dem Markt bewährt. Aber immerhin können wir über das Modell von Eric Ries testen, ob ein Konzept grundsätzlich funktionieren kann – dann nämlich, wenn es sich im Test bewährt. Floppt das Produkt bereits da, bleiben die Kosten entsprechend überschaubar.

Der Grundgedanke bei allem ist das »Minimum Viable Product« (MVP; »kleinstes lebensfähiges Produkt«). Wir schicken einen kleinen Prototyp ins Rennen und testen mit ihm sämtliche Prozesse. Erst wenn das alles funktioniert – eventuell nach diversen Nachbesserungen –, setzen wir das große Programm auf die Rampe.

Das MVP ist der Kern des Ganzen – im Idealfall eine Produktversion, die nur die grundlegenden Funktionen enthält, um das Interesse der Nutzer zu wecken und Feedback zu sammeln. Diese Form eines Minimal-Prototyps spart natürlich jede Menge Zeit und Geld: Wir müssen nicht in die Entwicklung von Funktionen investieren, die am Ende möglicherweise gar nicht nötig sind. Das MVP ist also sozusagen die geringstmögliche Einheit, die die wesentlichen Eigenschaften und den wesentlichen Nutzen zu Testzwecken bündelt.

Übrigens zwingt uns die Entwicklung eines MVP quasi vollautomatisch dazu, den Fokus auf den Kunden zu legen. Und auch die Tests tragen dazu bei. Im Laufe der Zeit verstehen wir, was unsere Kunden wirklich wollen und welche Probleme wir lösen müssen. Ein über ein MVP entwickeltes Produkt hat gute Chancen, wirklich kundenorientiert zu sein.

Bei allem geht es Eric Ries auch um Agilität und Flexibilität. Wichtig seien schnelle Iterationen, also rasch aufeinanderfolgende erneute Versuche. Und es geht darum, auf das permanent eingehende Feedback kontinuierlich und vor allem sinnvoll zu reagieren.

Insgesamt ist das Lean-Startup-Konzept eine innovative Methode für Unternehmen, um schneller und effektiver Produkte auf den Markt zu bringen als mit traditionellen Methoden.

Wie könnte so ein MVP bei Ihnen aussehen?

____

____

Sehen Sie, auf welchen Unternehmenstypus und auch Unternehmertypus ich hinauswill? Klassische Konzerne arbeiten nicht mit dem MVP-Prinzip. Klassische Konzerne nehmen einen Haufen Geld in die Hand und launchen mit riesigem Aufwand und massivem Personaleinsatz ihre neuen Produkte. Diese Produkte drücken sie dann mit Wahnsinnsmarketingbudgets und irren Werbebudgets in den Markt. Übrigens ist das eine Vorstellung von der Marktrealität, die viele Umsteiger vom Konzern ins Unternehmertum erst mal zum Umdenken zwingt. Viele Ex-Manager scheitern als Unternehmer, weil ihnen mit ihrer gewohnten Haltung ziemlich schnell das Geld ausgeht.

»Agile« im Sinne der viel gepriesenen Agility ist das alles nicht. Agil ist, wenn wir schlank bleiben, also »lean«. Und wenn wir vor allem nur (noch) in Dinge investieren, die wirklich Sinn ergeben. Nicht in andere.

Dieses Selbstverständnis können Sie in jedem Stadium praktizieren, in dem Sie unternehmerisch tätig sind. Als Gründer, als etablierter Unternehmer und meinetwegen auch als Konzernmanager – wobei Sie da dann ein Paradiesvogel sind. Maßgeblich ist schlicht, dass Sie das Prinzip »Geschäftsmodell« in seiner ursprünglichen, klarsten und reinsten Form verstehen und den ganzen Konzern-Popanz bleiben lassen. Reduzieren Sie sich aufs Wesentliche, werfen Sie den Ballast weg. Handeln Sie wie ein Familienunternehmer, der sehr genau überlegt, welche Ressourcen er wie einsetzt. Handeln Sie nicht wie ein Manager, dem es egal ist, ob er mit den Unternehmensmilliarden einen Flop produziert oder nicht.

Skalieren

Der Gedanke des MVP führt im Grunde direkt zur Idee des Skalierens. »Skalieren« bedeutet, dass Sie einen Regler mit einer Skala hochfahren. Zum Beispiel von 10 Prozent auf 100 Prozent. Wenn das MVP funktioniert (10 Prozent), können Sie das Produkt erweitern, die Kanäle erweitern und insgesamt schauen, dass Sie mehr Kunden damit versorgen. Die volle Dröhnung haben Sie dann bei 100 Prozent – obwohl der Vergleich mit dem Regler hinkt, da nach oben oft keine Grenze gesetzt ist.

Und da habe ich erst mal zwei wichtige grundsätzliche Anmerkungen.

Einmal bin ich gleich bei einem der Fehler, die ich am Anfang gemacht habe. Ich habe eine Firma namens »Martin Limbeck Trainings Team« gegründet. Das war klein gedacht, nicht unbedingt verkaufsfähig, sehr an meine Person gebunden. Warum habe ich damals nicht an ein potenziell großes Unternehmen gedacht, also an eine mögliche Skalierung? Weil mein Mindset nicht gepasst hat. Heute weiß ich: Du musst größer denken als dein Gefühl. Das ist ganz wichtig. Wenn wir Werte schaffen und finanziell frei werden wollen, müssen wir von Anfang an in Größe denken. Heute kann ich mir das vorstellen, denn heute habe ich dieses Mindset. Aber davor lagen eben auch Jahrzehnte der Erfahrung.

Und dann will ich etwas kritisch anmerken, dass das Thema Skalierung inzwischen ziemlich durchgenudelt ist. Womit ich nicht sagen will, dass Skalieren schlecht wäre. Nein, es ist super. Aber was wir zurzeit zum Thema hören, geht nahezu komplett in dieselbe Richtung – in das Skalieren durch Digitalisierung und Automatisierung.

Lassen Sie mich Schritt für Schritt vorgehen und herleiten, was ich meine.

Erst mal: Eine erfolgreiche Skalierung ermöglicht es einem Unternehmen, vereinfacht gesagt, mit möglichst wenig Aufwand den Umsatz möglichst massiv zu steigern. Dazu stehen im Grunde verschiedene Möglichkeiten zur Verfügung.

Eine klassische Möglichkeit ist die horizontale Skalierung, bei der Sie zusätzliche Ressourcen wie Mitarbeiter oder Maschinen einsetzen, um die Produktionskapazität zu erhöhen. Eine andere Option ist die vertikale Skalierung, bei der das Unternehmen seine Wertschöpfungskette erweitert, indem es beispielsweise in neue Geschäftsbereiche oder Technologien investiert.

Dazu gibt es auch die Möglichkeit der geografischen Skalierung, bei der das Unternehmen seine Produkte oder Dienstleistungen in neue Regionen oder Länder expandiert, also neue Märkte erschließt.

Doch wenn wir heute über Skalierung sprechen, ist eben meistens die digitale Skalierung gemeint, bei der das Unternehmen seine Online-Präsenz ausbaut und digitale Kanäle nutzt, um mehr Kunden zu erreichen. Konkrete Wege sind:

- ein digitales Produkt, das sich beliebig multiplizieren lässt
- verschiedene Varianten des gleichen Produktes für verschiedene Zielgruppen
- Abomodelle, in denen Kunden regelmäßig und nicht mehr nur einmalig bezahlen
- digitale Plattformen zur Vergrößerung der Reichweite
- Affiliate-Systeme, bei denen Sie andere am Verkauf Ihrer Produkte prozentual beteiligen

- Hybrid-Produkte, von denen ein Teil digital und damit beliebig multiplizierbar ist
- in der Herstellung nahezu kostenfreie Produkte, die Sie mit einer riesigen Marge in riesigen Mengen verkaufen.

Das entspricht unserer modernen Technikwelt, aber die komplette Hinwendung zum Digitalen ist oft auch eine Ausrede. Dafür, nicht der erste Verkäufer des Unternehmens zu sein, sondern das Ganze einer Maschine zu überlassen. Am Ende treffen Menschen die Kaufentscheidung – jedenfalls noch. Und solange Menschen entscheiden, sollten wir mit Menschen sprechen.

Und das Leben ist halt kein Online-Kurs. Wie viele Online-Kurse haben wir schon gebucht, ohne sie am Ende anzusehen? Wie viele dieser Online-Kurse sind Bauernfängerei? Ich komme später noch zum Thema Online-Marketing. Und hier will ich schon mal warnen: Skalierung funktioniert auch nur, wenn der Kunde wirklich einen sinnvollen Wert bekommt. Ich will nicht über Kollegen herziehen, aber ganz viele Produkte aus der Trainerbranche sind schlicht heiße Luft. Sie sind ohne konkreten Sinn für den Kunden zusammengeschustert und per Online-Marketing stark skaliert auf dem Markt.

Und da bin ich eben eher fürs ehrliche Geschäft. Die Werbebotschaften müssen gut sein, klar, aber sie dürfen keine Mogelpackungen darstellen und den Kunden am Ende nicht enttäuschen. Ich habe mehr als 30 Jahre lang mit über 700 Kundenprojekten Erfahrungen gesammelt, vom schnellen Haustürgeschäft bis zum langfristigen Key-Account-Management. Das ist alles solides Geschäft, vertriebsorientiert, und die Kunden sind zufrieden. Sie erleben viele Enttäuschungen nicht, die sich aus den Mythen des digitalen Skalierens ergeben.

Analoge Formen der Skalierung sind nach wie vor:

- Beim Multi-Level-Marketing oder Netzwerkmarketing schaffen Sie ein Netzwerk, das Ihr Produkt liebt und nutzt und auch verkauft. Hier geht es vor allem um Kommunikation mit Menschen.
- Das Empfehlungsgeschäft ist ebenfalls eine spannende Art der Skalierung – bewährt, oft rein menschlich-analog und ohne jede Form von Online-Marketing. Es ist verwandt mit dem Affiliate-Marketing, aber letzten Endes einfacher.

Diese Dinge sind mir irgendwie näher als eine vollautomatische Verkaufsmaschine. Klar machen damit einige gewiefte junge Leute sehr viel Kohle in sehr kurzer Zeit und das soll mir auch recht sein – aber ich bin eben überzeugt, dass nachhaltige und langfristige Strategien auf Dauer sinnvoller sind.

Gut skaliert haben Sie übrigens dann, wenn dabei die Qualität nicht leidet. Im Idealfall merkt der Kunde nicht, dass Sie skalieren. Richtig effizient ist eine Skalierung dann, wenn Sie durch die Skalierung noch die Kosten runterkriegen, also beispielsweise die Stückkosten.

Wir haben gesagt: Der Preis richtet sich nicht nach den Kosten, die Sie für die Herstellung Ihres Produktes aufwenden, sondern alleine nach dem Wert für den Kunden. Der Kunde bezahlt für den Wert, den Ihr Produkt für ihn hat – für nichts anderes. Den Kunden interessiert nicht einmal, welche Kosten Sie für die Herstellung hatten. Für nichts, was vor dem Kauf geschieht, interessiert sich der Kunde. Er interessiert sich nur für das, was nach dem Kauf geschieht.

Entsprechend ist es ihm schnuppe, ob Sie drei Jahre oder fünf Jahre lang entwickelt und programmiert haben. Im Umkehrschluss heißt das: Wenn Sie nun mit einmaligem Aufwand tausendfachen Wert produzieren, erhalten Sie eben das Tausendfache. Wobei der Kunde seinen Wert erhält und überhaupt keine Einbußen erlebt oder empfindet.

Einverstanden?

Ich weiß, dass es immer Kunden gibt, die mit den Kosten argumentieren. Die dann sagen: »Aber 25 Beutel von diesem Pfefferminztee kosten bei Meßmer doch nur 2,29 Euro, also gerade mal 9 Cent pro Beutel. Die 125 Milliliter Leitungswasser sind kostenlos. Um 1 Gramm Wasser um 1 Grad Celsius zu erwärmen, wird 1 Kalorie benötigt. Um also 125 Gramm Wasser von 15 Grad Celsius (die normale Temperatur des Leitungswassers) auf 100 Grad zu erhöhen (die Siedetemperatur von Wasser, bei der wir den Tee aufgießen), sind 85 mal 125 Kalorien nötig, also 10,625 Kilokalorien. 1 Kilokalorie entspricht 0,00116222 Kilowattstunden. Wir reden also über 0,01235 Kilowattstunden. Eine Kilowattstunde kostet im Durchschnitt 31,6 Cent. Die Erwärmung des Wassers kostet also 0,4 Cent. Die Tasse bekommen Sie zurück, die nehme ich nicht mit. Also dürfen Sie doch in Ihrer Hotellobby für diesen Tee höchstens 9,4 Cent verlangen und keine 3,20 Euro! Weil wir uns nicht lumpen lassen, runden wir meinetwegen auf 10 Cent auf.«

Ja, bei Pfefferminztee können wir schon von einer Skalierung sprechen. Die Herstellungskosten sind – gemessen am Preis – quasi zu vernachlässigen. Wenn du 10 Cent für die Herstellung aufwendest und 3,20 Euro dafür einnimmst, hast du 3,10 Euro Marge pro Tasse. Lassen wir die Mehrwertsteuer dabei mal unberücksichtigt. Wenn du jetzt pro Tag 1000 Tassen Pfefferminztee verkaufst, hast du mit einem Aufwand von 100 Euro einen Gewinn von 3100 Euro gemacht.

Klar wissen alle vernünftigen Menschen: Mit den Kosten argumentiert, finanzierst du durch diesen Gewinn auch den Betrieb des Hotels inklusive Wärme im Winter und Kühle im Sommer, das Personal und die korrekte Entsorgung der gebrauchten Teebeutel (Fähnchen: Altpapier; Tee: Biomüll; Metallklammern: Schrott; Faden und Beutel: Restmüll). Das vergessen diejenigen, die dich im Preis drücken wollen, weil du ja ach so geringe Kosten hast.

Dann hören Seminaranbieter von irgendwelchen Amateuren im Unternehmen eben Sprüche wie: »3000 Euro Tagessatz bei einem Seminar von sieben Stunden? So einen Stundenlohn hätte ich auch gern!« Es sind eben Angestellte, die noch nie unternehmerisch gedacht und gerechnet haben. Diese Leute vergessen komplett, dass der Wert nicht nur am Seminartag entsteht, sondern auch bei der Vor- und Nachbereitung – und vor allem ignorieren sie, dass kein Unternehmen existieren könnte, wenn sich Preise nur nach den Kosten richten würden.

Insbesondere vor dem Hintergrund, dass laut einer Studie der University of Phoenix 87 Prozent aller Trainings und Beratungen völlig verpuffen und das neue Wissen nach spätestens einem Monat verloren ist. Entsprechend ist es bei einem guten Training eben nicht mit einem Tag getan – der Wert eines guten Seminars ist viel höher. Der Tagessatz ist völlig irrelevant – wir müssen über die Wirkung gehen.

Mit dem Wert argumentiert, und das ist viel wichtiger, bezahlt der Kunde für eine heiße Tasse Tee, nachdem er aus eisigem Schneegestöber in die warme Hotellobby gekommen ist. Er kann seine Hände und seinen Rachen aufwärmen, in dem sich eine Erkältung ankündigt. Das ist der Wert. Wie gesagt: Es geht nicht um das Produkt, sondern um seine Bedeutung für den Kunden. Und dieser Wert ist vielen Menschen sogar noch viel mehr wert als 3,20 Euro.

Und das Prinzip wendest du irgendwo an, wo es Unmengen von Käufern gibt. Also verkaufst du Wasser auf einer öffentlichen Sportveranstaltung, zum Beispiel bei einer Skater-Nacht. Nimm Veranstaltungen, bei denen die Sportler nicht im Wettbewerb stehen, denn dann können sie nicht bei dir anhalten. Nimm Freizeit-Events. Verkaufe Glühwein und Kinderpunsch auf einem zugefrorenen See, auf dem alle Jugendlichen und Familien der Kleinstadt am Wochenende Schlittschuh laufen. Den Glühwein verkaufst du für 4,50 Euro, dann geben dir fast alle Kunden 50 Cent Trinkgeld und zahlen 5 Euro. Den Kinderpunsch bepreist du mit 3,50 Euro, damit die Kunden auch da etwas zum Aufrunden haben.

Sie wissen selbst, dass die Glühweinpreise auf Weihnachtsmärkten, gemessen an den Anschaffungskosten, viel zu hoch sind. Natürlich machst du da einen Reibach, auch wenn du jede Menge Ausgaben hast, vor allem für die Bude und fürs Warmhalten. Aber es ist eine Goldgrube.

Wobei die Händler auf Weihnachtsmärkten, Wochenmärkten und Mittelaltermärkten übrigens ohne Schwellenpreise auskommen, ist Ihnen das schon mal aufgefallen? Der schicke Ledergürtel am Stand kostet nicht 39,99 Euro, sondern 40 Euro. Und auch der Döner kostet nicht 4,99 Euro, sondern 5 Euro. Der Rubel rollt auch ohne Schwellenpreise. Auch die Schweiz braucht keine Schwellenpreise, nicht einmal im Supermarkt. Was nicht daran liegt, dass die kleinste Münze die 5-Rappen-Münze ist. In der Schweiz sehen Preise eher so aus: zwei Tafeln Frey-Suprême-Schokolade für 2,15 Franken statt für 2,65 Franken.

Jetzt individualisieren wir das Ganze und machen noch mehr Kohle: Auf Wunsch gibst du als Upgrade einen Schuss Zimtwhisky in den Glühwein – die Leute werden darauf abfahren und nicht nur einen Glühwein trinken, sondern drei. Die Kosten für den Zimtwhisky? Gehen locker darin auf, selbst wenn das Upgrade kostenlos ist. Aber nimm dafür ruhig 1 Euro zusätzlich. 1 Euro für einen Esslöffel aus einer 1-Liter-Flasche »Fireball« für 19,99 Euro. Ein Esslöffel entspricht ungefähr 15 Millilitern, also 1,5 Zentilitern. Ein Liter genügt für 66 Esslöffel. 66 Esslöffel Zimtwhisky à 1 Euro macht 66 Euro. Du wirst merken, wie schnell es in der Kasse klingelt. Und keiner der einzelnen Käufer rechnet sich aus, dass du so gegen 17 Uhr vermutlich schon mehrere Tausend Euro Bargeld in der Tasche hast. So weit denken Konsumenten nicht. Kein Wunder, denn wie erwähnt bringt uns ja niemand diese Dinge in der Schule bei.

So funktioniert Skalierung vom Grundsatz her. Dieses Prinzip müssen Sie unbedingt durchdringen und anwenden. Elementar dafür ist die Erkenntnis: Die Leute denken vor allem an den Wert, nicht an die Kosten. Sie können Ihre Kosten runterschrauben, so tief Sie wollen: Sofern die Qualität nicht leidet, spielt es für den Kunden keine Rolle.

Oder nehmen wir ein anderes Beispiel – und zwar eine Konstellation, bei der Produktionskosten infolge der technologischen Entwicklung sinken und wir trotzdem beim alten Preis bleiben.

Sicher erinnern Sie sich an die Zeiten, in denen wir Software-Updates noch per CD oder DVD installiert haben. Macs hatten vor einigen Jahren noch DVD-Laufwerke. Vorbei die Zeit. Nicht mal der Mac Studio, also das große Profigerät, hat noch ein solches Laufwerk. Warum? Weil wir Filme streamen und Software downloaden.

Haben Sie sich jemals darüber beschwert, dass Microsoft seine geringeren Kosten durch den Wegfall der DVD-Produktion samt Packung und Design und der ganzen Logistik nicht auf Sie umlegt? Nein. Wir kaufen »Office 365« im Abo, Updates kommen per Download. Und wir lassen es uns gefallen! Wir finden uns mit den regelmäßigen Ausgaben ab. Niemand sagt, der Anbieter solle gefälligst nur einmal einen Betrag für das Produkt »Office 365« verlangen und dann gehöre die Software uns. Stattdessen skaliert Microsoft: Bei möglichst geringen Kosten kassiert das Unternehmen jeden Monat Geld.

Und jetzt rechnen Sie sich mal aus, welchen Unterschied es macht, ob Sie einmalig für eine Software 200 Euro verlangen und dann ständig kostenlose Updates liefern oder ob Sie vom Kunden einfach monatlich 20 Euro verlangen. Mathe, Klasse 4: Die 200 Euro haben Sie innerhalb von zehn Monaten hereingeholt. Also in nicht einmal einem Jahr. Entsprechend kassiert Adobe für Indesign von einem Einzelunternehmer eben monatlich 19,99 Euro mit 0 Euro Mehrwertsteuer, weil sich die Europazentrale des Unternehmens in Irland befindet. Es mag sein, dass Adobe in Irland daraus eine Umsatzsteuer abführt, aber Sie als Kunde können aus der Rechnung über 19,99 Euro keine Umsatzsteuer geltend machen. Das Zeug kostet genauso viel, als wären Sie Konsument und Privatanwender – brutto gleich netto.

Also: Mit einer gut skalierten Produktlinie kann Ihr Unternehmen durch die Decke gehen und auch die Konkurrenz in den Schatten stellen. Schon indem Sie eine ganz normale Produktion erhöhen – also quasi wie »früher« –, senken Sie die Kosten pro Einheit. Ist klar: Eine Maschine amortisiert sich besser, je mehr Sie damit herstellen. Dann verkaufen Sie nicht das Produkt selbst, sondern seinen Wert. So steigt auch der Gewinn.

Um Produkte klug zu skalieren, ist es wichtig, eine Strategie zu entwickeln, die auf die Bedürfnisse der Kunden und des Marktes zugeschnitten ist. Dabei sollten Sie folgende Schritte beachten:

1. Verstehen Sie Ihre Zielgruppe: Um ein Produkt erfolgreich zu skalieren, müssen Sie die Bedürfnisse Ihrer Zielgruppe genau kennen. Analysieren Sie ihre Gewohnheiten, Interessen und Präferenzen, um sicherzustellen, dass Ihr Produkt den Anforderungen der Zielgruppe entspricht. Wie gesagt: Die Zielgruppe muss Ihr Produkt nicht nur brauchen, sie muss es auch kaufen wollen.
2. Starten Sie mit einem MVP und testen Sie es bei einer kleinen Gruppe von Kunden. Sammeln Sie Feedback und passen Sie das Produkt entsprechend an.
3. Skalieren Sie schrittweise und behalten Sie dabei immer den Überblick über den Erfolg und die Auswirkungen auf die Zielgruppe.
4. Nutzen Sie Technologien, um das Produkt möglichst einfach zu skalieren. Automatisieren Sie alle Prozesse, die sich automatisieren lassen.

5. Skalieren Sie individuelle Upgrades – Stichwort: Zimtwhisky.
6. Seien Sie flexibel und bereit, Ihr Produkt anzupassen oder sogar neu zu erfinden, wenn sich der Markt ändert oder neue Trends entstehen.

Insgesamt ist die Skalierung von Produkten ein wichtiger Schritt für jedes Unternehmen, das wachsen möchte. Es erfordert zwar eine sorgfältige Planung und Vorbereitung, aber wenn Sie es richtig machen, sichern Sie damit den Erfolg des Unternehmens und so seine Existenz möglichst langfristig. Wichtig ist halt, dass Sie am Anfang die Weichen richtig stellen und keine Skalierungsmöglichkeit ignorieren.

Ein gut skaliertes Geschäft ist letztlich eine Maschine, die wie ein Goldesel funktioniert. Wir verkaufen den Wert von Erzeugnissen, die sich im Handumdrehen multiplizieren lassen. Und die Einnahmen sprudeln.

Wieder stoßen wir übrigens auf ein Argument, eher ein Unternehmen mit mehreren Mitarbeitern zu gründen als ein Einzelunternehmen. Gehen Sie mal nur von sich selbst aus. Wie viel Zeit haben Sie pro Tag? Wie viel Zeit haben Sie pro Jahr? Wie viele Kunden können Sie überhaupt bedienen? Begeben wir uns mal in den Dienstleistungssektor.

Angenommen, Sie sind selbst aktiv, beispielsweise als Handwerker, der selbst seine Aufträge abarbeitet. Dann haben Sie ein Limit. Dann ist Ihre Kapazität begrenzt. Wenn Sie aber ein Handwerksunternehmen gründen und Mitarbeiter einstellen, dann können Sie theoretisch beliebig viele beliebig große Aufträge annehmen. Je nach Auftragslage setzen Sie Ihre Leute ein und bezahlen sie aus dem Geld, das Sie für Ihre Aufträge einnehmen.

In diesem Fall sind Sie also nicht nach oben hin limitiert. Wie gesagt aber nur in der Theorie. In der Praxis gibt es natürlich schon eine Grenze, denn Sie werden vermutlich während einer Flaute nicht jede Menge Mitarbeiter weiterbezahlen. Wobei es natürlich Mittel und Wege gibt, solche Dinge zu managen.

Also können wir erst einmal festhalten: Zu skalieren fällt beim Thema Dienstleistungen einem größeren Unternehmen leichter als einem Einzelunternehmen. Weil es Personal hat, das es einsetzen kann. Eine Ein-Mann-Spedition läuft sicher schwieriger als eine klassische Spedition mit einer Zentrale, einem Chef, einem Büro und einer Armee an Fahrern. Sobald Sie sagen: »Hier fährt der Chef noch selbst«, tun Sie letztlich etwas, was Sie nicht tun sollten: Statt das Unternehmen zu leiten, verhalten Sie sich wie ein Angestellter.

Gehen wir jetzt in die Welt der Waren. Wie gut skalierbar sind Produkte, die keine Dienstleistungen sind? Da sind wir erst mal auf dem Glatteis der Definitionen. Manche Leute unterscheiden zwischen Produkten und Dienstleistungen, was ich nicht ganz sauber finde, denn eine Dienstleistung ist natürlich auch ein Produkt. Korrekt wäre es, zwischen Gütern und Dienstleistungen zu unterscheiden. Das klingt halt ein bisschen antiquiert. Was ich meine, sind Waren: Eine Ware ist ein Produkt, das keine Dienstleistung ist. Wobei auch digitale Produkte solche Waren sind. Im Englischen gibt es »Hardware« und »Software« und beides sind keine Dienstleistungen. Einverstanden?

Klassische Produkte zum Anfassen, also »Hardware«, sind zwar auch skalierbar, aber eben nicht so leicht. Natürlich kannst du von deinen Waschmaschinen Tausende herstellen. Aber dann brauchst du auch entsprechende Produktionskapazitäten und musst das Zeug vor allem ausliefern. Du brauchst Maschinen, Lieferketten, Zulieferer, Infrastruktur in Form von Transportwegen. So war das schon immer, das hat jahrtausendelang die Märkte der Welt geprägt. Denken Sie an die alten Handelsrouten wie die Seidenstraße. Oder auch einfach an klassische Wege in Deutschland – beispielsweise die »Via Regia«, die schon im Mittelalter wichtige Verbindung, die von Frankreich über Deutschland bis nach Polen führte. Oder denken Sie an die »Bernsteinstraße« und die »Rheinische Handelsstraße«. Auf den »Salzstraßen« wurde Salz aus Salzminen in Bayern bis in den Norden transportiert.

Wie gefährlich diese Reisen damals waren, ist uns heute gar nicht mehr so bewusst. Unfälle waren oft tödlich, weil keine Rettung kam. Räuber am Wegesrand haben unsere Ware von der Kutsche gezogen und uns halb tot geprügelt. An jeder Ecke wollte irgendein deutscher Kleinstaat wieder Zoll. Die Händler haben irgendwo am Körper oder irgendwo am Wagen Geld versteckt, damit sie wenigstens im Notfall noch irgendwo essen und übernachten konnten. Sie waren selbst teilweise schwer bewaffnet, um sich und ihre Ware gegen Räuber und Mörder zu verteidigen.

Wir regen uns heute über die Bürokratie auf – natürlich zu Recht, denn sicher wäre unsere Wirtschaftslandschaft auch einfacher zu gestalten – und zugleich haben wir es wesentlich besser als unsere Vorfahren im Handel.

Und was wir vor allem Neues haben, im Unterschied zur jahrtausendealten Handelstradition, ist das Internet. Sie sagen jetzt, das Internet gehört zu Ihrem Alltag, Sie haben sich daran gewöhnt, Sie bestellen Ihre Produkte über Amazon und laden Ihre Musik über Apple runter oder streamen Ihre Spielfilme über Sky. Aber historisch betrachtet befinden wir uns bei dieser gesamten Entwicklung immer noch am Anfang.

Wir genießen das unfassbare Privileg, Waren ausliefern zu können, ohne auch nur einen Meter Autobahn dafür zu fahren. Sicher brauchen wir andere Netze, also Glasfasernetze, Satellitenverbindungen und Tiefseekabel. Doch es ist eine völlig andere Art von Infrastruktur als früher.

Viele unserer heutigen Produkte bestehen aus Nullen und Einsen und wir haben keinerlei Kosten für Logistik mehr. Stattdessen ist die Ware innerhalb von Sekunden beim Kunden. Vorbei sind die Zeiten, in denen wir warten mussten, bis das Wochenende vorbei war, damit wir überhaupt etwas bestellen konnten.

Mir ist daran gelegen, dass Ihnen klar wird, was das für ein Paradigmenwechsel ist. Wir erleben gerade ein Stück Menschheitsgeschichte. Wir sind Zeugen einer im Grunde unfassbaren Entwicklung und sind eingeladen, daran teilzuhaben. Viele machen dabei nicht mit. Sie interessieren sich nicht für das Internet, das die frühere Bundeskanzlerin Angela Merkel (* 1954) als »Neuland« bezeichnete, worüber sich die gesamte Community der digitalen Entrepreneure schiefgelacht hat. Erinnern Sie sich? Ich dachte, ich falle vom Stuhl.

Zugleich gibt es eine Generation, die komplett digital aufgewachsen ist und gar nicht mehr weiß, was ein Plattenspieler ist. Oder ein Tonbandgerät. Oder ein Fotolabor. Eine Generation, die komplett aufs Internet setzt und die uns Etablierten im Augenblick den Rang abläuft, wenn wir nicht aufpassen.

Diese zwei Welten krachen gerade aufeinander. Es sind zwei vollkommen verschiedene Denksysteme: das alte Denksystem, das von anfassbarer Ware ausgeht und in dem die Leute keine Ahnung davon haben, wie sich Produkte ohne Logistik vermarkten lassen – und auf der anderen Seite die digitale Welt, die teilweise völliges Unverständnis zum Ausdruck bringt, wenn klassische Unternehmen nach wie vor auf ihre gewohnten Vertriebswege setzen. Viele dieser Gewohnheiten gehen einfach verloren. Zum Beispiel will die digitale Generation kaum noch eigene Autos besitzen. Es ist den Leuten einfach nicht mehr wichtig. Das Produkt der Zukunft wird nicht mehr Automobil heißen, sondern Mobilität.

Auch andere Statussymbole, die den Protagonisten in der sogenannten »Fleischwelt« noch wirklich wichtig waren, spielen bei vielen heute keine Rolle mehr. Eine Rolex zu tragen, war schon früher prollig. Heute kannst du das kaum noch bringen, ohne dich lächerlich zu machen. Auch eine stabile, solide Uhr einer anderen Marke wirkt heute auf viele Menschen rückständig. Die Leute tragen keine Uhren mehr am Handgelenk, weil sie die Uhrzeit im Smartphone haben. Stattdessen tragen sie ihre Bänder von den letzten sieben Festivals am rechten Handgelenk und eine Apple Watch am linken, die natürlich viel mehr ist als nur eine Uhr.

Dieser Clash, dieses Aufeinandertreffen unterschiedlicher Welten, wird unsere Zukunft wahrscheinlich sehr nachhaltig bestimmen. Und wir sollten uns darauf einstellen, daraus das Beste zu machen. Und in diesem Zusammenhang sollten Sie sich unbedingt mit dem Konzept der Skalierung befassen. Denn Skalierung ist vor allem dann attraktiv, wenn Sie überhaupt keine Kosten mehr haben, die durch die

Auslieferung entstehen oder durch die Zusammenarbeit mit irgendwelchen Lieferanten, die Ihnen per Lkw jede Woche europalettenweise irgendwelches haptische Zeug auf den Hof stellen, den Sie außerdem noch sauber halten müssen, wofür Sie wieder Personal brauchen, das wieder geheizte Pausenräume braucht, die Sie ebenfalls wieder putzen müssen und in denen ein Cola-Automat steht, der Strom verbraucht. Es hängt einfach unfassbar viel dran, wenn Sie »Ware« verkaufen.

Und jetzt haben Sie bitte keine Angst, dass wir irgendwann mal keine Waren mehr geliefert bekommen. Der Markt wird das regeln. Auch wenn sich jetzt Gründer und manche Unternehmen aufs Digitale konzentrieren und skalierbare Geschäftsmodelle auf die Beine stellen, die kein Geld kosten – der Bedarf an und die Nachfrage nach Taschentüchern und Cornflakes ist da. Und sobald dort das Angebot nachlässt, wird jemand anderes den Markt erkennen und einsteigen. Das ist ja das Schöne an unserer Marktwirtschaft, dass sie sich ständig verändert. Dass sie völlig flexibel ist und immer im Blick hat, was die Menschen nachfragen. Also, was sie brauchen oder wollen. Ich habe auch nichts dagegen, wenn Sie haptische Produkte verkaufen, das mache ich auch zum Teil. Ich will nur darauf hinweisen, dass wir da eine geringere Marge und weniger Skalierungsmöglichkeiten haben als auf dem Markt der digitalen Produkte.

Theoretisch können Sie auch als Einzelunternehmen einmal ein Produkt programmieren und das dann beliebig oft verkaufen. So ein Produkt kann eine Software sein. Also Code. Oder ein Online-Kurs. Es kann theoretisch alles Mögliche sein, was sich dann übers Internet verkauft. Digitale Produkte sind vom Grundsatz her beliebig skalierbar, denn es ist nach oben kein Limit gesetzt. Ihr Lager ist nicht irgendwann voll, die Lkws werden nicht zu klein, die Fahrer verlangen nicht mehr Geld – nichts von alldem geschieht. Denn alle diese in der »alten Welt« angestammten Faktoren existieren in Angela Merkels »Neuland« nicht.

Wie können Sie Ihr Geschäft skalieren?

____

____

____

____

____

Der Kern des Geschäfts

Nehmen wir den üblichen Prozess einer Kaufentscheidung. Klassischerweise halten sich Kunden an die erwähnte Theorie der Touchpoints, wonach sie mehrere Berührungspunkte mit dem Produkt haben, bevor sie es kaufen. Diese Touchpoints können je nach Branche und Produkt variieren, aber im Allgemeinen umfassen sie die folgenden Schritte:

1. Aufmerksamkeit erregen: Der Kunde muss auf das Produkt oder die Marke aufmerksam werden. Dies kann durch Werbung, Social-Media-Posts oder Empfehlungen von Freunden und der Familie geschehen.
2. Interesse wecken: Sobald der Kunde auf das Produkt aufmerksam geworden ist, muss er Interesse daran entwickeln. Vor allem muss er erkennen, dass dieses Produkt für ihn einen Wert bedeutet.
3. Informationsbeschaffung: Der Kunde recherchiert Informationen zu dem Produkt. Er liest Bewertungen.
4. Evaluation: Nachdem der Kunde ausreichend Informationen gesammelt hat, bewertet er das Produkt und vergleicht es mit anderen Produkten.
5. Kaufentscheidung: Schließlich trifft der Kunde eine Kaufentscheidung und kauft.
6. Kundenerfahrung: Nach dem Kauf ist es wichtig, dass der Kunde eine positive Erfahrung mit dem Produkt und dem Kundenservice hat. Eine gute Erfahrung kann dazu führen, dass der Kunde in Zukunft wieder bei diesem Unternehmen einkauft oder es weiterempfiehlt.

Das ist das grundlegende Konzept, das sich auf zahlreiche Produkte anwenden lässt. Die Frage ist jetzt, wie Sie das für Ihr Produkt operationalisieren.

Eine Möglichkeit ist, einen Online-Marketing-Funnel aufzubauen, der Ihren Kunden durch diesen gesamten Prozess hindurchleitet. Später kommen wir noch darauf zu sprechen, für welche Projekte und Produkte solche Funnels sinnvoll sind – lassen Sie mich hier einmal das Prinzip zeigen.

Zunächst einmal müssen wir klarmachen, was ein Funnel ist: »Funnel« ist Englisch und bedeutet »Trichter«. Ein Trichter beginnt oben mit einem großen Eingang und spitzt sich nach unten hin sozusagen zu. Gemeint ist damit, dass eine große Menge von Menschen in einen Prozess eingebunden wird, der im Laufe der Zeit zu einem ganz konkreten spezifizierten Ergebnis führt, nämlich zu einem Kauf.

Der Sinn eines solchen Funnels ist, dass Sie Ihrem Kunden selbst alles bieten, damit er diesen Entscheidungsprozess mühelos durchlaufen kann und sich am Ende für Ihr Produkt entscheidet. Das Kernstück dabei ist die »Landingpage«. Eine Landingpage ist eine Website, auf der der Kunde landet, nachdem er woanders das Commitment abgegeben hat, dass er sich für das Produkt interessiert. Die Landingpage bewirbt im Grunde das Produkt mit sämtlichen Vorteilen und Testimonials und ist strikt darauf ausgerichtet, dass der Kunde den »Kaufen«-Button drückt. Andere Links nach außen sollte es – zumindest in der Theorie – nicht geben. Na gut, der Link zum Impressum muss da sein.

In ihrer Basisversion bildet ein Funnel also genau diese sechs Schritte ab:

1. Aufmerksamkeit entsteht beispielsweise durch eine Facebook-Werbeanzeige.
2. Interesse weckt die Anzeige, indem sie dem Kunden ein sofort erkennbares Lösungsversprechen macht.
3. Informationen beschafft sich der Kunde jetzt nicht, indem er irgendwo im Netz zu recherchieren beginnt, sondern er klickt auf den Button in der Werbung und gelangt zu Ihrer Landingpage, die ihn umfassend über das Produkt informiert.
4. Auch die Bewertung des Produktes wird dem Kunden durch die Landingpage erleichtert, beispielsweise in Form von Kundenstimmen. Sogar der Vergleich mit anderen Produkten kann auf der Landingpage stattfinden.
5. Ebenfalls mit der Landingpage vor Augen trifft der Kunde eine Kaufentscheidung und klickt den Button »Kaufen«. Er gelangt zur Shopseite und kann bezahlen.
6. Auch die Kundenerfahrung kann ein Funnel unterstützen, indem Sie dem Kunden per Automatismus regelmäßige E-Mails zum Produkt senden oder ihn in eine Community einbinden.

Entscheiden wir uns jetzt fürs Beispiel einmal für eine ganz einfache Geschichte, nämlich eine Landingpage, deren Button zu einer Verkaufsseite führt, beispielsweise bei Digistore24 oder Copecart.

Ein Funnel muss prinzipiell nicht kompliziert sein. Es gibt zwar jede Menge komplizierter Funnels mit automatisierten E-Mails ohne Ende und mit zehn Videos, die dann zum dritten oder vierten Mal zeigen, wie cool das Produkt ist – aber ganz im Ernst, was soll das? Mir fällt niemand ein, der die Zeit hätte, sich diese ständigen Wiederholungen anzuschauen.

Der Weg des Kunden darf also relativ einfach sein – er *sollte* auch relativ einfach sein. Nichts sollte kompliziert sein. Der eigentliche Kern Ihres Geschäfts ist exakt das: der Weg des Kunden zum Kauf. Dieser Kernprozess muss vollkommen klar sein. Und erst wenn dieser Kern definiert ist, hat es Sinn, andere Dinge darum herum aufzubauen.

Wie wecken Sie Interesse an Ihrem Produkt? Bei wem?

____

____

____

____

____

Mit welchem kleinstmöglichen Setting testen Sie, ob Ihr Geschäftsmodell im Grundsatz funktioniert?

____

____

____

____

____

Durch welche Elemente erweitern Sie Ihr Geschäftsmodell, wenn es funktioniert?

____

____

____

____

____

Limbeck. Don't do this, do that!

Hören Sie auf zu glauben, Arbeit bewirke Einkommen. Nur Werte bewirken ein Einkommen. Sie müssen Werte schaffen.

Fangen Sie nicht unternehmerisch an, ohne sich selbst zu kennen. Finden Sie Ihre Schnittmenge aus Können, Wollen und Markt. Was geben Sie der Welt, was die Welt braucht?

Entwickeln sie nicht irgendeine Geschäftsidee, sondern eine skalierbare Geschäftsidee, die eine starke Marke etabliert, sich konsequent am Kundenbedarf orientiert, beweglich ist, nachhaltig wirkt, ökonomisch und leicht zu verstehen ist.

Hören Sie auf zu glauben, Sie könnten nehmen, bevor Sie geben. Halten Sie sich an das Prinzip »Erst schaufeln, dann scheffeln«.

Glauben Sie nicht, die Leute würden Ihnen ein Produkt abkaufen, weil Sie es anbieten. Machen Sie sich klar, dass Sie ein Feuer löschen müssen.

Beschreiben Sie den Bedarf des Kunden nicht vage, sondern definieren Sie ihn exakt. Was ist der Schmerz hinter dem Schmerz? Was braucht oder will Ihr Kunde im Grunde?

Halten Sie Ihr Produkt nicht für den Nabel der Welt. Erkennen Sie stattdessen: Niemand interessiert sich für Ihr Produkt. Die Menschen interessieren sich für den Nutzen. Nur wenn Sie Produkte anbieten, die die Menschen wollen, könnte es sein, dass Sie sich für das Produkt interessieren.

Verabschieden Sie sich von der Denkweise, Menschen würden Produkte wegen ihrer Features kaufen. Das trifft nur manchmal zu. In aller Regel kaufen Menschen Produkte wegen ihres Nutzens.

Glauben Sie nicht, die Kunden kommen von allein auf Sie zu. Verstehen Sie, dass Sie die Kunden ausfindig machen und mobilisieren müssen. Nichts geschieht von allein.

Betrachten Sie den Wert Ihres Produktes nicht durch die Brille Ihrer Herstellungskosten, sondern durch die Brille des Nutzens für Ihre Kunden. Die Frage ist nicht, welchen Wert das Produkt für Sie hat. Die Frage ist, welchen Wert es für Ihre Kunden hat.

Glauben Sie nicht, alle Produkte würden sich gleich vermarkten lassen. Begreifen Sie, dass jedes Produkt seine individuelle Strategie braucht. Manche Produkte vermarkten sich besser bei Google, andere besser bei Facebook.

Denken Sie nicht in Kosten, sondern denken Sie in Nutzen. Der Preis bestimmt sich ausschließlich durch den Wert, den der Nutzen für den Kunden hat.

Verlassen Sie sich nicht darauf, dass Ihr Produkt sich dadurch verkauft, dass Sie eine geniale Geschäftsidee haben, sondern verstehen Sie, dass Sie diese Idee zu einem soliden Modell erweitern müssen, das in der Realität besteht.

Produzieren Sie nicht einfach ein Produkt, sondern schauen Sie, wie Sie stattdessen eine Hebelwirkung erzielen können.

Produzieren Sie nicht einfach wild drauflos, sondern starten Sie mit einem MVP.

Denken Sie nicht klein, sondern größer als Ihr Gefühl. Rückblickend werden viel mehr Dinge möglich gewesen sein, als Sie heute absehen können.

Akzeptieren Sie keine Kosten, ohne darüber nachzudenken, ob sie sich vermeiden lassen. Schauen Sie stattdessen mit dem Blick der Skalierung auf Ihr Geschäftsmodell. Wo lässt es sich automatisieren, sodass Sie Einnahmen ohne Ausgaben erzielen?

3 Bauen Sie Ihr Unternehmen klug auf!

Ein Unternehmen aufbauen – das können Sie unterschiedlich angehen. Wie schon erwähnt, lassen sich viele Gründer und auch etablierte Unternehmer von Konventionen leiten. Sie mieten also beispielsweise als Erstes schicke Büroräume und schreiben Stellen aus – ohne genau zu wissen, wofür im Detail eigentlich. Dann kommt ein Marketingchef samt Team ins Boot, auch erst mal locker zu bezahlen, weil Kredite derzeit leicht zu bekommen sind. Aber ohne dass wirklich das Geschäftskonzept steht, wonach sich das Marketing richten soll, ist so eine Entscheidung in meinen Augen unsinnig, falsch und gefährlich. Was einzig zählt, ist das Wichtige. Das Unwichtige lassen wir weg.

Wie gesagt: Erst wenn dein Geschäftsmodell definiert ist – und damit auch, was du tust und was du bleiben lässt –, machst du dich an den Unternehmensaufbau.

Insgesamt ist das Grundverständnis wichtig, dass es sich bei einem Unternehmen um eine Maschine handelt. Nehmen Sie den Begriff im übertragenen Sinne. Es mag sein, dass in Ihrem Unternehmen auch Maschinen stehen, ich meine hier: Das gesamte Unternehmen ist ebenfalls eine Art Maschine, also eine Kombination aus verschiedenen Parametern und Funktionen.

Diese Maschine hat eine Grundfunktion und das ist der kleinste Prozess in dem ganzen Konstrukt. Das Essenzielle bei allem. Und das ist eben der skizzierte Weg des Kunden zum Kauf. Um diese Grundfunktion herum bauen Sie – aber erst, wenn die Grundfunktion wirklich zuverlässig funktioniert – weitere Funktionen auf.

Wenn Start-ups und auch Unternehmen diesen Prozess aufsetzen, machen viele einen riesigen Fehler: Sie verteilen die Aufgaben, die damit zusammenhängen, an verschiedene Abteilungen und erwarten sofort Perfektion.

Das heißt beispielsweise, dass der Webdesigner seine gesamte Energie und Zeit in eine Landingpage steckt, die dem Corporate Design entspricht, bei der die Farben stimmen, bei der die Texte perfekt sind und keine Kommafehler enthalten und so weiter und sofort. Ein Online-Marketer ist damit beauftragt, die richtigen URLs für die Landingpage bei Facebook einzutragen und den Werbeanzeigenmanager in Facebook richtig zu konfigurieren. Das Ding ist in Sachen Usability übrigens die Vorhölle und zeigt, wie kundenfern die Facebook-Programmierer sind – entsprechend verschwenden Ihre Leute erst mal viel zu viele Tage mit sinnlosen Experimenten und zahlreichen Flüchen. Das ist alles Ihr Geld als Unternehmer – Sie bezahlen für die Unzulänglichkeiten und für Mark Zuckerbergs (* 1984) undurchdachte und überkomplexe Gedankenkonstruktionen, mit denen sich Anwender herumschlagen müssen, weil das Ganze nicht kundenorientiert ist.

Dann muss der Online-Marketer die Zielgruppe dort richtig targetieren, was bei Facebook ebenfalls eine Qual ist, weil die Macher von Facebook es irgendwie nicht schaffen, in anderen Welten zu denken als in ihren eigenen. Und so weiter Ferner muss natürlich die Verknüpfung zu Digistore24 stimmen und dann gibt es auch bei Digistore24 diverse Seiten, auf denen wir uns in Sachen Corporate Design verkünsteln können.

Der Fehler ist, so ein Projekt von Anfang an perfektionistisch aufzusetzen. Ich empfehle ein anderes Vorgehen: Wir müssen erst das Skelett bauen, ohne Fleisch und ohne Haut. Also die Struktur selbst. Wir brauchen, um den Ablauf zu testen, kein Corporate Design auf der Landingpage, sondern wir brauchen im Grunde nur eine Seite mit Blindtext und einen Dummy und einen Button, der dann zu Digistore24 führt.

Auch die Facebook-Werbeanzeige muss noch nicht ausgereift sein. Hier genügt im Grunde ebenfalls ein völlig hirnrissiger Text – wichtig ist, dass die Verbindung von dem Button aus der Seite tatsächlich zur Landingpage führt und dann auch die User entsprechend trägt.

Das findet alles noch im Konzeptstadium statt, also bei einer Gründung in der Garage oder in einem bestehenden Unternehmen im Labor.

Wir testen das Konstrukt, indem wir die Werbeanzeige anklicken. Und wenn wir dann auf die Landingpage kommen und wenn die Verbindung von dem Button der Landingpage rüber zu Digistore24 läuft und wenn dann der Testkauf bei Digistore24 klappt – dann wissen Sie, dass der Verkaufsprozess technisch funktioniert.

Um all das dann mit Kunden zu testen, brauchen Sie immer noch keine Perfektion. Sie reichern das Ganze um die Produktinformationen an und starten einen »Friendly-User-Test« unter Freunden oder unter Mitarbeitern – unter Menschen, die es Ihnen nachsehen, dass der Prozess noch nicht bis ins Allerfeinste ausgereift ist. Wir arbeiten hier wirklich konsequent vom Groben zum Feinen hin: Nur wenn eine Grobstruktur funktioniert, hat es Sinn, die Struktur zu verfeinern. Also: Wenn

Sie im »Friendly-User-Test« Feedback bekommen, das die Grobstruktur berührt, dann war keine Feinstruktur für den Papierkorb.

Sehen Sie das Prinzip? Wir machen in einem zeitgemäßen Unternehmen wirklich gar nichts mehr, was nicht wirklich erforderlich ist. Es ist Unsinn, sich zu verkünsteln, wenn Sie die Grundstruktur noch nicht fertig haben. Also brauchen Sie am Anfang keine vollständig designten und gestalteten Texte und Layouts, sondern einfach eine Testseite. Und erst dann, wenn der Test funktioniert, wenn also Menschen sagen »Ja, ich interessiere mich grundlegend für die Funktion und für den Nutzen dieses Produktes und ich habe auch schon einmal effektiv gekauft«, dann gestalten Sie alle Elemente aus – von der Facebook-Werbeanzeige bis hin zur Shop-Seite bei Digistore24.

Die Struktur folgt der Strategie

Und das gilt für sämtliche Unternehmensbereiche. Alles muss aufs Unternehmensziel einzahlen: jede Abteilung, die Sie als Gründer gründen werden, und auch jede Abteilung, die Sie als Unternehmer jetzt schon haben. Ich empfehle Ihnen dringend, diese Gedanken hier bewusst auch auf Ihr bestehendes Unternehmen anzuwenden – Sie müssen heute alles hinterfragen und auf den Prüfstand stellen. Die Lage der Dinge ist eine andere als noch vor zehn Jahren, als wir es uns leisten konnten, massenhaft Reibungsverluste zu produzieren. Glauben Sie mir: Wenn es langfristig überleben soll, muss sich Ihr Unternehmen von allem lösen, was sich als Ballast und Wasserkopf angesammelt und aufgebaut hat.

Wirklich immer sollte auf lange Sicht die Strategie die Struktur bestimmen und nicht umgekehrt. Und trotzdem handeln viele Unternehmen andersherum. Lassen Sie mich ein Beispiel nennen: Viele Medienunternehmen haben eine Druckerei – weil sie sie schon immer hatten. Also bestimmt die Struktur die Strategie und diese Medienunternehmen produzieren Zeitungen und Zeitschriften.

Zeitungen und Zeitschriften waren früher mal Top-Produkte, weil sie sich dank Offset-Druck sehr gut multiplizieren ließen. Aber angesichts der Entwicklung des Internets (»Neuland« in den Augen rückständiger Menschen) sind die Skalierungsmöglichkeiten fürchterlich. Also angenommen, Sie würden heute ein Medienunternehmen gründen – würden Sie eine Druckerei bauen?

Das meine ich, wenn ich sage, dass unsere Skalierungsideen ständigem Wandel unterworfen sind. Bevor das Internet massenhafte Verbreitung fand, war es quasi undenkbar, dass irgendwann ein digitales Konzept die Zeitung ersetzen könnte.

Wichtig ist – bei Gründern und auch bei alteingesessenen Unternehmen –, dass möglichst die Strategie die Struktur bestimmt. Dass Sie also entscheiden: »Nein, wir bauen keine Druckerei. Die Strategie ist eine rein digitale. Also etablieren wir keine Struktur, die in die analoge Welt gehört.« Wer vom Ergebnis her denkt, baut nur die Unternehmensteile auf, die er braucht. Und zwar auch nur jeweils das, was ansteht und nötig ist. Und das Ganze an heutigen Maßstäben gemessen, also angesichts der Möglichkeiten, die wir tatsächlich haben – von Textverarbeitungsprogrammen bis zur KI.

Einverstanden? Sie werden auch für Ihre Büros vermutlich keine Schreibmaschinen anschaffen, sondern Sie werden auf Rechnern arbeiten, auf denen Textverarbeitungsprogramme installiert sind. Selbst wenn Sie noch Schreibmaschinen haben, erlauben Sie dieser vorhandenen Struktur nicht, die Strategie zu bestimmen. Auch in Druckereien stehen die frühindustriellen Maschinen gerne als Ausstellungsstücke in der Lobby – gearbeitet wird jedoch mit den hochmodernen, vier Meter hohen Drucktürmen, die Sie kalibrieren können wie Tintenstrahldrucker.

Und nach wie vor steht der Verkaufsgedanke im Mittelpunkt. Unser kleines Modell – der Weg des Kunden zum Kauf – ist das, worum es geht. Nichts anderes ist wichtig. Keine Konvention, nichts, was »branchenüblich« ist. Also dürfen Sie alles Herkömmliche hinterfragen.

Würden Sie, wenn Sie heute ein Beratungsunternehmen gründen, noch Geschäftsräume kaufen oder mieten, nur weil das in der Branche bisher üblich war? Oder gehen Sie als Berater zum Kunden und brauchen gar keine Geschäftsräume? Theoretisch können Sie ein Unternehmen gründen mit zehn Mitarbeitern, die alle von zu Hause aus arbeiten und denen Sie die gesamte nötige Infrastruktur auf den Küchentisch stellen. Eine GmbH haben Sie trotzdem, die Firmenanschrift ist Ihre Privatadresse. Niemand verpflichtet Sie dazu, dass Ihre GmbH Geschäftsräume haben muss. Eine GmbH braucht vom Gesetzgeber her nur eine zuverlässige Anschrift und diversen Bürokram. Dass eine GmbH automatisch Kosten für Räume hat, schreibt uns niemand vor.

Zahlreiche Konventionen fliegen über Bord, wenn wir alles Gewohnte überdenken und nur die Strukturen aufbauen, die wirklich nötig sind. Und noch mal: Nur das Nötige ist nötig. Nichts anderes stellen wir auf die Beine. Es gilt strikt: Die Struktur folgt der Strategie. Was strategisch nicht sinnvoll ist, fällt aus. Ob das Räume sind, bestimmte Personalstellen oder was auch immer. Wir tun nur das, was erforderlich ist – einmal fürs Business und dann natürlich auch rechtlich. Einen Datenschutzbeauftragten brauchen wir also ebenso wie unsere Datenschutzerklärung und die Datenschutzdokumentation, diverse ISO-Normen und CE-Konformitätserklärungen und den ganzen Rattenschwanz an bürokratischen Issues, unsere

Mitgliedschaft bei der Industrie- und Handelskammer oder Handwerkskammer, sofern wir keine Freiberufler sind, und das Theater mit der Berufsgenossenschaft, wenn wir Mitarbeiter haben. Und deren Sozialversicherung. Um all diese Dinge muss sich jemand kümmern, idealerweise eine Geschäftsführung und eine Personalabteilung.

Aber brauchen wir eigene Autos? Kommt darauf an! Brauchen wir einen Betriebskindergarten? Kommt darauf an! Brauchen wir einen Firmenparkplatz? Kommt darauf an! Alles, was wir brauchen, bauen wir auf – alles andere lassen wir bleiben.

Das Entweder-oder-Prinzip

Sie sollten exakt wissen, was Sie tun und was nicht. Bevor das nicht definiert ist, sollten Sie nicht loslegen. Im Nebel zu stochern, führt Sie in den Ruin.

Bei der Überlegung, was zu tun ist und was nicht, sind eine Menge Entscheidungen zu treffen. Entscheidungen sind etwas, wovor sich viele Menschen drücken. Doch das hat wenig Sinn – irgendwann müssen Sie entscheiden, ob Sie die eine oder die andere Variante wählen. Ich halte es da übrigens wieder mit Dieter Lange, der sagt: »Auch wer sich nicht entscheidet, entscheidet sich. Und zwar für den Status quo.« Also, wenn Sie die Entscheidung zwischen zwei neuen Autos nicht treffen, entscheiden Sie sich damit für Ihr altes Auto.

Womit wir wieder zum Thema Unternehmer-Mindset kommen: Unternehmer entscheiden sich. Unternehmer sollten nicht herumlavieren, sondern Position beziehen. Sicher sollten alle Entscheidungen ausreichend durchdacht sein – aber natürlich nicht so lange und in einer solchen Intensität, dass es zu spät ist zum Entscheiden. Ein Unternehmertyp jedenfalls erkennt, was richtig ist und was falsch – und entscheidet sich dann fürs Richtige.

Klar erweisen sich manche Entscheidungen im Nachhinein als falsch – das ist eben so. So etwas geschieht. Wichtig ist, dass du entscheidest und handelst. Nur wenn die Maschine so gut läuft, dass du die Beine hochlegen kannst, steht möglicherweise keine Entscheidung an. Ansonsten aber gibt es so gut wie jeden Tag Entscheidungen zu treffen.

Was ich Ihnen hier mitgeben will, ist so einfach wie wirkungsvoll: das Entweder-oder-Prinzip. Damit meine ich nicht, dass Sie entweder das eine oder das andere machen, sondern damit meine ich: Entweder machen Sie etwas wirklich richtig oder Sie machen es gar nicht. Halbherziges sollte es in Ihrem Leben nicht mehr geben.

Nehmen wir dazu ein aktuelles politisches Beispiel: die »Energiewende«. Entweder wir schalten die Kernkraftwerke ab – dann sollten wir nicht aus der Kohle aussteigen, denn wir kommen in höchste Nöte, wenn wir den zunehmenden Strombedarf nur noch aus Wind und Sonne gewinnen sollen. Oder aber wir steigen aus der Kohle aus – dann lassen wir die Kernkraftwerke am Netz. Aus dem gleichen Grund: Wind und Sonne reichen nicht aus.

Sie sehen selbst, dass die Politik immer wieder gegen das Entweder-oder-Prinzip verstößt: Politiker scheinen zu denken, dass beides geht. Und dann mogeln sie sich ums Problem herum und veräppeln die Öffentlichkeit, indem sie Kohle- und Atomstrom aus dem Ausland zukaufen, nachdem im Inland keiner mehr produziert wird.

Für ein Unternehmen wäre so eine Art und Weise zu entscheiden der sichere Tod. Ich meine, für eine Gesellschaft vermutlich dauerhaft auch – deswegen brauchen wir eine klügere Politik. Die Politik darf sich kluge Unternehmer hier gerne zum Vorbild nehmen: Entweder wir tun etwas – dann richtig; oder wir tun etwas nicht – dann auch nicht halb.

Damit kritisiere ich übrigens auch die Art und Weise, wie viele im Business heute das Pareto-Prinzip interpretieren: Sie denken, 20 Prozent Mühe und Herzblut genügen, um 80 Prozent Ergebnisse zu bewirken. Der Denkfehler dabei: Wer will schon einen Zahnarzt, der sich mit 80 Prozent Qualität zufriedengibt? Oder wer steht auf Bremsen am Auto, die nur zu 80 Prozent funktionieren?

Das Pareto-Prinzip nach dem italienischen Ingenieur, Soziologen und Volkswirtschaftler Vilfredo Pareto (1848–1923) wird oft falsch verstanden. Es besagt im Kern, dass im Durchschnitt rund 80 Prozent aller Aufgaben nur 20 Prozent Aufwand erfordern. Und das hat der Autor Richard Koch (* 1950) mit seinem »80/20-Prinzip« für die Wirtschaft anwendbar gemacht: Es geht darum, die richtigen Dinge zu tun und sich auf die 20 Prozent Anstrengung zu konzentrieren, die den größten Einfluss haben. Wer das Pareto-Prinzip richtig versteht und anwendet, kann seine Zeit und Energie effektiver nutzen und bessere Ergebnisse erzielen als jemand, der alle Dinge gleich priorisiert und auch für Unnötiges viel zu viel Aufwand betreibt.

Das Pareto-Prinzip hilft auch bei der Erkenntnis, was eigentlich wichtig ist im Unternehmen. Wenn ich mit Kunden den Vertriebs-DNA-Test mache und die haben beispielsweise 300 Verkäufer, zeigt sich nahezu immer, dass 20 Prozent von denen 80 Prozent des Umsatzes machen. Insofern ist das Pareto-Prinzip ein Augenöffner.

Oder: Welche Produkte brauchst du wirklich und welche schleppst du nur durch? Ich erinnere mich an einen Maschinenbauer, der nach der Pareto-Analyse eine ganze Produktlinie gestoppt hat. Denn diese Produktlinie – es war eine von dreien – war am Ende nur ein Klotz am Bein, durchgeschleppt von den beiden anderen, tatsächlich erfolgreichen Produktlinien. Es geht halt um einen konsequenten Blick auf die Kennzahlen: Wenn eine Produktlinie jede Menge Ressourcen verschlingt und Stress erzeugt, während sie viel weniger bringt als die anderen Produktlinien, dann ist es vielleicht mal Zeit, die Produktlinie zum toten Pferd zu erklären und abzusteigen.

Bei einer Versicherungsgesellschaft, ein Kunde von mir, ist ein neuer Vorstand angetreten und der hat nach Pareto alles geprüft. Vorher gab es 17 Autoversicherungstarife, die achtmal kombinierbar waren – aber zu 80 Prozent liefen bei den Kunden nur drei Tarife. Also hat sich das Unternehmen auf diese drei von 17 Tarifen konzentriert. Effekt: Die Reibungsverluste gingen runter und Ressourcen für die wichtigen Dinge wurden frei. Insofern sind wir wieder beim Thema Kerngeschäft: Konzentrier dich aufs Wesentliche, was wir später beim Thema »Einkommensproduzierende Aktivitäten« (EPA) noch einmal vertiefen.

Also: Das Pareto-Prinzip hat nichts gegen Perfektion, wo sie wichtig ist, siehe Zahnarzt und Autobremsen. Aber es hilft eben gegen den Perfektionismus, was etwas anderes ist als Perfektion. Perfektionismus bedeutet, dass wir übertrieben korrekt und präzise sind, und zwar an Stellen, an denen es gar nicht nötig ist. Und das Pareto-Prinzip erinnert uns immer wieder daran, dass wir alte Zöpfe auch mal abschneiden sollten.

Der Zweck des Unternehmens

Lassen Sie mich noch etwas zum Zweck des Unternehmens sagen. Viele Gründer gründen ja einfach, um loszulegen, was auch völlig in Ordnung ist. Und gestandene Unternehmer leiten ihr Unternehmen und leiten es und leiten es, weil sie das schon immer so gemacht haben. Und auch das ist in Ordnung.

Worauf läuft aber alles hinaus? Also: Was ist denn später, wenn Sie mal nicht mehr Chef sind? Wenn Sie sich in den Ruhestand verabschieden? Was passiert denn dann?

Ist Ihr Unternehmen auf eine Exit-Strategie ausgerichtet, sodass Sie schön verkaufen können und dann ausgesorgt haben? Oder suchen Sie einen Nachfolger, der in Ihre Fußstapfen tritt?

Wofür ich als Unternehmercoach eintrete, ist, dass wir den Sinn unseres Unternehmens festlegen. Das ist etwas, was ich am Anfang auch nicht gemacht habe. Ich habe einfach losgelegt – ein riesiger Fehler! Wie gesagt, ich habe bei der Gründung von »Martin Limbeck Trainings Team« nicht überlegt, ob ich das Unternehmen später mal verkaufen werde oder ob es mein Sohn weiterführt. Heute würde ich ein Unternehmen nur noch mit einem ganz klaren Unternehmenszweck gründen: Entweder ist es tatsächlich der Exit oder es ist wirklich der Aufbau einer langen Tradition.

Aus meiner Sicht ist die lange Tradition wesentlich attraktiver. Mein Herz brennt ja für Familienunternehmen, für den klassischen Mittelstand, den wir in Deutschland stärken sollten. Von daher würde ich heute ein Unternehmen mit dem Blick auf eine langfristige Zukunft gründen. Ich habe großen Respekt vor dem Inhabergeschwisterpaar, die von ihrem Vater ein Handelsunternehmen übernommen haben und schon Jahre vor ihrem Ruhestand vier junge Führungskräfte heranziehen, die den Laden irgendwann leiten werden. Die beiden wissen einfach, dass die Kinder aus ihren eigenen Familien das Unternehmen nicht übernehmen wollen, und sie kümmern sich jetzt schon um die Nachfolge. Sie klammern sich auch nicht an die Macht wie viele, die nicht loslassen können, sondern haben das Vertrauen, dass die Nachfolger das Unternehmen klug leiten werden.

Manche Gründer wollen nur gründen, eine Firma nach der anderen, nur zum Zweck, sie dann abzustoßen. Das Ziel ist nicht, langfristig und nachhaltig Geld zu verdienen mit einer Maschine, die auf die Dauer angelegt ist, sondern das Ziel ist, den Unternehmenswert hochzujazzen und dann zu verkaufen. Da steckt oft nicht so viel Herzblut drin.

Wobei das Herzblut bei vielen Gründern schon da ist, und sie legen das Konzept auch auf lange Sicht an – aber dann kommen plötzlich Angebote, die so verlockend sind, dass sie sich geschlagen geben. Manche Summen sind einfach unfassbar groß. Das sind Beträge, da musst du dein ganzes Leben nicht mehr arbeiten.

Vor wenigen Jahren hat ein Kollege aus der Seminarbranche versucht, sein Unternehmen zu verkaufen. Er hat also einige Leute angeschrieben und angesprochen und ihnen eine Art Exposé geschickt, wie bei einer Immobilienanzeige. Und das wichtigste Asset dieses Unternehmens war tatsächlich eine Immobilie. Da gab es irgendwo im Ostteil Berlins ziemlich weit draußen eine wirkliche Traumimmobilie, ein Seminarparadies, komplett ausgestattet und sehr stilvoll und gemütlich – aber eben so weit ab vom Schuss, dass es als Seminarlocation im Grunde nicht funktioniert. Ich glaube, die Location war in Alt-Hohenschönhausen oder so, also nicht in einer Gegend, die das klassische Seminarpublikum bevorzugt. Eine absurd weite Reise vom Flughafen, eine ebenso irre Reise vom Hauptbahnhof und dann gab es dort in der Umgebung nicht einmal schöne Restaurants. Der Kollege hatte die Immobilie nach dem Mauerfall irgendwann preiswert geschossen und im Laufe der

Zeit immer hübscher gemacht, dort tatsächlich auch das eine oder andere Seminar gegeben und den Namen seiner Trainingsfirma draufgeklebt.

Meine Frage ist: Wer kauft das? Und wozu?

Dann gehörte zum Paket auch noch die Trainingsfirma selber – aber was soll ich damit anfangen? Sicher gab es da einige Kundenkontakte, die er uns in der Branche als riesiges Potenzial andrehen wollte, nur war das eben eine völlige Luftnummer. Wenn ich einen Friseursalon übernehme, dann ist der Kundenstamm interessant, weil es meistens völlig egal ist, wer dir die Haare schneidet, wenn der Friseur nicht Udo Walz (1944–2020) heißt. Aber wenn eine Trainingsfirma ihre Seminarkunden hat, die immer wegen genau dieses Trainers und seines Konzeptes in diese abgelegene Location gereist sind, dann werden diese Kontakte noch lange nicht auch meine Seminare brauchen oder wollen oder gut finden. Eher werden sich die alten Kontakte fragen, warum sie jetzt etwas völlig anderes kaufen sollen. Das ist eine ganz andere Situation als bei der Übernahme eines gewöhnlichen Friseursalons, aber in etwa so hatte sich der Mann das vorgestellt. Und das funktioniert halt nicht.

Die Überlegung, das Unternehmen zu verkaufen, war alles andere als klar. Sie war nicht durchdacht. Unter dem Strich stand da eine Immobilie zum Verkauf und im Schlepptau noch ein Unternehmen, das bis auf die Seminartechnik nichts wert war. Und für den Verkäufer sollte das eine Art Exit sein.

Und das ist dann eben das Gefährliche: Wenn du ein Unternehmen hast, das wirklich an deiner Person hängt und möglicherweise auch noch so heißt wie du – wie die »Limbeck Group« –, dann ist es relativ schwer, einen Nachfolger zu finden. Aus heutiger Sicht würde ich mein Unternehmen bei einer Neugründung heute auch anders nennen. Und natürlich muss ein Unternehmen auch ohne den Unternehmensgründer funktionieren.

Das wiederum hängt vom Unternehmenszweck ab. Und das ist wieder eine Frage der Generation. Meine Generation hat noch nicht an Exits gedacht. Wir sind davon ausgegangen, dass die Familie übernimmt.

Wobei wir auch festhalten müssen: Heute erweist sich sogar das Vererben oder die vorherige Übertragung eines Familienunternehmens als schwierig:

- Viele aus der Erbengeneration müssen sich schlicht nicht anstrengen. Da ist genug Substanz da. Der Erbe hängt sich also nicht rein und lässt das Unternehmen schleifen.

- Oder der alte Patriarch kann nicht loslassen. Der junge Erbe will zwar zeigen, dass er es kann, aber der Alte redet ihm ständig rein.

- Oder der junge Erbe will unbedingt beweisen, dass er es besser kann, und vergaloppiert sich. Er implementiert Prozesse wie in einem Start-up, die der Tanker nicht mitmacht. Die Belegschaft ist irritiert.

- Oder der junge Chef bemüht sich, kann sich aber nicht durchsetzen, weil die alten Hasen im Unternehmen den alten Chef noch sehr gut kennen und sich erst mal denken: Was will denn der junge Kerl uns bitte sagen? Im schlimmsten Fall intrigieren die alten Hasen über den alten Chef gegen den Junior – und plötzlich fliegt dem Junior alles um die Ohren, weil der Alte ihm zwischen Weihnachten und Silvester den Kopf wäscht.

Also: Die Perspektive sollte einigermaßen durchdacht sein. Die Sache mit dem Namen ist jetzt auch nicht unbedingt so schlimm: Bei »Roland Berger« funktioniert das Konzept, bei »Würth« – nach Reinhold Würth – funktioniert es auch. Wobei die Würth-Gruppe inzwischen aus unfassbar vielen GmbHs besteht, die über die Jahre zugekauft wurden – artverwandte Companies, die ins Portfolio passen. Das gelingt aber nur deswegen, weil das Unternehmen Würth selbst auch ohne den Firmenpatriarchen funktioniert.

Wie haben Sie Ihr Unternehmen aufgestellt, welcher Unternehmenszweck steht dahinter?

____

____

____

____

____

Wie gelingt es Ihnen, die Struktur nach der Strategie auszurichten?

____

____

____

____

____

Auf welche Weise halten Sie sich an das Entweder-oder-Prinzip? Notieren Sie Beispiele, bei denen Sie dagegen verstoßen haben, und Beispiele, bei denen Sie sich daran gehalten haben.

____

____

____

____

____

3.1 Ihr Fahrplan

Ein Unternehmen zu planen, ist dann der nächste Schritt. Sie brauchen eine Schritt-für-Schritt-Anleitung, mit der Sie Ihr Unternehmen auf die Beine stellen.

Klassischerweise denken wir da in Businessplänen. Lassen Sie uns kurz darüber sprechen. Die meisten dieser Pläne richten sich an Kapitalgeber, also an Banker oder potenzielle Investoren. Deswegen sind viele Businesspläne äußerst schöngefärbt: Das Business soll möglichst in einem guten Licht erscheinen.

Das Wichtige an einem Businessplan – finde ich – ist aber ein ehrliches Bild. Es geht um Klarheit für den Gründer selbst. Oder auch für den gestandenen Unternehmer, der sein existierendes Unternehmen einmal auf den Prüfstand stellt.

Und dazu möchte ich Sie anregen. Schreiben Sie mal einen Businessplan für Ihr jetziges Unternehmen – genau so, wie es sich entwickelt hat und wie es heute dasteht. Vermutlich unterscheidet sich dieser Plan von Ihrem ursprünglichen Businessplan, was ja auch relativ normal ist, weil wir auf dem Weg oft vom Plan abweichen. Wir passen den Plan dann an. Das ist auch völlig in Ordnung, nur sollten wir den Überblick bewahren.

Es geht also nicht in erster Linie darum, eine Bank zu überzeugen. Es geht auch darum, aber nicht nur. In erster Linie geht es darum, dass der Plan zeigt, wie unser Unternehmen entsteht und in welchen Schritten wir es wie auf die Beine stellen. Zum Beispiel kann so ein Plan die Frage beantworten: Mit welchen MVP fangen Sie an? Sie erinnern sich – das war das »Minimum Viable Product«, sozusagen die kleinste lebensfähige Einheit.

Und lassen Sie dabei mal das gesamte MBA-Geschwätz bleiben. Formulieren Sie

Ihren Businessplan so, dass auch ein Kumpel ohne betriebswirtschaftliches Studium die Geschäftsidee versteht und nachvollziehen kann, wie Sie das Geschäft auf die Beine stellen. Beantworten Sie dazu alle Fragen in den folgenden Kapiteln – von den richtigen Gründern über Ort und Zeit bis hin zu den nötigen und kompetenten Beratern und zu Ihrem Flussdiagramm. Das Flussdiagramm ist der Kern des Ganzen: Daran lesen Sie dann im Grunde sämtliche Prozesse ab und können mit scharfem Verstand prüfen, ob das alles aufgeht.

Sicher: »Kein militärisches Unternehmen verläuft je genau nach Plan«, heißt es beim Militär – der Vergleich ist gar nicht so abwegig, denn geschäftliche Unternehmen sehen oft ähnlich aus. Wir haben etwas vor und ständig kommt etwas dazwischen. Warum wir trotzdem einen Plan brauchen, liegt auf der Hand: zur Orientierung. Es spricht auch nichts dagegen, den Plan im Laufe unseres unternehmerischen Daseins immer wieder anzupassen. Manchmal bildet er auch im Nachhinein erst ab, welche Veränderungen welche Neuerungen im Geschäftskonzept ergeben haben. Das Ziel ist: Sie haben immer einen Plan in der Schublade, an dem Sie ablesen können, wie Ihr Unternehmen im Augenblick funktionieren *sollte*. Also: Welche Prozesse laufen, welche haben Sie gestoppt? Welche Produktlinien haben Sie eventuell gestrichen, weil Vilfredo Pareto Ihnen dazu geraten hat? Und so weiter. Draußen erleben Sie die Realität des Marktes und drinnen, quasi im Kommandostand, haben Sie die jeweils zutreffende, aktuelle Landkarte dazu und können ablesen, was geschieht.

Eines kann ich Ihnen versprechen: Sie werden durch den Plan radikal in die Wirklichkeit zurückgeholt. Wir durchdenken alles im Detail, und zwar so lange, bis es klar ist. Aber zugleich nur so tief, wie es nötig ist.

Bevor wir uns an die Arbeit machen, will ich noch ein paar wenige Dinge klären: einmal, dass Sie nicht am Markt vorbei agieren, beispielsweise durch eine heute leider häufig anzutreffende Selbstüberschätzung, dann, dass Sie begreifen, dass auch eine sehr gute Idee, die tatsächlich jemand braucht, trotzdem völlig floppen kann, und schließlich, wie Sie die Dinge im richtigen Maße durchdenken.

Marktkenntnis

Immer wieder passiert es tatsächlich, dass völlige Amateure und Laien mit kompletter Unkenntnis eines Marktes versuchen, auf diesem Markt Fuß zu fassen.

Dagegen spricht prinzipiell nichts: Die freie Entfaltung der Persönlichkeit ist durch das Grundgesetz gewährleistet, ebenso die Freiheit der Berufsausübung. Wir dürfen machen, was wir wollen, salopp gesagt.

Doch klug ist es nicht unbedingt, ohne jede Kenntnis einen Markt erobern zu wollen.

Was mich vor allem als Freund der Weiterbildung fasziniert, ist der Büchermarkt. Ich finde es unfassbar, wie viele Amateure mittlerweile ihre Bücher ohne richtiges Know-how zusammenschustern und lieblos im Eigenverlag produzieren, oft ohne jede Ahnung, wie ein Buch gestaltet ist, ohne sinnvolles Layout, passende Schriftgrößen und Abstände. Es ist mal wieder diese technokratische Arroganz, zu sagen: »Wir haben einen Computer mit Microsoft Word und anderen schönen Sachen und deswegen können wir Bücher produzieren.«

Es gibt halt dann schon noch so etwas wie ein Handwerk. Diesen Sinn für Handwerk vermisse ich bei immer mehr Unternehmen.

Vor allem heutige Gründer scheinen oft zu denken, sie würden von allem etwas verstehen, weil sie vielleicht ein MBA-Studium haben. Damit wissen sie möglicherweise, wie sie Geschäftsprozesse lenken. Aber wenn sie nicht wissen, wie ein Markt läuft, wenn sie kein Gefühl dafür haben und keine Erfahrungen, dann zahlen sie natürlich jede Menge Lehrgeld, indem sie am Anfang alle erdenklichen Fehler machen. Dieses Lehrgeld ist unfassbar teuer. Es ist aber in meinen Augen gerecht, denn Arroganz gehört bestraft. Oder? Sie als Leser dieses Buches will ich allerdings davor bewahren.

Wer sich dann nicht einmal beraten lässt, also wie zum Beispiel durch so ein Buch wie dieses hier, wer weiter improvisiert und mit seinem Halbwissen und seiner Pseudokompetenz versucht, auf einem Markt zu erfolgreich zu werden, dem ist dann am Ende auch nicht mehr zu helfen.

Wissen Sie, ich behaupte auch nicht, dass ich alles weiß und kann. Ich habe mir immer Unterstützung geholt. Ich war nie so eingebildet, dass ich gesagt habe: »Ach, das kann ich selbst. Das mache ich doch mit links«, sondern ich hatte immer Demut und Achtung vor dem Handwerk anderer.

Das Gleiche betrifft das Seminargeschäft. Sie glauben nicht, wie viele Amateure da draußen wirklich schlechte Seminare geben. Das Schlimme dabei ist: Der Markt gewöhnt sich daran! Wir nehmen es inzwischen hin, dass wir keine ordentliche Qualität mehr bekommen. Über die Ursachen hatten wir gesprochen – die Selbstgerechtigkeit resultiert in meinen Augen aus der Sättigung der Leute und aus der Tatsache, dass die Kinder von Helikoptereltern – also quasi »Rasenmäherkinder«, denen der Weg freigemäht wurde – nie aus Fehlern lernen konnten. Zugleich wird ihnen alles serviert. Sie strengen sich also nicht mehr an, sie können jederzeit irgendeinen anderen Job annehmen, das Geld für Investitionen liegt auf der Straße, das Leben ist ein Computerspiel.

Ich hatte ja vom One-Million-Dollar-Table der German Speakers Associaton gesprochen, der GSA. Die Abkürzung dafür lautet – leicht nachzuvollziehen – OMDT und es gibt einen solchen OMDT auch bei der Convention der »National Speakers Association«, der NSA.

Ja, ich weiß, dass sich auch ein US-Geheimdienst mit NSA abkürzt. Aber immer ein guter Witz: Wir Speaker sagen, wir sind die Guten und hören das Handy der Kanzlerin nicht ab. Es ist halt eine andere Baustelle.

Jedenfalls habe ich meinen Sohn mal nach Amerika mitgenommen, als er 14 oder 15 war. Er musste früher zurück als ich. Hingeflogen sind wir gemeinsam in der Business Class, aber zurückgeschickt habe ich ihn in der Holzklasse. Da gab es natürlich eine Diskussion, klar. Aber ich habe es ihm erklärt: Ich kann mir die Business Class erlauben und er muss erst mal was verdienen.

Fies? Nein. In der Folge dieser Erziehung ist Chris heute einfach kein verwöhnter Bengel, sondern Profi in allem, was er tut.

Und wenn wir darüber sprechen, wie du mit deinem Geschäftsmodell erfolgreich wirst, dann gehört unbedingt das professionelle Bewusstsein dazu, dass wir es auch mal unbequem haben. Dass wir keinen Pfusch abliefern. Hier wird nicht gekleckert, okay? Hier wird geklotzt! Wir arbeiten sauber. Wir arbeiten richtig. Wir arbeiten viel. Wir arbeiten hart und am Ende soll der Kunde uns sagen, ob er uns dafür belohnen oder bestrafen will. Der Kunde ist am Ende die einzige maßgebliche Stimme, die befähigt ist, über unsere Qualität und Kompetenz zu urteilen.

Wenn wir über Qualität sprechen und über Kompetenz, dann vielleicht noch ein fieser Gedanke: Manche Märkte sind völlig überlaufen von Amateuren. Beispielsweise empfinde ich inzwischen den Speakermarkt, für den ich mich früher gerne starkgemacht habe, wirklich als riesiges Sammelbecken von Leuten, die es nicht können. Ganz viele haben einfach nichts zu sagen. Es gibt Speaker-Ausbildungen, die ziehen den Leuten das Geld aus der Tasche und reden ihnen ein, jeder könne auf der Bühne mit irgendeinem beknackten Thema aus seinem Leben diese eine entscheidende Rede halten, die das Leben von Millionen von Menschen verändert. Ganz im Ernst: Ich kann es nicht mehr hören. Ich ertrage es nicht mehr.

Die Spackisierung der Märkte wird für mich immer unerträglicher. Die Entwicklung zerstört den Markt und die Branche und das tut am Ende niemandem gut bis auf ein paar Nasen, die sich mit Speaker-Ausbildungen die Taschen füllen.

Was ich nicht verstehe: Es gibt so viele lukrative Jobs, für die Leute gesucht werden. Ich bin auf der Autobahn und vor mir fährt ein 40-Tonner mit einer Werbeaufschrift. Wir suchen Fahrer. Willst du dabei sein? Da steht: »Hast du Bock auf was Neues? Dann steig auf unseren Bock.« Es gibt so viele Aufgaben. In der Pflege werden Leute gesucht. Na gut, die werden nicht so gut bezahlt wie Lkw-Fahrer. Aber es gibt überall einen riesigen Bedarf. Im Verkauf. Überall werden Verkäufer gesucht, und wenn es nur an der Bäckertheke ist.

Meine Frage ist: Warum tun sich so viele Leute den Stress an und versuchen, ohne jeden Sinn für den Kunden und ohne jedes Vorstellungsvermögen ein Business auf die Beine zu stellen in einem Bereich, von dem sie überhaupt nichts verstehen? Statt einfach etwas zu wählen, was ihnen halt auch irgendwie leidlich Spaß machen könnte und was wirklich gebraucht wird?

Ich weiß, dass der Beruf des Lkw-Fahrers vom Image und vom Prestige her nicht so attraktiv ist wie der des Keynote Speakers. Aber ich verstehe nicht, warum sich so viele Leute zu fein dafür sind, die wirklich nötigen Dinge auf dieser Welt zu erledigen, und stattdessen irgendeinen dieser Trendberufe ergreifen wollen.

Also: Es wäre schön, wenn du wirklich Substanz hättest und tatsächlich eine Mission, die die Leute weiterbringt – und nicht nur heiße Luft erzählst.

Wenn niemand die gute Idee will

Inwiefern können gute Ideen floppen, obwohl Menschen sie brauchen?

Gute Geschäftsideen entstehen fast immer aus einem Bedarf heraus. Also, natürlich entwickeln Unternehmen, die wachsen wollen, Geschäftsideen. Es gibt Unternehmen, die wunderbar laufen und die keine weiteren Geschäftsideen entwickeln müssen. Und trotzdem sagen die dann: Gut, wir akquirieren ein neues Geschäftsfeld und sind da innovativ. Wir schauen, was die Entwicklung und die derzeitige Technologie hergeben, und dann entwickeln wir neue Produkte. So was gibt es. Es gibt aber eben auch Unternehmen, die sind so satt, dass sie überhaupt kein Interesse haben, Innovationen zu entwickeln

Vor Kurzem ist ein spannendes Buch erschienen, und zwar von Karl Heinz Bilz (* 1956). Der Mann ist Erfinder und der Erste, der als Millionär aus der Höhle der Löwen bei Vox herausgekommen ist. Das Produkt war die »Abfluss-Fee« – Investor Ralf Dümmel (* 1966) hat eine Viertelmillion reingesteckt und bald waren Millionen von den Dingern verkauft. Neben der »Abfluss-Fee« hat Karl-Heinz Bilz noch viele andere Dinge erfunden – zum Beispiel einen Endlosdübel zum Abschneiden. Mit diesem theoretisch mehrere Meter langen Dübel kannst du eine Gewindestange durch Mauerwerk auch durch Hohlräume führen und sie trotzdem stabil in dem Mauerwerk hinter dem Hohlraum verankern.

Das ist ohne Frage ein brauchbares Produkt. Es erleichtert die Arbeit auf Baustellen und stabilisiert so manches Waschbecken, das an die Wand geschraubt ist.

Der Punkt ist jetzt: Karl-Heinz Bilz lässt die Idee patentieren und sucht dann Partner in der Industrie als Lizenznehmer. Ein berühmtes deutsches Markenunternehmen schickt ihm eine Absage – die Idee unterscheide sich zu deutlich von den angestammten Produkten dieses Unternehmens. Jetzt fragt Karl-Heinz Bilz natürlich zu Recht: Wenn es ein anderes Produkt ist als eures, warum nehmt ihr es dann nicht ins Programm?

Ein potenzielles Partnerunternehmen wägt natürlich ab, ob sich der Einsatz lohnt. Da sind also Lizenzgebühren zu bezahlen, da das Produkt ja patentiert ist. Dann müssen sie das Ding herstellen. Und dann verdrängt vielleicht genau dieses Produkt die bisherigen Produkte, die auch erfolgreich laufen, vom Markt. Lohnt sich das? Oder: Vielleicht könnte ein Management auch einfach warten, bis das Patent ausgelaufen ist, und dann die Idee selbst umsetzen, ohne Lizenzgebühren zu bezahlen. Das Patent läuft entweder aus, wenn die maximale Schutzzeit von 20 Jahren abgelaufen ist – oder aber, und das geschieht sehr oft – der Erfinder ist die ständigen Gebührenzahlungen ans Patentamt leid, denen ja keine Einnahmen gegenüberstehen, und stellt die Zahlungen ein. Auch dann ist die Erfindung frei und jeder darf sie nachbauen und vermarkten.

Sehen Sie, was ich meine? Es kann wirklich sein, dass Ihre Idee super ist und dass der Markt sie auch bräuchte. Nur: Wenn sie sich nicht umsetzen lässt, weil Sie keinen Partner für die Produktion finden und vielleicht auch keinen für die Vermarktung, dann bringt Ihnen die schönste Erfindung nichts. Ich denke, viele gute Ideen sind aus genau solchen banalen Gründen nicht als Produkte verfügbar.

Die Dinge durchdenken

Etwas Ähnliches habe ich bei meinem Gin gemerkt, also bei »Proud, Strong and Noble«. Diesen Gin habe ich mit viel Elan, Begeisterung und Freude auf den Markt gebracht. Doch mein Plan war dennoch nicht ausreichend durchdacht. Ich habe gehandelt nach dem Motto: »Erst mal machen!« Ich war es aus dem Seminargeschäft gewohnt, einen Schritt nach dem anderen zu gehen, was da auch kein Problem ist – Dienstleistung statt Ware, sehr viel digital. Beim Gin war es anders. Da habe ich ein Land betreten, das für mich wirklich Neuland war: den Handel. Der funktioniert komplett anders als das Seminarbusiness.

Erst mal habe ich dafür gesorgt, dass jemand den Gin herstellen kann. Ich habe eine Brennerei gesucht, die sich wirklich auf ihr Handwerk versteht und die den Gin vom Rezept her richtig schön zubereiten kann – sodass du als Auftraggeber dann auch sagst: »Wow, was für ein tolles Getränk.«

Dann geht es darum, dass die Flasche ordentlich aussieht. Also die Flasche sollte nicht wie eine typische Schnapspulle aussehen, sondern sie sollte etwas Exquisites haben. Also bist du auf der Suche nach einem Hersteller exquisiter Flaschen.

Damit ist aber noch nicht das Etikett auf der Flasche. Du hast den Schnaps, du hast die Flasche. Doch wer macht das Etikett? Woraus besteht das?

Jeder einzelne Schritt ist einzeln zu planen und an jedem einzelnen Schritt hängt ein Rattenschwanz von Folgen. Das Etikett sieht super aus, löst sich aber bei einer bestimmten Feuchtigkeit im Raum ab? Kostet dich Tage und Wochen, um das wieder geradezubiegen. Es ist einfach viel aufwendiger, als wenn du nur Code schreibst.

Auch strategisch habe ich unterschätzt, wie krass der Handel tickt. Du musst nicht nur Schritt für Schritt jedes Detail bei der Produktentwicklung durchdenken, sondern auch bei der Markteinführung. Dann hast du irgendwann nach einigem Aufwand den Gin bei Edeka stehen. Ein riesiger Erfolg! Nur: Wie kommt der Gin da wieder raus? Ich war naiv und dachte, jetzt hätte ich ein wichtiges Ziel erreicht. Doch es bringt dir gar nichts, wenn dein Produkt bei Edeka nur steht und es keiner kauft. Wenn du dich da nicht um fettes Marketing kümmerst, das – die Industrie macht es vor – in die Millionenausgaben geht, wird dein Produkt zum Ladenhüter und bald wieder ausgelistet.

All das musst du durchdenken!

Ich meine, mein Gin war und ist eine tolle Sache. Es gab ihn in limitierter Auflage mit einem Silberbecher – echt edel, nummeriert, für 444 Euro. Das Risiko war überschaubar, im Endeffekt kann ich den Gin immer noch verschenken.

Auch dass heute fast jeder einen Gin hat – neben Eintracht Frankfurt auch der FC Bayern und der 1. FC Köln –, das hatte ich völlig unterschätzt. Ich habe komplett aus dem Bauch heraus gehandelt und war da ziemlich selbstverliebt, wie ich heute sagen muss. Wieder denke ich an Dieter Lange, der sagt: »Sei nicht verliebt, sondern liebe die Dinge.«

Zwischen dieser Bauchsteuerung einerseits also und der technokratischen und fantasielosen Herangehensweise von vielen Konzernen brauchen wir die Mitte. Innovationen gelingen nur in Stille und Ruhe. Du brauchst Kreativität und zugleich einen sehr akribischen und detailgenauen Blau-Anteil – nach DISG-Modell –, mit dem du die einzelnen Eventualitäten bis in jede Einzelheit planst.

Und für jede Komponente brauchst du Fachleute. Das überblicken viele Gründer nicht. Gerade wenn Gründer denken, sie haben eine geniale Idee, ist der wichtigste Punkt, diese Idee auch zu durchdenken. Zu durchdenken heißt: Wir übersehen keine relevanten Notwendigkeiten und keine Begrenzungen technologischer

Art. Ich meine, die Schwerkraft können wir nicht aufheben, aber bevor wir einen Biergarten in Saudi-Arabien planen, sollten wir uns die rechtlichen Begrenzungen vor Augen halten. Ein Biergarten in Saudi-Arabien ist ganz sicher eine geniale Idee, gerade wegen des geringen Wettbewerbs dort. Aber der ist zugleich der Grund, warum die Idee niemals funktionieren wird – jedenfalls nicht unter der aktuellen Politik dort.

Welche Kompetenzen sind für Ihre Geschäftsidee unerlässlich?

____

____

____

____

____

Welche Kompetenzen bringen Sie mit? Wie schätzen Sie das bisher ein?

____

____

____

____

____

Welche Fachleute brauchen Sie? Welche Kompetenzen fehlen?

____

____

____

____

____

3.2 Die richtigen Gesellschafter

Viele Gründer und auch gestandene Unternehmer stellen sich die Frage: Wie viele Gesellschafter sollte ein Unternehmen haben? Nur einen? Mehrere? Und wenn im Team: Was ist klug? Zwei, drei, vier, fünf Gründer?

Generell beantworten lässt sich diese Frage natürlich nicht. Selbst dann nicht, wenn es eine Hauptfigur gibt. Auch dann können mehrere Gesellschafter sinnvoll sein: Manchmal ist die Hauptfigur das »One Face to the Customer«, während die anderen die Strategie bestimmen.

Wenn ich heute noch einmal anfangen würde, würde ich mich nicht fragen, welche Zahl relevant ist, sondern ich würde mir überlegen, welche Kompetenzen bei einer Gründung überhaupt nötig sind. Wer keine Lust auf einen großen Apparat hat und wer nicht führen will oder es nicht kann, ist vielleicht als Einzelkämpfer klüger aufstellt. Vielen Beratern, Marketing-Leuten, Fotografen, Rechtsanwälten und Steuerberatern kann damit geholfen sein.

Zugleich erfordern manche Geschäftsmodelle schon naturgemäß mehrere Partner. Zum Beispiel, wenn du verschiedene Rollen zusammenbringen willst, wie Erfinder, Konstrukteur, Patentanwalt und Vermarkter. Ein Team brauchst du auch, wenn dir bestimmte Kompetenzen fehlen. Zum Beispiel bist du ein kreativer Kopf und dir fehlt die Struktur. Oder du bist strukturiert und dir fehlt die Kreativität.

Die Frage nach möglichen Kompagnons betrifft übrigens auch etablierte Unternehmer. Mein Kollege und Freund Stefan Frädrich hat ja – nachdem er die Firma »Gedankentanken« gegründet hatte – als Kompagnon Alexander Müller reingenommen, der sich sehr auf Prozessmanagement und Marketing versteht. Stefan Frädrich selbst ist eher der kreative Typ.

Wenn Sie also sehen, dass eine der wesentlichen Kompetenzen, die wir für die Unternehmensführung brauchen, bei Ihrer Unternehmerpersönlichkeit fehlt, dann können Sie durchaus überlegen, ob es Sinn hat, im Team zu gründen oder sich später einen Kompagnon reinzuholen. Bedenken Sie immer, was Albert Einstein (1879–1955) gesagt hat: »Jeder ist ein Genie! Aber wenn du einen Fisch danach beurteilst, ob er auf einen Baum klettern kann, wird er sein ganzes Leben glauben, dass er dumm ist.« Und ich halte es mit Bruce Lee (1940–1973), der gesagt hat: »Ich fürchte nicht den Mann, der 10.000 Kicks einmal geübt hat, aber ich fürchte mich vor dem, der einen Kick 10.000 mal geübt hat.«

Am Ende zählt natürlich das, was bei der Persönlichkeitsanalyse herauskommt, zu der Sie am Ende dieses Buches einen Link finden. Auch, ob sich jemand als Kompagnon eignet, können Sie damit hervorragend ermitteln. Wenn Sie selbst in manchen Bereichen stark sind, brauchen Sie in diesen Bereichen keinen Kompagnon. Aber wenn Ihnen in manchen Bereichen die Kompetenz fehlt, kennen Sie ja Ihre Schwächen und können sich Verstärkung holen. Denn Schwächen zu stärken hat ja nur begrenzt Sinn: Richtig spitze werden wir da selten.

Mir ist es ganz wichtig, an dieser Stelle auch noch mal zu sagen: Es geht nicht darum, dass wir jemanden ins Boot holen, der unsere Schwächen irgendwie ein bisschen kompensiert, weil er darin nicht so schwach ist wie wir. Sondern es geht darum, dass wir jemanden ins Boot nehmen und am unternehmerischen Erfolg beteiligen, weil er das Unternehmen maßgeblich strategisch aufstellt und klare Stärken hat. Unsere Partner müssen wirklich richtig gut sein. Da darf es kein Kindergartenverhalten bei Zoom-Meetings geben, sondern alles geht geradeaus vorwärts. Gegen ein bisschen Spaß spricht nichts, aber niemals darf das Unternehmen zu einer Quatsch-Veranstaltung werden. Die ganzen negativen Eigenschaften, die wir beim SKI-Prinzip hatten (»Sei kein Idiot!«), haben in einem Profi-Team nichts verloren.

Dann ist natürlich die Frage, ob Sie Top-Leute beteiligen oder einstellen. Jemanden einzustellen, der das Format eines Teilhabers hätte, um ihn quasi als Top-Level-Executive zu missbrauchen, geht nicht lange gut. Außerdem sind Angestellte auch recht schnell wieder weg, wenn ihnen etwas nicht passt. Wenn jemand zum Beispiel merkt, dass Sie ihn ausnutzen. Wenn es so einem bei Ihnen nicht gefällt, aus welchen Gründen auch immer, ist plötzlich die Schlüsselfunktion verloren. Und das sollten Sie unbedingt vermeiden.

Wenn Sie also anhand der Unternehmerpersönlichkeitsanalyse feststellen, dass Ihnen bestimmte Kompetenzen fehlen, dann können Sie die natürlich zukaufen. Sie können theoretisch auch andere Firmen damit beauftragen, Ihren Vertrieb zu übernehmen – fragen Sie da ruhig einmal mich. Ich kann da helfen. Sie können ja auch eine Rechtsanwaltskanzlei als Rechtsabteilung einsetzen.

Aber ganz ehrlich? Fair ist eher Sharing. Wenn jemand Teilhaber ist, spielt er mit seiner Motivation in einer ganz anderen Liga. Wir sollten besser teilen, statt jemanden für seinen Zeitaufwand zu bezahlen, den er in die strategische Entwicklung steckt.

Vielleicht denken Sie auch, bei verschiedenen Gründungen oder bei verschiedenen Unternehmensformen eignet sich eine Gründung im Team gar nicht. Zum Beispiel bei einer Rechtsanwaltskanzlei, einem Steuerbüro oder einer Arztpraxis. Das sehe ich vollkommen anders. Wenn Sie gute Leute kennen, die im gleichen Bereich tätig sind wie Sie, dann können Sie durchaus überlegen, ob Sie sich vielleicht ergänzen. Wenn Sie Fachanwalt für Familienrecht sind, dann eignet sich vielleicht ein Fachanwalt für Sozialrecht, um die Positionierung der Kanzlei zu stärken. Oder wenn Sie sich als Steuerberater auf Einzelunternehmen konzentrieren, könnten Sie Ihr Steuerbüro um einen Experten für GmbHs oder Holdings erweitern. Ein Allgemeinmediziner kann Fachärzte ins Team holen. Oder ein niedergelassener Chirurg mit Spezialisierung auf ambulante Operationen holt sich Spezialisten für alles rund ums Knie. Sie wissen, was ich meine. Eine Partnerschaft kann da klüger sein als eine Anstellung. Jedenfalls wenn der Partner die Fragen nach den Soft Skills aus der Persönlichkeitsanalyse besteht und es um eine gemeinsame, tragfähige Idee geht.

Wovor ich einfach warnen will, ist, sich mit einem Kumpel zusammenzutun, weil es halt der Kumpel ist. Wenn Sie eine gemeinsame Idee haben, sollten Sie auch gemeinsam gründen, das ist mir schon klar. Aber einen Freundeskreis oder einen Absolventenzirkel zu nehmen und zu überlegen, was Sie gründen könnten – das ist meistens Unsinn. Denn entweder haben Sie eine gemeinsame Idee für einen unwiderstehlichen Kundennutzen und decken gemeinsam sämtliche Skills aus der Persönlichkeitsanalyse ab oder eben nicht.

Sinnvoll kann es vielleicht sein, wenn der eine als Risikokapitalgeber fungiert und der andere als strategischer Kopf. Aber wenn Sie schon im Team gründen, sollten Sie unbedingt schauen, dass Sie alle notwendigen Kompetenzen abdecken. Also ist die Auswahl eines Gründungsteams eher eine Frage der qualifizierten Auswahl als der zufälligen Bekanntschaft.

Es geht mir einfach darum, dass wir nicht auf gut Glück und aus der kalten Hose heraus gründen und aus dem Bauch heraus mal schauen, was passiert. Das Schlimmste ist, wenn sich ein paar Amateure zusammentun, die nur die Features ihres Produktes im Blick haben und ihre Kompetenzen einfach zwischen Produktentwicklung, Jura und Marketing aufteilen. Solche Teams halten sich selbst für kompetent, sie sind es aber nicht. Ein Produktentwickler, der das Produkt am Kunden vorbei entwickelt, bringt nichts. Nur weil jemand soeben ein Jurastudium abgeschlossen hat, macht er noch lange keine klugen Verträge. Und wie schon angedeutet, genügt die klassische MBA-Ausbildung nicht für professionelles Entrepreneurship.

Auf eine solch dilettantische Weise sollten wir natürlich auch kein Unternehmen leiten, das schon existiert. Der Punkt ist, alles exakt und strukturiert anzugehen, und zwar mit einem Plan, der generalstabsmäßig ist.

Auswahl der richtigen Partner

Das Wichtigste bei der Auswahl von Partnern ist für mich, dass es kein Gedöns gibt. So, wie Unternehmertypen selbst – wie erwähnt – umgänglich statt kompliziert sein sollten, sollten auch ihre Partner keine Dramaqueens sein. Der Umgang muss einfach easy sein.

Manchmal hast du es mit Wackelkandidaten zu tun, also wenn einer fachlich top ist, aber menschlich ständig Probleme provoziert. Oder wenn jemand ständig sinnlose Diskussionen anzettelt. Ideal ist also, wenn jemand fachlich top und menschlich top ist – das sind die Leute, die alle suchen. Wenn dann noch ein fundierter realistischer Geschäftssinn dazukommt, würde ich von einem Top-Performer sprechen.

Als Unternehmer musst du beispielsweise aufpassen, dass du dich nicht zu sehr von Technokraten abhängig machst, die völlig unfähig für jede Form von Empathie sind. Wenn etwa ein IT-Dienstleister nicht kapiert, dass er seine Prozesse kundenfreundlich gestalten sollte, entwickeln sich schnell nervtötende E-Mail-Freundschaften zwischen Kunden und einem Support voller egozentrischer Technokraten. Das Phänomen kennst du sicher: So ein Support liest nicht richtig – obwohl du alles deutlich dargestellt hast, redet der Support mit sinnlosem Zeug auf dich ein und du drehst dich im Kreis, bis du irgendwann entnervt aufgibst und schlimmstenfalls neu kaufst – beim Wettbewerber.

Es ist nicht nur ein riesiges Problem in dem gesamten Komplex Technik/IT/Support, sondern teilweise auch in der Produktentwicklung, wenn es um Programmierungen geht. Die meisten Leute dort denken einfach in Nullen und Einsen – ein Problem, von dem sie noch nie gehört haben, ist für sie kein verfügbarer Zustand. Vorstellungsvermögen? Null. Sie verstehen dein Anliegen nicht, obwohl du dich infolge vieler negativer IT-Erfahrungen glasklar ausdrückst, und sie antworten auf Fragen, die du nicht gestellt hast. Oder es übersteigt ihr Vorstellungsvermögen, dass Menschen und Unternehmen auch mal umziehen und ihre Rechnungsadresse ändern, was dann in der Menüführung nirgendwo auffindbar ist. Wenn du solches Theater erlebst, dann produziert dieses Unternehmen schlicht Gedöns und sollte raus aus deinem Umfeld. Möglichst bald solltest du die Aufgabe anderweitig vergeben. Entsprechend solltest du unbedingt schauen, dass du dir solche empathielosen Egozentriker nicht ins eigene Unternehmen reinholst – sonst hast nämlich bald auch du jede Menge geld- und zeitraubende Auseinandersetzungen mit unzufriedenen Kunden. Konvergentes Denken an Stellen, an denen divergentes Denken gefragt wäre, kann dein ganzes Unternehmen ruinieren.

Auch im simpelsten menschlichen Umgang erweisen sich manche Leute schnell als massive Problemverursacher: Einmal habe ich bei einer Veranstaltung eine wirklich sehr großartige, lustige Rede gesehen, ein 45-minütiges Stand-up-Comedy-Gewitter vom Feinsten. Es war wirklich lustig. Und ich wusste, dass der Veranstalter alle Reden bei diesem Event aufzeichnet. Also habe ich die Rednerin nach der Veranstaltung gefragt, ob ich dieses Video in einer unserer Runden zeigen darf. Eine ganz normale Frage, auf die normale Menschen mit Ja oder Nein antworten.

Wie antwortet diese Rednerin? Sie sagt erst, wir tauschen eben unsere Kontakte aus und sie meldet sich. Gut, warum nicht? Dann habe ich das Ganze aus den Augen verloren – so wichtig war es nun auch nicht. Es ging nur um ein Goodie, ein Nice-to-have für meine Buddys. Dann kommt Wochen nach dem Event eine lange E-Mail. Die Rednerin fragt, welchen Teil aus der Rede ich denn genau zeigen möchte. Das möge ich ihr doch bitte vorher mitteilen. Sie habe grundsätzlich nichts dagegen, aber gerade, wenn es um Nutzungsrechte ginge, wolle sie schon wissen, was genau mit diesem Material geschieht.

Ich selbst war baff. Welchen Teil aus ihrer Rede ich zeigen wollte? Keine Ahnung. Ich hatte ihre Rede ein Mal gesehen, nämlich bei diesem Event. Ich hatte noch keine Aufzeichnung. Da ich einen Schritt nach dem anderen mache, hätte ich mir diese Aufzeichnung besorgt, wenn ich von ihr das Go bekommen hätte. Aber sie hat es komplizierter gemacht als nötig. Sie hat diese einfache Anfrage bürokratisiert und zu einem Vorgang aufgeblasen. Sie hätte ihren Namen weitertragen können und vielleicht hätte einer der Unternehmer in unserer Runde sie mal für eine Rede gebucht, für einen Tagessatz von 3500 Euro oder so. Aber nein, das hat die Künstlerin durch eine ganz perfide Art von Kontrollwahn verhindert.

Wie habe ich reagiert? Ganz einfach: Ich habe zurückgemailt, dass wir die Sache stoppen, es wird mir zu kompliziert. Viele Grüße, Martin.

Schroff? Nein! Ich wäge einfach ab, ob sich der Aufwand lohnt. Ich habe dieser Künstlerin abgesagt. Ich sage »Künstlerin«, weil sie sich genau wie eine solche benommen hat. Wie eine Diva, die – statt einfach nur Ja oder Nein zu sagen – erst mal ein Fass voller irrelevanter Nebenschauplätze aufmacht und anfängt zu nerven.

Jetzt einen bürokratischen Popanz aufzusetzen und womöglich noch eine Akte mit Nutzungsvereinbarung anzulegen – nein. Ich weiß, wie so was endet. Erfahrungsgemäß hätte es noch ein riesiges Hin und Her gegeben, jede Menge Abstimmungen und Eventualitäten, ich hätte das Ganze als Projekt aufsetzen und dafür möglicherweise jemanden abstellen müssen – und so etwas blocke ich sofort ab, wenn es die Sache nicht wert ist. Es gibt viele gute Reden im Netz, super dokumentiert bei TED oder sonst wo.

Wenn ich diese Geschichte erzähle, gibt es übrigens meistens nur zwei Reaktionen: Unternehmerpersönlichkeiten verstehen meine Reaktion und sagen, sie hätten genauso gehandelt. Das ist die Reaktion der Profis. Laien dagegen beginnen mit den abseitigsten Argumenten zu jonglieren: Wenn es der Rednerin doch wichtig sei, diese Dinge zu klären, könnte ich das doch auch wertschätzen und darauf eingehen. Die Laien verstehen nicht, wenn ich dann Nein sage. Oder sie sagen, dass ich für so eine »Zweitverwertung« eines Videos schon bezahlen sollte. Dass ich das nicht einsehe, weil es einfach nur eine nette Idee war, die erstens nicht maßgeblich für meine Unternehmensziele ist und zweitens auch der Rednerin etwas bringt, verstehen die Laien nicht.

Dabei sind wir alle nicht böse! Niemand wollte sich die Inhalte dieser Rede zu eigen machen, niemand wollte Urheberrechte verletzen, sondern ich wollte einfach nur bei einer Veranstaltung dieses Video zeigen und es als gutes Beispiel und hervorragendes Vorbild dafür anführen, dass eine Rede mit einem wichtigen Kern durchaus zum Wegschmeißen komisch sein kann.

Wenn sich Gedöns abzeichnet, unterbinde ich das sofort, meistens schon bei den ersten Anzeichen. Das ist auch eine Erkenntnis aus der Erfahrung heraus. Gedöns entwickelt sich oft wie ein Kaugummi. Du kannst nicht sagen »Gut, dann akzeptieren wir hier eine kurze Phase Gedöns und kommen dann wieder zum Thema zurück«, denn das Gedöns wird sich ausbreiten und das Thema vollkommen abdecken. Bis das, was wichtig ist, davon völlig überlagert ist und du nur noch mit Gedöns beschäftigt bist.

Kein Gedöns! Das ist das Allerwichtigste in jeder Form von Kooperation. Das Leben ist schon kompliziert genug. Wir haben unfassbar viele Probleme zu lösen und Aufgaben zu erledigen. Die Schreibtische und To-do-Listen von Top-Performern sind voll. Da wollen wir nicht auch noch Hindernisse in den Weg geworfen bekommen.

Und genauso verabschiede ich mich auch von Leuten, die Gedöns veranstalten, die mir meine Energie rauben und mir meine Zeit stehlen, indem sie sinnlose Aktionen vom Zaun brechen und sinnlose Diskussionen und überflüssige logische Schleifen auf den Tisch bringen.

Also ist die Frage: Wie finden Sie die richtigen Partner? Vor allem der Charakter ist wichtig und nach meiner Erfahrung zeigt sich das oft schon im ersten Gespräch. Neigt jemand dazu, unnötigen Stress zu veranstalten oder nicht? Es geht nicht nur darum, ob jemand programmieren kann. Sondern es geht auch darum, ob er sozialverträglich ist. Können wir uns mit jemandem irgendwo blicken lassen?

Wie salonfähig ist jemand, wenn du Leute zusammenbringen oder Investorengelder einsammeln willst? Das ist ja auch ein Akquisegespräch. Wie gut performt jemand sozial und betrachtet sich auch dein potenzieller Partner als Verkäufer?

Und nur mal angenommen, Sie suchen gezielt nach Personen, die für Ihr Vorhaben oder Projekt relevant sind, und Sie kennen tatsächlich niemanden. Hierfür können Sie sich natürlich auf Social-Media-Plattformen oder Job-Portalen umschauen, aber ehrlich gesagt würde ich da eher auf enge, individuelle Netzwerke und persönliche Empfehlungen setzen. Ich glaube ehrlich gesagt nicht, dass Ihre Suche auf Xing zum Erfolg führt – auch wenn Sie dort möglicherweise Mitarbeiter finden. Aber Geschäftspartner? Schwierig. Auch Ihre direkten Kontakte auf Facebook oder LinkedIn »kennen« Sie nicht wirklich.

Im Rückblick sind alle meine Geschäftskontakte aus direkten, persönlichen Gesprächen entstanden, niemals über konvergent gedachte Akquise-Schemata bei Xing & Co. Empfehlenswert sind Mastermind-Gruppen – beispielsweise meine erwähnte Gruppe »Gipfelstürmer«. Da siedeln sich im Grunde nur Macher an. »Umtriebig sein« lautet das Gebot der Stunde. Es geht darum, die Idee und Ihre Suche nach einem geeigneten Partner in den richtigen Situationen gegenüber den richtigen Leuten mal zu erwähnen. Dann arbeitet es im Gehirn Ihres Gegenübers und vielleicht kommt jemand mit einem Vorschlag auf Sie zu.

Welche Kompetenzen sollen Ihre Geschäftspartner abdecken?

____

____

____

____

____

Wie finden und gewinnen Sie die nötigen Geschäftspartner?

____

____

____

____

____

Welche Partner sind aus welchen Gründen gut?

____

____

____

____

____

3.3 Die richtige Rechtsform

Sollen wir als Einzelunternehmen oder GbR anfangen oder gleich eine GmbH gründen? Diese Frage stellen sich viele Gründer. Und auch für etablierte Unternehmen stellt sich die Frage nach der Rechtsform, beispielsweise bei Akquisitionen oder auch Neugründungen. Welche Rechtsform eignet sich wofür?

Zunächst einmal: Über die Wahl der richtigen Rechtsform gibt es Literatur ohne Ende. Kaum ein Thema walzen Existenzgründerseminare breiter aus. Klar: Es ist eine wichtige Entscheidung. Jede Menge verschiedene Faktoren spielen bei der Auswahl eine Rolle. Üblicherweise geht es da um die Unternehmensgröße, die Mitarbeiteranzahl und die Haftungsbeschränkungen.

Aber auch die langfristige Perspektive ist ein wichtiger Punkt – gerade, wenn Sie ein kleineres Unternehmen gründen. Zum Beispiel habe ich überlegt, einen Wohnsitz in Spanien zu eröffnen und zu pendeln. Bei einem möglichen Komplettumzug kann ich eine GmbH nicht mitnehmen. Da eignet sich vielmehr eine GmbH & Co. KG. Das musst du wissen, bevor du solche Schritte planst.

Für viele Gründer aber ist eine komplizierte Rechtsform wie die GmbH oder die GmbH & Co. KG zu aufwendig – vor allem, wenn noch nicht klar ist, ob das Geschäftskonzept tatsächlich funktioniert. Also, zum Ausprobieren würde ich als Einzelkämpfer ein Einzelunternehmen gründen und als Team von Gründern eine GbR. Erst mal zum Anfangen. Und wenn das Konzept tatsächlich funktioniert und noch keine großartigen Verträge mit Partnern geschlossen sind, würde ich umfirmieren.

Denn ab einer bestimmten Größenordnung sind Einzelunternehmen und GbR schlicht nicht mehr praktikabel – auch weil die Haftung zu riskant ist. Mein damaliger Steuerberater hat das Thema viel zu spät erkannt, was auch daran liegt, dass schlechte Steuerberater ein einmal aufgesetztes Setting oft nicht mehr hinterfragen.

Das ist konvergentes Denken in Reinform. Jedenfalls mussten wir umfirmieren, was ziemlich aufwendig war, weil inzwischen jede Menge Verträge neu zu fassen waren. Und das ist immer doof. Bei der Gelegenheit habe ich mir auch gleich einen neuen Steuerberater zugelegt – über eine Empfehlung aus der erwähnten GSA, meinem damaligen Speaker-Netzwerk.

Auch eine Möglichkeit ist es, zwei Firmen zu gründen – ein Einzelunternehmen für die freiberuflichen Dinge, auf die keine Gewerbesteuer anfällt, also auf die geistigen Entwicklungen wie zum Beispiel Bücher und Online-Kurse. Die GmbH & Co. KG kann sich parallel um alles Gewerbliche kümmern, also um Kooperationen, bei denen Provisionen fällig werden, oder bei der Vermarktung von Produkten, die keine urheberrechtliche Schöpfungstiefe haben. Die Konstellation ist gar nicht so schlecht, weil du dann nicht ausrechnen musst, welcher Teil deines Geschäfts nun gewerbesteuerpflichtig ist und welcher nicht. Und auch wenn die Gewerbesteuer bei Einzelunternehmen bei der Einkommensteuer angerechnet wird – an Ihrer Stelle würde ich diese Rechnereien möglichst vermeiden, sondern lieber »Gewerblich« und »Freiberuflich« klar voneinander trennen.

Dann sollten Sie wissen, was eine Holdingstruktur ist. Bei einer Holdingstruktur gehört Ihnen eine GmbH, nämlich die Holding, deren Tochtergesellschaften weitere GmbHs sind. Die Holding fungiert als Dachgesellschaft und hält Anteile an den Tochtergesellschaften.

Der große Sinn des Ganzen sind steuerliche Vorteile: So lassen sich Gewinne zwischen den verschiedenen Tochtergesellschaften verschieben, was Steuervorteile mit sich bringt.

Zusätzlich bietet die Holdingstruktur auch Schutz vor Haftungsrisiken. Da jede Tochtergesellschaft eine eigene juristische Person ist, haftet sie nur für ihre eigenen Verbindlichkeiten. Dadurch wird das Risiko für die Muttergesellschaft minimiert. Und wenn wirklich ein Geschäft abschmiert, geht nur die jeweilige GmbH drauf und nicht die gesamte Konstruktion.

Eine Holdingstruktur ist in meinen Augen vor allem dann klug, wenn Sie mehrere Geschäftsbereiche auf die Beine stellen wollen. Theoretisch könnte also eine GmbH & Co. KG die freiberuflichen Dinge abdecken – dabei müssen aber alle Beteiligten Freiberufler sein. Ist nur einer gewerblich, ist die Firma gewerbesteuerpflichtig. Als Urheber von Content wie Büchern und Vorträgen kannst du auch ein freiberufliches Einzelunternehmen bleiben und deine gewerbesteuerpflichtigen Aktivitäten in die GmbHs auslagern. Auch verschiedene Projekte lassen sich gut firmenweise voneinander trennen: Die Kooperation mit den beiden Kollegen im Bereich Vertriebskonzepte hat nichts mit dem digitalen Online-Kurs zum Thema

Prozessmanagement zu tun. Gerade wer mit vielen Partnern an verschiedenen Projekten arbeitet, kommt irgendwann an einer modularen Unternehmensstruktur nicht mehr vorbei. Und dann bietet es sich im Grunde an, gleich eine Holding mit mehreren Tochtergesellschaften aufzubauen.

Ich habe inzwischen eine Holding-Struktur, aber nicht wie üblich aus GmbHs, sondern ich habe meine GmbH & Co. KG behalten. Auch, weil ich das seit 20 Jahren gewohnt bin. Ich mache, wie bei Personengesellschaften üblich, Entnahmen dann, wenn ich sie brauche.

Steuervermeidungsmodelle mit Vorsicht genießen

Dann gibt es natürlich einige Modelle, um aus einem Einzelunternehmen quasi ohne flüssiges Kapital eine GmbH zu machen. Sinn dieser Konzepte ist es oft, Gründer und vermögende Einzelunternehmer als Mandanten für bestimmte Steuerbüros zu gewinnen. Die beschriebenen Konzepte sind in aller Regel legal und machbar, aber ohne einen Steuerberater, der genau auf solche Konstruktionen spezialisiert ist, kaum zu schaffen. Das Finanzamt darf nicht den geringsten Fehler finden.

Die Theorie besagt, dass du dein Einzelunternehmen ab einem jährlichen Gewinn von 40.000 Euro in eine GmbH umwandeln solltest. Das Hauptargument lautet: Die GmbH führt dann keine Einkommensteuer von bis zu 42 Prozent mehr ab, sondern nur noch 15 Prozent Körperschaftsteuer auf die Gewinne. Hast du also 100.000 Euro Gewinn, zahlst du als GmbH nur noch 15.000 Euro Körperschaftsteuer. Zugleich solltest du aber die Gewerbesteuer nicht ignorieren, die du ebenfalls mit ungefähr 15 Prozent ansetzen kannst. Es gehen also noch einmal 15.000 Euro vom GmbH-Konto runter. Viele Einzelunternehmen haben es also damit erst mal mit einer ähnlichen Steuerlast zu tun wie vorher – daher ja der Gedanke, dass sich die GmbH erst ab einem bestimmten Gewinn lohnt.

Dennoch ist es ab einer bestimmten Unternehmensgröße sicherlich sinnvoll, ein Einzelunternehmen in eine GmbH umzuwandeln – oder bei einem aussichtsreichen Geschäftsmodell gleich eine GmbH zu gründen.

Wobei als Erstes klar sein sollte, welchen Weg das Geld am Ende überhaupt zu Ihnen nehmen kann. Also: Wie gelangt der Gewinn vom GmbH-Konto eigentlich auf Ihr Privatkonto? Und was wird wie versteuert? Da gibt es im Grunde nur zwei Wege:

- Entweder sind Sie bei Ihrer GmbH angestellt, dann erhalten Sie ein Gehalt inklusive des ganzen Theaters mit den Lohnnebenkosten. Das Gehalt, das Sie

tatsächlich bekommen, unterliegt dann der Lohnsteuer, die gleichbedeutend mit der Einkommensteuer ist.
- Oder Sie erhalten Geld über die Gewinnausschüttung. Dann können Sie wählen, ob Sie 60 Prozent der Ausschüttungssumme mit Ihrem Einkommensteuersatz besteuern lassen, wobei die anderen 40 Prozent dann steuerfrei wären – oder ob Sie den gesamten Ausschüttungsbetrag mit einer pauschalen Abgeltungsteuer von 25 Prozent versteuern.

Gut – wenn Sie riesige Umsätze und Gewinne machen, ist eine GmbH auf jeden Fall sinnvoller als ein Einzelunternehmen. Sie sollten sich eben nur damit auskennen.

Der Rat so manches Steuerexperten an Menschen ohne 25.000 Euro liquide Mittel auf dem Privatkonto ist jetzt, den Wert des bisherigen Einzelunternehmens zu ermitteln und eine Sachgründung nach § 5 Abs. 4 des GmbH-Gesetzes (GmbHG) zu machen. Dazu ist ein Sachgründungsbericht nötig, in dem die Gesellschafter darlegen, inwiefern die Sacheinlagen angemessen sind.

Oder ein Steuerbüro rät Ihnen, Ihr Einzelunternehmen nach der normalen Gründung der GmbH an diese zu verkaufen. Prinzip: Solltest du nicht flüssig sein, leihst du dir Geld, um die GmbH mit der erforderlichen Stammeinlage von 25.000 Euro zu gründen. Existiert die GmbH dann – also, ist sie eingetragen und hat ein Konto –, verkaufst du als Privatperson dein Einzelunternehmen an die GmbH. Da du als Einzelkämpfer nach wie vor in deiner Bude sitzt, bleibt alles, wo es ist – aber das Eigentum an Rechnern, Scannern, Druckern, Büromöbeln, Schreibtischlampen und Radiergummis wandert eben von dir zur GmbH. Ist das Einzelunternehmen mit all seinen Bestandteilen, so etwa auch mit den Kundenkontakten und Geschäftspotenzialen, 25.000 Euro wert, bezahlt dir deine GmbH diese 25.000 Euro auf dein Privatkonto und du überweist das Geld an deinen Kreditgeber zurück.

Jetzt hast du als Privatperson keinen Computer mehr, aber eben auch kein Geld auf dem Privatkonto für den Verkauf des ganzen Krempels, denn du musstest dir ja die Stammeinlage für die GmbH leihen. Das GmbH-Konto steht ebenfalls auf null. Dafür aber hat die GmbH jetzt Produktionsmittel, um das bisherige Geschäft als Einzelunternehmer als GmbH fortzuführen. Also: Dir selbst gehört der Drucker nicht mehr, aber dir gehört die GmbH, der der Drucker gehört. Schon das ist im Grunde eine minimalistische Art von Holding. Jedenfalls hilft es beim Verständnis.

Du als Einzelkämpfer machst weiter wie gehabt, nur dass du dich jetzt mit dem Namen deiner GmbH am Telefon meldest und deine Rechnungen im Namen der GmbH ausstellst.

Fallstricke gibt es bei solchen Aktionen genug, wenn wir es nicht wirklich professionell angehen. Beispielsweise brauchst du einen Gutachter, der den Wert deines Einzelunternehmens festsetzt – wogegen nichts spricht, es kostet halt Geld. Üblicherweise ergibt sich der Wert eines Einzelunternehmens aus seinen bisherigen Gewinnen: Eine Faustregel lautet, den Jahresgewinn mit 4, 5 oder 6 zu multiplizieren. Also hätte ein Einzelunternehmen mit einem Jahresgewinn von 40.000 Euro (ab diesem Betrag soll das Ganze ja Sinn haben) einen Wert von 160.000 bis 240.000 Euro.

Doch haut das hin? Sowohl eine zu hohe als auch eine zu geringe Festsetzung kann ärgerliche Folgen haben.

Jetzt kommt noch etwas Spannendes dazu: Du machst aus deiner GmbH eine »GmbH & Atypisch Still«. Dazu brauchst du nur einen stillen Teilhaber, der sich mit 1 Prozent engagiert. Schon behandelt das Steuerrecht die GmbH wie eine Personengesellschaft und die GmbH genießt einen Gewerbesteuerfreibetrag von 24.500 Euro pro Jahr. Wobei die stille Beteiligung in keinem Register auftaucht, es ist immer noch einfach eine GmbH.

Wenn Sie die 25.000 Euro flüssig verfügbar haben, um die GmbH zu gründen, müssen Sie sich natürlich nirgendwo das Geld leihen. Und trotzdem kann Ihnen die GmbH dann Ihr Inventar abkaufen. In jedem Fall sieht das Konzept vor, dass Sie das Inventar des Einzelunternehmens auf die GmbH übertragen, weil das Einzelunternehmen ja nun aufhört zu arbeiten. Das ist der Grundgedanke. Und ob Ihre GmbH bei eBay einkauft oder bei Ihnen, ist ja der GmbH überlassen, in der wiederum Sie die Regie führen.

Sofern Sie für die Gründung der GmbH keinen Kredit aufgenommen haben, den Sie sofort zurückzahlen wollen, kann die GmbH den Erlös für Ihr Einzelunternehmen auch abstottern. Was kein Problem ist – Sie machen einfach mit Ihrer GmbH einen Darlehensvertrag mit realistischen Zinsen. So eine frisch gegründete GmbH mit 25.000 Euro auf dem Konto kann ja keine riesigen Sprünge machen, also verkaufen Sie einfach Ihren gesamten Krempel inklusive Privatauto für 500.000 Euro an Ihre GmbH und lassen die GmbH diesen Kauf per Ratenzahlung abbezahlen. Jeden Monat kommen meinetwegen 2500 Euro auf Ihr Privatkonto, 200 Monate lang, also etwa 16 Jahre. Oder 5000 Euro monatlich über acht Jahre – Sie müssen halt schauen, dass das steuerlich nicht allzu ärgerlich wird. Nutzen können Sie alles trotzdem noch, schließlich ist es Ihre GmbH, der die Sachen jetzt gehören.

Die Frage, mit welchen Produktionsmitteln Sie selbst als freiberufliches Einzelunternehmen weiter Bücher schreiben – wenn Sie zum Beispiel nur die gewerblichen Anteile Ihres Geschäfts an die GmbH übergeben, die freiberuflichen aber nicht –, ist dann eben so eine Geschichte. Theoretisch dürfen Sie dazu nicht die Infrastruktur der GmbH nutzen, das wäre ein geldwerter Vorteil oder vielleicht sogar Untreue. Dazu ist es eben elementar, zu verstehen, dass eine GmbH jemand völlig anderes ist als Sie, selbst wenn Ihnen diese GmbH gehört. Streng genommen sollten Sie also eine einfache Grundausstattung für Ihre freiberufliche Tätigkeit behalten.

Der Kniff bei einigen Steuersparexperten mit dem Fokus auf GmbH-Holdings ist, jetzt zu sagen: »Sie selbst als Privatperson besitzen irgendwann gar nichts mehr. Einem nackten Mann kann niemand in die Tasche greifen. So zahlen Sie weder Steuern, noch sind Sie irgendwie pfändbar. Bei Ihnen ist absolut gar nichts zu holen – schlimmstenfalls geht eine Ihrer GmbHs drauf. Und wenn Sie Geld brauchen, leihen Sie es sich, zum Beispiel bei einer Ihrer GmbHs.«

Also geben Sie im Grunde Ihr Eigentum auf, einfach weil Privateigentum teuer ist. Alles, was Ihnen privat gehört, haben Sie von Ihrem Netto bezahlt, also von bereits versteuertem Geld. So erscheint es sinnvoller, wenn nur noch die GmbH Möbel kauft, was sie ja dann vom Brutto tut, wodurch diese Käufe Betriebsausgaben darstellen, die dann steuerlich absetzbar sind.

Und ja, auch eine High-End-Stereoanlage ist nach den Modellen einiger Ratgeber hier eine Betriebsausgabe, wenn sie in einer Lobby steht, in der Sie Geschäftskontakte empfangen. Ebenso der Kühlschrank mit den Drinks. Sehen Sie, worauf es hinausläuft? Darauf, dass Sie überhaupt keine privaten Ausgaben mehr haben. Alles bezahlt die GmbH. Jedes einzelne Essen auswärts wird zur Betriebsausgabe, weil Sie Ihren Lebenspartner mitnehmen, der ja rein zufällig Ihr stiller 1-Prozent-Gesellschafter ist oder meinetwegen auch ein Kompagnon, der diese Bezeichnung verdient. Schon wird das Frühstück zum Geschäftsessen. Wenn Sie Ihren Kindern Minijobs in der GmbH geben, also geringfügige Beschäftigungen mit einem Arbeitsentgelt von höchstens 520 Euro im Monat, sparen Sie sich privat das Taschengeld und Ihre Kinder sind ganz legal bei jedem Arbeitsessen dabei. Und das Taschengeld wird zur Ausgabe – es gehört also nicht zu dem Gewinn, den Ihre GmbH versteuert.

Schließlich erzielen Sie nach diesen Modellen auch Einnahmen, indem Sie Ihre privaten Blumenvasen und Gründerzeitkommoden an die GmbH verleasen, die dann in deren Geschäftsräumen stehen. Und das kann durchaus Ihr Haus sein, das Sie Ihrer GmbH verkauft haben. Vielleicht müssen Sie Ihr Einzelunternehmen gar nicht verkaufen, sondern Sie verleasen einfach das ganze Inventar an Ihre GmbH. Der Drucker bleibt Ihrer, aber die GmbH nutzt ihn. Irgendwann gibt sie ihn zurück. Oder – weil Sharingmodelle gerade in sind – vereinbaren Sie mit Ihrer GmbH, dass sowohl Sie als auch die GmbH den Drucker nutzen.

Theoretisch können Sie auch ständig in einer Pension wohnen, indem Sie nämlich eine aufmachen. Dazu brauchen Sie nur ein kleines Haus mit wenigen Zimmern, vielleicht ist das sogar ein Teil Ihres Hauses. Jetzt gründen Sie halt eine Hotel-GmbH – die dann natürlich nicht Ihnen gehört, sondern Ihrer Holding – und in diesem Hotel übernachten Sie ständig. Dort melden Sie auch Ihren Wohnsitz an. Die Kosten für Ihre Übernachtungen übernimmt jeweils die GmbH, für die Sie tätig sind. Und irgendwann sind sämtliche Lebenshaltungskosten Betriebsausgaben.

Also: Das Modell ist attraktiv und es lässt sich ziemlich heftig ausreizen. Das macht es dann aber auch ziemlich gefährlich, sobald du auch nur den geringsten Fehler machst. Es ist, glaube ich, kein Wunder, dass das Finanzamt alle Kollegen in meiner Bubble, die ihr Geschäft auf diese Weise aufgezogen haben, massiv auf dem Kieker hat. Die Zahl der Betriebsprüfungen nimmt zu und das Finanzamt legt jede einzelne Betriebsausgabe auf die Goldwaage.

Vorsicht vor Krauter-Rechtsformen!

In jedem Fall habe ich mir etwas angewöhnt: Alle paar Jahre bespreche ich mit meinem Steuerberater, ob meine Struktur als solche überhaupt noch klug und sinnvoll ist. Also quasi das Setting, der finanzielle und steuerliche Aufbau meiner Geschäfte. Die Geschäftsfelder ändern sich, die Geschäfte auch, die Partner, die Kunden – die Welt dreht sich. Oft ändern sich Bedingungen und Lebenssituationen. Wie aktuell ist mein Set-up da noch? Die jüngste Veränderung ist eben die Überlegung, nach Spanien zu expandieren. Hier erweist sich meine Vorliebe zur GmbH & Co. KG als gut. Mit einer GmbH könnte ich das nicht machen, weil die keine Personengesellschaft ist. Aber so? Passt.

Wir sollten also alles immer genau überlegen und prüfen. Oft ist eine GmbH, die zurzeit viele als Allheilmittel ansehen, keine Lösung. Auch dann zum Beispiel, wenn ein Einzelunternehmen oder eine GbR klein bleibt – was ja meiner Ansicht nach nicht das Ziel sein sollte, aber was eben vorkommt. Und wir sollten vorausschauend denken: Wenn du Familie hast und erfolgreich werden willst, solltest du dich früh um das Thema Erbschaftsteuer kümmern.

Oder was ist mit Rechtsformen wie der Limited (Ltd.) oder der Unternehmergesellschaft (UG)? Die UG wirkt auf mich ein bisschen wie eine »Hartz-IV-GmbH«. Ein Elektriker mit UG? Wie soll der haften, wenn die Versicherung nicht bezahlt? Auch hinter der Ltd. steht keine Haftung. Das Image ist ein bisschen besser geworden – die UG gilt nicht mehr als Loser-Rechtsform für Versager, die überhaupt nichts auf die Kette bringen. Inzwischen ist es halt noch eine Krauter-Rechtsform, also die Rechtsform des kleinen Mannes. Bei einer Werbeagentur lasse ich mir die UG vielleicht noch gefallen, aber sicher nicht bei größeren Unternehmungen. Zur Rechtsform der Limited Liability Company (LLC) komme ich gleich noch – das ist auch so eine windige Kiste.

Egal, welche Rechtsform Sie schließlich wählen: Vergessen Sie nicht, dass Sie letztlich Einnahmen erwirtschaften müssen. Für welche GmbH auch immer. Geld muss reinkommen. Eine attraktive Holdingstruktur stellt nur das Gerüst dar – am Ende muss da auch operatives Geschäft laufen, durch das Sie Umsatz generieren. Erst wenn das funktioniert, hat die ganze Jonglage Sinn.

Welche Rechtsform ist für Ihr Geschäft am besten geeignet? Warum?

____

____

____

____

____

Wie bauen Sie Ihre Holdingstruktur auf?

____

____

____

____

____

Welches sichere Rechtsverhältnis haben Sie selbst zu Ihrer Holding? Haben Sie weiterhin ein Einzelunternehmen oder sind Sie künftig vollständig privat?

____

____

____

____

____

3.4 Der richtige Ort

Wissen Sie was? Ich habe eine Idee. Ich gründe ein IT-Unternehmen. Was ist das Erste, was zu tun ist? Genau: Ich muss eine Garage mieten.

Oder? Stimmt doch: Einige der erfolgreichsten IT-Unternehmen der Welt sind in Garagen entstanden. Schon 1939 haben Bill Hewlett (1913–2001) und Dave Packard (1912–1996) eine Garage angemietet, um an ihren technischen Erfindungen herumzutüfteln. Jeff Bezos (* 1964) hat den Kaufprozess von Amazon mit seinem Team in einer Garage programmiert. Und auch Google begann 1998 in einer Garage.

Der Mythos betrifft übrigens nicht nur die IT: Wo haben Walt Disney (1901–1966) und sein Bruder Roy (1893–1971) ihre Kamera aufgestellt, um ihre ersten Trickfilme zu drehen? Genau: in einer Garage. Den Holzschuppen, in dem William S. Harley (1880–1943) und Arthur Davidson (1881–1950) ihr erstes Motorrad zusammengeschraubt haben, lassen wir gerne mal als Garage durchgehen.

Ein Mythos ist alles, oder? Wir brauchen eine Garage, um erfolgreich zu sein.

Spaß beiseite: Natürlich kommt es nicht auf den Ort selbst an bei der Frage, ob eine Geschäftsidee zum Erfolg wird. Es kommt, je nach Branche, darauf an, was dieser Ort hat: Licht, ein Waschbecken, Stromanschluss. Vielleicht eine Heizung. Wir brauchen also keine Garage, um erfolgreich zu sein, sondern viele erfolgreiche Ideen sind in Garagen entstanden. Was wir brauchen, ist eine Möglichkeit, um in Ruhe unsere Geschäftsidee zu entwickeln.

Zugleich will uns der Garagen-Mythos natürlich etwas sagen: Auch die Großen haben klein angefangen. Alle. Nicht alle in einer Garage, aber alle klein. Und alle haben die Gegebenheiten genutzt, die sie eben zur Verfügung hatten.

Manche vergessen das leicht. Mir scheint: Wenn jemand in Deutschland ein Unternehmen gründet, denkt er in aller Regel, er muss gleich die komplette unternehmerische Infrastruktur zusammenstellen. Vom Chefbüro mit höhenverstellbarem Schreibtisch über die perfekte IT mit Vollvernetzung bis hin zum Dienstwagen mit 200 PS Minimum. Und damit der Schreibtisch irgendwo stehen und die IT-Infrastruktur irgendwo vernetzt sein kann, müssen natürlich Räume her, vor denen der Dienstwagen dann geparkt sein kann.

Merken Sie was? Darum geht es überhaupt nicht. Nichts davon hat mit der Unternehmensidee zu tun, schon gar nicht mit dem Kundennutzen. All diese Überlegungen sind völliger Unsinn.

Mythen: Garagengründung und digitale Nomaden

Wichtig ist, zu ermöglichen, dass wir mit dem Wesentlichen anfangen. Das kann in einer Garage sein, das kann in einer Werkstatt sein, das kann in einer Scheune sein – völlig egal. Es kann in der Küche am Küchentisch sein. Es hängt einfach davon ab, was du machst. Für viele Start-ups reicht es, so die Legende, wenn du mit deinem Laptop durch Länder mit geringer Kaufkraft reist.

Kennen Sie diese digitalen Nomaden und ihre Geschichten? Auch das ist ein Mythos, so ähnlich wie der mit den Garagen. Denn nein, Sie müssen nicht mit Rechner und leichtem Gepäck in der Dominikanischen Republik am Strand sitzen, um ein erfolgreiches Business aufzuziehen. Das geht auch in der Heimat. Also: Auch um den möglichst exotischen Ort geht es nicht.

Ich habe ab und zu mal mit digitalen Nomaden zu tun – das bleibt nicht aus. Manchmal kaufst du eben einen Dienstleister für bestimmte Sachen ein, der dann zum Beispiel auf Zypern sitzt. Oder in Bulgarien. Das ist schön billig da: Mit 1000 Euro im Monat lebst du dort besser als in good old Germany. Und ich habe gemerkt: Die wollen vor allem Geld sparen.

Manche digitalen Nomaden sitzen auch in den USA. Rechtsform: LLC. Ist klar, denke ich mir da, das wirkt auf mich genauso Furcht einflößend wie eine UG in Deutschland – ich komme gleich noch drauf. Der Punkt bei der LLC: Die kannst du in den USA gründen, ohne dort zu leben. Doof wäre es, wenn du in Deutschland leben würdest, einem Land, das Auslandseinkünfte besteuert. Clever ist es, wenn du deinen offiziellen Erstwohnsitz zum Beispiel in Irland, Großbritannien oder Malta hast, wo das nicht geschieht. Dann sehen die USA deine LLC als »Disregarded Entity« an (»unreguliertes Unternehmen«) und auch in deinem Wohnsitzland fallen keine Steuern an. Das ZDF hatte Ende April 2023 über diese Konstellation berichtet, der Fokus lag auf Coaches, die dir ein glückliches Leben versprechen und bevorzugt auf Bali sitzen. Aber natürlich ist der Begriff »Briefkastenfirma« ein ganz fieses Wort, das nur Spielverderber in den Mund nehmen.

Also ja: Das Charmante bei der Idee, in einem Billigland oder in einer Null-Steuer-Konstellation zu leben, ist natürlich das Geldsparen. Bei den USA denken wir nicht unbedingt, dass es ein Steuervermeidungsmodell ist, aber es ist halt trotzdem so.

Zugleich können viele von uns heute leben, wo sie wollen. Wer nicht? Diejenigen, die in fünfter Generation den Familienbetrieb führen, ebenso wie diejenigen, die einen angestammten Markt in der Heimat haben, oder wie diejenigen, die mit vielen Maschinen und viel Material hantieren und in Deutschland bereits eine stehende Logistik haben.

Ansonsten kann jeder heute, wenn er die richtige Idee hat, ohne Kapital und ohne Kredite und mit gar nicht so viel Aufwand ein Unternehmen gründen und damit erfolgreich werden. Ganz viele Inhalte beziehungsweise Produkte entstehen im Kopf. Ich meine damit die gesamte urheberrechtlich relevante Community, also Komponisten, Autoren, Programmierer, Seminarentwickler, Online-Marketer, die mit einem MacBook Pro von Apple und der darauf installierten Standardsoftware loslegen können.

Für Gründer also ist es durchaus attraktiv, sich mit dem Laptop auf eine einsame Insel zurückziehen, dort die Lebenshaltungskosten runterzuschrauben und erst mal über eine stabile Internetverbindung per Mobilfunk zu arbeiten, die es in früheren Entwicklungsländern heute eher gibt als in Deutschland. Zwar finde ich dieses Klischee nervtötend, dass hippe Gründer mit Laptop in der Hängematte am Strand relaxen – denn eine Gründung ist am Ende immer noch harte Arbeit –, aber gleichzeitig halte ich es inzwischen auch für überlegenswert, gleich von Anfang an zu überlegen, ob ich eigentlich in Deutschland gründen muss.

Übrigens ist das auch für Sie als gestandener Unternehmer eine denkbare Überlegung: Sie können jederzeit Ihr bestehendes Geschäftsmodell hinterfragen, und zwar nach den gleichen Methoden, wie Start-ups heute überlegen, wie sie loslegen. Es gilt der absolute Fokus aufs Wesentliche. Jede Form von Gedöns muss draußen bleiben.

Was diese Gründer tun, ist einfach: Einmal reduzieren sie ihre Ausgaben massiv, sie geben nur noch aus, was wirklich nötig ist. Prinzipiell klug. Und dann investieren sie die Ressource, von der Deutschland am meisten hat: Gehirnschmalz. Viele digitale Nomaden handeln intuitiv unternehmerisch – sie tun genau das, was am wichtigsten ist. Sicher wird nicht jede ihrer Ideen ein Welterfolg und sicher verfallen auch manche in Aktionismus und tun das Falsche. Gut. Aber der große Teil der Szene, so glaube ich, macht das Richtige.

Wichtig ist, was wichtig ist

Damit Sie wissen, was das Richtige ist, sollten Sie vorher genau nachdenken. Und nachdenken hängt nicht vom Ort ab. Wir können überall nachdenken, denn schließlich nehmen wir uns überall mit hin, wie Dieter Lange gerne sagt. Wobei wir natürlich weder eine Garage brauchen noch irgendein Exil am Ende der Welt. All das ist nicht nötig. Unser Unternehmen ist zunächst einmal da, wo unser Gehirn ist. Also da, wo wir sind.

Wenn es also egal ist, wo wir sind, dann können wir uns auch von den ganzen

Zwängen befreien, mit denen uns irgendjemand einreden will, wir bräuchten unbedingt ein Büro im schicken Medienviertel.

Wo Sie Ihr Unternehmen aufschlagen, hängt sicher von vielen Faktoren ab – zum Thema Infrastruktur kommen wir ja später noch. Vielleicht spielt der Gewerbesteuerhebesatz eine Rolle: Weniger attraktive Kommunen versuchen so, Betriebe anzulocken. Wobei die Frage, was attraktiv ist, wieder im Auge des Betrachters liegt: Auch im Bayerischen Wald ist es schön. Das ist zwar nicht München und du bekommst dort vielleicht nicht die guten jungen Leute. Aber wenn es darauf nicht ankommt und wenn du ein Einzelunternehmen oder eine Ein-Personen-GmbH betreibst und die Natur liebst, ist es vielleicht die richtige Gegend.

Auch wer experimentieren muss oder eine Werkstatt braucht, kann sich vielleicht nicht wie ein digitaler Nomade an den Urlaubsorten dieser Welt tummeln. Aber weil es bei einem Labor oder einer Werkstatt um Quadratmeter geht, empfiehlt sich vielleicht eben nicht der hippe Standort mitten in teuren Städten wie München oder Köln.

Also, warum nicht die Garage oder zumindest eine billige Bastelbude in einer Kommune mit geringem Gewerbesteuerhebesatz? Wir beginnen mit den vorhandenen Produktionsmitteln zu arbeiten. Irgendwann stellen wir fest, dass wir uns vergrößern müssen. Vielleicht brauchen wir Personal. Dann kommt die erste wichtige strategische Entscheidung, an welchen Standort wir gehen. Und da sind wir grundsätzlich frei und sollten uns keine Schranken im Denken auferlegen. Aber erst einmal arbeiten wir Schritt für Schritt. Wir treffen genau die Entscheidungen, die jetzt nötig sind – nicht die, die übermorgen nötig sind.

Verstehen Sie, worauf ich hinauswill? Wir brauchen eine Mischung aus Weitblick und Fahren auf Sicht. Strategisch muss die lange Perspektive klar sein, da haben wir einen Plan. Einen Plan, den wir einmal aufstellen und an den wir uns zumindest ungefähr halten. Dieser Plan ist unser Geschäftsmodell, das wir grundsätzlich aufbauen wollen. Und auf die kurze Distanz treffen wir Entscheidungen, die für den Augenblick richtig sind.

Sie müssen also nicht am Anfang, wenn Sie noch ein Jahr Werkeln zu zweit vor sich haben, teure Geschäftsräume in bester Lage anmieten, in denen Sie Platz für zehn Mitarbeiter haben. Auch ist es auf keinen Fall nötig, einen fetten Dienstwagen zu kaufen, bevor Sie Ihr Geschäft auf die Beine gestellt und skaliert haben. Das ist rausgeschmissenes Geld. Generieren Sie erst mal Umsatz! Zeigen Sie, dass Ihr Produkt für zahlreiche Kunden unvermeidlich ist. Und wenn dann der Rubel rollt, können Sie sich schicke Räume suchen. Bis dahin gilt: Wir organisieren nur, was wir brauchen – nicht, was wir wollen.

Und dann geht es darum, möglichst kostensparend anzufangen. Erst einmal können Sie beim Finanzamt oder beim Gewerbeamt Ihre Privatadresse als Firmenadresse hinterlegen. Wichtig ist einfach nur, dass der korrekte Name der Firma am Briefkasten steht, damit wichtige Post auch ankommt.

Es geht, wie schon öfter erwähnt, ausschließlich um das, was du tust, und um die Frage, wie du es tust. Die Frage, wo du es tust, ist in den meisten Fällen zunächst zweitrangig. Wichtig ist, was wichtig ist. Nichts anderes.

Standortfaktoren

Auch wenn viele Schreibtischarbeiter heute remote arbeiten konnen: Fur die allermeisten Betriebe ist nach wie vor der Standort extrem relevant. Ob es um Eisenbahn- oder Breitbandanschluss geht, um die Lage an einem Kanal oder Fluss oder um die Nähe zu einer Universitätsstadt. Oder einfach nur darum, dass ein Team im ständigen Austausch miteinander steht. Welche Kriterien zählen? Und: Wollen wir irgendwo leben, weil wir dort arbeiten, oder entscheiden wir, wo wir leben wollen, und prüfen dann den Standort?

Im Dezember 2016 bin ich mitsamt der Firma von Königstein im Taunus nach Wesel gezogen. Das war in erster Linie eine private Entscheidung. Ich habe in meiner Kindheit die Wochenenden auf einem Campingplatz nahe der holländischen Grenze verbracht und habe dort Angeln gelernt. Seit damals hatte ich in mir den Wunsch, selbst in einem Haus am See zu leben, um Arbeit und Entspannung ideal miteinander zu verbinden. Und als Familienmensch war es mir auch wichtig, wieder in die Nähe meiner Eltern zu ziehen. Ich habe eine Weile gesucht und plötzlich war da dieses Traumhaus mit eigenem See.

Das habe ich gekauft. Grundeigentum finde ich wichtig, aber das ist eher eine emotionale Geschichte. Gerade wenn du dein Unternehmen langfristig anlegen willst, ist es sinnvoll, dass das Unternehmen Liegenschaften hat. Außerdem lassen sich Häuser immer wieder verkaufen und sie sind quasi materialisierte Altersvorsorge.

Das Haus stand auf dem platten Land, kilometerweit keine wirkliche Infrastruktur, öffentlicher Nahverkehr quasi nicht vorhanden. Was sagte der Leiter meiner damaligen Agentur? Ob ich nicht Angst hätte, pleitezugehen, weil Wesel ja keine gute Adresse sei. Das würde auf dem Briefbogen ja schon nach sozialem Abstieg aussehen, wenn ich aus Königstein wegziehe.

Das sind so die Vorurteile, mit denen wir es dann zu tun haben. Tatsache ist: Wenn dein Geschäft beim Kunden stattfindet und nicht in deinen Geschäftsräumen, ist es oft völlig egal, wo dein Standort ist. Klar sieht die Adresse Königstein im Taunus edler aus, weil es einfach das teurere Pflaster ist. Wesel kennen die Leute fast nur von dem Echo-Spiel mit dem Bürgermeister von Wesel, der »Esel« heißt. Stimmt übrigens gar nicht, die Bürgermeisterin heißt Ulrike Westkamp (* 1959). Abgesehen von diesem Witz kennt kaum jemand Wesel.

Es hält aber auch niemand das Sauerland und das Siegerland für sexy, obwohl dort unfassbar viele »Hidden Champions« ansässig sind, vor allem mittelständische Familienunternehmen mit produzierendem Gewerbe. Das Ruhrgebiet ist in Sachen Industrie schon lange nicht mehr das Herz von NRW, das hat sich verlagert.

Am Anfang habe ich mich von dem Spruch der Agentur verunsichern lassen. War das wirklich die richtige Entscheidung? Was werden die Kunden sagen? Zeitweise kam es mir vor, als würde ich ins Armenhaus Deutschlands umziehen. Im Nachhinein habe ich gemerkt, dass der Umzug zumindest bezüglich der Adresse völlig egal war. Die Adresse in Wesel hat mein Geschäft in keiner Weise gestört. Die Location selbst – ein riesiger Bungalow mit Strand am See, der zur Hälfte zum Grundstück gehört – war supergenial. Ich konnte frühmorgens auf meinen eigenen See zum Angeln rausrudern. Solche Orte sind kaum zu finden. Die Lebensqualität war enorm hoch. Ich erinnere mich gerne an die vielen lustigen und inspirierenden Abende mit Freunden am Feuer mit erstklassigen Bio-Rindersteaks auf dem Grill – vom Bauern gegenüber, ohne quälende Tiertransporte, Medikamente oder sonst was.

Allerdings hatten wir ziemlich mit dem Internet zu kämpfen. Der Glasfaserausbau hat echt lange auf sich warten lassen und wir haben uns mit einem LTE-Router beholfen. Das habe ich damals nicht gut genug eingeschätzt. Ich habe gedacht, das wird schon. Es wurde auch, aber heute ist für mich eine starke Internetverbindung als Standortfaktor ebenso wichtig wie für andere Unternehmen ein Eisenbahnanschluss. Wir arbeiten halt mit Informationen und da geht ohne Internet heute gar nichts.

Davon abgesehen geht es ja auch nicht um uns und wie wir uns selbst wahrnehmen. Es geht um den Kunden. Und der weiß oft genug gar nicht, wo wir sitzen. Die Fachabteilungen, die uns buchen, sind auf den Wert unseres Angebotes scharf, auf den Nutzen unserer Produkte und darauf, dass wir einigermaßen solide sind. Also schaut jemand, der uns noch nicht kennt, vielleicht ins Impressum und ist zufrieden, wenn er »GmbH« oder »GmbH & Co. KG« liest. Aber ob da Wesel steht oder Königstein im Taunus – völlig egal. Spätestens wenn die Leute Fotos von einem Seegrundstück sehen, sind sie beruhigt und wissen, dass sie es nicht mit einem Verlierertypen zu tun haben.

Überhaupt entwickelt sich Geschäft in meinen Augen überall dort, wo Menschen leben. In Wesel war ich komplett neu – ich kannte niemanden und niemand kannte mich. Und das Netzwerk hat sich quasi von allein ergeben: Ich wollte im Haus umbauen, lernte Architekten und Handwerker kennen und so kam beispielsweise die Verbindung zum Edeka-Chef zustande, der meinen Gin ins Sortiment aufnahm. Verbunden war der Wein-Sport-Club und so ergab eines das andere. Über dieses Netzwerk fand ich sogar gute Ärzte, was ja nicht so einfach ist. Jeder kennt jeden über sieben Ecken und darum ist es wichtig, dass Sie sich als Unternehmer von Anfang an gut vernetzen. Dann klappt das Business theoretisch überall.

Entsprechend wird auch die Adresse in Spanien funktionieren. Dinslaken hat immer besser funktioniert als Wesel, wenn es darum ging, Leute zu finden, weil das einfach der nordwestliche Zipfel des Ruhrgebietes ist. Gerade vor der COVID-19-Zeit waren abgelegene Standorte wie Wesel schwierig, weil es ja noch keine großartigen Hybridmodelle fürs Arbeiten gab. Und Dinslaken finden viele ja tatsächlich hip, gerade wegen der vielen Kulturangebote und des spannenden Strukturwandels nach dem weitgehenden Ende von Kohle und Stahl.

Denken Sie an Christian Berner (* 1984), der die Berner SE von seinem Vater Albert Berner (* 1935) übernommen hat: Er verlegte den Firmensitz vom beschaulichen Künzelsau, wo auch Würth sitzt, in den Rheinauhafen nach Köln. Warum? So gut wie niemand wollte in diese ländliche Gegend ziehen, in der das Schwäbische ins Fränkische übergeht. Köln liegt eben verkehrsgünstig und zieht gute Leute an.

Und wie ich ja schon geschrieben habe, ziehe ich mich sowieso immer wieder raus. Immer wieder fliege ich durch die Weltgeschichte und ziehe mich zurück, einfach um den Blick aufs große Ganze nicht zu verlieren. Gerade weil mich der Ort, an dem das Operative stattfindet, auch im operativen Geschäft gefangen hält, muss ich diesen Ort auch immer wieder verlassen. Unternehmerisch strategisches Denken findet also unabhängig vom Ort statt.

Ich weiß, wenn du vor deinen Problemen fliehst, wird dir eine Reise nichts bringen – wir nehmen uns ja ständig selbst mit auf unsere Reise. Die wahre, wichtige Reise geht ins Innen. Das ist mir auch klar. Und doch will ich jetzt mal etwas anderes sehen.

Welche Standortfaktoren sind für Ihre Geschäftsidee wichtig?

____

____

____

____

____

Wo finden Sie diese Standortfaktoren? Welche Orte sind gut, welche nicht?

____

____

____

____

____

Wo ist Ihr idealer Unternehmensstandort?

____

____

____

____

____

3.5 Der richtige Zeitpunkt

Gerade bei Anfängern erlebe ich immer, dass sie den Start ihrer Gründung von den seltsamsten Dingen abhängig machen.

Da fragen mich manche: »Sag mal, welche Jahreszeit ist am besten, um ein Unternehmen zu gründen? Im Frühling, oder? Denn im Frühling sind alle im Aufbruch. Da geht es los, dann wird es wieder warm, da ist es wieder hell. Da sind wir stärker motiviert als zum Beispiel im November, wenn alles ganz grau ist und wenn es ständig regnet und wenn es kalt ist.«

Also ich finde diese Überlegungen wirklich merkwürdig. Es gibt tatsächlich Menschen, die denken so.

Und dann muss ich einfach ganz klar sagen: Es ist *nie* der richtige Zeitpunkt, um ein Unternehmen zu gründen. Denn es kann immer alles schiefgehen. Und es ist *immer* der richtige Zeitpunkt, um ein Unternehmen zu gründen. Denn es kann immer alles gelingen.

Sehen Sie den Punkt? Ganz viele Menschen machen ihren Erfolg von äußeren Bedingungen abhängig. Und sie gehen dabei davon aus, diese Bedingungen seien gottgegeben. Dabei entscheiden wir, welche Bedingungen wir haben. Wenn es im November grau und regnerisch ist, entscheiden nur wir, ob wir gut drauf sind oder nicht. Das entscheidet sonst niemand.

Oder auch, ob wir früh aufstehen, obwohl es draußen noch dunkel ist. Wie wir uns dabei fühlen, entscheiden auch nur wir.

Klar: Ein Saisongeschäft wie bei dem erwähnten Bekannten mit seinem kleinen Spätkaufboot auf dem See startest du nicht im Oktober, wenn alle ihre Boote einwintern. Und einen Skilift startest du nicht im April. Du weißt schon, was ich meine. Unabhängig von solchen klaren Bedingungen beeinflusst im Grunde nichts die Wahl des richtigen Zeitpunkts. Auch die Sternenkonstellation nicht.

Und doch hält sich hartnäckig die Ansicht, wir müssten uns erst pudelwohl fühlen, bevor wir loslegen. Die Leute warten auf das passende Wetter, die richtige Musik im Radio, und manche fangen erst an zu arbeiten, wenn sie einen schönen Pott Kaffee und ein Butterhörnchen vor sich haben. Oder wenn das Büro aufgeräumt ist. Oder wenn es 8 Uhr ist. Das ist alles irrelevant. Ich denke, Unternehmerpersönlichkeiten lassen sich von solchen Nebensächlichkeiten nicht vom Arbeiten abhalten. Sie konzentrieren sich auf ihre Arbeit. Und wenn es sein muss und alle Sessel in der Hotellobby besetzt sind, setzen sie sich auch auf den Boden, um zu telefonieren und Notizen zu machen, wenn ein wichtiger Kontakt anruft.

Die meisten Menschen leben rein nach Konventionen. Sie leben auf eine Weise und halten sich an Regeln, wie sie das schon immer gemacht haben. Aber bei genauer Betrachtung sind diese Konventionen und Regeln oft völlig sinnlos. Also zum Beispiel: Weshalb sollten wir morgens frühstücken? Nur weil das andere so machen? Ich frühstücke nur am Wochenende. Es ist mir völlig egal, wie die Konventionen anderer Menschen aussehen, sondern ich etabliere meine eigenen Konventionen, die genau richtig für *mich* sind.

Und das bezieht sich eben oft auch auf die Frage nach dem richtigen Zeitpunkt. Natürlich gibt es so etwas wie den richtigen Zeitpunkt – insofern, als dass die besten Bedingungen und die Begegnungen mit den richtigen Menschen zusammentreffen.

Aber darauf warten? Nein. Erst im Nachhinein stellst du fest, ob etwas zum richtigen Zeitpunkt geschehen ist oder nicht. Du solltest den Größenwahn loslassen, du wüsstest selbst, wann der richtige Zeitpunkt ist. Das entscheiden nicht wir. Halte dich da gerne an das Sprichwort: »Der Mensch denkt, Gott lenkt. Der Mensch dachte, Gott lachte.«

Oder denken Sie an die Frage nach der Konjunktur. Oder an die Krisen der jüngeren Vergangenheit. Wenn wir eine Krise erleben wie den Ukraine-Krieg, sollen wir dann mit unserer Gründung warten, bis es vorbei ist? Nein, natürlich nicht!

Es ist wie die Überlegung vieler Menschen, wir könnten doch in diese krisengeschüttelte Welt keine Kinder setzen. Ich sage Ihnen: In jede Welt können wir Kinder setzen. Es hängt allein von uns ab, ob wir Kinder bekommen wollen oder nicht. Und wenn wir Kinder bekommen, werden wir sie durchkriegen. Das werden wir schon irgendwie schaffen. Das haben schon ganz andere unter stärker herausfordernden Bedingungen geschafft.

Analog zum Unternehmer-Mindset heißt das: Wir können immer gründen. Die Leute haben unter den widrigsten Umständen Unternehmen gegründet. Kurz vor dem Krieg, im Krieg und auch nach dem Krieg.

Warum auch nicht? Märkte gibt es immer. Es gibt sie auch in der Krise. Auch in Extremsituationen läuft der Markt weiter. Sie haben immer einen Markt. Selbst wenn eine Währung crasht, etablieren sich Ersatzwährungen, denn Bedarf wird es immer geben. Menschen haben Bedürfnisse. Sie brauchen Dinge. In Krisen brauchen Sie vielleicht andere Dinge als in normalen Zeiten, vielleicht gehen wir in einer Krise seltener ins Kino. Doch etwas zu essen brauchen Menschen immer, ein Dach über dem Kopf auch. Auch weite Teile der Wirtschaft laufen in der Krise weiter, es wird gehandelt wie immer, nur ein bisschen komplizierter.

Gerade in Krisen sind ganz viele Menschen auch bereit, etwas zum Allgemeinwohl beizutragen. In einer Krise kapieren die Menschen plötzlich, dass sie selbst die Ärmel hochkrempeln müssen, um zu überleben. Doch selbst wenn wir über Not und Armut sprechen, ändert das nichts an der Tatsache, dass es in jeder Zeit immer Märkte geben wird, auch in den schlechtesten Zeiten.

Also: Es ist immer die beste und immer die schlechteste Zeit, um ein Unternehmen zu gründen. Die Zeit kann nichts dafür, sondern du gründest das Unternehmen genau dann, wenn du den Bedarf einer Zielgruppe siehst und ein Produkt entwickelt hast, mit dem du diesen Bedarf bedienen kannst.

Ich weiß auch, dass wir mit 28 besser alles auf eine Karte setzen können als mit 58. Mir geht es in diesem Buch einfach darum, dass Sie sich auf das Wesentliche konzentrieren und mit allen Ausreden Schluss machen. Dass Sie den ganzen Ballast weglassen, diese ganzen nebensächlichen Eventualitäten, die am Schluss überhaupt nicht zählen. Manchmal kann ich gar nicht glauben, worüber sich die Menschen eine Rübe machen.

Kennen Sie zum Beispiel Netzwerktreffen? Meine Güte, da habe ich mich am Anfang meiner Selbstständigkeit auch herumgetrieben. Was für eine Zeitverschwendung – und was für Nebensächlichkeiten, über die die Menschen dort diskutieren.

Heute lasse ich mich bei Netzwerktreffen nicht mehr blicken. Das Einzige, was ich in dieser Richtung noch mache, sind Treffen mit meinesgleichen, also mit Top-Performern in meiner Liga. Aber die üblichen Netzwerktreffen empfinde ich als Katastrophe. Die Leute dort kreisen nur um sich selbst. Bei Netzwerktreffen läuft es so ähnlich ab wie seit einigen Jahren bei Xing: Lauter Verzweifelte suchen Kunden und sie glauben, diese Kunden in anderen Verzweifelten zu finden.

Und dann erklären alle mit voller Überzeugung, dass wir beim Vertrieb niemals am Freitagnachmittag in Unternehmen anrufen sollen. Denn da sind die Leute schon quasi im Wochenende. Was für ein Unsinn! Da gilt für mich das Prinzip: »Jetzt erst recht!« Gerade am Freitagnachmittag – also antizyklisch gedacht – treffen Sie jede Menge Entscheider an, die nämlich nicht schon um 14:30 Uhr Feierabend machen wie im Rathaus oder bei der Bezirksregierung. Die Leute arbeiten! Sie sind ergo auch erreichbar.

Ich habe es schon mal gesagt: Umsatz schläft nie! Das ganze Verständnis für Zeit, der komplette Umgang mit dem Faktor Zeit, über den wir auch noch sprechen werden, ist ein völlig anderer, wenn Sie Profis und Amateure miteinander vergleichen – oder meinetwegen Unternehmer und Arbeitnehmer oder Produzenten und Konsumenten. Und bei den vielen gehypten Netzwerktreffen zeigt sich eben, wes Geistes Kind viele der Teilnehmer sind: Sie wollen gerne Unternehmer spielen, sind aber im Grunde ihres Herzens Konsumenten mit einem Nine-to-five-Schema im Kopf, die glauben, sie müssten irgendwelchen äußeren Bedingungen folgen, um erfolgreich zu sein, und die nicht kapieren, dass sie sich verdammt noch mal einfach nur auf ihre Kunden und deren Nutzen konzentrieren sollen. Wie viel Uhr es ist, wie hoch die Luftfeuchtigkeit ist oder wo der DAX liegt, ist dabei völlig egal.

Mit einem Unternehmer-Mindset denken Sie nicht in solchen vorgefertigten Schablonen. Es gibt Zeitfenster für bestimmte Social-Media-Formate, auf die wir noch zu sprechen kommen, aber sich in der Akquise wegen eines Denkverbots vom Job abhalten zu lassen, das kann nur einem Konsumenten einfallen.

Inwiefern haben Sie bisher auf den richtigen Moment gewartet?

____

____

____

____

____

Wie sieht Ihre Planung aus?

____

____

____

____

____

Welche Vorteile bringt die aktuelle Lage für Sie mit?

____

____

____

____

____

3.6 Die richtigen Berater

Die richtigen Dinge richtig machen – darum geht es im Unternehmerdasein. Da herrscht eine große Unsicherheit. Niemand verrät uns, was das Richtige ist. Wir lernen es nicht in der Schule und auch in vielen Studiengängen, die sich unter anderem mit Entrepreneurship und MBA-Themen befassen, bekommen wir das Wesentliche nicht mit auf den Weg.

Es ist offenbar allen Unternehmern selbst überlassen, ihre Erfahrungen zu machen, dabei jede Menge Lehrgeld zu bezahlen und eigene falsche Entscheidungen infolge entsprechend unliebsamer Erfahrungen zu korrigieren. An Tausenden Stellen treffen Tausende von Unternehmern Tausende von gleich falschen Entscheidungen, weil nirgendwo standardisiert dargestellt ist, wie es geht.

Im Nachhinein Entscheidungen zu korrigieren, ist immer ärgerlich. Denn wir haben uns ja bereits für einen Weg entschieden, also für eine Richtung. Wenn wir entscheiden, was wir tun, dann tun wir das. Und dann gehen wir in eine bestimmte Richtung. Dann geben wir zum Beispiel plötzlich Geld für Facebook-Werbung aus, weil uns irgendjemand dazu geraten hat.

Meine Erfahrung: Wenn dein Produkt nicht wirklich sauteuer ist, bedeutet Facebook-Werbung im B2B-Geschäft nur, Geld umzudrehen. Du gibst 10.000 Euro aus und nimmst damit 10.000 Euro ein. Problem: Das beworbene Seminar musst du trotzdem halten. Darauf gehe ich aber später noch ein, wenn wir uns um die verschiedenen Social-Media-Plattformen kümmern.

Guter Rat ist teuer

Guter Rat ist in jedem Fall sauteuer. Dieses Sprichwort gilt wahrscheinlich nirgendwo so sehr wie beim Entrepreneurship. Du zahlst unfassbar viel Lehrgeld. Für vieles gibt es einfach keinen Standardweg zum Erfolg, sondern es kommt einfach ganz genau darauf an, was du tust. Und jede Situation ist anders. Kaum etwas ist vergleichbar.

Die richtigen Berater zu finden, ist darum ein wirklich wichtiger Punkt. Auch wenn du dein Unternehmen mit mehreren Kompagnons führst und alle nötigen Unternehmer-Skills an Bord hast, brauchst du dennoch gute und zuverlässige Berater.

Fangen wir bei den einfachen Beratern an – Rechtsanwälte und Steuerberater. Schon da ist alles nicht so einfach, wie es oft scheint.

Freunde von mir haben eine GmbH gegründet und mit einer anderen GmbH einen Kooperationsvertrag geschlossen. Den hat ein Rechtsanwalt ausgestaltet.

Ergebnis? Zahlreiche konkrete Situationen waren darin gar nicht geklärt. Die Kooperation lief, die Teams haben sich super verstanden, insofern war alles in Butter. Nur: Eine ganze Menge konkreter Fragen haben sich erst im Laufe der Zeit gestellt. Und der Vertrag hat diese Fragen nicht beantwortet. Wer kümmert sich um dieses? Unklar. Wessen Aufgabe ist jenes? Keine Ahnung.

Es gab ein gewaltiges Hin und Her, zum Glück keinen Streit – aber am Ende haben beide GmbHs einen Zusatzvertrag geschlossen, der diese Lücken möglichst schließt.

Jetzt lässt sich nicht mal sagen, dass der Rechtsanwalt schlechte Arbeit gemacht hätte. Aber du siehst daran, wie wichtig es ist, dass auch der Rechtsanwalt, der die Verträge macht, Ahnung von deiner Branche haben muss. Es genügt nicht, dass er Fachanwalt für Vertragsrecht ist. Er sollte sich eben auch beim Thema »Architektur und Immobilienwirtschaft« auskennen.

Apropos Fachanwalt: Wenn du einen Vertrag gestalten willst, dann ist es wohl schon normal, sich einen entsprechenden Fachanwalt zu suchen. Sicher kann auch ein Fachanwalt für Strafrecht einen Vertrag aufsetzen, das hat er schon gelernt. Doch wer hat die meiste Erfahrung darin? Wer bringt die Erfahrung mit, die am Schluss verhindert, dass wir in irgendwelche Fallen treten? Da vertrauen wir eher der Fachanwalts-Qualifikation.

Aber Qualifikationen sind eben nicht das Einzige, das am Ende zählt. Branchenkenntnis wäre gut.

Ich selbst habe für verschiedene Rechtsgebiete verschiedene Rechtsanwälte. Das ist für mich auch der normale Ansatz. Weshalb sollte ich einen Fachanwalt für Feld, Wald und Wiesen nehmen, wenn es um Arbeitsrecht geht oder um Verkehrsrecht? Jeder Unternehmer, der eine Firmenflotte hat und Mitarbeiter, die ab und zu so einen hübsch gebrandeten Neuwagen zu Schrott fahren, weiß, wie wichtig Verkehrsrechtler sind. Oder Fachanwälte für Versicherungsrecht. Oder für Baurecht, wenn du in ländlichem Gebiet eine Immobilie errichten willst, in der du Verpackungen produzierst.

Bei allen solchen Fragen bringt Ihnen ein Strafrechtler möglicherweise nicht so viel. Obwohl er alles das vielleicht auch kann und obwohl die ganzen Fachanwälte es nur wegen ihrer Spezialisierung nicht können müssen.

Das ist die Lage. Nichts ist sicher. Wir sind im Dschungel, wie in dem Buch von Scott Alexander. Überall Nashörner.

Ein Leben ohne Schmerz gibt es nicht

Und da will ich mal was Grundsätzliches sagen:

Alle wollen sich vor unliebsamen Überraschungen schützen. Also vor Dingen, die scheinbar urplötzlich auftreten, die uns das Universum im Nachhinein als logische Folge unseres Handelns präsentiert. Zum Beispiel, wenn wir einen Vertrag unterschrieben haben und plötzlich merken, dass da etwas an uns hängen bleibt, wovon wir dachten, es sei die Aufgabe der Partnerfirma. Da denken wir dann: »Moment mal – zieht uns da gerade jemand über den Tisch?«

Solche unliebsamen Überraschungen wollen wir ausschließen. Um das zu erreichen, greifen wir auf Rechtsanwälte zurück, die unsere Verträge gestalten oder im Streitfall unsere Interessen durchsetzen. Das gelingt manchmal, manchmal aber auch nicht. Oft haben wir Recht, bekommen es aber nicht. Oder wir bekommen Recht, es bringt uns aber nichts, weil die Gegenseite pleite ist.

Das geht die ganze Zeit so. Damit musst du leben, wenn du Unternehmer bist. Es wird Ihnen immer wieder passieren. Davor können wir uns nur äußerst begrenzt schützen. Was nicht bedeutet, dass wir unsere Kooperationen nicht auf stabile Beine stellen und ordentliche Verträge gestalten sollten. Das sollten wir schon tun, denn schließlich schnallen wir uns im Auto auch an. Passieren kann aber trotzdem was. Und was das Business betrifft: Es wird immer was passieren, auch mit dem besten Vertrag.

Als Unternehmertyp wissen Sie das. Sie wissen, dass es immer wieder unliebsame Überraschungen geben wird. Nur stellen Sie sich eben mental darauf ein, anders als die meisten anderen Menschen auf der Welt. Um es spirituell zu sagen: Wir akzeptieren das. Wir nehmen es hin.

Da muss ich übrigens an einen wirklich guten Film denken, der schon einige Jahre alt ist. Die Verfilmung des Romans »Die Hütte. Ein Wochenende mit Gott« des Kanadiers William Paul Young (* 1955), im Jahr 2008 das meistverkaufte belletristische Buch in den USA. Übrigens ein unternehmerisches Meisterwerk: Der Autor hat zunächst nur 15 Exemplare für Freunde produzieren lassen, die ihm dann rieten, den Roman zu veröffentlichen. Nachdem alle möglichen Verlage abgesagt hatten, hat Young 300 US-Dollar ins Marketing gesteckt und damit einen Bestseller produziert.

In der Geschichte verliert die Hauptfigur Mack durch ein Verbrechen seine geliebte Tochter. Es geht um Schmerz und Wut, um Rachegedanken und Vergebung. In einer Art Nahtoderfahrung begegnet Mack Gott und anderen metaphysischen Figuren, darunter der »Weisheit«. Macks Schmerz ist unerträglich und die Weisheit macht ihm deutlich: Ein Leben ohne Schmerz gibt es nicht. Auch wenn es Gott gibt, gibt es das Böse in der Welt.

Wir werden immer Schmerz erleben, Enttäuschungen, Ärger. Das gilt es zu akzeptieren. Die Frage ist, wie wir damit umgehen. Damit zu hadern hat wenig Sinn.

Auch deswegen, denke ich, befassen sich immer mehr Unternehmer mit spirituellen Inhalten. Sie wissen, dass sie sich im Dschungel bewegen, der voller Unwägbarkeiten ist. In der erwähnten VUCA-Welt. Zum Unternehmer-Mindset gehört jetzt, dazu die richtige Haltung zu entwickeln.

Also: Die richtigen Berater brauchen Sie natürlich, um Ihr Geschäft möglichst stabil aufzubauen. Und trotzdem wird es Ihnen aller Voraussicht nach nie gelingen, sämtliche Eventualitäten auszuschließen. Was, wie erwähnt, nicht heißt, dass Sie sich im Auto nicht mehr anschnallen. Wir schauen schon, dass wir uns vernünftig aufstellen.

Und dazu noch ein persönliches Wort: Früher konnte ich nur den Rat von Menschen annehmen, die ich auch mochte. Vielleicht kennen Sie diese Eigenart. Wir glauben denen, die wir lieben. Obwohl uns nahestehende Menschen oft keinen blassen Schimmer haben und so manches Charakterschwein es besser weiß. Aber ich konnte nicht trennen zwischen Botschaft und Bote. Heute ist das anders. Selbst wenn der Bote nicht unbedingt seine Botschaft lebt, kann ich annehmen, was er sagt, wenn es klug ist.

Experten finden

Wie also finden wir die perfekte Rechtsanwältin? Auch hier meine Erfahrungswerte: Da nutzt keine Empfehlung vom besten Freund oder vom Nachbarn. Und auch der alte Schulfreund, der ja Rechtsanwalt geworden ist, ist nur mit einer sehr geringen Wahrscheinlichkeit der richtige Mann für dein Projekt. Das Einzige, was zählt, sind brauchbare Empfehlungen von wirklich guten Leuten. Empfehlungen vom Profi. Wobei Erfahrung und Lebenskompetenz mehr zählt als Schulwissen: Wenn wir ein Hotel in einer fremden Stadt suchen, fragen wir keinen Fremdenverkehrsverband, sondern jemanden, der schon mal als Gast dort war. Und wenn eine Knieoperation ansteht, fragen wir Leute, die Knieoperationen hatten.

So habe ich zum Beispiel dank einer Empfehlung einen richtig guten Experten für Verkehrsrecht an der Hand. Und den empfehle ich auch gerne weiter. Wenn also jemand aus meinem Netzwerk geblitzt wird und der Führerschein in Gefahr gerät, dann teile ich diesen Kontakt gerne. Denn es ist aus meiner Sicht der beste Anwalt für solche Fälle.

Jetzt vertrauen mir meine Buddys in meiner Bubble. Sie glauben mir, dass dieser Rechtsanwalt für diese Verkehrsgeschichten der richtige Ansprechpartner ist.

Vertrauen die Leute auch Ihnen? Also: Sind Sie jemand, auf dessen Urteil die Menschen sich verlassen?

Und: Wem vertrauen Sie, wenn es darum geht, für eine bestimmte Beratung den richtigen Berater zu finden? Den Gelben Seiten? Google? Oder haben Sie ein Netzwerk wie ich, bei dem Sie sicher sein können, den richtigen Rat zu bekommen?

Oder denken Sie an Steuerberater. Welchen Steuerberater nehmen Sie? Den, den Ihnen jemand beim Netzwerktreffen empfiehlt? Den, der vielleicht selbst beim Netzwerktreffen rumhängt? Davor warne ich.

Klar, ich kenne nicht den Steuerberater, der auf Ihrem Netzwerktreffen rumsitzt, Rotwein trinkt und Fingerfood isst. Ich habe keine Ahnung, wer das ist. Ich kann Ihnen nur sagen: Erfahrungsgemäß finden Sie auf diesen Treffen nicht die wirklich guten Leute. Üblicherweise treffen dort Verzweifelte Verzweifelte. Die wirklich guten Leute haben zu tun. Die sind froh, wenn sie abends Zeit mit ihrer Familie verbringen können und sich nicht auf irgendwelchen Treffen herumdrücken müssen, um Kunden zu akquirieren.

Auch gute Steuerberater finden wir erfahrungsgemäß tatsächlich nur über qualifizierte Netzwerke. Aus einer qualifizierten Bubble von Leuten heraus, von denen Sie wissen, dass es Profis sind. Ich selbst habe für mich das Privileg, in mehreren solchen Gruppen zu sein. Zum Beispiel denke ich da an den Club 55, in dem ich seit Ewigkeiten bin, die Crème de la Crème der Verkaufstrainer. Das sind exklusive Zirkel, bei denen nicht Hinz und Kunz rumrennen.

Hinz und Kunz können zwar ganz nett sein – auf ihren Rat höre ich jedoch eher nicht.

Oder wenn ich an den One-Million-Dollar-Table der German Speakers Association e. V. (GSA) denke – eine Veranstaltung, bei der du nur mitmachen darfst, wenn du mindestens 1 Million Euro oder US-Dollar Umsatz pro Jahr machst. In aller Regel als Einzelunternehmen. Oder als Ein-Personen-GmbH. Hier tummeln sich Leute, die bewiesen haben, dass sie wissen, wie Erfolg funktioniert. Nur deren Meinung ist in meinen Augen maßgeblich.

Wichtig ist in jedem Fall zu wissen: Ein »Steuerberater« ist nicht der, der deine Bilanzen macht oder dir deine Quartalsergebnisse oder deine monatlichen Zahlen präsentiert. Ein guter Steuerberater ist ein Sparringspartner. Wie mein Steuerberater zum Beispiel. Der hat seinem Team erst mal gesagt: »Wir bekommen einen beratungsintensiven Mandanten.« Gemeint war, dass eben auch unternehmerische Themen auf den Tisch kommen. Und dafür brauchst du eben einen guten Steuerberater. Mein Steuerberater zieht sogar noch zwei oder drei Externe hinzu – und das in einer Welt, in der die meisten ihr Wissen nicht mit anderen teilen wollen. Und ich finde, neben einem Steuerberater brauchst du unbedingt auch einen Vermögensberater.

Übrigens können Sie Steuerberater auch gegeneinander pitchen: Geben Sie zwei oder drei Steuerberatern die gleiche Aufgabe und schauen Sie, wer sie klug löst. Bezahlen tun Sie natürlich alle, klar. Aber so finden Sie heraus, wer gut ist. Das gilt bei anderen Professionen auch: Ein Zahnarzt erzählte mir, wir könnten 500 bis 600 Euro sparen, indem er eine Keramikbrücke baut. Klingt gut, oder? In einer meiner Mastermind-Gruppen ist auch ein Zahnarzt. Und der sagt mir, dass das

Schmu ist: Niemand baut so eine Keramikbrücke selber. Die gibt es von der Stange. Auch so lässt sich prüfen, ob Fachleute gut sind.

In jedem Fall brauchen Sie einen Steuerberater, der nicht seine Ideen durchdrückt, sondern Sie und Ihre Belange sieht. Er sagt schon am Jahresanfang, was Sie an Vorauszahlungen zurücklegen müssen. Oder was an Nachzahlungen auf Sie zukommt – das rechnet er schon aus, bevor Sie es vom Finanzamt erfahren. Mit einem guten Steuerberater und Finanzexperten machen Sie einmal im Quartal ein Update und schauen, wo Sie stehen. Stimmt die Richtung? Läuft es? Was ist zu ändern? Ein guter Steuerberater hat sich natürlich – wie auch sonst alle guten Berater – dem lebenslangen Lernen verschrieben und befindet sich in einem ständigen Prozess der Weiterbildung.

Vorsicht vor erfolglosen Beratern

Auch viele Berater sind gar nicht kompetent. Sehr viele Berater sind extrem erfolglos. Gerade wenn ich mir die Coaching-Szene anschaue, in der viele eine Coaching-Ausbildung über die andere stapeln und Qualifikationen sammeln, weil sie denken, dadurch würden sie besser – da steige ich mental aus. Die haben keine Spezialisierung, sondern einen Bauchladen. Und wenn es um Berater und Coaches geht, brauchen wir keine Universaldilettanten, sondern Spezialisten, die sich auf ganz konkrete Aufgaben konzentrieren und uns dabei helfen, diese zu lösen.

Oder wie findest du einen guten Mentor? Ein Mentor ist jemand, der für dich eine Vorbildfunktion einnimmt und der dir den Rücken frei hält. Ein Mentor begleitet dich viel länger als ein Coach.

Vielleicht überlegen Sie mal, wer Ihr Mentor sein könnte oder Ihre Mentorin? Wer hat in einem ähnlichen Bereich wie Sie schon bewiesen, wie es geht? Wer hat der Welt schon gezeigt, dass er erfolgreich mit einem Produkt auf den Markt gehen kann, das eine konkrete Zielgruppe tatsächlich dringend braucht?

Letzten Endes wäre es natürlich am schönsten, wenn wir unser unternehmerisches Dasein ganz ohne externe Berater hinbekommen könnten. Das wäre ein Traum! Einfach wissen, was zu tun ist, und das tun, ohne dabei Misserfolge zu landen oder Fehler zu produzieren. Das wäre wundervoll.

Doch die Realität sieht komplett anders aus. Ich kenne keinen Unternehmer und niemanden in meinem Netzwerk, der ohne Mentoren oder ohne Berater arbeitet. So wie fast alle meditieren und sich einen eventuellen Zugang zu ihrem Inneren erarbeiten, lassen sich auch alle beraten und sind lernwillig.

Das wiederum ist ein Unterschied zu sehr vielen Angestellten, die oft der Überzeugung sind, nach ihrem Studium schon alles zu wissen, was nötig ist. Diese Mischung aus Arroganz und Unwissen ist ziemlich fatal und darunter leiden auch sehr viele Unternehmen. Wenn Manager noch nicht begriffen haben, dass es um lebenslanges Lernen geht und darum, dass wir offen sind für Impulse und für Kritik und für Anregungen anderer – dann steht es schon mal schlecht um das Unternehmen. In vielen Unternehmen herrscht tatsächlich der Geist, dass wir als gebildete, fachspezifisch ausgebildete Menschen alles wissen, was wir für unseren Erfolg brauchen. Ich nenne das Selbstgerechtigkeit, was die völlige Abwesenheit von Demut bedeutet.

Nein, wir brauchen beim unternehmerischen Denken vor allem mentale Offenheit. Unternehmer müssen open-minded sein. Wir müssen offen dafür sein, den Rat anderer anzunehmen.

Bei mir hat es ein wenig gedauert, bis ich es begriffen habe. Ich habe wie viele mit hoch erhobenem Haupt angefangen. Ich habe mich für den Allerbesten gehalten.

Natürlich war ich auch der Allerbeste. Und natürlich bin ich auch heute noch der Allerbeste.

Aber ich habe inzwischen begriffen, dass das nur dann geht, wenn ich offen bin. Wenn ich mich für Impulse anderer öffne und bereit bin, mir Berater zu holen, die mir auf meinem Weg helfen. Dann habe ich eine Chance, erfolgreich zu sein.

Auch der Markt der Berater, Coaches und Trainer ist völlig unübersichtlich. Es ist uns überlassen, dort den besten Anbieter zu finden. Auch Verbandsmitgliedschaften sagen wenig darüber aus, ob jemand wirklich gut ist. Wir wissen das ja schon von Ärzten: Nur weil jemand Facharzt für Augenheilkunde ist, heißt das nicht, dass er wirklich gut ist. Manch ein Facharzt ist hoch spezialisiert, behandelt uns aber trotzdem falsch. Oder spricht mit uns Lateinisch.

Und worauf kommt es an? Darauf, dass er alles weiß? Nein, es kommt nur darauf an, dass er uns richtig behandelt. Dass er eine treffende Diagnose stellt und uns die richtige Behandlung verschreibt. Darum geht es.

Und so ist das eben auch bei Beratern. Es geht nicht darum, dass jemand als Steuerberater die nächste Fortbildung gemacht hat. Sondern es geht darum, dass er unser Geschäft versteht und genau kapiert, dass wir mit unserer Holding-Struktur völlig andere Ansprüche haben als zum Beispiel ein Einzelunternehmer oder eine GbR.

Qualitätssiegel sind für die Tonne

Am Anfang dieses Buches haben wir ja kurz über konvergentes und divergentes Denken gesprochen. Dazu noch ein ganz wichtiger Punkt: All die standardisierten Qualitätssicherungsverfahren mit ihren ganzen Kriterien – das ist alles konvergent gedacht. Das kannst du im Grunde in die Tonne kloppen.

Ich weiß, dass ein Berufsverband Kriterien standardisieren muss, um die Qualität von etwas festzuhalten. Aber keine Rechtsanwaltskammer und auch keine andere Institution kann wirklich qualifizieren, worum es geht. Nehmen wir den Fachanwalt. Voraussetzung für einen Fachanwaltstitel ist, »besondere theoretische Kenntnisse« nachzuweisen, schreibt die Bundesrechtsanwaltskammer. »Der Nachweis erfolgt in der Regel über einen erfolgreich absolvierten anwaltsspezifischen Fachanwaltslehrgang, der festgelegten Vorgaben wie etwa der Absolvierung von mindestens 120 Zeitstunden sowie dem Schreiben von mindestens drei Aufsichtsarbeiten folgt.«

Merken Sie etwas? Es geht um Theorie. Weder Praxis noch Erfahrung, noch ergebnisorientiertes Denken spielen eine Rolle.

Sicherlich bist du bei meinem Fachanwalt für Verkehrsrecht super aufgehoben, wenn du deinen Führerschein retten willst. Das liegt aber nicht daran, dass er Fachanwalt für Verkehrsrecht ist. Sondern das liegt daran, dass er einfach in der Praxis gut ist. Der Typ ist ein Kämpfer. Der setzt sich für dich ein. Er kennt die Mittel und Wege. Vor Gericht und im Umgang mit Behörden ist vieles Politik. Das gibt dir das Jurastudium nicht unbedingt mit und auch die Fachanwaltsausbildung dreht sich – so die Bundesrechtsanwaltskammer – um Theorie.

Auch im Umgang mit dem Finanzamt ist sehr vieles Politik. Auch das lernen viele Steuerberater nicht. Die machen am Ende lediglich eine ordentliche Buchhaltung und manchen fällt nicht einmal ein, dass sie ihre Kunden vielleicht auch mal beraten könnten.

Ich hatte mal einen schlechten Steuerberater, der einfach nur nach Schema F vorgegangen ist, wie er es eben gelernt hat. Und das bringt nun mal nichts. Er hat mich damals als Einzelunternehmer genauso behandelt wie andere Einzelunternehmer anderer Branchen oder auch GmbHs. Natürlich gibt es formaljuristische Unterschiede, das ist mir auch klar. So erstellt ein Einzelunternehmer keine Bilanz, eine GmbH dagegen schon. Aber das meine ich nicht. Der Steuerberater hat im Grunde bei all seinen Mandanten immer nur geschaut: Wie viel Geld kommt pro Monat rein? Wie viel Geld geht raus? Was ist die Umsatzsteuerdifferenz, die wir ans Finanzamt melden? Wir führen die Umsatzsteuer ab und prognostizieren die Einkommensteuervorauszahlungen. Das war's. Sinn hatte das nicht.

Heute habe ich einen Steuerberater, der vor allem auch Finanzberater ist. Er ist auf genau das spezialisiert, was ich mache: GmbH & Co. KG, Holding-Strukturen.

Wissen Sie, das Rechtssystem ist Kraut und Rüben. Da herrscht das totale Chaos. Niemand in diesem Gemeinwesen hat den wirtschaftlichen Dschungel jemals strukturiert. Es gibt keine logischen Verknüpfungen zwischen den vielen Elementen, die in die Ökonomie hineinspielen. Der Staat stellt uns dazu nur das größtmögliche Informationschaos bereit. Wir alle sind gezwungen, uns unsere Informationen selber zusammenzusuchen. Niemand gibt uns einen Hinweis darauf, was richtig und was wichtig ist.

Am Anfang der Karriere hören viele angehende Unternehmer, sie sollten sich privat krankenversichern. Mit zunehmendem Alter merkst du, die Beiträge gehen durch die Decke. Dann heißt es, dass du aus der privaten Krankenversicherung (PKV) nicht mehr raus und zurück in die gesetzliche Krankenversicherung (GKV) kannst. Das sagt dir irgendeiner dieser Heinis einfach, die zu allem ihren Senf dazugeben. Später bekommst du mit: Doch, eine zeitweise Anstellung – meinetwegen in einer GmbH der eigenen Holding – genügt. Eine Anstellung kann ein Weg sein, wieder aus der privaten Krankenversicherung zurück in die gesetzliche zu kommen, wenn du noch nicht 55 Jahre alt bist. Oder ein paar Jahre im Ausland. Aber erst einmal hören wir von Beratern, etwas gehe nicht. Weil sie nur an die Standardsituationen denken, eben Schema F.

Und so weiter und so fort. Niemand, aber auch wirklich niemand, stellt uns das strukturiert zusammen und sagt uns, dass er hier etwas Wichtiges für uns hat. Ich habe weder vom Gewerbeamt noch vom Finanzamt, noch von der Industrie- und Handelskammer noch von sonst wo eine Anleitung bekommen, wie Entrepreneurship geht. Warum nicht? Weil dort niemand Entrepreneur ist und de facto niemand weiß, wie Entrepreneurship geht.

Entsprechend erwarte ich von einem Steuerberater, dass er diese Dinge weiß und sie mir sagt. Wozu sonst bezahlen wir einen »Berater«? Die übliche Reaktion von Steuerberatern ist dann: »Na ja, niemand kann alles wissen.« Als sei das der Punkt. Ich verlange doch nur, dass ein Steuerberater weiß, was für seine Mandanten relevant ist. Ich verlange nicht, dass er alles weiß.

Ein guter Steuerberater berät dich immer hinsichtlich deines Geschäfts, also deiner unternehmerischen Tätigkeit. Er belästigt dich auch nicht mit absurden Nebenschauplätzen aus irgendwelchen Geschäftsbereichen, mit denen du nichts zu tun hast.

Ebenso wird dir ein guter Rechtsanwalt bei einer Vertragsgestaltung zu einer Regelung für den Fall raten, dass einer der Beteiligten stirbt. Ob das ein Gesellschaftervertrag ist oder ein Kooperationsvertrag mit irgendjemandem: Die schlimmstmögliche Wendung bei einem Todesfall ist, dass sich die Vertragspartner mit irgendeiner Erbengemeinschaft herumschlagen dürfen, die sich nicht grün und sowieso nicht einer Meinung ist. An solche Dinge denken gute Rechtsanwälte.

Natürlich gehe ich nicht davon aus, dass du morgen unter den Bus fällst. Aber es kann halt sein! Und für diese Fälle sind Verträge da. Verträge sind in aller Regel dafür da, dass wir sie nicht brauchen. Manchmal müssen wir im Vertrag nachschlagen, was wir vereinbart haben, um uns daran halten zu können. Manchmal müssen wir uns da noch mal updaten, aber im Regelfall haben wir die Vertragsinhalte zumindest grob im Kopf und handeln danach.

Ein guter Rechtsanwalt erklärt ja auch, wie deine Rechtsschutzversicherung funktioniert. Wenn du gegen jemanden vorgehst, der dich im Internet verleumdet, dann stellt sich natürlich die Frage, ob deine Rechtsschutzversicherung das übernimmt. Wenn du jetzt einen guten Anwalt nimmst, dann reichen die üblichen Sätze der Rechtsschutzversicherung möglicherweise nicht aus. Viele Rechtsschutzversicherungen sind so ein bisschen wie die GKV – wenn es darauf ankommt, hast du eine Deckungslücke.

Darüber musst du mit einem Rechtsanwalt sprechen! Und zwar, bevor du ihn beauftragst. Du kannst mit einem Rechtsanwalt auch eine Pauschale vereinbaren. Du kannst sogar mit deinem Rechtsanwalt vereinbaren, dass er von der Streitsumme einen bestimmten Prozentsatz erhält für den Fall, dass du gewinnst.

Wir haben Vertragsfreiheit! Wir dürfen vereinbaren, was wir wollen! Das ist ja das Schöne daran.

Und dann kommen wir wieder zum Entrepreneur und zurück zum Unternehmer-Mindset: Unternehmer lieben die Freiheit. Ich habe schon gesagt, die Freiheit ist mein wichtigster Wert. Unternehmer brauchen Freiheit, um atmen zu können. Darum gestalten Unternehmer Verträge, wie es ihnen passt. Sie halten sich nicht an irgendwelche Konventionen in der Art, wie Verträge aussehen sollten und was sich gehört. Nein, Unternehmer schreiben in den Vertrag genau das rein, was sie vereinbaren wollen. Das sind Machertypen. Und du bist als Unternehmer hoffentlich auch ein Machertyp.

Freiheit und Unsicherheit, Unfreiheit und Sicherheit

Glauben Sie mir, wir leben in einem Dschungel. Wir sind unfassbar frei und selbstständig und haben unglaublich viele Möglichkeiten, die Wirklichkeit zu gestalten, in der wir uns bewegen. Und diese grundsätzliche Freiheit, die müssen wir kapieren.

Du musst verstehen, dass du zunächst einmal vom Prinzip her alles machen kannst, was du willst. Du darfst alles auf die Beine stellen, was du willst. Natürlich darfst du nicht gegen geltendes Recht verstoßen. Und natürlich darfst du auch keine sittenwidrigen Verträge machen. Das ist alles klar, aber darum geht es ja nicht. Prinzipiell kannst du als Unternehmer alles definieren, wie du willst, und wenn deine Geschäftspartner einverstanden sind, dann unterschreiben sie das.

Der Preis für diese Freiheit ist die Unsicherheit. Oder, anders formuliert: Der Lohn für die Unsicherheit ist die Freiheit.

Freiheit und Sicherheit sind zwei Ideale, die selten gemeinsam existieren. In einer idealen Welt vielleicht schon, aber nicht in der Europäischen Union dieser Tage. Und das liegt nicht nur am Regelungschaos. Es liegt auch daran, dass uns jederzeit etwas widerfahren kann. Gerade wenn wir ins Risiko gehen, drohen auch Gefahren – so ist schließlich das Wort »Risiko« definiert. Es ist die Wahrscheinlichkeit, dass eine negative Situation eintritt. Wer viel macht, erlebt viel, und wer viel erlebt, der fällt auch öfter hin als jemand, der nur zu Hause sitzt und ansonsten brav seinen Job macht.

Unternehmertypen lieben, wie gesagt, die Freiheit und sie akzeptieren dafür die Unsicherheit. Die können sie durch Berater zu einem gewissen Teil verringern, aber sicher nicht ganz.

Angestellte ticken im Prinzip genau andersherum: Sie lieben die Sicherheit und nehmen dafür die Unfreiheit in Kauf. Also, dass sie um Urlaub bitten müssen. Oder darum, dass sie früher gehen dürfen, weil das Kind krank ist. Einfach so dürfen sie diese grundlegenden Entscheidungen nicht treffen – da sind sie unfrei. Der Lohn dafür ist die Sicherheit, wobei ich gerne sage, dass auch diese Sicherheit nur scheinbar ist. Denn jeder Arbeitsplatz hängt auch direkt vom Erfolg des Unternehmens ab.

Glauben Sie mir: Sie brauchen einen Stab an Beratern. Das muss kein festangestellter Stab sein wie in einer militärischen Heeresführung, aber Sie müssen wissen, auf wen Sie zugehen können, wenn Sie bestimmte Fragen haben. Es ist absolut elementar, dass Sie für alle offenen Fragen das Know-how anderer anzapfen können, damit Sie die vielen Fehler, die Unternehmer Tag für Tag machen, nicht selbst machen müssen.

Und denken Sie daran, dass sich die Konzepte ständig verändern. Der Status quo ist vergänglich, wir sollten uns nicht darauf verlassen. Keine Ahnung, vielleicht ist Xing morgen wieder brauchbar? Ich weiß es nicht. Vielleicht schmiert LinkedIn ab? Vielleicht entwickelt sich TikTok, wo du derzeit im Grunde nur Leute Mitte zwanzig für einfache operative Tätigkeiten findest, zum neuen Unternehmer-Hack? Wir wissen nicht, was geschieht. Im Dschungel verändert sich die Welt die ganze Zeit. Dinge kommen und vergehen. Alles kann morgen anders sein. Und auch wenn morgen alles anders ist, solltest du wissen, auf wen du zugehst, wenn du Fragen hast.

Welche Kooperationen und welche Konstellationen in Ihrem Geschäftsmodell haben Sie noch nicht bedacht, die vielleicht funktionieren könnten? Was haben Sie noch nicht gedacht, weil irgendwelche Denkgrenzen Sie davon abhalten?

Mit welchen Beratern können Sie Ihre Projekte absichern? Wer berät Sie rechtlich, wer steuerlich? Warum sind diese Berater gut?

Von welchen Beratern trennen Sie sich? Warum?

3.7 Ihr Flussdiagramm

Jetzt kommen wir zu dem Ablaufplan für Ihr Unternehmen. Ganz gleich, ob Sie gründen oder ob Ihre Company schon besteht: Ein Plan ist wichtig. Im Zweifel erkennen Sie daran verkrustete Strukturen, die Sie – wenn Sie ehrlich sind – nie geplant haben.

Wie gesagt: Viele stellen es sich sehr einfach vor, eine Geschäftsidee zu entwickeln und ein Produkt auf den Markt zu werfen. Doch so gut wie jede Geschäftsentwicklung war am Ende eine komplexe Konstruktion aus unfassbar vielen Elementen.

Der »Schaltplan«, der Ihr Businesskonzept schematisch visualisiert, zeigt Ihnen genau, was wie verschaltet und kombiniert ist und welche Wenn-dann-Funktionen Sie installiert haben. Es ist wie bei der Autoelektrik: *Wenn* wir den Schalter betätigen, *dann* startet das Relais den Blinker. Das ist eine Bedingung, eine Wenn-dann-Funktion. Und genau so sollten Sie Ihr Produkt entwickeln und dann auch schauen, dass Sie die Markteinführung Ihres Produktes mit einer Art Schaltplan definieren. Also: *Wenn* der Kunde gekauft hat, *dann* bekommt er per E-Mail die Bitte, das Produkt doch anderen Leuten zu empfehlen. So etwas ist am Ende nur eine Verkettung von Hunderten. Ein Unternehmen ist insofern eine komplexe Kombination von Prozessen.

Auch ein Produkt lässt sich als Ablaufplan darstellen. Das sieht bei einem Staubsauger zum Beispiel so aus:

1. Der Anwender zieht das Kabel aus dem Staubsauger und steckt es in die Steckdose.
2. Dann drückt er den Ein-Aus-Schalter – der Staubsauger startet.
3. Der Anwender drückt den Ein-Aus-Schalter – der Staubsauger stoppt.
4. Der Anwender zieht das Kabel aus der Steckdose und drückt die Kabeltaste – der Staubsauger frisst das Kabel.

Natürlich wird das Flussdiagramm noch komplizierter, wenn wir die verschiedenen Funktionen des Produktes einbauen: Der Kunde stellt an den Tasten für die Saugstärke die Drehzahl des Motors ein, sodass der Staubsauger für den Teppich passt. Oder auch die Anzeige, wie voll der Staubsaugerbeutel ist, ist durch so einen Ablauf definiert.

Genau so bauen Sie die Logik Ihres Produktes auf. Und jetzt kommen wir mal zum Schaltplan Ihrer Markteinführung. Ein Element in diesem Schaltplan ist Ihr

Produkt. Der gesamte Ablaufplan des Produktes – beispielsweise des Staubsaugers – verschwindet hier in einem Element, das nur noch »Produkt« heißt. Andere Elemente heißen zum Beispiel »Facebook-Werbung«, »E-Mail-Marketing« oder »Werbung in der U-Bahn«. Und Sie definieren exakt die Abläufe. Sie definieren, wann welcher Kunde auf welchem Weg auf Ihr Produkt aufmerksam wird und weshalb er es am Ende kauft. Und nicht nur das: Sie definieren auch, wie er es kauft und wie er es bezahlt. Selbst der kleinste Schritt muss definiert sein, sonst funktioniert das Ganze nicht.

Viele kreative Chaoten arbeiten hier viel zu schlampig. Sie haben schöne Ideen für gute Produkte, aber sie sind am Schluss nicht erfolgreich damit, weil sie die Prozesse nicht sauber aufsetzen. Der größte Fehler ist, zu denken, die Kunden würden schon kommen. Der Ansatz »Wird schon werden« ist mindestens fahrlässig. So setzen Sie Ihre schönen Ideen vermutlich alle in den Sand. Denn nichts geschieht von allein.

Wenn Sie Ihr Business-Konzept dagegen als Schaltplan aufsetzen und wenn Sie möglichst detailliert durchdenken und planen, wer wann wie an Ihr Produkt kommt, und vor allem warum, dann erkennen Sie auch recht schnell, in welchen Bereichen Sie möglicherweise Fachleute brauchen.

Vielleicht brauchen Sie zum Beispiel Fachleute, die Ihren Online-Marketing-Funnel aufsetzen. Möglicherweise können Sie das selber, aber was jemand besser kann als Sie, sollten Sie ihm anvertrauen. Außerdem sparen Sie damit Ressourcen und Zeit für das, was Sie selbst am besten können und selbst tun sollten.

Ihre Aufgabe ist es jetzt, den gesamten Weg des Kunden vom ersten Kennenlernen bis zum Kauf zu beschreiben – und dann auch noch die gesamte folgende Customer Journey. Theoretisch kann Ihr Ablaufplan bis zum Recycling des Produktes gehen oder bis zum Update oder zum Upgrade oder zum nächsten Kauf.

Dabei ist nicht nur Kreativität gefragt, sondern letztlich auch Erfahrung. Fragen Sie in Ihrem Netzwerk bei ähnlichen Produkten herum. Wie ist es dort gelungen, dass Kunden ein Produkt gekauft haben? Mit welchen Reaktionen von Kunden ist zu rechnen? Worauf legen Kunden Wert? Wann gibt es Reklamationen und Retouren?

Und all diese Details, also auch den Support und die Reklamationsabwicklung, definieren Sie in Ihrem Schaltplan.

Wenn Sie haptisch und wie früher mit Papier und Bleistift arbeiten, nehmen Sie ein DIN-A3-Blatt und schreiben Sie sehr klein. Dann bekommen Sie vielleicht alles unter. Da empfehle ich natürlich Bleistift und Radiergummi, denn Sie werden Fehler machen.

Ein besser geeignetes Tool ist meiner Meinung nach »Prezi«. Prezi galt nach seiner Veröffentlichung im Jahr 2009 für einige Zeit als die große Alternative für »PowerPoint« und »Keynote«, hat sich in diesem Bereich aber nicht durchgesetzt. Doch was sich bei einer Präsentation als Spielerei erweist, ist für einen Plan nicht schlecht: Bei Prezi siedeln sich alle Informationen auf einer Fläche an, die sich wie ein beliebig großes Blatt Papier verhält. Und tatsächlich startete Prezi als Präsentationsprogramm für Architekturfirmen, bei denen es um detaillierte Pläne geht.

Also, stellen Sie sich vor, die gesamte Funktionsweise des Produktes steht in einem Kasten. Diesen Kasten können Sie heranzoomen und dann finden sich in diesem Kasten alle Prozesse, die mit dem Produkt und seiner Anwendung zu tun haben. Und diese Prozesse bestehen wiederum aus kleinen Flussdiagrammen mit Kästen. Wenn Sie den Kasten kleiner zoomen, erweist er sich als Teil eines größeren Prozesses, beispielsweise bei Ihren Einnahmen, die Sie als Folge des Elements »Produktkauf« darstellen. Während zeitlich vor Ihrem Produkt die Produktentwicklung steht mitsamt allen Ressourcen, die Sie dafür benötigen.

Die Logik von Prezi finde ich deswegen gut, weil sie das Mikro-Makro-Spiel deutlich macht und uns auch bei Misserfolgen zeigt, dass der Fehler oft im Detail steckt. Wieder will ich das Konzept mit einem Auto vergleichen, dessen Flussdiagramm schon von der Funktionsweise her unfassbar kompliziert ist: Die Prozesse »Kraftstoffversorgung«, »Motor«, »Getriebe« arbeiten nur dann wie am Schnürchen zusammen, wenn alle Elemente fehlerlos laufen. Doch schon wenn die Wasserpumpe versagt, können Sie rechts ranfahren. Denn dann ist die Kühlung des Motors nicht mehr gewährleistet. Dann bringt Ihnen auch das schönste Acht-Gang-Getriebe nichts mehr.

Und diesen Detailblick vermisse ich bei zahlreichen Unternehmern. Bei Gründern sowieso. Ein gewisser Ingenieursgeist ist einfach hilfreich, also ein zugegeben konvergentes Denken in Bedingungen und Funktionen. Nur wenn du hier sauber arbeitest, haben die ganzen hübschen Ideen der Kreativen in deinem Team einen Sinn. Das Ganze erweist sich als völlig sinnlos, wenn du deine Geschäftsidee nicht auf die Straße bringst, weil du in deinem Schaltplan einige lebenswichtige Funktionen vergessen hast. Zum Beispiel den Prozess, wie der Kunde vom Produkt erfährt. Ohne diese Funktion kein Kauf. Logisch?

Mit der erwähnten MVP-Methode, also durch das kleinste lebensfähige Produkt, können Sie das Modell testen. Erst wenn das Ganze im Prinzip funktioniert, bauen Sie die große Maschine auf.

Aus welchen Kernelementen besteht Ihr Flussdiagramm?

Wie gewährleisten Sie, dass alle Komponenten funktionieren?

Welche Funktionen sind noch nicht geklärt und wie klären Sie sie?

3.8 Kluge Prozesse

Im Jahr 1995 erklärte Steve Jobs in einem Interview: »Ein Produkt zu entwickeln bedeutet, 5000 Dinge im Kopf zu haben. Es bedeutet, diese Konzepte zusammenzufügen, indem du immer wieder versuchst, sie auf neue und andere Weise zusammenzufügen, um das zu erreichen, was du willst. Und jeden Tag entdeckst du etwas Neues, das ein neues Problem oder eine neue Möglichkeit darstellt, diese Dinge ein wenig anders zusammenzufügen. Und genau dieser Prozess ist der Zauber.«

Als Unternehmercoach denke ich, dieses Zitat bringt es wirklich auf den Punkt.

Beim Aufbau der Maschine sollten vor allem die einzelnen Prozesse klug durchdacht sein. Meistens stellen Unternehmen ihre Prozesse nur aus Sicht des Unternehmens auf, obwohl hier die Kundensicht viel wichtiger ist. Also: Klar kannst du einen perfekten Prozess etablieren, den du als Unternehmer tief durchdacht hast. Doch dabei kannst du genau das Falsche tun, indem du beispielsweise die Kundenperspektive ignorierst. Wichtig ist, wie sich Prozesse im Ergebnis von der Wirkung her darstellen – nicht, wie sie theoretisch von vorne her gedacht sind.

Zugleich hat Jobs noch etwas anderes Kluges gesagt, und zwar 1989 in seinem Interview mit dem »Inc-Magazine«: »Du kannst die Kunden nicht fragen, was sie wollen, und versuchen, es ihnen zu geben. Wenn du es dann fertiggestellt hast, wollen sie schon wieder etwas Neues.« Das heißt: Wir können gar nicht aktuell sein. Wir rennen der Entwicklung fast immer hinterher.

Unabhängig davon planen Sie Prozesse am besten vom Ende her. Sie überlegen: »Was soll die Wirkung sein?« Und dann stellen Sie den Prozess auf die Beine, und zwar strikt vom Ergebnis her gedacht, sodass alle vorherigen Elemente direkt darauf zulaufen. Sicher ist es darüber hinaus auch sinnvoll, dass Sie als Unternehmer darauf achten, dass Ihre Leute die im Grunde einfachen Prozesse nicht unnötig verkomplizieren.

Wenn Prozesse dem Unternehmen schaden

Nehmen wir wieder mal die Personalabteilung. Stellen wir uns vor, die Personalabteilung plant Seminare zur Weiterbildung. Die Themen einiger dieser Seminare lauten »Positive Kommunikation«, »Freundlicher Umgang« und »Menschliche Arbeitsatmosphäre«.

Dazu will die Personalabteilung die Angebote einiger Referenten einholen. Wie läuft so etwas in aller Regel? Nun ja: So ziemlich alles, was keinen Sinn hat, beginnt mit einem Meeting. In diesem Meeting legt eine Runde fest, welche Ziele die Personalabteilung durch diese Seminare erreichen möchte.

Der Gleichstellungsbeauftragte – oder meistens seltsamerweise *die* Gleichstellungsbeauftragte – legt darauf Wert, dass alle Mitarbeiter*innen (m/w/d) teilnehmen dürfen, also nicht nur die in den Büros, sondern auch die in der Halle und der Alte vom Fuhrpark. Es darf keine Benachteiligungen geben.

Dann ist vom Betriebsrat jemand dabei, der sagt: »Das Ganze muss aber in der Arbeitszeit stattfinden. Es kann nicht sein, dass die Leute für ein Seminar der Firma ihre Freizeit opfern.«

Inmitten dieser Diskussion sitzt eine Praktikantin. Diese Praktikantin könnte eigentlich lernen, wie sinnvolle Personalarbeit geht, doch sie lernt, wie sie in Checklisten denkt. Nachdem Ziele und Gerechtigkeit geklärt sind, darf die Praktikantin ins Internet gehen und schauen, wer Workshops zu diesen Themen anbietet. Sie darf sondieren. Als Nächstes verbringt sie zwei bis drei Tage damit, diese Erstauswahl in einer PowerPoint-Präsentation im Corporate Design der Firma kreativ auszugestalten. Dazu holt sie sich bei der IT diesen und jenen Schrifttyp. Dann fehlt ihr noch die Berechtigung für den Zugriff auf die Datenbank mit den Illustrationen für sinnlose Präsentationen. Wegen irgendwelcher Zuständigkeitskonflikte bekommt sie diesen Zugang erst nach drei Tagen.

Erkennen Sie es wieder? Es ist der normale Irrsinn in nahezu jedem Konzern. Es ist eine vollkommen bizarre Ressourcenverschwendung, die ein mittelständischer Unternehmer sofort unterbinden würde, wenn er davon Wind bekäme. Denn ein Unternehmer jongliert ja, wie gesagt, mit eigenem Geld – die Leute im Konzern mit fremdem.

Nachdem Frau Praktikantin ihre Präsentation mit sämtlichen Bilderwelten zusammenhat, schaut sie im gemeinsamen Kalender nach einem freien Slot ihrer Chefin und stellt ihr einen Termin ein. Dieser ist wegen des alltäglichen Wahnsinns erst am übernächsten Tag. Bei diesem Termin legt Frau Praktikantin ihrer Chefin die Präsentation zur Freigabe vor. Wohlgemerkt: zur Freigabe – es geht noch nicht um die Auswahl der potenziellen Workshopleiter, die angeschrieben werden sollen. Es geht um die Präsentation und ihr Design. Ist diese Präsentation schick genug, dass die Praktikantin sie im nächsten Jour fixe präsentieren kann? Hält sich die Präsentation an die 346 Regeln im Stylebook des Unternehmens, das den Umgang mit dem Corporate Design regelt? Stimmen die Abstände und die Schriftgrößen?

Die Chefin hat diesen und jenen Änderungswunsch, weist auf einige Paragrafen des Stylebooks hin und die Praktikantin setzt sich wieder für Stunden ran. Die Arbeit der Chefin war für diese Zeit unterbrochen – was aber nichts macht, weil sie sich sowieso nur mit anderen sinnlosen Dingen beschäftigt hat. Außerdem hat so eine Personalchefin natürlich auch eine pädagogische Verantwortung gegenüber einer Praktikantin, die knapp volljährig ist und gerade mal so weiß, wie sich das Wort »TikTok« schreibt.

Dann gibt es das nächste Meeting und die Praktikantin hat ihren großen Auftritt. Sie darf nun mit PowerPoint und Beamer ihre Ideen präsentieren. Sie hat also mit ihrem jugendlichen Blick einige Referenten ausgesucht, die sie zu diesem Workshops anfragen will. Zu dieser Auswahl bekommt sie jetzt Feedback von den hauptberuflichen HR-Profis in der Runde. Und das dauert echt lang. Da wird diskutiert und diskutiert. Einige kennen schon einige Referenten und berichten lang und breit von ihren Erfahrungen. Warum der eine gut ist und der andere schlecht. Andere vermissen bestimmte Referenten und verlangen von der Praktikantin, dass sie sie ergänzt. Die Nächsten sagen, sie wollen noch weitere Themen mit reinnehmen, nämlich Achtsamkeit und Lach-Yoga, und die Suche insgesamt erweitern.

Mit den Aktualisierungswünschen geht die Praktikantin wieder an ihren Schreibtisch. Sie ergänzt die Liste anzufragender Referenten um die Themen Achtsamkeit und Lach-Yoga und um einige Anbieter. Aufwand: zwei Tage.

Dann geht sie mit der neuen Liste wieder zur Chefin. Endlich ist die Praktikantin an einem Punkt, an dem sie die infrage kommenden Anbieter anmailen darf. Es geht noch ein bisschen hin und her bezüglich der Formulierungen und dann schickt die Praktikantin eine einheitlich formulierte E-Mail an alle ausgewählten Anbieter raus. Im Anhang: die Ausschreibungsunterlagen, die die Praktikantin nebenbei noch zusammenstellen durfte.

In der Folge kommt also bei 20 Anbietern von Workshops zu den gewählten Themen eine bis auf die Ansprache identische E-Mail an. Mangels individueller Hinweise wissen alle 20, dass es ein Pitch ist. Und alle 20 Anbieter finden diese Ausschreibungsunterlagen, in denen sie checklistenartig ihr Angebot darlegen sollen.

Das ist ja auch klar, denn aus Complianceregeln heraus muss ja alles gerecht sein. Wir dürfen niemanden benachteiligen! Außerdem verlangt der Einkauf, dass unsere Ausschreibung auf komplett vergleichbare Angebote hinausläuft. Der Einkauf macht es sich gerne einfach und will am Schluss nur die Zahlen vergleichen – denn auch inhaltliche, also qualitative Entscheidungen treffen sich nach Ansicht dieser Leute am einfachsten quantitativ. Denn Zahlen können sie.

Hat unsere Praktikantin bis zu diesem Zeitpunkt irgendetwas gelernt, was das unternehmerische Handeln angeht? Nein. Sie hat gelernt, wie es in einem Irrenhaus zugeht.

In der Folge geben also 20 Referenten irgendeine Art von Antwort. Einige – vor allem die, die in Seminaren von Martin Limbeck waren – sagen ab. Sie weigern sich von vornherein, ein Angebot abzugeben, das grundsätzlich schon vergleichbar sein soll. Die anderen Referenten geben ihre Angebote wie gewünscht ab. Sie halten die Frist ein und füllen die Formulare brav aus. Was sie sehr viel Zeit kostet: Sie werden aus ihrem Seminargeschäft rausgerissen und müssen eine bürokratische Aufgabe erledigen, die beim Arbeiten stört – und das nur in der geringen Hoffnung auf ein bisschen Geschäft.

Unsere Praktikantin denkt, dass sie auf diesem Weg den besten Anbieter bekommt. Sie täuscht sich – die besten Anbieter sind nicht vergleichbar und haben bereits abgesagt. Doch das bringt ihr in diesem Konzern niemand bei. Denn da ist niemand, der unternehmerisch denkt. Aus Unternehmersicht wäre es wichtig, den besten Anbieter zu bekommen. Zugleich aber schließt der Einkauf anhand seiner Richtlinien den besten Anbieter naturgemäß aus. Es ist wie bei den Stellenanzeigen: Gute Leute lassen sich nicht in Checklisten einordnen. Doch HR glaubt eben, dass sich jede menschliche Leistung per Checkliste bewerten lässt. Wie bei einer theoretischen Führerscheinprüfung.

Unsere Praktikantin erzählt nach Feierabend im Biergarten stolz ihrer Freundin von ihrem verantwortungsvollen Job. Es hängt ganz allein von ihr ab, welcher Anbieter das Rennen macht und seine Workshops geben darf. Dass ihr Leben ein Rattenrennen wird, wenn sie so weitermacht, ist der Praktikantin nicht klar.

Die nächsten zwei Wochen verbringt die Praktikantin damit, die ausgefüllten Ausschreibungsunterlagen der Seminaranbieter zu sichten. Im nächsten Meeting sollen die Bewerber bewertet werden. Was die Praktikantin bis dahin noch nie gehört hat: Wer Bedarf hat, kauft dem Wasserhändler das Wasser ab. Er hält ihn nicht hin und behandelt ihn von oben herab.

In einem Konzern – wie gesagt eine Struktur, die von Strukturen bestimmt ist und nicht von Menschen – fällt so etwas überhaupt niemandem auf. Niemand sagt: »Was hier läuft, ist völlig Banane.« Was hier läuft, empfinden alle als komplett normal. Selbst wenn ein Manager aus der Top-Ebene reinkommt und fragt: »Was macht ihr hier eigentlich?«, fliegt er bei der Antwort nicht aus dem Anzug, sondern er denkt sich: »Konzern halt. War schon immer so, wird immer so sein. Öffentlicher Dienst ist schlimmer.«

Betritt jetzt aber der Unternehmer den Raum – bei einem mittelständischen, inhabergeführten Unternehmen der Eigentümer –, wird dieser Unternehmer sofort die Sinnfrage stellen. Und dann wird der Unternehmer tun, was jeder vernünftige Mensch tun würde: Er wird den Prozess stoppen. Und er wird fragen, wer entschieden hat, für eine solche Kleinigkeit einen solch riesigen Aufwand zu betreiben und so viele Ressourcen zu verschwenden. Und er wird fragen, weshalb wir uns unseren Ruf als Unternehmen bei den Anbietern von Workshops versauen, indem wir ihnen absurde Massen-E-Mails schicken.

Dann wird sich der Unternehmer die Auswahl der Bewerber zeigen lassen. Er wird mit den Entscheidern und der Praktikantin eine kleine Runde eröffnen und dabei die Meinungen der anderen einholen und sie nach ihrem Gefühl fragen. Er will mit drei Anbietern persönlich telefonieren. Wer diese drei sind, wird die Runde innerhalb von zehn Minuten entscheiden. Der Unternehmer wird in jedem Fall jede scheinbar vernunftgesteuerte, aber ausufernde Lösungsfindung abbrechen und sagen: »Wir werden menschliche Entscheidungen niemals nach rein vernünftigen

Kriterien treffen können. Wir müssen das als Menschen entscheiden, nicht als Maschinen.«

Selber denken, normal denken

Übrigens habe ich so eine Geschichte selbst einmal erlebt, und zwar aus Sicht der angeschriebenen Anbieter. Wir hatten tatsächlich so eine E-Mail auf dem Tisch, an der wir sofort erkannt haben, dass es ein Pitch war – inklusive Ausschreibungsunterlagen wie beschrieben. Ein unfassbarer bürokratischer Wahnsinn.

Die meisten Companies füllen diese Ausschreibungen aus, weil sie den Auftrag haben wollen. Das mache ich manchmal, aber meistens sind diese Ausschreibungen übel. Im vorliegenden Fall wollte das Unternehmen seine Low-Performer trainieren. Doch schon in den Ausschreibungsunterlagen hast du gesehen: Das Unternehmen selbst kapiert es nicht. Das Denken in diesen Ausschreibungsunterlagen war so etwas von technokratisch, dass es mich überhaupt nicht wundert, wenn dort jede Menge Low-Performer arbeiten. Die ganze Ästhetik, die ganze Anmutung und Kommunikation dieses Unternehmens war völlig unattraktiv für gute Leute. Die Tragik eines solchen Unternehmens besteht dann darin, dass es genau das nicht merkt.

Die Vorstandschefin war ein Kind der Generation Y. Und das heißt: nie durch den Regen gegangen, nie ernsthafte Situationen erlebt, das Leben ist ein lustiges Spiel und wir sind alle Freunde. Und dann ein MBA-Studium, das den Leuten einredet, sie könnten jedes Problem auf dieser Welt durch die richtige Excel-Tabelle und das passende Prozessmanagement lösen. Das Leben ist ein einziges Computerspiel. Vom Menschenschlag her sind das Leute, die installieren in der Hotellobby Check-in-Automaten, weil sie die Rezeptionisten einsparen wollen – und müssen dann doch Personal neben die Automaten stellen, weil die unterirdisch programmierte Anwendung behauptet, Gäste mit Reservierung hätten gar keine Reservierung. Und so steht dann ein Gast abends um 22 Uhr eben ohne Bett da. Und das passiert immer wieder. Aber nein, die Generation Y glaubt, alles lasse sich programmieren. Das Problem ist nur, dass die Leute nicht mehr sorgfältig arbeiten. Sie planen nicht mehr sorgfältig, sie programmieren nicht mehr sorgfältig und sie ignorieren vor allem bei allem, was sie tun, die Realität – und dass der Teufel ein Eichhörnchen ist.

Es war also mal wieder der Glaube an die Technokratie und die völlige Abwesenheit jeder Empathie und jedes menschlichen Verständnisses. Sobald der Strom ausfällt, sind diese Leute übrigens handlungsunfähig. Sie können keine Reifen wechseln und keine Knöpfe annähen.

Da gab es also das Problem der Low-Performer. Daneben gab es einige Indizien in der Kommunikation des Unternehmens, die auf die Lösung hindeuteten: Nicht die Low-Performer brauchten Nachhilfe, sondern das Management.

Es war eine der vielen lustigen Anfragen, die heute immer häufiger werden – wie bei einem befreundeten Kommunikationstrainer, der eine Pitch-E-Mail für einen Storytelling-Workshop bekam. Hintergrund: Das Management – ohne jede Ahnung von kundenorientierter Kommunikation – war der Ansicht, es müsse seine Unternehmenskommunikation lustiger und gefälliger gestalten. Auf die Idee, dass das Problem möglicherweise die unverständlichen Produkterklärungen waren, voll an der Kundensicht vorbei, kam dieses Management nicht. Die hatten ein Problem und dachten, sie wüssten selbst, welche Medizin sie brauchen. Also, für mich ist das eine Kombination aus Dummheit, Arroganz und Selbstgerechtigkeit. So ziemlich der allerbeste Mix, um dauerhaft erfolglos zu sein.

Kennen Sie das Phänomen? Da fragt jemand ganz gezielt eine Leistung an, die sein Problem gar nicht lösen kann. Hintergrund: Er erfasst sein Problem gar nicht richtig. Albert Einstein hat das sinngemäß so beschrieben: Wir können ein Problem nicht mit dem Mindset lösen, mit dem es entstanden ist.

Auch mein Kollege hat dort angerufen – erfolglos. Sie haben es nicht verstanden. Sie hatten ihr Denkmuster und ihren Prozess. Und wie in der Geschichte mit der Praktikantin und dem Pitch haben sie am Ende vermutlich jemanden eingekauft, der ihnen zwar was über Storytelling erzählt hat, das Problem aber nicht lösen konnte. Natürlich nicht.

Bei den Ausschreibungen fliegen dann die raus, die das Problem erfassen und zum Hörer greifen, weil sie es wirklich lösen könnten. Sie fliegen raus, weil sie sich nicht an den vorgesehenen Prozess halten. Da kommen sich Menschen vor wie in einem Roman von Franz Kafka.

Nun kannte ich bei meinem Pitch – wie es das Leben wollte – durch mein Netzwerk den einen Aufsichtsrat dieses Unternehmens. Ich hatte den Mann mal kennengelernt, da war er noch CEO. Wir kannten uns privat vom Fußball. Ich erklärte ihm, warum diese Ausschreibung das Thema völlig verfehlt und das Ganze ausgeht wie das Hornberger Schießen. Und ich konnte plausibel darlegen, was das Unternehmen tatsächlich braucht. Über diese Verbindung konnte ich die Vorstandschefin anrufen. Ganz ehrlich habe ich ihr gesagt: »Ich glaube, was Sie da vorhaben, geht in die Hose.« Und nur wegen der Connection zum Aufsichtsrat bekam ich einen Termin und konnte im Unternehmen das implementieren, was tatsächlich nötig war.

Aber sinnvoll ist das Prozedere in großen Unternehmen wirklich nicht. In den Unterlagen stehen dann Sätze wie: »Bitte sehen Sie von Anrufen ab.« Wissen Sie was? Ich habe es ausprobiert und doch angerufen. Ich habe gesagt: »Danke für Ihre Ausschreibung, tolle Sache! Damit ich das optimal für Sie ausfüllen kann, habe ich ein paar Fragen.« Und in vielen Fällen war mein Gegenüber am Telefon gar nicht erbost, sondern wir hatten ein fröhliches Verkaufsgespräch. Der Kunde hat mir quasi diktiert, was ich anbieten soll. Auch das gelingt hin und wieder.

Zahlt das, was wir tun, aufs Unternehmensziel ein?

Es ist ein riesiger Unterschied, ob jemand ein Praktikum in einem Konzern macht oder bei einem Mittelständler. In Konzernen laufen viel mehr absurde Prozesse ab und es fließt viel mehr Geld durch den Abfluss als in mittelständischen Unternehmen. Der Unterschied ist zugleich ganz einfach: Bei einem Mittelständler lernen wir mehr gesunden Menschenverstand.

Und wir sehen an dieser kleinen Episode mit der Praktikantin: Den Verkauf vergessen viele im Unternehmen vor lauter absurden Prozessen. Unmengen Zeit und andere Ressourcen gehen für völlig unwichtige Dinge drauf. Es mag stimmen, dass es im öffentlichen Dienst noch schlimmer ist, aber für uns Unternehmer sollte das niemals eine Ausrede sein. Irgendwo ist es immer schlimmer. Und der öffentliche Dienst war noch nie ein Vorbild. Weder für Tempo noch für Effizienz, noch für Bürgernähe. Sosehr es auch stimmt: Als Rechtfertigung dafür, dass es bei uns schlimm ist, lasse ich das nicht durchgehen.

Der Unternehmer, der diese HR-Runde mit ihren sinnlosen Prozessen unterbricht, stellt sich die ganze Zeit nur die eine Frage: »Zahlt das, was wir hier gerade tun, auf die Unternehmensziele ein?« Also: »Machen wir damit Geschäft? Bekommt dadurch irgendein Kunde eine Lösung?«

Und das ist unternehmerisches Denken im Unterschied zum Management-Denken. Wir müssen die Prozesse loslassen. Vor allem, wenn sie sinnlos sind. Und wir müssen normal denken, ganz einfach. Wir dürfen das Denken auch nicht anderen überlassen, die davon überzeugt sind, dass sich bei den vielen Prozessen schon jemand was gedacht hat. Und wir schauen als Unternehmer oder Unternehmerin, dass unsere Manager bei allem, was sie tun, für Umsatz sorgen. Irrelevante Nebenschauplätze darf es nicht geben.

Dazu müssen wir uns allerdings wirklich auch als der allererste Verkäufer im Unternehmen verstehen und mit gutem Beispiel vorangehen. Wir arbeiten am Unternehmen statt im Unternehmen und sind trotzdem der erste Verkäufer. Denn nur der Verkauf ist am Ende der Sinn.

Prozesse optimieren

Ein Kumpel meldet vom Besuch beim Zahnarzt, die KI des Zahnarztes habe anhand des Röntgenbildes gemeldet, unter einer bestimmten Füllung sei noch Karies.

Cool, oder? Und nachvollziehbar: Ein Röntgenbild stellt im Grunde nur Moleküldichten dar. Heutige Röntgenbilder brauchen keine Stunden oder Tage mehr, bis die Filme entwickelt sind, sondern sie sind innerhalb von Sekunden auf dem Bildschirm sichtbar.

Und dann erkennt eben ein Computer etwas, was das menschliche Auge nicht erkennt: einen kleinen Rest Karies unter einer Füllung. Da hat der Zahnarzt einen Fehler gemacht, okay. Das passiert. Die KI arbeitet jetzt im Sinne der Qualitätssicherung und weist auf diesen Fehler hin. Der Zahnarzt macht die Füllung noch mal auf, holt die verbliebene Karies raus und stopft alles wieder zu. Fehler korrigiert.

Also, ich finde die Entwicklung phänomenal. Unternehmertypen überlegen jetzt genau, welche Ressourcen sie sich sparen und welche Prozesse sie optimieren können. Und bevor die Debatte losgeht, wie menschenfeindlich die Automatisierung ist, weil sie angeblich Arbeitsplätze vernichtet: Es ist ein Vorurteil, dass uns durch den technologischen Fortschritt die Arbeit ausgeht. Es ist auch klassisch links zu sagen, es gebe nicht genug Arbeit für alle. Die Bedarfe der Menschheit sind nach wie vor immens – und jeder, der eine Problemlösung entwickelt, kann ein Geschäft etablieren und Arbeitsplätze schaffen. Manchmal glaube ich, diese Sprüche dienen Faulpelzen nur als Rechtfertigung dafür, untätig zu bleiben.

Und selbst wenn Arbeitsplätze verloren gehen, beispielsweise infolge einer technologischen Weiterentwicklung, finden sich in aller Regel neue Aufgaben. Ob es die Erfindung der Dampfmaschine ist oder die Entdeckung des Erdöls – alle diese technischen Neuerungen haben Arbeitsplätze im Grunde nur verschoben. Durch die Diesellok und die Elektrolok wurde der Heizer der Dampflokomotive überflüssig – und zugleich haben fossile Brennstoffe und auch die Elektrizität für jede Menge neue Geschäftsideen und Tätigkeitsfelder gesorgt.

Nicht anders wird es bei der KI sein. Im Rückblick werden sich Rechtsanwälte fragen, weshalb sie noch so lange an Schreibkräften festgehalten haben, denen sie Briefe diktierten. Viele Rechtsanwälte sind wirklich äußerst langsam, wenn es darum geht, technischen Fortschritt zur Kenntnis zu nehmen. Also, ich diktiere viele meiner Texte einfach ins iPhone. Über die Notizen-App verschriftlicht das Gerät sofort, was ich sage. Die Texte erscheinen automatisch in der Notizen-App auf dem Mac und von dort kopiere ich sie in Microsoft Word rüber.

Wie gesagt müssen sich Windows-Nutzer solche Funktionen mühsam zusammenkaufen, aber das ist durch die Wahl des Betriebssystems eben auch selbstverschuldet. Es soll keiner sagen, es gehe nicht. Wir brauchen niemanden mehr, der unsere Diktate abtippt. Diesen Prozess haben Sie hoffentlich längst automatisiert. Wenn ich unter einem Anwaltsbrief die Bemerkung »Nach Diktat verreist« lese, weiß ich schon, dass der Mann von gestern ist und wir das Verfahren locker gewinnen. Fehlt nur noch, dass er mit Schreibmaschine schreibt.

Was viele Unternehmer nach meiner Erfahrung völlig vernachlässigen, sind Prozesse für die Sicherheit. Früher wurde gerne in Unternehmen eingebrochen, es wurde vor Ort Werkspionage betrieben. Heute richten Hacker den Schaden an. Es ist unbedingt nötig, die IT-Struktur wirklich top zu pflegen und sich gegen Cyber-Risiken zu versichern. Gerade wenn Ihr Unternehmen wächst oder wenn Sie Patente entwickeln, wenn Sie wichtige Kundendaten oder auch Patientendaten speichern, die ganz besonderen Vorschriften unterliegen.

Einer meiner Kunden in der Farbindustrie hatte so einen Hackerangriff, eine Erpressung. Er hat die Polizei eingeschaltet und natürlich nicht gezahlt. Es hat ihn acht Wochen gekostet, alles wiederherzustellen, was ihn am Ende einen guten siebenstelligen Betrag gekostet hat. Gerade kleine Unternehmen kümmern sich um das Thema viel zu wenig, obwohl Cyber-Versicherungen im Fall eines Angriffs den Betriebsausfall erstatten und sogar Experten schicken, um die Infrastruktur möglichst schnell wieder aufzubauen.

Wie bekommen Sie heraus, welche Prozesse sich automatisieren lassen?

1. Identifizieren Sie manuelle und wiederkehrende Aufgaben: Was machen Menschen selbst immer wieder? Schauen Sie sich Ihre Arbeitsabläufe an und notieren Sie alle Aufgaben, die manuell ausgeführt werden müssen und regelmäßig wiederholt werden.
2. Identifizieren Sie doppelte Arbeit: Pflegen Sie beispielsweise Kundendaten in mehrere Systeme ein statt nur in eines?
3. Identifizieren Sie chaotische Prozesse: Ist beispielsweise Ihr Dokumentenmanagement klar geordnet oder besteht es aus Kraut und Rüben?
4. Prüfen Sie die Automatisierungsmöglichkeiten: Recherchieren Sie nach verfügbaren Tools oder Softwarelösungen, die diese Aufgaben automatisieren können. Überlegen Sie auch, ob eine individuelle Programmierung sinnvoll wäre.
5. Entscheiden Sie über die Umsetzung: Ermitteln Sie abhängig von Ihren Ressourcen und Ihrem Budget, welche Automatisierungslösung für Ihr Unternehmen am besten geeignet ist.

Durch Automatisierung sparen Sie Zeit und steigern Ihre Produktivität. Es lohnt sich also, regelmäßig zu prüfen, welche Aufgaben automatisiert werden können. Und dazu halten Sie bitte die Augen offen: Die technische Entwicklung verläuft im Augenblick so rasend schnell, dass wir manche Entwicklungen verpassen könnten. Das Problem bei vielen Unternehmern ist, dass sie gar nicht wissen, was sich automatisieren lässt.

Denken Sie an die Prozesse in Ihrem (geplanten) Unternehmen. Welche sind unbedingt nötig und sinnvoll?

____

____

____

____

____

Welche Prozesse sind unsinnig? Welche sollten Sie streichen?

____

____

____

____

____

Welche Ihrer Prozesse lassen sich automatisieren?

____

____

____

____

____

Limbeck. Don't do this, do that!

Glauben Sie nicht, Sie könnten Ihr Unternehmen genau so aufbauen, wie andere Unternehmer Ihre Unternehmen aufbauen. Verstehen Sie stattdessen, dass jedes Unternehmen seine eigene Struktur braucht.

Lassen Sie nicht die Strategie der Struktur folgen, sondern schauen Sie, dass Sie schnellstmöglich die Struktur nach der Strategie ausrichten.

Stochern Sie nicht im Nebel, sondern entscheiden Sie nach dem Entweder-oder-Prinzip. Entweder Sie tun etwas – dann tun Sie es richtig. Oder Sie tun etwas nicht – dann tun Sie es gar nicht.

Planen Sie nicht einfach so ein Unternehmen, sondern überlegen Sie jetzt schon, wohin es führt. Führt Ihr Unternehmen zum Exit oder wollen Sie eine Marke über Jahrhunderte etablieren?

Benennen Sie Ihr Unternehmen nicht einfach nach Ihrer Person, sondern überlegen Sie genau, welche Folgen der Name hat. Manche Eigennamen funktionieren auf Dauer nicht als Firmennamen.

Beginnen Sie nicht ohne Plan, sondern planen Sie exakt, wie Sie vorgehen. Gleichzeitig halten Sie sich nicht sklavisch an den Plan, sondern ändern ihn, sobald es nötig ist.

Gehen Sie nicht ohne Marktkenntnis auf den Markt, sondern schauen Sie, dass Sie sich auskennen und Ihren Markt professionell einschätzen können.

Gründen Sie Ihr Unternehmen nicht mit den nächstbesten Gesellschaftern, sondern überlegen Sie genau, wen Sie für Ihr Unternehmen brauchen.

Denken Sie bei der Unternehmensgründung nicht ausschließlich in Steuervermeidungsmodellen, sondern überlegen Sie, welche Rechtsform und welche Konstellation für das organische Wachstum Ihres Unternehmens am besten geeignet ist.

Gründen Sie keine UG, die Ihre Geschäftspartner für eine Krauter-Firma halten, sondern wählen Sie eine ordentliche Rechtsform.

Gründen Sie nicht irgendwo, sondern an dem Ort, an dem Sie die besten Voraussetzungen haben.

Glauben Sie keinen Anwälten und Steuerberatern, nur weil sie Anwälte und Steuerberater sind. Holen Sie sich stattdessen qualifizierte, gute Berater, idealerweise durch Empfehlungen von Profis, die in Ihrer Liga spielen.

Lehnen Sie sinnvollen Input nicht ab, wenn Ihnen der Absender nicht passt. Unterscheiden Sie stattdessen zwischen Bote und Botschaft.

Planen Sie Ihr Unternehmen nicht ungefähr, sondern genau. Entwerfen Sie ein exaktes Flussdiagramm, das alle Prozesse berücksichtigt, aus denen Ihr Unternehmen besteht.

Setzen Sie keine Prozesse auf, nur weil andere sie aufsetzen. Setzen Sie nur Prozesse auf, die wirklich für Ihr Unternehmen wichtig sind und die auf Ihre Unternehmensziele einzahlen.

4 Setzen Sie Ihre Ressourcen klug ein!

Lassen Sie uns eine Bestandsaufnahme machen: Womit können Sie arbeiten? Wir gehen Schritt für Schritt Ihre Ressourcen durch und ich gebe Ihnen meine wichtigsten Erfahrungen und Erkenntnisse dazu mit.

Der wichtigste Grund, sich über Ressourcen intensive Gedanken zu machen, ist natürlich: Ressourcen sind begrenzt! Darum sollten Sie genau darauf achten, wie Sie mit Ihren Ressourcen umgehen. Idealerweise vermehren sie sich und im »Worst Case« geht es Ihnen wie »Hans im Glück«, der seine Karriere mit einem fetten Klumpen Gold beginnt und so schlecht wirtschaftet, dass er am Ende gar nichts mehr hat.

Der Umgang mit Ressourcen ist deswegen so spannend, weil sich darin das Prinzip der Wertschöpfung zeigt: Wer konstruktiv und produktiv arbeitet und klug wirtschaftet, dessen Ressourcen nehmen kontinuierlich zu – außer natürlich die Ressource »Zeit«, die bei uns allen abläuft. Aber wer wirklich Werte schafft, der kann eigentlich nur dann noch verarmen, wenn er ökonomische Fehler macht.

Übrigens zeigt dieses gedankliche Modell, dass Armut nicht gottgegeben ist, sondern die Folge menschlicher Fehler. Wenn wir uns eine Gesellschaft vorstellen, eine Volkswirtschaft, in der wirklich alle etwas Produktives tun, indem sie vor allem ihrer Berufung folgen, die in der Schnittmenge der Kreise »Können«, »Wollen« und »Markt« steht, dann verdienen alle viel Geld und leben in Wohlstand und »Bürgergeld« brauchen wirklich nur die, die nicht für sich selbst sorgen können.

Unternehmertypen verstehen das, deswegen mögen wir es ja auch nicht so sehr, wenn uns jemand anschnorrt, während wir selbst 14 Stunden am Tag arbeiten.

Also: Zeit, Geld, Personal und anderes sind allesamt begrenzte Ressourcen. Die müssen wir sorgfältig pflegen, um sie effektiv zu nutzen.

Eine kluge Planung der Ressourcen ermöglicht es Unternehmern auch, schneller Fortschritte zu machen und ihre Ziele effektiver zu erreichen. Eine gute Planung des Personals kann auch dazu beitragen, dass das Unternehmen reibungsloser läuft und dass Mitarbeiter produktiver arbeiten.

Von welchen Ressourcen haben Sie ausreichend viel?

Welche Ihrer Ressourcen sind knapp? Wie können Sie sie vermehren?
Oder woher bekommen Sie diese Ressourcen?

Welches Geschäft könnten Sie jetzt schon anhand Ihrer vorhandenen Ressourcen verwirklichen?

4.1 Zeit

Ich weiß, dass viele bei der Frage, welche Ressource die wichtigste ist, ans Geld denken. Aber Leute täuschen sich. Die wichtigste Ressource ist in meinen Augen die Zeit, und das aus einem einfachen Grund: Geld können Sie beliebig viel besitzen, aber Zeit ist begrenzt.

Ganz egal, wie erfolgreich Sie mit Ihrem Business sind: Sie werden keine Zeit gewinnen. Vielleicht gelingt es Ihnen, insofern Zeit zu gewinnen, als Sie sie nicht mehr für operative Arbeit einsetzen müssen. Vielleicht verstehen Sie unter Zeitgewinn, dass Sie andere, ätzende Dinge nicht tun müssen, sondern Zeit fürs Wesentliche haben. Meinetwegen. Wobei die Zeit selbst ebenso begrenzt bleibt wie immer: Sie haben – wie ich auch – 24 Stunden am Tag und 365 Tage im Jahr. Und Sie können mit dem berühmten Metermaß-Spiel ablesen, wie viel Zeit Ihnen zumindest statistisch noch bleibt: Sägen Sie als Mann den Zollstock bei 78,8 Zentimetern ab, als Frau bei 83,5 Zentimetern. Und dann sägen Sie noch einmal da ab, wo Sie in Zentimetern Ihr Alter ablesen. Sie sind 50 Jahre alt? Gut – dann bleiben Ihnen als Mann voraussichtlich noch rund 29 Jahre, als Frau noch bis zu 34 Jahre.

Egal, wie gut du bist – Zeit gewinnst du durch deine Arbeit nicht. Eher noch verlierst du welche, wenn du keine Pausen machst und schnurstracks auf den nächsten Herzinfarkt zuarbeitest.

Zeit ist also richtig wertvoll. Wir sollten auf keinen Fall Zeit verschwenden.

Darum ist eine der wichtigsten Lehren für mich, was den Umgang mit Zeit betrifft: Wir sollten unbedingt jeden Tag drei wichtige Dinge erledigen. Das entspricht auch meinem High-Performance-Prinzip.

Gerade wenn es darum geht, Zeit freizuräumen, um mehr am Unternehmen als im Unternehmen zu arbeiten, ist es entscheidend, die wichtigen Dinge zu erledigen. Alle Elemente gehen Hand in Hand: Auch, indem wir etwas Wichtiges erledigen und ein Mitarbeiter die dringenden Dinge erledigt – mal frei nach dem Eisenhower-Prinzip, das Sie sicher kennen –, legen wir den Schwerpunkt Stück für Stück aufs Strategische, aufs Kerngeschäft.

Ach ja, falls Sie das Eisenhower-Prinzip nicht kennen, hier in aller Kürze: Das nach dem früheren US-Präsidenten Dwight D. Eisenhower (1890 – 1969) benannte Prinzip besagt vor allem, dass wir Wichtiges von Dringendem unterscheiden sollten. Einen Kunden anzurufen und einen Verkauf einzutüten, ist wichtig, das Auto zu waschen ist dringend. Sehen Sie den Unterschied? Und Eisenhower sagt – jedenfalls ist das meine Deutung seines Prinzips –, dass wir nur noch das Wichtige tun sollten. Dann wird nichts mehr dringend. Und das Tagesgeschäft erledigen andere.

In meiner Lehre durfte ich für meinen Chef jeden Freitag alle Autos tanken und waschen fahren. Für ihn war das unwichtig, aber dringend. Bei der Gelegenheit sollte ich mit der S-Klasse seine Mutter abholen und zum Feinkostladen nach Bad Homburg fahren. Jeden Freitag. Toll. Warum? Weil Oma Kühn mir jedes Mal 50 Mark Trinkgeld gab, wenn sie mit ihrem Fisch aus dem Feinkostladen kam. Das waren für mich pro Monat 200 Mark cash mehr auf der Hand und Bargeld lacht bekanntermaßen schön am Finanzamt vorbei.

Ich weiß nicht, wann ich das letzte Mal ein Auto selbst zum Waschen gefahren habe. Vielleicht mal auf einer Tour zu einem Kunden nach einer Matschfahrt, aber sonst nicht. Heute bin ich der Chef und ich fahre kein Auto mehr durch die Waschanlage. Stattdessen mache ich das Wichtige: Während unser Koch das Auto waschen fährt, rufe ich drei Kunden an.

Mein Umgang mit Zeit ist insofern ziemlich rigoros geworden. Ich frage mich:

- Was muss ich selber machen? Wenn die Antwort wirklich lautet, dass ich es tun muss, dann mache ich es. Also nehme ich zum Beispiel meine Videos auf – da wollen die Leute mein Gesicht sehen, das kann ich nicht auslagern.
- Was kann ich automatisieren? Alles, was sich automatisieren lässt, automatisiere ich. Die Seminarplattform blink.it zum Beispiel automatisiert Rechnungen. Oder Einnahmen von Digistore24, ob als Verkäufer oder Affiliate, ergeben so gut wie überhaupt keinen Bürokram. Da kommt einfach eine Gutschrift, in der die Umsatzsteuer ausgewiesen ist.
- Was kann ich delegieren? Was jemand anderes besser kann als ich oder was ich nicht tun muss, lagere ich aus. Konsequent.
- Was fällt aus? Immer wieder gibt es Tasks, die bei genauerer Betrachtung gar nicht nötig sind. Vieles erledigt sich von allein – manchmal müssen wir gar nicht hinterher sein, weil sich der Ansprechpartner sowieso wieder melden wird. Also fallen diese Dinge aus.

Dazu kommt: Wenn manche Dinge laufen, können wir sie loslassen und währenddessen andere Dinge machen. Wichtig ist nur, dass wir sie anstoßen, denn sonst laufen sie nicht.

Das ist wichtig, weil es die Reihenfolge bestimmt, in der wir was tun.

Unternehmerpersönlichkeiten denken so. Wer nicht unternehmerisch denkt, macht eher eins nach dem anderen, und zwar unabhängig davon, ob sich manche Dinge von alleine erledigen. Es stimmt zwar prinzipiell, dass wir die Dinge nacheinander erledigen sollten, also die wichtigen zuerst und dann die weniger wichtigen.

Und auch das Modell mit dem Glas ist richtig, wonach wir zuerst die Steine einfüllen und dann den Sand. Andersherum ist es schwierig: Wenn wir unser Gefäß erst mit Sand füllen – also im übertragenen Sinne mit Kleinigkeiten –, haben wir keinen Platz beziehungsweise keine Zeit mehr für die Steine.

Das Modell demonstriert, dass wir zuerst die großen Dinge erledigen sollten, bevor wir uns um die kleinen Dinge kümmern, weil sonst die Kleinigkeiten unseren Tag in Anspruch nehmen. Das ist alles richtig. Gleichzeitig sollten Sie aber beherzigen, dass viele Prozesse gleichzeitig laufen können – wenn sie automatisiert sind. Wenn nicht, dann sollten Sie die Dinge auch zu Ende bringen.

Das Hafenmeisterprinzip

Ein ganz großartiges und wichtiges Prinzip, um effizient zu arbeiten und unsere Zeit optimal zu nutzen, ist das Hafenmeisterprinzip. Ich kenne das Hafenmeisterprinzip von Lars Vollmer (* 1971) und es ist mittlerweile in verschiedenen Varianten in der Literatur auffindbar. Meistens geht es um drei Arbeiter, die im Hafen drei Schiffe löschen, wozu jeweils drei Manntage nötig sind.

So, wie ich das Hafenmeisterprinzip kennengelernt habe, hat es mein Denk- und Rechenvermögen einigermaßen beansprucht. Um Ihren Gehirnprozessor zu schonen, stelle ich das Hafenmeisterprinzip ein wenig einfacher dar. Nicht mit drei Akteuren, sondern nur mit einem. Mit Ihnen.

Stellen Sie sich vor, Sie haben drei Projekte vor sich. Jedes Projekt braucht einen Tag. Jetzt stellen Sie sich vor, Sie beginnen alle drei Projekte gleichzeitig. Das bedeutet: Sie arbeiten jeden Tag an drei Projekten. Wenn Sie die Zeit gleichmäßig aufteilen, arbeiten Sie an jedem Projekt täglich jeweils einen Dritteltag.

Nach drei Tagen haben Sie alle drei Projekte erledigt.

Viele Unternehmen arbeiten so – die Menschen darin ertragen es nicht, dass ein Task tagelang liegen bleibt. Sie denken, alles muss laufen. Also müssen wir mit allem anfangen. Ein Irrtum, wie wir gleich sehen werden.

Jetzt stellen Sie sich vor, Sie erledigen die Projekte nacheinander. Am ersten Tag erledigen Sie das erste Projekt und das ist dann fertig. Am zweiten Tag starten Sie das zweite Projekt und bringen es zu Ende. Am dritten Tag beginnen Sie mit dem dritten Projekt und bringen auch das zum Abschluss. Was ist der Unterschied? Sie arbeiten auch drei Tage. Aber das erste Projekt ist bereits nach einem Tag fertig, also zwei Tage früher als bisher. Das zweite Projekt ist bereits nach zwei Tagen fertig, also einen Tag früher als bisher. Beim dritten Projekt ändert sich nichts: Es ist – wie gehabt – am Ende des dritten Tages fertig.

Und Sie haben genauso viel gearbeitet wie vorher. Sie waren weder schneller, noch haben Sie mehr Zeit reingesteckt.

Das heißt: Allein dadurch, dass Sie eins nach dem anderen tun, werden zwei Projekte früher fertig. Das eine einen Tag früher, das andere zwei Tage früher. Sie konnten also Zeit herbeizaubern. Es ist Ihnen gelungen, ohne Einsatz von Ressourcen drei Tage zu gewinnen.

Immer wissen, was getan ist

Wichtig ist mir auch, dass ich am Ende jedes Tages genau weiß, was ich erreicht habe. Es darf keinen Tag geben, an dessen Abend wir sagen: »Hui, ich habe den ganzen Tag eigentlich nur mit Kleinkram zugebracht und bin mit meinen wichtigen Projekten kein Stück weitergekommen.« Solche Tage, an denen wir nur auf der Stelle treten, darf es nicht geben.

Es gibt solche Tage höchstens mal im Urlaub, wenn ich freihabe oder wenn ich am See sitze und angle. Dann ist diese Zeit aber auch »Quality Time«, in der ich darüber nachdenke, was wichtig ist. Hier kommen automatisch die richtigen Ideen. Und damit arbeite ich auch wieder besonders intensiv *am* Unternehmen. Aber im Arbeitsalltag weiß ich genau, was ich tue und warum ich es tue.

Womit verschwenden Sie bisher Zeit?

____

____

____

____

____

Welche Zeitabläufe können Sie optimieren?

____

____

____

____

____

Welche Aufgaben werden Sie künftig nach dem Hafenmeisterprinzip effizienter erledigen?

____

____

____

____

____

4.2 Geld

Die zweitwichtigste Ressource ist dann das Geld. Und damit sind wir bei dem Thema, über das viele Gründer erst mal stolpern.

Ein Grund dafür, dass Unternehmensgründer heute sehr schnell wieder aufgeben, ist: Sie können nicht mit Geld umgehen. Finanzkompetenz ist das A und O beim Business. Ohne Verständnis für Geld, Geldflüsse und Vermögensaufbau bringt die beste Geschäftsidee nichts. Zahlreiche Gründer mit guten Ideen scheitern letztlich an ihrem monetären Unverstand.

Viele – ich damals auch – vergessen, Rücklagen für ihre Steuerzahlungen zu bilden. Auch viele Steuerberater vergessen zu sagen, dass im zweiten Jahr nicht nur die Zahlung für das erste Jahr kommt, sondern auch die Vorauszahlungen fürs dritte.

Und richtig Zeit und Lust, sich am Anfang mit Finanzen zu befassen, hat eigentlich keiner der Unternehmer, die ich so kenne. Und so laufen sie der Reihe nach in die Falle. Eine ganz wichtige Schule habe ich bei Bodo Schäfer (* 1960) durchlaufen, der als »Money-Coach« positioniert ist.

Die große Gefahr gerade bei Anfängern ist, dass sie ihr Geld gleich verjubeln, das sie einnehmen. Ein riesiger Fehler! Sie sollten Ihre ersten Einnahmen nicht nur sofort in Personal investieren, um sich den Rücken für die wirklich wichtigen Dinge frei zu halten, sondern Sie sollten auch Ihre Konsumausgaben reduzieren, so gut es geht.

Wobei wir erst mal bei einer grundsätzlichen Frage sind: Was ist der Unterschied zwischen einer Konsumausgabe und einer Investition? Vielleicht fragen Sie sich jetzt, warum ich eine so simple und banale Frage stelle – doch Sie werden sehen: Es ist etwas komplizierter, als viele denken.

Eine Investition ist zunächst einmal rein formal betrachtet eine Betriebsausgabe. Aber damit ist noch nicht gesagt, dass diese Ausgabe auch wirklich sinnvoll ist.

Bei einer Betriebsausgabe geht es um Geld, das am Schluss auf einem Beleg steht, den Sie beim Finanzamt steuermindernd geltend machen können. Sie können diese Ausgabe von der Steuer absetzen. Das heißt nicht, dass das Finanzamt Ihnen diese Ausgabe ersetzt – nur Ihr zu versteuerndes Einkommen reduziert sich um diesen Betrag.

Einverstanden? Es bleibt eine Ausgabe. Und damit gilt das gute alte Prinzip, wonach wir nur Geld ausgeben sollten, das wir auch haben.

Was wir nicht steuerlich geltend machen können, sind Konsumausgaben. Natürlich kannst du auch Kartoffelchips und kistenweise Cola Zero fürs Unternehmen von der Steuer absetzen, wenn du damit Mitarbeiter oder Kunden bewirtest, und wie erwähnt kannst du auch dein gesamtes Privatleben aufgeben und quasi als GmbH leben. Das meine ich jetzt aber nicht. Grundsätzlich können wir unseren privaten Konsum nicht von der Steuer absetzen.

Das ist erst mal der grundlegende Unterschied zwischen Investitionen und Konsumausgaben. Investitionen sind Ausgaben fürs Unternehmen, die das Finanzamt dann insofern würdigt, als dass es sie als steuermindernd anerkennt.

Wenn du einen Geschäftspartner zum Essen einlädst, ist das allerdings nicht mehr vollständig abzugsfähig, sondern das Finanzamt erkennt von deiner Rechnung über 200 Euro für ein paar Gläser Wein und zwei Steaks nur einen Teil an.

Eine Ausgabe ist es trotzdem, das Geld geht raus.

Der Denkfehler vieler Gründer und auch Unternehmer ist jetzt, zu glauben, dass Ausgaben nicht so schlimm seien, wenn es Betriebsausgaben sind, denn die können wir ja von der Steuer absetzen.

Und das ist einfach Unfug. Ausgaben sind Ausgaben. Am besten haben wir gar keine Ausgaben. Jede Ausgabe, die sich vermeiden lässt, sollten wir auch vermeiden.

Ich kenne so viele Kollegen im Seminarbereich, die so viel Geld für unnützes Zeug ausgeben, das sie dann von der Steuer absetzen. Zum Beispiel braucht keiner von denen wirklich immer das allerneueste iPhone. Das ist absolut unnötig. Ich selber finde das iPhone geil und ich habe immer das allerneueste iPhone. Aber brauchen tue ich es nicht. Ich weiß dabei natürlich, dass es eine unnötige Ausgabe ist, denn das alte iPhone hätte es ja auch noch getan. Nur ist das bei mir auch ein bisschen etwas anderes, denn inzwischen bin ich kein Gründer mehr – und im Vergleich mit so manchem Trainerkollegen brummt das Geschäft.

In vielen Unternehmen herrscht außerdem die Unsitte, am Jahresende zu schauen, wo sie noch Geld zum Fenster rauswerfen können. So handeln oft Manager, damit die Chefetage ihnen fürs Folgejahr das Budget nicht kürzt. Lieber simulieren die Leute also sinnvolle Ausgaben, statt ehrlich zu sein und zu sagen: »Wir brauchen diese Ausgaben nicht.« Diese Ehrlichkeit allerdings wäre sinnvoll, denn indem wir sinnlose Ausgaben vermeiden, steigern wir den Gewinn. Und der ist ja – nach dem dm-Gründer Götz Werner (1944–2022) – nicht das Ziel eines Unternehmens, sondern seine Bedingung.

Auch Geld zum Fenster rauswerfen, um die Steuerlast zu mindern, ist sicher nicht die Sache guter Unternehmer. Was soll das denn auch, 1000 Euro für etwas Unsinniges auszugeben, um 200 Euro Steuern zu sparen? Mal vereinfacht und plakativ gerechnet. Die sprichwörtliche schwäbische Hausfrau würde so nicht rechnen und entsprechend sind klassische schwäbische Mittelständler Meister im Umgang mit Geld.

Wieder haben wir den Unterschied zwischen Unternehmern und Managern: Möglicherweise kaufen irgendwelche Konzerne, die ohnehin in sinnlosen Prozessen ersticken, am Jahresende einen Schwung Bürostühle, die niemand wirklich braucht, aber sicherlich würde kein betriebswirtschaftlich sauber denkender mittelständischer Betrieb so handeln. Ein Mittelständler kauft sich sicherlich keinen neuen Bürostuhl, nur weil gerade das Geld dafür da ist und es ein schickes neues Angebot auf dem Markt gibt. Sondern er wird sich dann einen neuen Bürostuhl kaufen, wenn er einen neuen Bürostuhl braucht.

Doch was heißt »brauchen«? Ich kann Ihnen erzählen, wie ich das am Anfang gemacht habe. Ich habe am Anfang das Billigste vom Billigsten gekauft. Mir war es völlig egal, wie die Möbel aussahen und wie lange sie hielten – ich habe bei IKEA das günstigste Zeug geholt, das ich kriegen konnte. Darauf habe ich gearbeitet, bis es zusammengebrochen ist. Erst viel später habe ich angefangen, auf einen gewissen Stil bei der Einrichtung zu achten und auch Aspekte wie Ergonomie bei Büromöbeln zu beachten. Mit dem Bezug unseres Office in Dinslaken beispielsweise habe ich in fahrbare und höhenverstellbare Schreibtische für die Mitarbeiter investiert.

Büromöbel sind oft der Tod eines Unternehmers. Sie sind totes Kapital, quasi wertlos. So wie ein fettes Auto. Gründer, die sich als Erstes ein fettes Auto kaufen, verstoßen gegen das Prinzip »Erst schaufeln, dann scheffeln«. Sie wollen schon scheffeln, da haben sie noch gar nicht geschaufelt.

Was meine Autos betrifft, bin ich nicht schon immer Porsche gefahren. Mein erstes Auto war ein VW Käfer mit 34 PS, der gerade mal 28.000 Kilometer runter hatte. Ein Geschenk meiner Eltern zum bestandenen Führerschein. Ich weiß noch genau, wie happy ich war – denn dieses kleine Auto bedeutete für mich Freiheit.

Zumindest für vier Wochen. Dann ist der Käfer leider auf der A3 Richtung Köln abgebrannt, ohne jegliche Vorwarnung. Dann fuhr ich kurz den Fiat 127 meiner Schwester – bis ich mit ihm eine Rolle über die Leitplanke machte. Dann kam ein Datsun Cherry, den das gleiche Schicksal ereilte. Sie ahnen es wahrscheinlich: Autos bin ich in meinem Leben schon so einige gefahren. Zum Glück erhöhte sich die Haltbarkeit mit meinem zunehmenden Alter und einem etwas weniger rasanten Fahrstil. Als Anfänger im Business habe ich dann auch erst mal den Ford Sierra meines Vaters zu Ende gefahren, immerhin mit Recaro-Sitzen. Recaro, Sie wissen schon – schwäbischer Mittelständler.

Ich habe jedenfalls nicht über meine Verhältnisse gelebt. Daher verstehe ich diese Typen Anfang zwanzig auch nicht, die ein Start-up gründen und meinen, sich dann direkt einen Maserati leasen zu müssen. Das ist Bullshit. Investiere lieber in deine persönlichen Ressourcen und nimm das, was da ist. Meinen ersten Porsche habe ich mir mit 34 Jahren gekauft und mir damit einen Kindheitstraum erfüllt. Ich konnte es mir dann aber auch leisten.

Was ich natürlich auch kenne: Irgendwann kommt der Moment, in dem du denkst, dass dein Auto nicht mehr adäquat ist und du dich damit nicht mehr blicken lassen kannst – ein ganz spannender Augenblick. Und über diesen Gedanken will ich einmal mit dir sprechen. Denn von außen gesehen hat sich gar nichts verändert! Für die anderen bist du immer noch derselbe, der halt sein altes Auto fährt, was ihm auch alle verzeihen. Wieso auch nicht? Wenn du zum Kunden fährst, fährst du mit dem Taxi vor. Oder du parkst um die Ecke, wenn es dir wirklich peinlich ist. Na und? Aus eigener Erfahrung kann ich dir sagen: Dein Kontostand macht dich nicht zu einem anderen Menschen. Und ich kenne nicht wenige Unternehmer, denen ihr Auto schnurzegal ist. Die fahren immer noch mit ihrem 14 Jahre alten Passat durch die Gegend. Warum auch nicht? Insbesondere dann, wenn du dich gerade selbstständig gemacht hast, solltest du deine Ressourcen sinnvoll einsetzen.

Zum Beispiel für Mitarbeiter, die dir den Bürokram abnehmen. Deine Terminplanung, deine Buchhaltung. Damit machst du da wieder Ressourcen frei, nämlich Zeit. Ich weiß genau, wie viele Gründer und etablierte Selbstständige ihre Wochenenden verschwenden, indem sie die Buchhaltung machen. Was für ein Wahnsinn!

Wir kommen später noch zum Thema »Einkommen produzierende Aktivitäten«. Das sind Dinge, die tatsächlich Einnahmen generieren. Wenn ich meine Buchhaltung selber machen würde, wäre das keine Einkommen produzierende Aktivität. Damit ich mich auf meine Einkommen produzierenden Aktivitäten konzentrieren kann, source ich die Buchhaltung aus. Inzwischen sogar das Autofahren. Indem ich einen Chauffeur bezahle.

Gerade beim Personal, finde ich, sind Ausgaben richtig und sinnvoll. Die allerbeste Investition, auch am Anfang einer unternehmerischen Tätigkeit, ist Personal. Gute Leute, die es dir ermöglichen, dass du dich auf deine Kernkompetenzen besinnen und konzentrieren kannst. Ich werde nie wieder an gutem Personal sparen. Zugleich will ich, dass meine Flüge gebucht sind – ich habe keine Lust, sie selbst zu buchen. Entsprechend habe ich Personal, das das für mich erledigt, und dieses Personal hat dann ein Einkommen.

Das ist das, worauf ich hinauswill: dass Sie vor allem am Anfang, in der Gründungsphase, sparsam mit Ressourcen umgehen. Sparsam bedeutet nicht, dass wir *nötige* Ausgaben unterlassen. Sparsam bedeutet, dass wir *unnötige* Ausgaben unterlassen. Und dass wir bei den nötigen Ausgaben schauen, dass wir für uns ein möglichst gutes Preis-Leistungs-Verhältnis herausholen. Aber erst, wenn die finanzielle Basis dafür da ist.

Und dann kann ein Bürostuhl gerne 1000 Euro kosten. Viel Geld? Wenn du einen Bürostuhl suchst, auf dem du Monate zubringen wirst, dann solltest du daran alles für Rücken, Wirbelsäule und Nacken einstellen können. Du brauchst einen Bürostuhl mit Kopfstütze, ein ergonomisches und wirklich durchdachtes Produkt, das nicht gleich zusammenbricht – dann bist du in diesem Preissegment. Und da gilt auch das, was wir bei vielen anderen Produkten sehen: Etwas Teures einzukaufen, kommt uns am Ende billiger, als wenn wir Billigprodukte mit Qualitätsmängeln kaufen.

Aber für den Anfang: IKEA und VW Käfer. Womit wir übrigens wieder beim Unternehmer-Mindset sind: Unternehmer sind sich für nichts zu schade, vor allem am Anfang nicht. Gute Unternehmer schlafen am Anfang, wenn das Geld knapp ist, auch mal im Zelt auf dem Campingplatz, wenn sie auf einer Reise zum Kundentermin sind. Gute Unternehmer stecken wirklich jeden verdienten Euro wieder ins Unternehmen. Das Konzept muss funktionieren, nur darum geht es.

Rücklagen und BWA

Das Thema mit den Rücklagen hat mich am Anfang ja auch kalt erwischt. Ich habe diesen typischen Anfängerfehler gemacht und musste, um meine Steuern bedienen zu können, aufs Ersparte zurückgreifen. Ein Fehler, den viele machen.

Aus Fehlern werden manche Menschen klug und so habe ich heute mehrere Konten für alle möglichen Eventualitäten. Neben Geschäftskonto und Privatkonto habe ich ein Steuer- und Sicherheitskonto. Darauf lege ich nach meiner Liquiditätserfahrung zu Beginn meiner Selbstständigkeit konsequent Geld zurück. Und ich habe ein Spaßkonto – für alles, was keine Betriebsausgabe ist. Ob ich mir eine Uhr kaufe oder eine Woche zum Jetskifahren gehe.

Außerdem rate ich Ihnen zu einem Konto, auf dem Sie die anstehenden Kosten für ein Jahr im Voraus hinterlegen. Einfach als Sicherheit für den Fall, dass Sie das laufende Geschäft unterbrechen müssen. Ich habe mich informiert über Versicherungen zur Betriebsunterbrechung – das scheint mir alles zu teuer. Also hinterlege ich die nötigen Summen selbst. Weil wir damit rechnen müssen, dass wir mal ausfallen, und sei es durch Krankheit.

Und dann gilt natürlich: Kosten runter! Geschäftlich und privat. Gerade wenn es ums unternehmerische Denken und Handeln geht: Weg mit den Abos, weg mit den Mitgliedschaften, volle Kraft aufs Unternehmen konzentrieren. Und verstehen Sie unbedingt die Betriebswirtschaftliche Abrechnung (BWA), die Sie monatlich vom Steuerberater bekommen. Sie müssen unbedingt erkennen, welche Optimierungsmöglichkeiten sich daraus ableiten lassen.

Wann haben Sie zum letzten Mal Ihre BWA wirklich gelesen? Das machen viele nicht, sie verlassen sich blind auf ihren Steuerberater.

Worum es mir geht, ist, dass Sie sich ein gesundes Verhältnis zum Geld aneignen. Und dabei gehen Sie in den Anfangsjahren anders mit Geld um als vielleicht später. Wobei natürlich auch sehr viele gestandene Unternehmer, die längst Millionäre geworden sind, immer noch sehr knauserig mit Geld umgehen. Das berühmteste Beispiel dürften die inzwischen verstorbenen Aldi-Brüder Karl (1920–2014) und Theo Albrecht (1922–2010) sein: Die haben nie irgendwas verschwendet, auch im hohen Alter nicht.

Fremdkapital

Die nächste Falle lauert beim leicht verfügbaren Geld. Wenn jemand sein Geschäftsmodell wirklich gut erklärt, dann ist es keine große Hürde, siebenstellige Beträge als Darlehen zu bekommen. Ob von der Hausbank oder einer Fremdbank. Entscheidend ist der Businessplan, an dem der Banker erkennt, dass das Konzept finanziell aufgeht.

Jetzt haben Banker natürlich einen Grund, Banker zu sein. Niemand arbeitet ohne Grund an der Stelle, an der er arbeitet. Banker arbeiten in Großunternehmen. Meistens sind das Konzerne. Wer arbeitet in Großunternehmen? Wer arbeitet in Konzernen? Oder anders formuliert: Wer sucht sich einen Job bei einer Bank?

Wir sind wieder bei dem alten Thema des Sicherheitsdenkens. Bei einer Bank arbeiten traditionell Menschen, die sich einen sicheren Arbeitsplatz wünschen und sich zugleich durch Boni und Provisionen ein Zubrot verdienen wollen. Der Fokus dieser Leute ist in aller Regel ein gesichertes Einkommen, vor allem auch im Alter.

Beim Thema Altersvorsorge sind Banker top aufgestellt – sie nutzen alle Erfahrungen und Vorteile, die sie durch ihren Job eben genießen.

Mit diesem Fokus liest jetzt also jemand den Businessplan eines Gründers, dessen geniale Idee in irgendeiner Weise ein Problem löst. Der Banker schaut sich diesen Businessplan an und macht dabei oft den gleichen Fehler wie der Gründer: Er denkt genauso wenig wie der Gründer an Sales.

Der Businessplan beschreibt das Produkt perfekt. Er beschreibt genau, wo die Zielgruppe sitzt, wer die Zielgruppe ist und weshalb die Zielgruppe dieses Produkt braucht. Das nächste Element im unternehmerischen Flussdiagramm fehlt: Der Businessplan beschreibt nicht, wie der Kunde aufs Produkt aufmerksam wird und wie er es warum genau kauft. Dann ist der Businessplan wieder klar: Wenn es um die potenziellen Einnahmen geht, freuen sich der Gründer und auch der Banker. Im ersten Quartal nach dem Launch stehen also schon ein paar Millionen Euro Umsatz im Plan, fürs zweite Quartal noch mehr. Das mag alles zutreffen, sofern der Vertrieb geklärt ist – aber der Vertrieb ist eben selten geklärt.

»Sales« heißt: »Wie kommt das Produkt auf die Straße?«

Auch wenn es um Fremdkapital durch Investoren geht, fließt das Geld heutzutage schnell und üppig. Ein Problem entsteht dann, wenn weder der Gründer noch der Investor den Sales-Gedanken berücksichtigen.

Ich sag dir eins: Fremdkapital will immer zurückfließen. Niemand schenkt dir Geld. Der Banker achtet haarklein darauf, dass du deine Raten ordentlich bezahlst. Und der Investor beobachtet deine Verkaufszahlen ganz genau, die Retouren, alles. Und wenn du dann so langsam abschmierst, weil es zu wenig Verkäufe oder zu viele Retouren gibt oder weil dir die guten Leute abspringen, weil du eine schlechte Führungskraft bist, dann wird der Investor sehr genau schauen, wann er von dir was zurückfordert.

Wenn du kein Unternehmen führen kannst, weil du eine schlechte Führungskraft bist oder weil du denkst, die vom Unternehmen aus gedachten Prozesse bräuchten keine Kundenperspektive, dann wird der Investor sich irgendwann fragen, ob es überhaupt eine zweite Finanzierungsrunde gibt.

Und auch eine Bank wird irgendwann, wenn du den dritten Kredit beantragst, sagen: »Jetzt ist es aber mal genug.« Ein Banker wird auch deine Zahlen anschauen und feststellen: Netter junger Gründer, schöne Idee, aber er kriegt sie nicht auf die Straße. Er bekommt das Produkt nicht verkauft – jedenfalls nicht in dem Maße, wie es nötig wäre, um den Kredit zu tilgen.

Sehen Sie die Falle? Geld, das schnell und einfach verfügbar ist, bringt Ihnen überhaupt nichts, wenn Sie Sales vernachlässigen. Und das ist meine Hauptbotschaft an dieser Stelle: Wir brauchen Sales! Sales ist der allerwichtigste Knotenpunkt im Unternehmen. Wenn du nicht genau planst, an wen genau du über welchen Kanal genau welche Produkte genau wie verkaufst und zu welchem Preis genau – wenn das alles nicht geplant ist, dann kannst du dein Vorhaben vergessen.

Ich weiß, das missfällt jetzt allen, die ein bisschen kreativ sind, und allen, die gerne mal loslegen. Für alle, die nach dem DISG-Modell ein gelber Typ sind und zum Aktionismus neigen, ist das keine gute Nachricht.

Auch ich kenne solche Typen, deswegen insistiere ich bei dem Thema so. Ich mag diese Leute auch, viele sind Freunde von mir. Das sind Unternehmensgründer, die eine super Idee haben. Sie fangen an, arbeiten eben ohne Schaltplan oder Flussdiagramm ins Blaue hinein, weil sie denken, das Leben sei ein einziges großes, witziges Spiel. Und dann übersieht dieser Freund eben die wichtigen Dinge in Verträgen und lässt sich übers Ohr hauen oder er hat die Finanzierung nicht durchdacht. Und dann floppen die schönsten Ideen.

Deswegen sprechen wir ja später auch darüber, ob du ein Unternehmertyp bist. Wenn du nicht mit Geld umgehen kannst, dann empfiehlt es sich wirklich, einen Kompagnon reinzunehmen, der im Sinne des DISG-Modells ein gewissenhafter (»blauer«) Typ ist, der genau nach den Zahlen schaut und keine Kopfschmerzen bekommt, nur weil er eine Excel-Tabelle sieht.

Wie steht es um Ihre Finanzen?

____

____

____

____

____

Wie sieht Ihr Finanzplan aus?

____

____

____

____

____

Wie kommen Sie zu ausreichend Kapital?

____

____

____

____

____

4.3 Manpower

Beim »One Million Dollar Table« (OMDT) der NSA, bei dem ich seit 2010 dabei bin, hatten wir mal einen Gastreferenten, und zwar Jeffrey W. Hayzlett (* 1960), der über Marketing und Business sprach. Er war bei Kodak und vertrat die These, dass wir ein Team alle sieben Jahre neu aufstellen sollten. Einfach mal die Suppe umrühren, um neuen Wind und neue Ideen in die Bude zu bringen. Er selbst kannte als Manager seine fünf Führungskräfte, mit den »Mannschaften« hatte er im Grunde kaum Berührung. Aber Hauptsache, durchwechseln.

In der Pause ging ich zu Randy Gage (* 1959), einer Legende des Multi-Level-Marketings (MLM), und sagte: »Der spinnt doch! Alle sieben Jahre? Für Deutsche ist das völlig unverständlich.« Da sagte Randy Gage: »Ich mache es alle fünf Jahre.«

Es ist wirklich ein völlig anderes Verständnis von Personalführung, aber ich kann dem Gedanken der ständigen Runderneuerung tatsächlich auch Positives abgewinnen. Wobei ich sagen muss, dass einige meiner engsten Mitarbeiter schon sehr lange dabei sind – ich würde sie niemals austauschen wollen.

Schon als ich nach Wesel gegangen bin, habe ich eine fast komplett neue Mannschaft bekommen. Da denkst du erst: »Wird das klappen?« Im Rückblick aber war es für uns eher förderlich als hinderlich. Den Umsatz haben wir verdoppelt.

Zugleich merke ich auch in meiner Umgebung, dass ganz viele Unternehmer sich in Sachen Manpower verkleinern. Viele Kollegen aus der Verkaufstrainerbranche, die früher riesige Büroflächen und massenhaft Mitarbeiter hatten, haben reduziert. Sie haben den Apparat verkleinert. Einer von ihnen hat einfach keine Lust mehr auf Nervkram, macht jetzt nur noch das Allerwichtigste und hat noch drei Leute im Team.

Warum nicht? Es geht, wie gesagt, um Einkommen produzierende Aktivitäten. Wenn wir uns auf das konzentrieren, was Geld bringt, dann darf der Apparat so schlank wie möglich bleiben. Je größer der Apparat wird, desto mehr hast du das im erwähnten Gallup Engagement Index dargelegte Phänomen: Die meisten machen Dienst nach Vorschrift und nur wenige geben Vollgas.

Also natürlich sind Unternehmertypen wachstumsorientiert und geben sich nicht mit Stillstand zufrieden. Das heißt aber nicht, dass sie die Unternehmensgröße als solche möglichst hochjazzen wollen. Es geht weder um Quadratmeter noch um die Mitarbeiteranzahl – es geht ganz allein um Ergebnisse.

Bei der Wahl der richtigen Geschäftspartner haben wir ja schon gesagt, dass wir die Kompetenzen ins Team holen müssen, die uns fehlen. Bei der Wahl der Geschäftspartner betrifft das vor allem das Strategische. Wenn es dann darum geht, die richtigen Mitarbeiter zu gewinnen, geht es eher ums Operative, also ums Verfolgen der Prozesse. Und da brauchen wir ebenso Leute, die etwas von der Sache verstehen, auch, damit sie uns als Chefs den Rücken frei halten.

Auf der anderen Seite hat natürlich auch das Einkaufen von Kompetenzen durch Mitarbeiter seine Schwächen. Wenn du nur einen im Team hast, der sich mit einem bestimmten Thema auskennt, zum Beispiel mit Funnelbau oder Programmierung von WordPress-Seiten, dann hängen das Wissen und damit der Erfolg an diesem einen Mitarbeiter.

Das kann gut gehen. Es kann aber auch sein, dass dieser Mitarbeiter plötzlich anfängt, mit seinen Geheimnissen zu spielen. Nur im einfachsten Falle tut er so, als bräuchte er für seine Arbeit viel länger als in Wahrheit.

Deswegen ist es wichtig, dass du dich als Chef mit den Dingen zumindest oberflächlich auskennst. Chefs brauchen in meinen Augen eine Art generalistische Sichtweise. Also nicht nur die Spezialisierung auf ein bestimmtes Thema, zum Beispiel die IT, sondern auch ausreichendes Wissen, um zum Beispiel die Arbeit des Buchhalters beurteilen zu können. Oder um zu erkennen, dass die Programmierung der Website zu lange dauert. Oder um zu erkennen, dass die Webseite nicht »State of the Art« ist. Und dass es mittlerweile weitere WordPress-Plugins gibt und weitere Features und Tools, mit denen sich das Unternehmen noch einfacher automatisieren lässt.

Bei allen Herausforderungen durch den Fachkräftemangel gilt nach wie vor: Unternehmer sollten sich nicht von Mitarbeitern abhängig und damit quasi erpressbar machen. Gerade Schlüsselstellen sollten möglichst mehrfach besetzt sein.

Gute Leute finden

Aber gute Leute zu finden, ist heute gar nicht so einfach, gerade angesichts der »TikTok-Generation«, die vor allem aus Helikopter- beziehungsweise Rasenmäherkindern besteht. Oft sind es Sprösslinge aus behüteten Beamtenhaushalten, in denen nie Not geherrscht hat.

Viele dieser jungen Berufstätigen denken einfach nicht mehr mit, wie das vielleicht noch vor zwanzig Jahren der Fall war, als sich Menschen tatsächlich für ihr Arbeitgeberunternehmen eingesetzt haben. Aber vielleicht ist diese Identifikation auch illusorisch, wenn die Arbeitsverhältnisse immer kürzer werden, weil Arbeitgeber wie Jeffrey W. Hayzlett und Randy Gage die Leute nach fünf Jahren austauschen? Selbstkritische Frage.

So manche Geschichte zeigt jedenfalls, dass heutiges Personal oft sehr prozessual denkt und dabei die Unternehmensziele aus dem Blick verliert.

Ein Kumpel von mir ist privat versichert – wie die allermeisten Selbstständigen – und brauchte vom Zahnarzt einen Kostenplan. Das ist üblich so: Die Versicherung will vorab wissen, worauf sie sich einlässt. Und je nach Tarif ist eben auszurechnen, welchen Anteil die Versicherung trägt.

Nun waren bereits einige Termine für eine umfangreiche Behandlung verabredet. Und zwar so, dass die Dauer jeweils zum Behandlungsplan passte. Vom Zeitplan abzuweichen, war schwierig; Ersatztermine gab es erst Monate später.

Einen Tag vor dem ersten großen Behandlungstermin bekam mein Kumpel den Kostenplan als seitenlange PDF per E-Mail. Vorne stand, das voraussichtliche zahnärztliche Honorar betrage 3353,83 Euro, die voraussichtlichen Materialkosten 8,28 Euro.

Schon hier wurde mein Kumpel stutzig: Bei einer solchen Aktion fallen nur zwei Betäubungsspritzen als Material an? Irgendwie wirkte der Kostenplan nicht plausibel.

Mein Kumpel wollte alles beim Termin besprechen und ging hin. Niemand in der Praxis konnte die Zahlen erklären, die zuständige Abrechnungskollegin hatte frei – und mein Kumpel nahm auf dem Behandlungsstuhl Platz.

Mit den Beträgen hatte mein Kumpel prinzipiell kein Problem. Nur hatte er sich eben angewöhnt – wie alle Menschen, die bei Sinnen sind –, nichts zu unterschreiben, was er nicht verstand.

Doch kurz bevor die Assistentin loslegte, kam eine Sprechstundenhilfe ins Behandlungszimmer und bestand auf der Unterschrift: Ohne die Unterschrift könne die Behandlung nicht beginnen. Es gab noch etwas Diskussion und eine Sprechstundenhilfe versuchte, per Telefon die abwesende Chefin zu erreichen, aber das hat nicht geklappt. Die Mitarbeiterin blieb stur. Da hatte mein Kumpel genug von dieser würdelosen Behandlung. Er stand vom Zahnarztstuhl auf und hat alle anstehenden Termine gecancelt. Er hat die komplette Behandlung abgesagt.

Es ist wie bei der erwähnten Rednerin mit ihrer lustigen Rede. Wenn nicht, dann nicht. Ganz einfach. Deckel zu, Fokus auf etwas anderes lenken.

Der Punkt ist: Die Mitarbeiter in Unternehmen sind heute fast alle so. Die TikTok-Generation, diese gelernten Konsumenten, haben überhaupt kein Gespür dafür, was sinnvoll ist und was nicht. Und mein Eindruck ist: Es wird immer schlimmer. Die Leute denken nahezu alle rein konvergent – sie halten sich an Regeln und Checklisten. Das divergente Denken – also die Fähigkeit, Regeln einem Sinn zu unterwerfen und gemessen an diesem Sinn klug zu handeln – ist quasi nicht mehr vorhanden. Unternehmensziele lassen sich damit kaum erreichen. Denn dafür brauchen wir unbedingt das divergente Denken.

Jedenfalls ist es enorm schwer, in der Altersgruppe zwischen Schulabgänger und Mitte vierzig gute Leute zu bekommen.

Der Niedergang der Eignung hat irgendwann in den Neunzigern begonnen. Als Start der Verblödung können wir vielleicht tatsächlich die Markteinführung des Privatfernsehens 1984 ausmachen und dann natürlich die Einführung des Computers für alle Haushalte in den Neunzigern. Computerspiele sind üblicherweise konvergent programmiert, während erst heute die KI erste Ansätze bietet, dass Software divergent denkt. Aber die Arbeit mit dem Computer, das Digitale, also letztlich das Denken in Nullen und Einsen, in Optionen, in Entweder/Oder – das hat das divergente Denken weitgehend verdrängt.

Wir klicken etwas an oder nicht. Wir füllen eine Liste aus und schicken sie ab. Wir speichern oder lassen es bleiben – wir haben nur die zwei Optionen: »Speichern« oder »Abbrechen«. Dieses Denken ist ein äußerst primitives Denken: Eine Software arbeitet nach Funktionen, nach Wenn-dann-Entsprechungen. Und dieses Denken übernehmen die Menschen. Es gibt ein paar Prämissen, also Regeln und Funktionen, und nach denen spulen diese Leute dann das Leben ab. Und sie glauben im Ernst, damit würden sich Menschen verstehen und als Kunden betreuen lassen. Es lag also völlig außerhalb des Vorstellungsvermögens der jungen Sprechstundenhilfe in der Zahnarztpraxis, dass das Befolgen einer Wenn-dann-Funktion nicht sinnvoll oder sogar schädlich sein könnte. Dass ihr Verhalten eine Unverschämtheit war, für die sich manche Leute bei der Zahnärztekammer beschweren würden, kam ihr vor lauter stumpfem Wenn-dann-Denken in ihren Kästchen im Gehirn gar nicht in den Sinn.

Nein, das ist kein Gemecker, wie wir es schon immer hatten – das Geschimpfe auf die »Jugend von heute«. Die »Jugend von heute« war den traditionellen und konservativen Älteren schon immer ein Dorn im Auge, ob zu des Kaisers Zeiten oder heute. Der Punkt ist nicht, was die für wilde Musik hören. Der Punkt ist ein grundlegender Paradigmenwechel im Denken, und zwar vom analogen Denken – wie der Mensch eben denkt – hin zum digitalen Denken, das die Leute von ihren Smartphones übernehmen.

Die betreffende Sprechstundenhilfe war vielleicht Mitte zwanzig. Sie können sich also ausrechnen, dass ihre Eltern vermutlich um die fünfzig sind. Wie ist diese Elterngeneration geprägt? Genau: Das ist knapp die erste Generation der »Digital Natives«.

Der aktuelle Fachkräftemangel hat mit diesem Problem zu tun. *Irgendwelche* Leute kriegen wir als Mitarbeiter, die guten werden immer seltener.

Entscheidend ist eben, dass Mitarbeiter verstehen, worum es geht. Sich korrekt an definierte Abläufe zu halten, ist die eine Sache – dazu brauchen wir nicht allzu viel Geistesgegenwart und Denkvermögen. Die andere Sache ist ergebnisorientiertes Handeln, auch im Sinne des Kunden. Und da müssen wir halt erfassen, worum es geht. Also nicht, was korrekt ist, sondern was zielführend ist. Ein Riesenunterschied. Korrektheit führt nicht zum Ziel, sondern zum Ziel führt tatsächlich mehr ein analoger Umgang mit Kunden als ein digitaler. Menschen sind nun einmal nicht digital.

Auch die veränderte Arbeitskultur spielt dabei vermutlich eine Rolle. In der Vergangenheit waren Arbeitnehmer oft bereit, Überstunden zu leisten und ihre Arbeit über alles andere zu stellen – heute betrachten viele junge Menschen ihren Job nur als Notwendigkeit, um ihren fröhlichen Lebensstil genießen zu können. Und weil sie so fröhlich sind und die Welt ein Computerspiel ist, soll auch der Job in allererster Linie Spaß machen.

Das zunehmend technokratische Denken junger Menschen kann tatsächlich dazu führen, dass sie weniger effektiv kommunizieren und auch Schwierigkeiten haben, persönliche Beziehungen aufzubauen. Nehmen wir noch mal die Sprechstundenhilfe: Sie hat in einer Weise agiert, als sei der Patient gar kein menschliches Wesen, das vor ihr steht, sondern eine reine logische Größe in einem Algorithmus. Und der Algorithmus sagt eben: »Keine Unterschrift, keine Behandlung.« Diese Vorgabe genügt – der Rest ist Handeln nach Vorschrift. Denken unerwünscht. Die Perspektive des anderen sehen? Nie gelernt.

Wobei natürlich auch die Unternehmenskultur eine Rolle spielen kann. Wenn ein Unternehmen sehr hierarchisch strukturiert ist, die Anweisungen top-down erteilt und dem Personal wenig Raum für Eigeninitiative lässt, halten sich Mitarbeiter eher an die vorgeschriebenen Prozesse, als individuelle Lösungen für Kundenprobleme zu finden. Insofern muss sich natürlich auch die Leitung der Zahnarztpraxis den Schuh anziehen und sich eingestehen, dass der Verlust des Kunden beziehungsweise Patienten auch ein Managementfehler war.

Die private Krankenversicherung hat übrigens auch noch ihren Senf dazugegeben: Als mein Kumpel dort angerufen hat, um die Versicherung über die neue Entwicklung zu informieren, sagte der Ansprechpartner: »Ja, das kennen wir. Wir haben bei uns sogar eine eigene Taskforce, um Kostenvoranschläge von Zahnärzten zu verstehen. Die Unterlagen von Ärzten sind einigermaßen verständlich, aber die Kostenvoranschläge von Zahnärzten sind im Grunde nicht mehr verwendbar.«

Wenn nun sogar die Versicherung weiß, dass das Chaos in den Kostenvoranschlägen von Zahnärzten systemisch ist, dann ist sich doch auch eine Zahnarztpraxis darüber im Klaren, dass der ganze Krempel erklärungsbedürftig ist. Genau dann kann und darf doch eine Sprechstundenhilfe dem Patienten gar nicht die Pistole auf die Brust setzen und ihn nötigen, das Chaos zu unterschreiben. Genau dann muss sie doch eins und eins zusammenzählen und verstehen: »Wir haben es hier mit einer komplexen Materie zu tun.« Das Ganze ist nun mal ein bisschen erklärungsbedürftiger als die Gebrauchsanleitung eines Ventilators.

Und ich gehe noch einen ketzerischen Schritt weiter: Es gibt ja inzwischen sogar Steuerberater, die dem Kunden beziehungsweise Mandanten nicht einfach nur monatlich und unkommentiert die BWA per E-Mail schicken, sondern die das Ganze tatsächlich erklären. Kein Witz: Es gibt tatsächlich Steuerberater, die tun das! Ohne Frage schicken normale, herkömmliche Steuerberater dem Mandanten die BWA und überlassen ihn seinem Schicksal. Die wenigsten Steuerberater erklären, was das bedeutet, was sie da rausschicken und was daraus folgt. Sehr viele Fachleute schließen ja von sich auf andere und glauben: »Was ich verstehe, verstehen auch die.« Nur ganz wenige sind empathisch und in der Lage, die Perspektive ihres Gegenübers einzunehmen. Und diese wenigen Steuerberater erklären eben die BWA. Damit haben sie einen enormen Wettbewerbsvorteil gegenüber Steuerberatern, die sich wie Fachidioten benehmen.

Analog könnten auch Zahnarztpraxen dazu übergehen, ihre überkomplexen Kostenvoranschläge in eine Form zu bringen, die der Patient verstehen kann. Warum auch nicht? Wie wir sehen, wäre dann möglicherweise sogar die eine oder andere private Krankenversicherung dankbar.

Aber nein, auf diese Idee kommen die Leute nicht. Und das halten wir uns mal bitte vor Augen: Das sind alles Selbstständige, die eigentlich Kunden wollen! Es sind alles Unternehmer, deren Unternehmensziel es sein sollte, Kunden zu gewinnen und zu halten! Die Zahnarztpraxis meines Kumpels ist ein mittelständischer Betrieb. Die gehören zu der Unternehmensgröße, die in Deutschland am häufigsten ist: zehn bis zwanzig Mitarbeiter. Und die Praxis macht genau den Fehler, den die allermeisten Unternehmen eben machen: Sie ignoriert den Kunden und kümmert sich einen Dreck um seine Perspektive.

Allein hier einmal über seinen fachlichen Schatten zu springen und zu sagen: »Wir brechen mit den Konventionen der unübersichtlichen Zahlenkolonnen und nicht nachvollziehbaren Additionen und stellen stattdessen ein Dokument bereit, mit dem alle etwas anfangen können«, das wäre schon revolutionär.

Übrigens ist auch Überlastung keine Ausrede. Auch bei hohem Arbeitsdruck und vollem Schreibtisch darf nie aus dem Blick geraten, wozu wir hier eigentlich da sind und was der Zweck unseres Handelns ist. Es ist immer der Kunde. Ich will damit nicht sagen, dass wir uns nicht auch von dem einen oder anderen Kunden lösen sollten, gerade wenn er uns über Gebühr die Nerven raubt oder schlicht unwirtschaftlich ist. Nein, ich gehe von ganz normalen Kunden aus, wie zum Beispiel von meinem Kumpel mit der Zahnarztgeschichte. Dass so ein Kunde plötzlich mies behandelt wird, ergibt sich manchmal auch aus Situationen der Überlastung, in denen gestresste Mitarbeiter lieber auf bewährte Prozesse zurückgreifen, um mit ihrem Tagesgeschäft schnell weiterzukommen. Und auch hier stellt sich die Frage: »Was ist denn der Sinn des Tagesgeschäfts?« Eben – der Kunde.

Älteren eine Chance geben

Ältere Mitarbeiter – also Menschen, die vor allem Erfahrung haben – sehen übrigens oft eher den Sinn als diese rein logisch gedachten Wenn-dann-Abfolgen. Viele junge Mitarbeiter befürchten mangels Erfahrung, dass sie etwas falsch machen könnten. Und weil sie auf Nummer sicher gehen wollen, halten sie sich lieber an die vorgegebenen Prozesse. Ältere dagegen haben zumindest nach meiner Beobachtung eher einen Makro-Blick. »Die Lampe hängt höher«, um noch einmal Dieter Lange zu zitieren. Sie sehen mehr. Entsprechend sehen sie auch eher die Situation und die Perspektive des Kunden.

Das widerspricht ein wenig dem schnöseligen MBA-Menschenbild, wonach ideale Bewerber jung, dynamisch und unverbraucht sein sollen – als seien Menschen jenseits der vierzig oder fünfzig bereits bis in alle Ritzen verkalkt und unflexibel. Inzwischen haben Unternehmen die Fähigkeiten älterer Mitarbeiter zu schätzen gelernt, vor allem ihre Lebenserfahrung. Und so greifen immer mehr Unternehmen angesichts des Fachkräftemangels auf ältere Arbeitnehmer zurück. Eine kluge Entscheidung, vor allem wegen der wertvollen Erfahrungen und des breiten Wissensspektrums, das die neuen Mitarbeiter mitbringen.

Wissen Sie was? Für mich wirkt gerade dieser Fokus auf die jungen Leute antiquiert. Es macht ein Unternehmen nicht agil, wenn der Altersdurchschnitt unter 30 liegt. Ich glaube, das ist ein Denkfehler, ein Klischee. Ein Unternehmen ist dann agil, wenn die Leute im Kopf beweglich sind. Und das ist keine Frage des Alters.

Und jetzt lassen Sie mich mal den Bogen zu Jeffrey W. Hayzlett und Randy Gage schlagen: Möglicherweise ist es schon richtig, regelmäßig frischen Wind ins Unternehmen zu lassen. Aber vielleicht gelingt das eben mit älteren, erfahrenen Arbeitnehmern besser. Zugleich kann ich mir vorstellen, dass der schnelle Wechsel die Jüngeren gar nicht so sehr irritiert, wahrscheinlich fühlen sich dann eher die Älteren gekränkt. Vielleicht liegt hier irgendwo ein Schlüssel: Wir können auch durch ältere Arbeitnehmer frischen Wind ins Haus holen. Vor allem bringen sie Zuverlässigkeit und Verantwortungsbewusstsein mit, was bei der jüngeren Generation eher selten geworden ist. Und ältere Arbeitnehmer zeigen wohl eine stärkere Loyalität.

Bringen Sie Mitarbeitern unternehmerisches Denken bei!

Die häufig zitierten Gallup-Studien zeigen, wie übel es um das Engagement von Mitarbeitern im Unternehmen bestellt ist. In vielen Belegschaften klotzen 20 Prozent ran und 80 Prozent sind nur da. Sie kennen bestimmt das Konzept der A-, B- und C-Mitarbeiter, für das im deutschsprachigen Raum vor allem Jörg Knoblauch (* 1949) steht. Er hilft Unternehmen, die C-Mitarbeiter zu identifizieren, die wirklich von Bord sollten, und auch die B-Mitarbeiter zu erkennen, von denen manche das Potenzial zum A-Mitarbeiter haben und von denen die anderen ebenfalls besser gehen sollten.

Mein Ansatz wäre hier eine Kombination aus Sinnorientierung und einem etwas ungewöhnlichen Gedanken: Fördern wir das Verständnis dafür, dass auch Mitarbeiter im Kern Unternehmer sind.

Doch, im Ernst: Mitarbeiter verkaufen ihre Leistung an einen Stammkunden im Abo, monatlich vergütet. Daraus sollte aber nicht eine Haltung folgen wie: »Mein Gehalt fließt regelmäßig, also kann ich mich zurücklehnen«, sondern: »Mein Gehalt fließt regelmäßig, weil ich mich nicht zurücklehne.«

Dieses Selbstverständnis fehlt in meinen Augen bei ganz vielen Menschen. Dabei ist es im Grunde einfach zu verstehen. Alle bieten etwas an. Das Modell der drei Kreise vom Anfang dieses Buches gilt für alle. Ob wir uns mit einer Kombination aus Fähigkeiten, Vorlieben und Problemlösungen selbstständig machen oder anstellen lassen, ist im Grunde gar nicht die Frage. In beiden Fällen verkaufen wir unsere Leistung.

Wenn wir dazu jetzt noch die Sinnorientierung vermitteln, dann suchen Leute quasi automatisch eine Möglichkeit, ihre Fähigkeiten tatsächlich sinnstiftend einzusetzen und daraus ein Einkommen für sich und ihre Familie zu generieren.

Ich weiß nicht, ob bei den erwähnten Rasenmäherkindern aus den behüteten Beamtenhaushalten noch ein Blumentopf zu gewinnen ist – so eine Prägung macht es nicht leicht, Verantwortungsbewusstsein zu erlernen und vor allem ein Bewusstsein dafür, dass wir die Welt gestalten können.

Aber bei anderen gelingt das schon eher. Manche haben das unternehmerische Denken auch von der Pike auf mitbekommen. Zum Beispiel Unternehmerkinder. Mein Vater war neun Jahre selbstständig, als ich in die fünfte Klasse gewechselt bin. Er war von halb acht bis halb acht aus dem Haus. Er war viel unterwegs, hat häufig im Hotel übernachtet. Das war sein Zeiteinsatz für ein gutes Leben seiner Familie.

Werte in der Zusammenarbeit

Ein wichtiger Beitrag fürs unternehmerische Denken sind die acht Unternehmenswerte nach dem 4R4L-Prinzip, die meine Mitarbeiter in- und auswendig kennen: »Respekt«, »Regeln«, »Richtung«, »Rituale«, »Loyalität«, »Leistungswille«, »Leidenschaft« und »Lernbereitschaft«. Lassen Sie mich kurz ausführen, was diese Punkte bedeuten:

- **Respekt:** Der Mensch ist weder Kostenfaktor noch Leistungsmaschine. Alle genießen die höchste Würde und verdienen Respekt. Vom Vertriebsleiter bis zum Koch. Zum Beispiel kann es nicht angehen, dass ein Mitarbeiter einen Fetzen Alufolie von der Schokoladentafel auf dem Boden liegen lässt und sagt: »Das macht die Putzfrau weg.« Oder dass er an der Putzfrau vorbeigeht, ohne ihr einen guten Tag zu wünschen. Dagegen verstoßen auch Führungskräfte nicht, nur weil sie Führungskräfte sind. Und wir sind pünktlich – auch das gebietet der Respekt.
- **Regeln:** »Klar in der Sache und verbindlich im Ton«, heißt das Motto. Die Regeln im Unternehmen sind definiert, es gibt dazu keine Unsicherheiten oder gar Streit. Wer Fehler macht, wird nicht bloßgestellt, sondern die Situation wird fair geklärt.
- **Richtung:** Wir haben einen klaren Fokus, der vor allem Entwicklung zum Ziel hat. Wir entwickeln unsere Produkte, unsere Umsätze, unsere Konzepte

und auch alle Menschen im Unternehmen. Wir sind up to date und alle Mitarbeiter haben beispielsweise die Möglichkeit, sämtliche Seminare und Produkte anzuschauen. Und wir sind top, wir verkaufen nur höchste Qualität. Wenn wir Aufträge verlieren, dann wegen des Preises oder des Termins, aber nicht wegen des Inhalts.

- **Rituale:** Wir feiern Erfolge gemeinsam – ganz egal, wer den Erfolg zustande gebracht hat. Solche Firmenevents gehören zur Selbstvergewisserung des gesamten Teams, damit alle wissen, dass sie auf der richtigen Spur sind. Wenn ein neuer Auftrag reingekommen ist, läuten wir die Umsatz-Glocke, eine richtig laute Schiffsglocke, die es übrigens auch im Limbeck-Online-Shop gibt. Während der Lockdowns haben wir das Ganze digitalisiert und ein Video mit der Umsatz-Glocke in die WhatsApp-Gruppe gestellt, damit das alle im Homeoffice sehen können. Alternativ gibt es von anderen Anbietern digitale Umsatz-Buzzer. Jedenfalls: Positive Dinge werden kommuniziert und gefeiert.
- **Loyalität:** Hier geht es um Identifikation mit dem Unternehmen nach dem Motto »Einer für alle statt Ego-Trip«. Also ticken alle im Sinne des Unternehmens und setzen sich sofort fürs Unternehmen ein, wenn irgendwas querläuft. Loyalität kannst du nicht einfordern, die müssen alle vorleben. Vor allem die Führungskräfte. Die Loyalität gilt auch für Mitarbeiter – die dürfen sofort nach Hause, wenn was passiert ist. Und dabei zählen Haustiere wie Familienmitglieder.
- **Leistungswille:** Alle sind bereit, auch mal eine Extrameile zu gehen. Alle – auch der Chef – sind bereit, sich für die anderen ins Zeug zu legen. Das heißt, dass niemand das Mikrofon fallen lässt, weil 17:01 Uhr ist, sondern wir machen die Dinge fertig, die fertig werden müssen.
- **Leidenschaft:** Wir sitzen nicht nur unsere Zeit ab, sondern sind mit Begeisterung dabei und bringen auch unsere Meinungen und Ideen ein. Auch, weil es um etwas Sinnvolles geht – um Leistungssteigerung und darum, Kunden zum Erfolg zu verhelfen.
- **Lernbereitschaft:** Alle, wirklich alle, bilden sich fort. Es gibt keinen Stillstand, auch nicht beim Wissen. Gerade in der Trainings- und Beratungsbranche geht die Entwicklung immer weiter. Und so sagt niemand bei uns: »Ich habe eine Ausbildung oder ein Studium hinter mir und weiß jetzt alles«, sondern alle lernen lebenslang. Neue Mitarbeiter besuchen zum Beispiel erst mal unsere offenen Seminare.

Als Unternehmercoach rate ich auch Ihnen zu solchen Werten. Vielleicht überlegen Sie mal, welche Ideen Sie daraus mitnehmen können. Für uns sind diese Werte wichtig, und zwar schon beim Recruiting.

Mythos Homeoffice

Dann will ich ein ganz wichtiges Thema ansprechen: den Mythos »Homeoffice« beziehungsweise »Remote-Arbeit« – quasi Arbeit per Fernbedienung. Einmal betrifft das Thema in aller Regel sowieso nur »Schreibtischtäter«. Wie in der Endphase der Corona-Pandemie Arbeitgeber dazu zu verpflichten, Homeoffice zu ermöglichen, hat fur Pflegepersonal und Ärzte im Krankenhaus noch nie eine Rolle gespielt. Oder für die Müllabfuhr. Oder für Gartenbau- und Gebäudereinigungsfirmen. Manchmal denke ich, der Gesetzgeber glaubt, alle Welt sitze nur am Schreibtisch, weil eben die Leute beim Gesetzgeber am Schreibtisch sitzen.

Es gibt einige Bereiche, in denen ich Remote-Arbeit für möglich halte, aber das auch nur unter der Voraussetzung, dass die Mitarbeiter im Homeoffice tatsächlich ungestört arbeiten können. Zugleich gibt es selbst da Einschränkungen:

- In der **IT-Branche** ist Remote-Arbeit weit verbreitet und oft sogar die Norm. Viele Unternehmen haben bereits vor der Pandemie auf Remote-Arbeit umgestellt, um Talente aus der ganzen Welt anzuziehen und zu halten. In diesem Bereich gibt es viele Möglichkeiten für Freelancer und Selbstständige, die von überall aus arbeiten können. Allerdings ist es meiner Erfahrung nach wichtig, dass die IT-Kollegen in der Nähe sind und in bestimmten Fällen ins Unternehmen kommen – beispielsweise, wenn es Trouble mit der Hardware gibt. Und ich denke an ein bestimmtes Systemhaus in der Rhön, das aus einem Kernteam von Programmierern besteht. Die müssen zusammensitzen und sich treffen. Wenn diese Truppe gemeinsam an einer großen Software arbeitet, dann müssen die sich abstimmen. Es ist ein Mythos, dass die IT nur aus lauter Einzelgängern besteht, die an Tischen voller leerer Pizzakartons sitzen.
- Auch in der **Kreativbranche**, wie zum Beispiel im Grafikdesign, ist Remote-Arbeit möglich. Es ist auch klug, wenn sich Kreative aus dem Trubel rausziehen können, um zu Hause ungestört Strecke machen zu können. Im Büro kommen Kreative oft weniger voran, weil es ständig Unterbrechungen gibt.
- Im **Kundenservice** gibt es auch Möglichkeiten für Remote-Arbeit. Viele Unternehmen haben ihre Kundendienstabteilungen auf Remote-Arbeit um-

gestellt, um Kosten zu sparen und Mitarbeiter zufriedener zu machen. Auch hier kann es allerdings sein, dass der Mitarbeiter eben zum Kunden fährt.

- Der **Vertrieb** kann, sofern er telefonisch arbeitet und zu Hause wirklich eine professionelle Telefonumgebung anzutreffen ist, ebenfalls remote arbeiten. Meine Erfahrung ist dabei aber: Die Vertriebsleute brauchen einander gegenseitig auch bei Fragen oder auch zur Motivation.

Ich bin da also etwas zwiegespalten, wie Sie sehen. Klar ist es für einen Unternehmer attraktiv, Flächen zu sparen, wenn die Leute zu Hause sitzen. Aber auch hier zeigt sich wieder der Unterschied zwischen Managern und Unternehmern. Klassische Manager sehen einfach nur die Zahlen und schaffen Arbeitsplätze ab, also konkrete Schreibtische mit Rechnern. Sie freuen sich dann über die eingesparten Heizkosten. Welchen Schaden sie damit anrichten, haben sie oft nicht auf dem Schirm: In manchem Konzern müssen sich die Mitarbeiter vorab für Arbeitsplätze eintragen und dann sind sie jeden Tag in einer anderen Etage an einem anderen Platz. Da hat keiner mehr seine persönliche Topfpflanze oder Kaffeetasse, weil der Schreibtisch jeden Abend leer sein muss, damit am nächsten Morgen jemand anderes loslegen kann.

Das halte ich, gelinde gesagt, für Schwachsinn. Solche Zustände werden von Managern geschaffen, nicht von Unternehmern. Ich glaube, Unternehmer wissen, wie wichtig Präsenz ist. Auch zur Mitarbeiterbindung. Und Unternehmer wissen auch, wie wichtig ein zumindest über mehrere Wochen hinweg fester Arbeitsplatz ist, inklusive Einbindung in ein kollegiales Umfeld. Es spricht nichts gegen Rotation, sodass die Leute alle paar Wochen neue Kollegen um sich haben, manchmal gerne auch aus anderen Abteilungen. Aber sich jeden Tag um einen Schreibtisch zu »bewerben«, bedeutet für meine Begriffe einen völlig unnötigen Nebenschauplatz, nämlich eine Art internes Arbeitsplatzmanagement, das in keiner Weise aufs Unternehmensziel einzahlt.

Zugleich kann Homeoffice sinnvoll sein, wenn zu Hause die Infrastruktur existiert und wenn sich jemand projektweise rausziehen will. Im Tagesgeschäft ist meist der Austausch mit den Kollegen wichtig. Das ist jedenfalls meine Erfahrung.

Mitarbeitergespräche

Ein gewohntes Kommunikationsmittel sind Mitarbeitergespräche. Mitarbeitergespräche sind unbeliebt – Mitarbeiter scheuen sich davor und Unternehmer wissen oft nicht, was sie dabei sagen sollen. Jedoch sind diese Gespräche nach wie vor eines der wichtigsten Führungsinstrumente. Idealerweise finden sie als Präsenztreffen statt, nur zur Not online.

Auf jeden Fall empfehle ich regelmäßige Mitarbeitergespräche, schon damit sich Arbeitgeber und Mitarbeiter gegenseitig updaten können. Viele Themen gehen im Tagesgeschäft mehr oder weniger unter und kommen erst bei besonderen Gelegenheiten zur Sprache: dass die Partnerin des Mitarbeiters einen neuen Job hat, dass ein Kind unterwegs ist, dass sich der Mitarbeiter mit einer neuen, spannenden Software befasst – all das sind wichtige Informationen, weil sie sich auf die Arbeit auswirken können.

Mir ist übrigens bewusst, dass der Trend zum Mitarbeitergespräch rückläufig ist. Im Zuge der Agility-Entwicklungen sagen viele Firmenchefs, dass sie lieber generell mit allen Mitarbeitern kommunizieren und sowieso in ständigem Austausch sind, sodass sich fokussierte Mitarbeitergespräche erübrigen.

Das sehe ich nicht so. Sicherlich bin auch ich dafür, dass wir konsequent und kontinuierlich miteinander kommunizieren. Ohne Frage. Und über normale Gespräche auf dem Flur erfahren wir auch viele interessante und wichtige Dinge. Doch das Mitarbeitergespräch hat einfach eine bestimmte Qualität, die die übliche Kommunikation im Unternehmen nicht hat: Ein Mitarbeitergespräch hat einen Rahmen und damit einen bestimmten zeitlichen Umfang – und es findet in aller Regel unter vier Augen statt und bleibt ungestört.

In einem Mitarbeitergespräch kannst du ganz konzentriert konkrete Punkte besprechen und abarbeiten – wie auch in einem professionellen Meeting. Die dadurch mögliche Tiefe erreichst du vermutlich nicht, wenn du sowieso ständig mit allen kommunizierst. Also, ich lege großen Wert auf die Form und den Rahmen von Gesprächen, wodurch Tiefe erst möglich wird.

Eine Regelmäßigkeit zu etablieren, finde ich ebenfalls sinnvoll. Auch hier weiß ich, dass das vielen heutigen Leadern zu starr erscheint und zu wenig »agile« – aber feste Strukturen zu lösen, nur weil es feste Strukturen sind, will ich einmal hinterfragen. Wenn eine feste Struktur wie eine Regelmäßigkeit bei den Mitarbeitergesprächen sinnvoll ist, behalte ich sie bei. Und ich finde diese Regelmäßigkeit sinnvoll, denn alle können sich darauf einstellen. Anlass ist der Zeitpunkt – und die Einladung wirkt auf Mitarbeiter nicht wie ein drohendes Gewitter aus heiterem Himmel. Je nach Mitarbeiterzahl empfehle ich Ihnen jährliche oder auch halbjährliche Gespräche. Bei uns heißt das Ganze »Performance-Dialog« und findet halbjährlich statt.

Wie bei Trainings und vielen anderen Dingen im Leben ist auch bei Mitarbeitergesprächen eine gute Vorbereitung entscheidend. Ohne Vorbereitung verläuft so ziemlich alles auf eine schräge Art und Weise – und hinterher sagen Sie, die Zeit hätten Sie sich sparen können. Nur mit einer guten Vorbereitung können Sie sicherstellen, dass das Gespräch effektiv und zielführend verläuft. Die wichtigsten Tipps dafür sind:

1. Definieren Sie das **Ziel** des Gesprächs: Schon deutlich vor dem Gespräch sollten Sie sich selbst – also ohne Ihren Gesprächspartner – darüber im Klaren sein, welches Ziel Sie mit dem Gespräch verfolgen. Möchten Sie beispielsweise Feedback geben oder Probleme ansprechen? Welches Ergebnis soll dabei herauskommen?
2. Sammeln Sie **Informationen**: Um das Gespräch erfolgreich zu gestalten, sollten Sie sich im Vorfeld über den Mitarbeiter informieren. Lesen Sie zum Beispiel seine Arbeitsunterlagen oder schauen Sie sich seine Leistungen an. Bei Bedarf fragen Sie vorher seine Vorgesetzten. So können Sie gezielt auf Stärken und Schwächen eingehen.
3. Bereiten Sie sich auf **mögliche Fragen** vor: Es kann durchaus vorkommen, dass der Mitarbeiter Fragen stellt oder Kritik äußert. Überlegen Sie sich daher schon vorab, welche Fragen auf Sie zukommen könnten und was Sie darauf antworten.
4. Schaffen Sie eine angenehme **Atmosphäre**: Ein Mitarbeitergespräch sollte in einer entspannten Atmosphäre stattfinden. Sorgen Sie daher für eine ruhige Umgebung und nehmen Sie sich ausreichend Zeit für das Gespräch. Führen Sie auf keinen Fall Mitarbeitergespräche zwischen Tür und Angel. Allerdings sollten Sie die Atmosphäre auch nicht überinszenieren – peinliches Schweigen beim Warten auf den Kaffee sollten Sie vermeiden. Seien Sie einfach locker.
5. Formulieren Sie **Maßnahmen**: Am Ende des Gesprächs sollten Sie klare Maßnahmen festlegen, um die Zusammenarbeit zu verbessern oder Probleme zu lösen. Also: Welche Aufgaben ergeben sich und wer erledigt was konkret bis wann?

Weil die Performance-Dialoge bei der Limbeck Group sehr stark strukturiert sind, hält sich auch die Vorbereitung an eine klare Liste. Der Mitarbeiter bekommt vorab ein Formular, in das er verschiedene Dinge einträgt:

- Meine Erwartungen an das Gespräch
- Was möchte ich persönlich erreichen und/oder verändern?

- Wann? Meine Ziele für die nächsten ________ Wochen / Monate:
- Welche Fragen / Wünsche habe ich allgemein?
- Vorschläge zur Verbesserung der Zusammenarbeit / Kritik

Ich selbst schaue mir das Formular übrigens gar nicht an – es dient nur dem Mitarbeiter zur Klarheit und Vorbereitung. Andere Arbeitgeber machen es anders: In einer befreundeten Agentur beispielsweise füllen die Chefin und der Mitarbeiter jeweils ein Formular aus und legen beide Zettel dann im Gespräch nebeneinander zum Abgleich. Es gibt sicher viele Wege. Wichtig ist einfach, dass solche Formulare die Vorbereitung deutlich unterstützen.

Und im Gespräch selbst zählt in meinen Augen vor allem eine gute Mischung aus Ehrlichkeit und Wertschätzung. Wenn jemand wirklich Mist gebaut hat – und das nicht von selbst erkennt –, solltest du es ihm sagen. Und zwar in Worten, die er versteht.

Das klingt vielleicht ungewöhnlich, weil viele Arbeitgeber heute so sanft mit ihren Angestellten umgehen. Dafür sehe ich zwei Gründe: einmal den gesellschaftlichen Wandel der vergangenen Jahre, in dem der Stil insgesamt kooperativer und offener geworden ist – wir tolerieren Eigenheiten, die Chefs früher barsch verurteilt hätten. Und dann spielt der erwähnte pädagogische und fast therapeutische Stil der Personalabteilungen hinein, die in der Kommunikation so ziemlich alles weichspülen, was sich weichspülen lässt. Mit der Folge, dass sich viele Chefs gar nicht mehr trauen, die Dinge beim Namen zu nennen.

Nehmen wir ein Beispiel: Sie warten seit Tagen auf ein bestimmtes Ergebnis, aber es kommt nicht. Natürlich weiß der Mitarbeiter darüber Bescheid, dass er dieses Ergebnis liefern soll. Sie selbst gehen davon aus, dass er die Priorität und die Bedeutung des Ganzen erkennt und dran ist.

In Zeiten, die wir »früher« nennen, hätte der Chef die ganze Zeit Druck gemacht und den Mitarbeiter im Sinne des oft üblichen autoritären Führungsstils herumkommandiert: »Du bist immer noch nicht fertig? Dann mache ich dich jetzt vor den Kollegen lächerlich. Du Lusche! Wann lieferst du endlich?« Das waren so die Gedanken und von dieser Mentalität hat sich unsere Wirtschaftswelt – jedenfalls in modernen westlichen Ländern – verabschiedet.

Allerdings hat das Pendel dann ins andere Extrem ausgeschlagen: Wir haken oft gar nicht mehr nach, aus lauter Vorsicht und Angst, unserem Mitarbeiter auf den Schlips zu treten. Zudem gehen wir so sehr auf die persönlichen Bedürfnisse der Leute ein, dass wir für so ziemlich alles Verständnis haben, was früheren Chefs egal war.

Und dann meldet sich der Kollege plötzlich zum Urlaub ab und spätestens jetzt merken wir: Der hat gar nicht auf dem Schirm, dass er hier noch eine Aufgabe zu erledigen hat. Darauf weisen wir ihn hin, aber den Urlaub lassen wir ihm – schließlich hat auch seine Partnerin Urlaub genommen und das Hotel ist schon gebucht.

Sehen Sie diese unselige Tendenz in der Mitarbeiterführung? Wir werden zu weich. Und deswegen empfehle ich neben der heute üblichen Wertschätzung und Rücksicht auf persönliche Belange auch unbedingt ausreichende Klarheit. Wenn wir nicht sagen, dass ein Fehler ein Fehler ist, begreifen zahlreiche Menschen heute gar nicht mehr, was Sache ist. Mein Eindruck ist, dass die Leute »früher« durchaus noch selbst erkannt haben, dass sie gerade eine Aufgabe verschludern – heute scheinen sie es nur noch dann zu merken, wenn wir es ihnen deutlich sagen. Und Gedanken lesen kann der Mensch nun einmal nicht.

Weiter oben hatten wir ja die Frage, wie wir aus B-Mitarbeitern A-Mitarbeiter machen. Ein wichtiger Aspekt dabei ist, dass wir unsere Leute wirklich kennen. Wenn sich der Chef oder die Chefin wirklich für den Mitarbeiter interessiert und weiß, wann er Geburtstag hat und was sein Lieblingsreiseziel ist, dann wertet das die Leute enorm auf, auch in ihrer Selbstwahrnehmung. Schreiben Sie mal auf, was Sie über die Low- und Best-Performer in Ihrem Unternehmen so wissen. Wer hat wann Geburtstag, welches Lieblingsessen, welches Hobby? Warum macht er in der Firma mit? Und ich wette mit Ihnen, Sie wissen solche Dinge fast nur von Ihren Top-Performern. Da haben die Low-Performer schlechte Karten und vielleicht auch gute Gründe, Low-Performer zu sein.

Also, ich empfehle Ihnen, sich mit den Low-Performern zu befassen und zu prüfen, ob sie tatsächlich dazu verdammt sind, für immer und ewig Low-Performer zu bleiben. Und das idealerweise in Gestalt von Mitarbeitergesprächen. Nehmen Sie dazu das nächste turnusgemäße Gespräch oder führen Sie Mitarbeitergespräche ein und starten Sie dann.

Und auch da empfehle ich unbedingte Ehrlichkeit. Sie können ein Mitarbeitergespräch natürlich mit angenehmen Dingen beginnen – also nicht unbedingt mit Small Talk, sondern einfach mit dem, was gerade so an Schönem passiert. Und dann sollten Sie respektvoll und wertschätzend Beispiele dafür anführen, warum der Mitarbeiter als Low-Performer gilt. Sie müssen das Wort nicht aussprechen, aber Sie sollten schon fragen, welche Gründe es für die geringere Leistung gibt. Fragen Sie das ganz sachlich, ohne Vorwurf, und hören Sie aufmerksam zu. Vielleicht gibt es persönliche Gründe oder Schwierigkeiten im Arbeitsumfeld, die dazu beitragen. Ermutigen Sie den Mitarbeiter dazu, seine Herausforderungen offen anzusprechen.

Gemeinsam können Sie dann Lösungen erarbeiten, um die Leistung des Mitarbeiters zu verbessern. Setzen Sie realistische Ziele und klären Sie ab, welche Unterstützung er benötigt. Überlegen Sie gemeinsam Maßnahmen zur Verbesserung der Arbeitsbedingungen oder zur Weiterbildung des Mitarbeiters.

Abschließend sollten Sie das Gespräch zusammenfassen und klare Vereinbarungen treffen. Stellen Sie sicher, dass der Mitarbeiter versteht, was von ihm erwartet wird und wie er unterstützt werden kann.

Insgesamt ist es wichtig, das Gespräch als Chance zur Verbesserung der Leistung und zur Förderung des Mitarbeiters zu sehen. Mit einer offenen und respektvollen Kommunikation können Sie gemeinsam Lösungen finden, um die Leistung des Mitarbeiters zu verbessern.

Zielvereinbarungen

Im Mitarbeitergespräch vereinbaren wir oft Ziele. Und das sehe ich dann auch sehr klassisch – da halte ich mich an die bewährte SMART-Formel, die auf den Ökonomen Peter Drucker (1909–2005) zurückgeht. Die ist zwar schon ziemlich in die Jahre gekommen, trifft es für mich jedoch immer noch am besten. Danach ist ein gutes Ziel …

- spezifisch: Das Ziel ist nicht vage, sondern klar definiert und konkret formuliert. Es gibt keine Unklarheiten oder Widersprüche.
- messbar: Der Fortschritt auf dem Weg zum Ziel lässt sich verfolgen und messen, die Zielerreichung lässt sich zweifelsfrei feststellen.
- attraktiv: Das Ziel ist erstrebenswert und motiviert den Mitarbeiter, es zu erreichen.
- realistisch: Das Ziel ist tatsächlich erreichbar, die Ressourcen dafür sind vorhanden.
- terminiert: Das Ziel hat eine Frist, bis wann es Realität sein soll.

Für mich ist die SMART-Formel wirklich wichtig, auch um im Kopf von Mitarbeitern das unternehmerische Denken zu verankern und damit immer mehr zur »Sales Driven Company« zu werden. Alle im Unternehmen kennen diese Formel und arbeiten danach. Niemand arbeitet ins Blaue hinein, ohne dass das Ziel definiert wäre. Und: Niemand denkt über Lösungen nach, solange nicht das Problem wirklich im Detail klar beschrieben ist.

Dazu ist es wichtig, Zielvereinbarungen nicht allzu kleinteilig zu gestalten, sondern dabei konkrete Ergebnisse zu formulieren, die einen klar nachvollziehbaren

Sinn fürs Unternehmen haben und damit auch für den Mitarbeiter sinnstiftend sind.

Die SMART-Formel lässt sich übrigens auch auf »Key Performance Indicators« (KPI) anwenden: Zum Beispiel könnte ein Unternehmen als KPI den monatlichen Umsatz pro Mitarbeiter festlegen. Dieses Ziel wäre spezifisch (ein bestimmter Umsatz), messbar (der Umsatz wird ohnehin gemessen), attraktiv (möglicherweise durch einen Bonus), im Idealfall realistisch (ausreichend Ressourcen dafür sind vorhanden) und terminiert (monatlich).

Durch die Verwendung der SMART-Formel können Unternehmen auch sicherstellen, dass ihre KPIs realistisch sind und zur Erreichung ihrer übergeordneten Ziele beitragen. Indem du dich auf relevante KPIs konzentrierst und diese regelmäßig überwachst, kannst du schnell erkennen, ob du auf dem richtigen Weg bist oder ob Anpassungen erforderlich sind.

Leistungsorientierte Bezahlung

Natürlich ist ein Ziel attraktiv für einen Mitarbeiter, wenn er einen Bonus bekommt, wie in dem Beispiel eben erwähnt. Das Thema Bonus sehe ich kritisch, wenn der Bonus besondere Leistungen nur ausnahmsweise würdigt. Ist er an bestimmte Umsatzziele gekoppelt und wirkt wie eine zusätzliche Provision, wird das Ganze schon sehr attraktiv.

Insgesamt, denke ich, sollte die Bezahlung sowieso leistungsorientiert sein – das wird jeder so sehen, der unternehmerisch denkt. Und da es ja auch das Ziel ist, dass die Mitarbeiter unternehmerisch denken, werden auch sie es am Ende besser finden, wenn sie nach Leistung bezahlt werden und nicht nach der Zeit, die sie im Unternehmen absitzen.

Auf der anderen Seite gilt ganz sicher: »Wer für Geld kommt, geht auch wieder für Geld.« Loyalität kannst du mit Geld nicht kaufen.

Es ist also eine Zwickmühle, in der wir uns als Unternehmer befinden. Und darum ist es wichtig, dass Mitarbeiter selbst das unternehmerische Denken verstehen. In meinen Augen sind am Ende alle Anbieter einer Leistung, ob sie damit selbstständig sind oder angestellt. Jeder verkauft etwas.

Im Arbeitsverhältnis verkaufen Arbeitnehmer klassischerweise Zeit und Arbeitskraft an den Arbeitgeber. Die Folge dieses Selbstverständnisses ist der Nine-to-five-Job, bei dem die Leute Dienst nach Vorschrift machen. Jegliche Vorstellungskraft, Initiative und Proaktivität sind dabei meistens ausgeschaltet. Die Bezahlung nach Zeit bewirkt im schlimmsten Fall, dass die Arbeit der Mitarbeiter gar nicht mehr auf die Unternehmensziele einzahlt – ein Phänomen, unter dem Unternehmen leiden, je größer sie werden und je komplexer ihre Strukturen sind.

Wer auch als Arbeitnehmer unternehmerisch denkt, wird sich immer vor Augen halten, dass er seinem Chef einen Mehrwert bieten muss, wie jeder Anbieter dem Kunden eben einen Mehrwert bietet. Das gilt auch auf einem Arbeitsmarkt, auf dem sich die Arbeitnehmer mittlerweile aussuchen können, für wen sie arbeiten. Das Geld fließt immer noch vom Chef zum Mitarbeiter. Darum ist die Gegenleistung immer die des Anbieters: Deine Assistentin verkauft dir ihre Leistung ebenso wie dein Buchhalter oder dein Fahrer.

Wer es jetzt immer noch nicht verstanden hat, dem sage ich: »Du bist doch auch Kunde und bezahlst für ein Produkt oder eine Leistung lieber weniger als mehr. Wenn du regelmäßig deine Jeans im selben Laden kaufst und der Laden von dir plötzlich 50 Prozent mehr verlangt, dann gehst du doch auch in einen anderen Laden, korrekt?«

Das Prinzip der leistungsorientierten Bezahlung funktioniert in meinen Augen also erst dann, wenn deine Mitarbeiter unternehmerisch ticken. Sie müssen verstehen, dass sich ein faires Gehalt nicht nach den Bedürfnissen des Mitarbeiters richtet (»Ich will in eine größere Wohnung ziehen«, »Ich will ein größeres Auto fahren«, »Ich will zwei Mal im Jahr eine Fernreise machen«), sondern einzig nach dem, was der Mitarbeiter leistet und liefert.

Wie hoch die Ausgaben deines Jeansladens sind, ist uns ja auch egal, oder? Wir bezahlen ausschließlich für den Wert der Jeans. Wir zahlen ein bisschen für die coole Marke mit, okay, aber dass die Boutique einen Hausmeister beschäftigen muss, der den Parkplatz im Winter vom Schnee befreit, das interessiert uns bei unserer Kaufentscheidung nicht. Uns ist auch egal, ob der Laden sparsam oder verschwenderisch wirtschaftet oder ob er Schulden hat.

Jeder Unternehmer kauft Leistungen ein – von eigenen Mitarbeitern, von Fremdfirmen, völlig egal. In jedem Fall ist es der Einkauf einer Leistung. Bei Mitarbeitern eben quasi im Abo. Und in jedem Fall richtet sich der Preis rein nach dem Wert, den das Gelieferte für den Kunden hat. Und der Kunde ist im Arbeitsverhältnis eben der Arbeitgeber, der Chef.

Auch deswegen ist für mich die SMART-Formel so wichtig. »Leistung« bezieht sich ganz klar auf die Ergebnisorientierung und Zielerreichung. Wer dem Unternehmen hilft, seine Ziele zu erreichen, leistet etwas fürs Unternehmen; wer nur seine Zeit absitzt, nicht.

Das Karrieremodell der INTER Versicherungsgruppe

Es gibt in meiner Branche – im Vertrieb – übrigens eine spannende neue Entwicklung. Die INTER Versicherungsgruppe – ein Spezialist für Krankenversicherungen vorwiegend für Ärzte und Handwerksbetriebe – verknüpft jetzt die Elemente »Freiheit« und »Sicherheit«, die sich sonst üblicherweise ausschließen. Ich hatte das im Kapitel »Berater« kurz angerissen: Unternehmer nennen es Freiheit, Arbeitnehmer nennen es Unsicherheit. Und was Arbeitnehmer Sicherheit nennen, nennen Unternehmer Unfreiheit. Mal grob skizziert.

Was macht jetzt die INTER? Die gibt Vertriebsleuten jetzt Elemente der Sicherheit mit, die es im Versicherungsverkauf vorher so noch nicht gab. Zum einen machen die Versicherungsvermittler eine Unternehmerlaufbahn, auch, indem sie möglicherweise Agenturen gründen und Leute einstellen. Gleichzeitig gibt die INTER finanzielle Unterstützung rein beim Aufbau der Agentur, hilft beim Online-Auftritt und bei der Werbung – und bezuschusst sogar die Altersvorsorge. Und: Die INTER honoriert nicht mehr nur den reinen Abschluss, also den Verkauf einer Versicherung, sondern auch die ganze andere Arbeit, die Versicherungsvermittler so haben – wenn sie beispielsweise mit einem Kunden bestimmte Fälle abwickeln oder auch einfach nur bei der Bürokratie helfen.

Du bekommst sozusagen die Schwimmflügel mit. Das ist die Tendenz.

Ich bin gespannt, wie sich die Sache entwickelt. Die INTER erwartet natürlich schon Erfolge und Umsätze, das ist klar. Der Punkt ist halt, die Leute stärker zu unterstützen – gerade beim Aufbau des Vermittlungsgeschäfts – und so die Versicherungsvermittlung auch für Branchenfremde attraktiv zu machen. Wie der Einzelne sein Business aufzieht und gestaltet, bleibt ihm überlassen.

Schwierig finde ich Anzeigen, die 500 Euro Starthilfe versprechen. Oder die Leute bekommen angeboten, dass sie 30 Prozent mehr bekommen, wenn sie den Job wechseln. Da frage ich natürlich: »Was kannst du denn jetzt besser?«

Geld ist für mich ein Hygienefaktor wie Händewaschen. Wir müssen heute leistungsorientiert bezahlen. Junge Menschen, die eine Familie gründen, oder auch einfach Leute in Metropolen brauchen mehr Gehalt als andere, mehr Gehalt als früher. Und der Markt ist eben so, dass sich die Mitarbeiter aussuchen können, wo sie arbeiten. Am Ende geht es ums Sinnstiften: Wo die Stimmung gut ist, kommen Mitarbeiter gerne hin.

Und es muss passen. Gerade habe ich jemanden verloren, der aus der Finanzdienstleistungsbranche kam und erst bei uns Sales machen wollte. Er war vorher bei einer kleinen mittelständischen Bank. Mit der Zeit kam raus – dank Fragebogen vor dem Performance-Dialog –, dass er perspektivisch in die Strategieberatung wollte.

Also, dann ist es halt so. Da geht es nicht ums Geld. Menschen wollen sich weiterentwickeln. Und ich kann eben bei meiner Unternehmensgröße auch nicht beliebige Aufstiegsmöglichkeiten versprechen. Ich kann nicht aus einem Vertriebsleiter mit vier Leuten einen Direktor mit 100 Verkäufern machen, wenn das nicht mein Ziel als Unternehmer ist. Insgesamt hast du als Arbeitgeber natürlich bessere Chancen und bietest attraktivere Perspektiven für gute Leute, wenn du dein Business skalieren kannst. Wobei immer gilt: »Versprich nichts, was du nicht halten kannst!«

Was übrigens auch immer eine schöne Möglichkeit ist: nicht als Unternehmen Wertschätzung ausdrücken, sondern als Mensch. Mit einem Geschenk, das du nicht vom Unternehmenskonto bezahlst, sondern wirklich privat. Das lässt sich dann auch nicht von der Steuer absetzen. Für wirklich großartige und wichtige Mitarbeiter ist das eine tolle Sache.

Welche Arbeitsplätze verschwinden durch KI?

Lass mich als letzten Punkt beim Thema »Manpower« noch einmal auf die KI eingehen. Welche Arbeitsplätze werden verschwinden? Beziehungsweise aus Unternehmersicht gefragt: Welche Arbeitsplätze lassen sich automatisieren?

Im Augenblick zeichnet sich die Entwicklung nur ab, vollumfänglich sichere Prognosen lassen sich kaum aufstellen. Bei einem Vortrag über KI war die Frage: Welche Branchen glauben, dass Berufsgruppen wegfallen? Interessant: Rechtsanwälte halten sich bisher nach wie vor für unersetzlich. Das mag insofern sein, als bei Gericht immer noch Menschen erscheinen. Aber gleichzeitig vermute ich, dass sich zahlreiche Streitigkeiten durch KI beilegen lassen, indem die KI einfach die Standpunkte miteinander abgleicht und Lösungen anbietet.

Oder Verträge. Noch ist die Entwicklung zwar nicht so weit, aber es würde mich nicht wundern, wenn die KI bei einem detaillierten Briefing Vertragsentwürfe schreibt.

Die Berufswelt von Textern und Redakteuren wird sich sicherlich verändern, auch wenn der Mensch am Schluss alle KI-Texte noch einmal bearbeiten muss. Aber Copywriter bei kurzen Social-Media-Posts? Die werden nach meiner Einschätzung alle ihren Job verlieren. Was die können, kann die KI auch.

Auch Models und Fotografen dürfen sich warm anziehen. Die eine oder andere KI bekommt bei der Fotoerstellung Nasen, Ohren und Finger noch nicht so richtig hin, aber das wird sich entwickeln. Wozu brauchen wir dann noch Models? Dass jemand bei der »Fashion Week« über den Laufsteg marschiert, ist dann vielleicht noch die einzige Anwendung im realen Leben – aber für Fotos und Videos beispielsweise in der Kosmetikindustrie würde ich mir jetzt die Kosten für Flug, Hotel, Shuttle-Bus, Häppchen, Prosecco, Studio, Beleuchter, Fotografen, Videofilmer, Cutter, Tonleute und psychologische Betreuung sparen und auf KI-Figuren setzen.

Da muss auch niemand mehr vor dem Eiffelturm posieren, sondern den generiert einfach die KI. Du musst nicht auf Sonnenschein warten, sondern sagst der KI, dass die Sonne scheint.

Und für alle, die jetzt sagen, diese fürchterliche Entwicklung vernichte Arbeitsplätze: Natürlich kannst du Leute für Leistungen bezahlen, die sich längst automatisieren lassen. Aber warum solltest du das tun? Wegen deiner sozialen Ader? Dann kauf doch bitte auch Produkte, die du nicht brauchst, um die Arbeitsplätze des Herstellers zu unterstützen. Und schaff alles ab, was dir zu Hause das Leben erleichtert – denn alles das vernichtet Arbeitsplätze. Die Brotbackmaschine gefährdet Bäcker. Der Staubsaugerroboter gefährdet Putzkolonnen. Die Fitnessgeräte gefährden Fitnessclubs und die Arbeitsplätze dort. Die Digitalkamera hat die Jobs von Fotolaboranten vernichtet.

Wenn wir einmal verstanden haben, wie Ökonomie und unternehmerisches Handeln funktionieren, dann verabschieden wir uns von diesem unsinnigen Denken. Klug ist es – und das gilt für jede Wirtschaft, ob zu Hause, im Unternehmen oder als ganze Volkswirtschaft –, Ressourcen nur für sinnvolle Dinge aufzuwenden und kein Geld zum Fenster rauszuwerfen.

Sterbende Branchen zu unterstützen, ist sogar falsch, auch wenn Gewerkschaften und manche Politiker das anders sehen. Wer eine sterbende Branche künstlich am Leben hält, macht sie höchstens zu einem Zombie und verhindert die ökonomische Weiterentwicklung der Menschen in dieser Branche. Keiner der brüllenden Gewerkschafter würde selbst privat Geld für etwas ausgeben, was er nicht mehr braucht. Aber der Staat soll das machen? Ein riesiger Denkfehler – und übrigens ziemlich unsolidarisch.

Welche Ihrer Mitarbeiter denken unternehmerisch, welche nicht? Was unternehmen Sie?

____

____

____

____

____

Welche Fähigkeiten und Kompetenzen sollten Sie zukaufen?

Welche Arbeitsplätze brauchen Sie nicht mehr?

4.4 Wissen

Womit wir beim Wissen wären – ebenfalls eine elementare Ressource. Und auch da spielt das Thema KI eine enorme Rolle, denn wir müssen heute eben wissen, was sich durch KI ersetzen lässt und was nicht. Wissen Sie, was heute möglich ist?

Und vor allem: Wie reagieren Sie auf Neues? Reagieren Sie ablehnend und enthalten sich mögliches neues Wissen vor? Oder sind Sie offen, auch für Disruptionen?

Auf Neues reagieren

Bevor wir auf die Frage eingehen, wie Sie – und Ihre Mitarbeiter – auf Neues reagieren sollten, will ich Ihnen eine Geschichte erzählen. Es geht um ein Experiment mit Affen. Sie wissen ja, die Seminar- und Coachingliteratur ist voller solcher Geschichten und diese hier geht auf Gary Hamel und C. K. Prahalad zurück. Ob es das Experiment tatsächlich gab, ist umstritten – aber egal, die Story ist gut.

In der Geschichte befinden sich fünf Affen in einem Käfig, an dessen Decke eine Banane hängt. Sobald ein Affe versucht, die Banane zu nehmen, bekommen die anderen eine kalte Dusche. So bewirkt der Gruppendruck, dass kein Affe sich an die Banane herantraut.

Die Forscher ersetzen jetzt der Reihe nach die vorhandenen Affen durch neue Affen. Jeder neue Affe, der sich an die Banane heranwagt, wird sofort von den anderen gestoppt, da sie die kalte Dusche vermeiden wollen. Die neuen Affen akzeptieren das Verbot. Irgendwann sind alle Affen ausgetauscht und keiner geht an die Banane. Obwohl inzwischen kein Affe mehr dabei ist, der jemals eine kalte Dusche bekommen hätte.

Ich mag die Geschichte, von der es übrigens jede Menge Adaptionen gibt, weil sie zeigt, wie stark uns Konventionen davon abhalten können, uns neuen Dingen zu öffnen. Die Angst vor Strafe oder auch der Gruppendruck verhindern oft auch, dass wir neue Erkenntnisse annehmen.

Und so denken beim Stichwort »Disruption« wohl die meisten an negative Veränderungen. Also an Krisen und Störungen, die unser Geschäftsmodell infrage stellen oder gefährden. Natürlich müssen wir darauf adäquat reagieren.

Auf der anderen Seite sind Neuerungen aber auch oft positiv: Wir haben es plötzlich mit einer Entwicklung zu tun, die unser Geschäftsmodell im Guten beeinflusst, wie es zum Beispiel die KI in vielerlei Hinsicht tut.

Ich kann mich noch gut an das Jahr 2012 erinnern. Schon damals war abzusehen, wie sehr die IT die Weiterbildung verändern würde. Wer sich als Innovator versteht, konnte die Entwicklung mehr oder weniger vorwegnehmen und sich darauf einrichten – so wie auch Sie heute die Signale der Gegenwart als Hinweise auf die Möglichkeiten der Zukunft sehen können.

Mir war zu diesem Zeitpunkt bereits klar, dass Blended Learning das nächste große Ding sein wird. Damals haben viele in meiner Branche gesagt, dass Verkaufstrainings nur als Präsenzseminar funktionieren. Da ich Herausforderungen liebe, war für mich klar: Ich beweise ihnen das Gegenteil. Nach gut drei Jahren intensiver Arbeit haben wir 2015 die »Martin Limbeck Online Academy« gelauncht. Ein 49-Wochen-Programm mit Videos, Audio-Inhalten und Tests zur Lernkontrolle. Das war damals völlig neu und der Erfolg spricht für sich: In den folgenden Jahren haben mehr als 12.000 Verkäufer erfolgreich unsere Academy absolviert. Doch das war erst der Anfang. Inzwischen beschäftige ich mich schon länger mit adaptivem Lernen. Also Formen des Lernens, die den Lernenden entgegenkommen und sich auf sie und ihr individuelles Lerntempo einstellen. Überlegen Sie sich einfach Folgendes: Für ein Standardtraining – egal ob in Präsenz, virtuell oder hybrid – brauchen die meisten Leute ungefähr die gleiche Zeit. An den statistischen Rändern befinden sich also Schnelle, denen alles zu langsam geht, und Langsame, denen alles zu schnell geht und die nicht wirklich mitkommen. Das Standardtraining richtet sich quasi nur an die statistische Mitte. Und dadurch erreicht es nicht mehr alle.

Aus diesem Grund habe ich mich vor zwei Jahren entschieden, noch mal eins draufzusetzen. Wir haben sechsstellig investiert, einen Learning Engineer eingestellt und einen erfahrenen Software-Partner mit ins Boot geholt, um unsere Online Academy noch mal völlig neu zu denken. Die Module, die wir dort gerade erstellen, werden mein gesamtes bisheriges Know-how vermitteln: die Inhalte meiner Bestseller »Limbeck.Verkaufen.« sowie »Limbeck.Vertriebsführung.« Und wer weiß – vielleicht wird es, basierend auf diesem Buch, das Sie gerade lesen, auch einen Kurs geben, der das Thema Unternehmertum vermitteln wird. Im Gegensatz zu unserer ersten Online Academy arbeiten wir hier mit einer KI, die genau misst, wie die User mit den Lerninhalten interagieren. Ob sie schnell oder langsam antworten oder sich unsicher sind. Basierend darauf absolviert jeder Teilnehmer den Kurs in seinem eigenen Tempo, hat mehr oder weniger Wiederholungen und beschäftigt sich zum Beispiel eingehender mit Inhalten, bei denen er oder sie noch nicht so sattelfest ist.

Eine wundervolle Disruption, finde ich! So durchlaufen Teilnehmer mit Vorwissen die Akademie schneller als Leute, bei denen die KI feststellt, dass sich die Lerninhalte erst verfestigen müssen. Und die anderen verschwenden keine Zeit. Um solche Innovationen wie das adaptive Lernen möglichst früh zu erkennen, müssen wir eben am Puls der Zeit sein. Und dazu genügt es nicht, regelmäßig Nachrichten zu lesen. Hier müssen wir uns wirklich umfangreich informieren und die Augen und Ohren offenhalten. Dazu gehört die Lektüre einschlägiger Zeitschriften wie beispielsweise »managerSeminare«, wenn es um mein Business geht: um die Seminar- und Weiterbildungslandschaft. Bei technischen Innovationen sind natürlich auch Plattformen wie heise.de wichtig.

Wichtig ist auch, dass wir im Gespräch miteinander sind, dass wir Dinge ausprobieren, dass wir neue Techniken testen. In meinen Mastermind-Gruppen testen wir häufig neue Entwicklungen. So bekomme ich immer mit, was los ist. Diese Verzahnung, dieses Netzwerk brauchen alle Unternehmer, ob Gründer oder alte Hasen. Gerade die alten Hasen laufen oft Gefahr, den Anschluss zu verlieren. Viele sind auch im Alter dann geistig etwas unflexibel. Zugleich finde ich es immer wieder beeindruckend, wie viele ältere Menschen sich mit Social Media und anderen Phänomenen beschäftigen. Die geistige Flexibilität, offen zu sein für Veränderungen – das ist elementar für alle Unternehmerinnen und Unternehmer.

Bei der KI haben wir es aus meiner Sicht mit einem wirklichen Paradigmenwechsel zu tun, der die gesamte Arbeitswelt massiv verändern wird.

Im »Fraunhofer Magazin«* ist im Frühjahr 2023 ein Interview mit der bayerischen Digitalministerin Judith Gerlach (* 1985) erschienen. Sie sagt etwas Entscheidendes: »Die Einsatzmöglichkeiten von KI sind zahlreich, nehmen Sie zum Beispiel den bayerischen Mittelstand. Wir helfen hier konkret dabei, dass Unternehmen im Freistaat ihre Geschäftsprozesse effektiver und kostengünstiger gestalten können. Im Rahmen unseres Programms ›KI Transfer Plus‹ arbeiten wir beispielsweise mit einem Landmaschinenhersteller zusammen, dessen Maschinen künftig dank KI genau erkennen, ob es sich auf dem Acker um die angebaute Pflanze oder um Unkraut handelt. So lassen sich Pestizide sparsamer und zielgenauer einsetzen.«

Das ist faszinierend, oder? Die Ministerin sagt im Interview weiter: »In der Debatte werden schnell Horrorszenarien entwickelt, die mit der Realität nichts zu tun haben. (…) Der Einsatz von Robotern in der Pflege ist zum Beispiel sinnvoll. Das heißt aber nicht, dass jetzt nur noch Roboter in Seniorenheimen eingesetzt werden.«

Der tatsächliche Durchbruch geschah dieses Jahr – im Jahr 2023, dem Erscheinungsjahr dieses Buches. Sie erinnern sich: Anfang 2023 kam der Hype über ChatGPT auf. Alle Welt sprach davon, wie sich durch künstliche Inhalte die Arbeitswelt verändern würde. Für mich zeigt sich hier wieder, wer unternehmerisch denkt: Unternehmertypen sehen die Chancen. Sie fragen sich, welche Ressourcen sich verschieben und wie die Entwicklung das Geschäftsmodell beeinflusst. Dann geht es darum, Lösungen zu finden. Die anderen malen die Zukunft nur schwarz: eine Datenschutzkatastrophe, Arbeitsplatzverlust, Entmenschlichung – wie immer, wenn etwas Neues kommt. Erinnern Sie sich an mein SKI-Konzept? »Sei kein Idiot«, heißt das Motto. Und Idioten sind eben nicht offen für die Zukunft, sondern dramatisieren erst mal alles, und zwar emotional und moralisch so aufgeladen, dass wir gar nicht mehr in Ruhe über die Zukunft sprechen können.

Unternehmerpersönlichkeiten analysieren jetzt sehr genau und vor allem nüchtern, was die Entwicklung bedeutet. Unternehmer wissen, dass jetzt auch die Geburtsstunde für neue Geschäftsideen sein kann. Denn noch immer entstanden aus technischen Revolutionen neue Ideen und in der Folge auch Arbeitsplätze.

Beispielsweise wäre ohne die Entdeckung der Elektrizität niemals der Fön erfunden worden. Oder der Computer. Oder das Internet.

Oder denken wir an Musik: Musik war vor 100 Jahren noch auf Schellackplatten gespeichert. Dann kam Vinyl. Dann kam die Digitalisierung der Musik. Erst die CD, dann der Download aus dem Internet, dann das Streaming. Vieles

---

* Fraunhofer Magazin, 1/2023, Seite 53.

wird effizienter, sogar das Musikmachen, das Komponieren, das Abspeichern von Sounds, das IT-gestützte Schreiben von Noten allein anhand der gespielten Musik. Aber sehr viele Unverbesserliche sagen, alles gehe den Bach runter.

Die IT verändert auch unsere Weiterbildung zum Besseren. Wir haben keinen Overheadprojektor mehr, sondern Beamer. Jetzt haben wir Screens. Es funktioniert alles elektronisch. Es ist ein riesiger Energieaufwand, das stimmt, und irgendwoher muss die Energie kommen. Und trotzdem bedeutet Elektronik für mich als Unternehmer in erster Linie Möglichkeiten. Dass wir die Menschheit weiter voranbringen können, und das leichter als je zuvor.

Und da müssen wir eben wissen, was richtig ist. Ich erfinde mich zum Beispiel immer wieder neu und überlege: »Wo gehe ich rein, wo gehe ich raus?« Derzeit investiere ich sechsstellig in »Area9 Lyceum«, eine Plattform für adaptives Lernen. Vor einigen Jahren habe ich auf »Blink.it« geschworen – heute sehe ich, dass ich unsere Trainings mit »Area9 Lyceum« messbar machen kann.

Wissen als Asset

Die Ressource Wissen umfasst im Unternehmen einfach unsere gesamte Geisteskraft. Unser Denken, unsere Klugheit, vielleicht sogar unsere Weisheit und unsere Erfahrung. Sollten wir, wie Randy Gage, unsere Belegschaft alle fünf Jahre auswechseln, müssen wir natürlich irgendwie das Wissen sichern.

Und es zeigt sich noch einmal, weshalb oft ältere Mitarbeiter eine gute Wahl sind – viele bringen jede Menge Erfahrungen und damit Wissen mit. Das ist extrem wertvolles Know-how, das den jungen Uniabsolventen fehlt.

Beim Wissen geht es gar nicht so sehr um den Unterschied zwischen schulischem Wissen und Straßenwissen und es geht auch nicht um Intelligenz, die sich mit klassischen Intelligenztests messen lässt. Vielmehr geht es um eine Form von Intelligenz, bei der wir wissen, auf welchem Weg wir welche Ziele erreichen und was wohin führt. Welche Trends lohnt es sich zu verfolgen, welche nicht? Das Thema KI ist in meinen Augen nicht mehr aufzuhalten. Das Bundesministerium für Wirtschaft und Klimaschutz (BMWK) baut derzeit ein Netzwerk von KI-Trainern und KI-Lotsen für den Mittelstand auf. Diese Ausbildung gibt es bei der IHK für wenig Geld, die mache ich jetzt.

Nur: Wissen musst du das halt. Es geht nahezu immer ums Wissen. Wissen Sie, was Sie wissen müssen? Oder wissen Sie das Falsche, halten also an unnützem Wissen fest, das Sie für entscheidend halten? Oder irren Sie sich und denken, Ihre Vermutungen seien Fakten? Darum geht es – dass wir hier im Denken klar sind.

Und ich komme wieder zu dem Punkt: Sie müssen sich unbedingt ein Unternehmernetzwerk aufbauen. Auch mit Menschen außerhalb Ihrer Branche.

Im Unternehmen jedenfalls sollten Sie unbedingt einige Tipps beherzigen:

1. Schaffen Sie eine **Kultur des Wissensaustauschs**: Fördern Sie den Austausch von Informationen und Erfahrungen innerhalb Ihres Teams oder Ihrer Abteilung. Organisieren Sie regelmäßige Meetings, Workshops oder Schulungen, bei denen Mitarbeiter ihr Wissen teilen können. Machen Sie das Unternehmen selbst zu einer Mastermind-Gruppe.

2. **Dokumentieren** Sie Ihr Know-how: Erstellen Sie Handbücher, Leitfäden und Checklisten für wichtige Prozesse und Arbeitsabläufe im Unternehmen. So haben alle Mitarbeiter Zugriff auf das gesammelte Know-how und es geht kein wertvolles Wissen verloren.

3. Nutzen Sie **moderne Technologien**: Setzen Sie auf digitale Tools zur Speicherung und Verwaltung von Daten – beispielsweise Cloud-Lösungen oder Collaboration-Tools wie »Slack« – um einen schnellen Austausch zu ermöglichen sowie die Zusammenarbeit zu erleichtern.

4. Investieren Sie in **Weiterbildungsmöglichkeiten** für Ihre Mitarbeiterinnen und Mitarbeiter: Bieten Sie Ihren Angestellten Fortbildungsmaßnahmen an, damit sie up to date bleiben.

Professionalität

Dann bedeutet »Wissen« natürlich nicht nur, dass wir wissen, wie wir fachlich korrekt handeln und wie wir ein Unternehmen aufbauen. Zum Wissen gehört vor allem eine Sache, die so wichtig ist, dass Sie ohne sie Ihr gesamtes Unternehmen vergessen können.

Du kannst fachlich noch so gut sein und noch so gute Prozesse etablieren, die die Kunden in Scharen zu dir spülen – wenn du nicht professionell agierst, bringt das alles nichts.

Professionalität ist das A und O für jeden Unternehmenserfolg. Ich bringe das im Kapitel »Wissen«, weil es hier um etwas geht, was du entweder beherrschst oder eben nicht. Und was sich lernen lässt.

Ich bin ja viel unterwegs. Und da kommt es eines Tages vor, dass ich auf Reisen morgens aufwache und ein dickes Auge habe. Offenbar habe ich mir irgendwas ins Auge gerieben – es juckt, das Auge ist rot und kleiner als das andere. Also brauche ich schnell einen Experten, der mir den Fremdkörper wieder entfernen kann.

Was mache ich? Ich beschreibe dir mal den »Funnel« vom Kundenbedarf zum Unternehmen: Ich google »Augenarzt«. Google zeigt mir mehrere Praxen an und die nächstgelegene wähle ich aus. »Öffnet um 8 Uhr« heißt es, und da die Praxis fußläufig vom Hotel ist, marschiere ich hin und bin um 7:55 Uhr da.

Ein abgeratztes Mehrfamilien- und Bürohaus in einer Kleinstadt in einer Fußgängerzone mit Kino, Hörgeräteladen und H&M. Ein Metallschild erklärt: »Augenarzt 1. OG«.

Warum ich das so genau schildere? Weil das alles zur »Customer Journey« gehört. Wenn du bei der Adresse ankommst und da ist kein Hinweis, dann funktioniert das Geländer vom Bedarf zur Lösung nicht. Hier immerhin hat mich ein Wegweiser am Ende der Customer Journey in die erste Etage eines Gebäudes geführt.

Ich also rauf. Enges Treppenhaus, schlecht gelüftet. Vor der Glastür mit dem eingearbeiteten Metallgitter stehen drei Leute, sie warten offenbar darauf, dass die Praxis öffnet. Die Räume hinter der Glastür: dunkel. Neben der Glastür an der Wand ein Metallschild: »Augenarzt«, Name dabei. Von innen mit Tesafilm ans Glas der Tür geklebt: ein DIN-A4-Blatt, quer, selbst geschrieben und ausgedruckt: »Zur Erweiterung unseres Teams suchen wir«, und dann ein paar Berufsbezeichnungen. Die Information steht sozusagen hinter den Drähten des eingearbeiteten Gitters.

Ein weiteres Metallschild neben der Tür ist abgeklebt, wobei das DIN-A3-Blatt dafür nicht ausgereicht hat und links und rechts die Ränder und Teile von Buchstaben rausstehen. Anmutung? Unprofessionell. Ganz einfach. Es mag sein, dass 80 Prozent der deutschen Arztpraxen so aussehen, aber das ist einfach krautig. Das war schließlich nicht in irgendeinem Entwicklungsland, sondern in einem deutschen Ballungsgebiet.

Es wird 8 Uhr. Nichts geschieht. Die Praxis hinter der Glastür: dunkel.

8:05 Uhr – noch immer keiner da. Die wartenden Patienten versichern einander, dass die Praxis um 8 Uhr öffnen müsste. Unsere Customer Journey endet also an einer bruchsicheren Glastür in einem hässlichen Haus.

Was mache ich? Und das ist jetzt die entscheidende Frage. Ich merke, dass der Weg vom Bedarf zur Lösung unterbrochen ist. Da tut sich nichts. Mitarbeiter müssten längst da sein, normalerweise brennt das Licht in einer Praxis ja lange vor der Öffnung, denn schließlich muss der Kopierer warmlaufen und auch sonst sind einige Dinge vorzubereiten. Aber hier? Da ist keiner.

Also habe ich in den Google-Ergebnissen die nächste Augenarztpraxis gewählt, und siehe da: Sie war zu Fuß ebenfalls nur fünf Minuten entfernt. Ich hin.

Eine Gemeinschaftspraxis am Ende derselben Fußgängerzone: reger Betrieb, hell, offen, Mitarbeiter am Tresen, freundlich. Es wirkte so, als hätte die Praxis schon seit 7 Uhr auf. Ich rein, angemeldet, Formulare für Datenschutz und Zahlungsabwicklung ausgefüllt und nach fünf Minuten war ich dran. Augencheck, Schnellanalyse. Dann fünf Minuten warten, dann rein zum Arzt. Freundlicher Typ, hemdsärmelig, durchwühlt mein Auge mit irgendeinem Stab, findet nichts und erklärt mir, dass hier wohl die Entzündung das Fremdkörpergefühl verursacht. Er verschreibt mir eine Augentropfensuspension mit lecker Dexamethason, einem Entzündungshemmer. Um 8:30 Uhr bin ich raus und hole mir das Medikament in der Apotheke. Ich ins Hotel, Hände gewaschen und rein mit dem Zeug ins Auge.

Irgendwie wundert es mich überhaupt nicht, dass der Augenarzt der ersten Praxis Leute sucht. Ich meine, so gut wie alle suchen heute Leute, das ist mir auch klar. Aber Leute zu finden fällt eben leichter, wenn du ein Profi bist. Es ist schwierig, wenn schon die Location nicht einladend wirkt und wenn du Kunden warten lässt. Die Performance sollte professionell sein! Denn wo arbeiten Leute lieber? Natürlich beim Profi und nicht beim Krauter.

Es mag sein, dass der erste Augenarzt ein hervorragender Augenarzt ist. Das bringt aber nichts, wenn er nicht da ist. Der Punkt ist, dass die fachliche Kompetenz nichts mit der Eignung zu tun hat, das sind völlig verschiedene Dinge. Nur weil du fachlich top bist, bist du noch lange nicht geeignet. Wir eignen uns nur dann für einen Job, wenn wir professionell sind.

Das Problem vieler Fachleute ist ja gerade, dass sie glauben, mit ihrem Fachwissen sei der Erfolg schon vorgegeben. Und das ist nicht der Fall. Dass wir fachlich gut oder sogar spitze sind, setzen die Kunden heute voraus. Und dann geht es eben weiter: Bin ich erreichbar? Wie gut? Wie kommuniziere ich mit den Leuten? Lasse ich die Leute hängen oder bin ich ein kompetenter Ansprechpartner? Halte ich Termine ein? Verstehe ich die Sichtweise meines Kunden?

Wir hatten ja gerade auch die Geschichte mit der Zahnarztpraxis, die meinen Kumpel nicht behandeln wollte. Es war vielleicht die Entscheidung einer Sprechstundenhilfe, aber dahinter steckt eine Unternehmenspolitik. Natürlich gibt der Chef vor, wie flexibel Mitarbeiter handeln dürfen.

Gerade bei Ärzten sehe ich oft ein unglaublich überholtes und veraltetes Verständnis von Kundenorientierung. Viele Ärzte denken anscheinend, sie gehörten wie vor 200 Jahren zu den oberen Zehntausend im Dorf, gemeinsam mit dem Bürgermeister und dem Pfarrer, vor denen alle Bürger Ehrfurcht haben.

Und so benehmen sich viele Ärzte dann auch. Für sie sind die Patienten »Fälle«. Da ist es völlig klar, dass sich die Patienten nicht gesehen fühlen. Aber so ist eben der medizinische Zugang. Es ist ein wissenschaftlicher Zugang. Wir sehen nicht den Menschen Martin Limbeck, sondern wir sehen die Infektion im Auge.

Fatal ist, was daraus folgt: Die Zahnarztpraxis verliert meinen Kumpel als Patienten und damit einen ziemlich umfangreichen und deswegen attraktiven Auftrag. Würde das bei einer Versicherung so laufen, würden sicher Köpfe rollen. Stellen Sie sich vor, ein Versicherungsverkäufer setzt den Kunden unter Druck, etwas zu unterschreiben, was der nicht versteht. Da ist es klar, dass der Kunde erstens zu einer anderen Versicherung geht und sich zweitens möglicherweise auch noch bei der Bundesanstalt für Finanzdienstleistungsaufsicht (BaFin) beschwert. Und drittens kann der Versicherungsverkäufer, sollte die Sache ans Licht kommen, in der Folge sicher seinen Ausstand geben.

Bei Versicherungen gibt es inzwischen diese Beratungsprotokolle – sie sollen sicherstellen, dass der Kunde weiß, was er unterschreibt. Bei Medizinern kümmert das niemanden. Da gibt es keine Beratungsprotokolle. Warum nicht?

Und der Krauter-Augenarzt in der Fußgängerzone, der mich gar nicht erst behandeln konnte, weil ich nicht in die Praxis kam – der wollte keine Aufträge. Doch, es ist so. Angenommen, er wollte Aufträge, hätte er sich erreichbar gemacht und dazu den gesamten Prozess vom Bedarf zur Lösung durchdefiniert und mehrfach getestet. Außerdem wäre die Praxis ansprechender, denn das hätte er bei seinen Tests als Hemmschuh erkennen müssen. Angenommen, er wollte Aufträge, würde er seine Patienten nicht vor einer verschlossenen Praxistür warten lassen.

Noch böser: Angenommen, er wollte erfolgreich sein, dann wäre er erfolgreich. Weil er dann nämlich alles so geplant hätte, dass der Erfolg funktioniert.

Jetzt können Sie sagen, gut, vielleicht ist das ein Einzelkämpfer, dann sage ich Ihnen: »Wohl kaum.« Selbst wenn die einzige Sprechstundenhilfe an diesem Tag krank ist, muss er einspringen. Und wenn es ihm nicht gelingt, einzuspringen, muss er irgendwie die Patienten auffangen, die dort Termine haben und warten. Und wenn er das nicht kann, dann ist das kein Pech, sondern Inkompetenz. Er hat seine Prozesse nicht professionell aufgestellt.

Ach, er bekommt keine Leute? Nein, sorry. Die Gemeinschaftspraxis ein paar Hundert Meter weiter hat auch Leute. Ich sag Ihnen: Der Punkt ist, dass der Typ nicht professionell ist. Er will keinen Erfolg und genau so sieht seine komplette Performance aus. Und darum will niemand, der einigermaßen bei Verstand ist, bei ihm arbeiten.

Überhaupt der Arbeitsplatz. Ich wüsste nicht, wieso jemand an so einem hässlichen Ort arbeiten wollen sollte. Die Leute können sich heute aussuchen, wo sie arbeiten – weshalb sollten sie sich vertraglich verpflichten, künftig einen großen Teil ihres Lebens in einem hässlichen Gebäude zu verbringen?

Billig sind die Räume trotzdem nicht. Es ist eine Augenarztpraxis in der Fußgängerzone einer Innenstadt, in einem westdeutschen, hoch frequentierten, dicht besiedelten Gebiet. Dieser Augenarzt muss Patienten behandeln, um überhaupt seine Fixkosten bezahlen zu können.

Und das ist es eben, was ich nicht verstehe. Warum sehen manche Ärzte – und zu einem großen Teil auch das Personal, siehe die Sprechstundenhilfe beim Zahnarzt – die ökonomischen Notwendigkeiten nicht, in denen sie sich befinden? Sie stecken den Kopf in den Sand und tun so, als sei ihre gesamte berufliche Tätigkeit eine rein wissenschaftliche. Als gäbe es ein Institut, das ihnen ein Gehalt finanziert. Doch das Gegenteil ist der Fall: Niedergelassene Ärzte sind Geschäftsleute. Sie brauchen deswegen einen völlig anderen Fokus und ein völlig anderes Verständnis für Kunden, als es derzeit in Deutschland gängige Praxis ist.

Professionell zu agieren, bedeutet nicht nur, wirklich viel Fachwissen zu haben und dieses Wissen sinnvoll anzuwenden. Professionalität heißt auch, respektvoll, pünktlich, verantwortungsbewusst, gut organisiert und vor allem zuverlässig zu sein. Wer professionell arbeitet, zeigt anderen, dass er sich wirklich kümmert und auch bereit ist, sich im Sinne des Kunden anzustrengen.

Welches Wissen, das Sie dringend brauchen, fehlt in Ihrem Unternehmen?

____

____

____

____

____

Wie akquirieren Sie dieses fehlende Wissen?

____

____

____

Wie stellen Sie Ihre Wissenssicherung auf die Beine?

Limbeck. Don't do this, do that!

Gehen Sie nicht verschwenderisch mit Ihren Ressourcen um, sondern sehr sparsam und effizient.

Betrachten Sie nicht nur Geld als Ressource, sondern auch Zeit, Energie und alle anderen Dinge, die Sie brauchen, um erfolgreich zu sein.

Denken Sie nicht, Sie haben alle Zeit der Welt, sondern machen Sie sich klar, dass Zeit die einzige Ressource ist, die wir alle kontinuierlich verlieren.

Beginnen Sie nicht mehrere Projekte auf einmal, sondern halten Sie sich an das Hafenmeisterprinzip und machen Sie eins nach dem anderen.

Lassen Sie sich nicht von großen Summen auf dem Konto beeindrucken. Geld, das dort liegt, müssen Sie nicht ausgeben. Wichtig ist, dass Sie ökonomisch mit Ihren Ressourcen umgehen.

Spielen Sie nicht Graf Rotz, sondern seien Sie sich nicht zu schade dafür, auch im Schlafsack zu übernachten oder preiswerter zu reisen, wenn Sie Ihr Unternehmen aufbauen. Wirkliche Unternehmertypen sind sich nicht zu schade dafür, Dreck zu fressen.

Leben Sie nicht von der Hand in den Mund. Und planen Sie das auch nicht für die Zukunft, sondern planen Sie von Anfang an Rücklagen.

Überlassen Sie nicht Ihrem Steuerberater die Geldgeschichten, sondern befassen Sie sich selbst damit. Sie müssen verstehen, wie eine BWA funktioniert.

Denken Sie nicht, Sie brauchen ***irgendwelche*** *Leute, sondern machen Sie sich klar, Sie brauchen* ***gute*** *Leute. Irgendwelche Leute kriegen Sie überall. Die Kunst ist, gute Leute zu kriegen.*

Denken Sie nicht, ältere Mitarbeiter seien altes Eisen. Viele ältere Menschen haben sehr wichtige Erfahrungen, die Sie in Ihrem Unternehmen nutzen können.

Lassen Sie Ihre Mitarbeiter nicht im Glauben, Sie würden als Unternehmer wie ein Vater für sie sorgen, sondern machen Sie ihnen klar: Auch Mitarbeiter sind Unternehmer. Sie verkaufen eine Leistung.

Lassen Sie die Zusammenarbeit im Unternehmen nicht unreguliert, sondern unterwerfen Sie sie Regeln. Werte in der Zusammenarbeit sind wichtig.

Lassen Sie Ihre Leute nicht arbeiten, wie sie wollen, also im Homeoffice oder am Strand, sondern unterwerfen Sie alles einem Sinn. Homeoffice hat nur für kreative Phasen Sinn. Wenn Austausch gefragt ist, brauchen die Menschen Büroräume.

Gehen Sie nicht unvorbereitet in Mitarbeitergespräche, sondern legen Sie das Ziel fest. Haben Sie Informationen? Bereiten Sie sich auf Fragen vor. Schaffen Sie eine angenehme Atmosphäre und formulieren Sie am Ende Maßnahmen, die sich aus dem Gespräch ergeben.

Bezahlen Sie Mitarbeiter nicht nach Zeit, sondern nach Leistung – sofern das möglich ist.

Denken Sie nicht, KI sei ein vorübergehendes Phänomen. Stattdessen sollten Sie sich unbedingt darum kümmern, welche Auswirkungen die KI-Entwicklung auf Ihr Unternehmen und die Arbeitsplätze darin hat.

Glauben Sie nicht, Sie wüssten alles. Würdigen Sie stattdessen das Wissen und die Wissensaneignung als Projekt. Sie sollten Wissen als Asset betrachten und es klug managen.

Dulden Sie kein unprofessionelles Handeln. Legen Sie unbedingten Wert auf Professionalität.

5 Etablieren Sie eine »Sales Driven Company«!

Mit meiner Company, der Limbeck Group, berate ich Konzerne ebenso wie viele Mittelständler. Was uns dabei immer wieder auffällt: Wenn ein Unternehmen in Schieflage gerät, liegt es nicht an den Produkten, sondern am Vertrieb.

Also alles, was wir besprochen hatten über Produkte, Kundennutzen und Lieferketten – all das ist wichtig für den Unternehmensaufbau, aber in aller Regel nicht das Thema, wenn die Zahlen in den Keller gehen. Sondern dann versagen die Unternehmen vertrieblich. Und das ist oft schnell zu erkennen. Wenn es keine ausreichend gefüllten Sales-Pipelines gibt, keine konkreten Vorgaben zu Kontaktzahlen, Fristen zum Nachfassen, ist es kein Wunder, dass es nicht läuft.

Und woran liegt es? Daran, dass die Vertriebsmannschaft nichts taugt? Nein – der Fisch stinkt vom Kopf her. Das Unternehmen leidet offenbar unter einem Chef, der dem Vertrieb nicht die Aufmerksamkeit schenkt, die er verdient hat. Insofern: Als Unternehmer musst du deine Mannschaft im Vertrieb motivieren, aber wie willst du das schaffen, wenn du selbst nicht mit gutem Beispiel vorangehst? Ich habe bereits zahlreiche Gespräche mit Verantwortlichen geführt, die mir mit Sätzen wie »Ich bin eher der Techniker, der Denker …« gekommen sind oder sogar sagten: »Verkaufen liegt mir nicht so.« Um ehrlich zu sein: Das ist keine akzeptable Einstellung. Wenn du nicht selbst Gas gibst, kannst du auch nicht erwarten, dass deine Mitarbeiter es tun.

Als Unternehmer ist es nicht zwingend erforderlich, dass du persönlich ein ausgezeichneter Verkäufer bist. Allerdings ist es von großer Bedeutung, dass du den Wunsch verspürst, zu verkaufen, und dich mit diesem Thema auseinandersetzt. Schließlich ist es deine Aufgabe, die notwendigen Strukturen für dein Verkaufsteam zu schaffen, damit es seine Arbeit bestmöglich erledigen kann.

Sie haben dafür »keine Zeit«? Moment. Womit wollen Sie Ihre Zeit denn verbringen, wenn nicht mit der allerersten Aufgabe im Unternehmen, nämlich dem Umsatz?

Ein großartiges Beispiel für Verkaufstalent ist der erwähnte Reinhard Zinkann, der trotz seines vollen Terminkalenders immer einen Abschluss macht, wenn sich die Gelegenheit bietet. Seine Sales-DNA ist bewundernswert und zeigt, dass sich diese Fähigkeit bis zu einem gewissen Grad nachrüsten lässt.

Oder denken Sie an Reinhold Würth, der mit 17 Jahren den elterlichen Betrieb übernommen und gleich vertrieblich aufgezogen hat. Er ist mit den Außendienstlern rausgefahren und hat auch Überraschungsbesuche gemacht, bei denen er seine Außendienstler dann begleitet hat. Vor allem sein Vertriebsprinzip war genial: Kein Verkäufer durfte eine bestimmte Anzahl von Kunden überschreiten, eher wurden neue Verkäufer rekrutiert. Es ist ganz einfach, aber darauf musst du erst mal kommen. Eine großartige Methode für mehr Effizienz.

Das ist natürlich ein anderer Ansatz als der Marketingansatz. Mein Lieblingsbeispiel für ein marketinggetriebenes Unternehmen ist Red Bull. Dietrich Mateschitz (1944–2022), der Gründer von Red Bull, hat einfach eine Marke etabliert und diese Marke über Sportevents gestärkt. Sollten Sie das nachahmen wollen, dann Vorsicht – es gibt kaum einen kostenintensiveren Weg, um ein Unternehmen aufzubauen, als derartige Marketing-Investments.

In meiner Mastermind-Gruppe »Gipfelstürmer« haben sich früher einige Unternehmer nicht getraut, sich des Vertriebs anzunehmen. Sie dachten, dass sie kein Händchen dafür hätten, oder sie hatten einfach nicht den Mut. Doch jetzt haben sie erkannt, wie wichtig der Vertrieb ist und dass sie als Unternehmer Vorbild für ihre Mitarbeiter sein sollten, indem sie nah am Kunden und an den Mitarbeitern sind.

Ein weiteres faszinierendes Beispiel ist Hans Thomann (* 1962), der das gleichnamige Musikgeschäft von seinem Vater übernommen hat und es bis heute zum größten Musikalienhändler der Welt ausgebaut hat. Mit einem beeindruckenden Umsatz von 1,25 Milliarden Euro im Jahr 2021 und etwa 15 Millionen Kunden weltweit ist Thomann ein Leuchtturm der Branche. Mit seinen 1500 Mitarbeitern und seiner globalen Präsenz ist er ein inspirierendes Vorbild für jeden Unternehmer, der nach Erfolg strebt. Beim Club 55, dem exklusiven Club der Verkaufstrainer, haben wir Thomann für sein Lebenswerk ausgezeichnet; ich war damals Vizepräsident. Priorität bei Hans Thomann ist die Kundenzufriedenheit. Reklamationen sind im Grunde kein Problem – die Mitarbeiter nerven den Kunden da nicht lange, sondern nehmen ein Gerät eher sofort zurück. Einmal hat Thomann sogar einen Bildmischer zurückgenommen, den ein Kollege gekauft hatte. Er hat sich nach wenigen Wochen als Fehlkauf und zu kleines Modell erwiesen. Thomann nahm das Gerät zurück und hat dem Kunden das größere geschickt und die Beträge einfach verrechnet. Unkompliziert und kundenfreundlich.

Hans Thomann ist ein Chef, der auf Augenhöhe mit seinen Mitarbeitern und Kunden kommuniziert und sich nicht in seinem Büro verschanzt wie andere Entscheider. Er nimmt sich Zeit, um im Unternehmen präsent zu sein, und spricht sowohl mit Mitarbeitern als auch mit Kunden. In der E-Gitarren-Abteilung traf er auf einen Kunden, der gerade auf einer Gitarre spielte. Anstatt einfach vorbeizugehen, sprach Thomann den Kunden freundlich an und fragte, ob er bereits bedient werde und ob er ihm helfen könne.

Solche Beispiele machen Thomann und andere Vorbildunternehmer wie Zinkann für den Mittelstand so wertvoll. Sie haben das Unternehmer-Gen und die Vertriebs-DNA in sich. Es sind Unternehmer, in deren Geschäftsmodell sich das verkäuferische Selbstverständnis abbildet. Der Gedanke wirkt sich auf die gesamte Unternehmenskultur aus. Und dann haben wir es mit einer »Sales Driven Company« zu tun.

Das betrifft übrigens auch den Umgang mit Angeboten und Meetings. Ich denke, gute Unternehmer nehmen niemals eine Bittstellerposition ein. Also akzeptieren wir so gut wie keine Agenda, die uns ein Kunde schickt, sondern ändern sie in irgendeinem Punkt ab. So bleiben wir immer mit im Lead. Und Angebote verschicke ich heute so gut wie nicht mehr ohne Termin. Wenn der Kunde sagt: »Schicken Sie erst mal ein Angebot«, dann haben wir ohnehin so viel geredet, dass der Kunde ein maßgeschneidertes Angebot bekommt. Also machen wir als Erstes einen Folgetermin aus und der Kunde bekommt das Angebot einen Tag vorher.

Und jetzt Hand aufs Herz: Wie sieht es in Ihrem Unternehmen aus? Wissen Sie, was im Sale läuft, und kennen Sie die Pipelines? Stehen auch Sie im Kundenkontakt? Lassen Sie uns mal schauen, wie auch Ihr Unternehmen »sales driven« wird.

Und wie steht es um Ihre Mitarbeiter? Als Unternehmer leben wir nicht nur unserem Vertriebsteam vor, was es bedeutet, erfolgreich zu verkaufen, sondern dem gesamten Unternehmen. Und wir verankern im gesamten Unternehmen das Bewusstsein, dass alle verkaufen, wirklich ausnahmslos alle. Selbst wer seinen gesamten Arbeitstag an der Werkbank verbringt, vermittelt in der Freizeit den Wert der Produkte nach draußen, weil er so letztlich seinen Arbeitsplatz sichert.

Seien Sie mal ehrlich: Wenn Sie einen Messestand haben – wo halten sich Ihre Leute dort auf? Sind sie am Gang und sprechen Leute an? Oder ducken sie sich am Stand weg und passen auf, dass niemand Bonbons klaut? Manche trauen sich auch nicht, jemanden anzusprechen, auf dessen Namensschild ein Doktortitel steht. Oder »CEO«.

Daran sehen Sie, ob Mitarbeiter »sales driven« sind oder nicht. Woran liegt das? An Angst. Die Mitarbeiter haben Angst, sich ein Nein einzuhandeln, das wie erwähnt einen weiteren Impuls erfordert. Es ist der Unterschied zwischen Nashorn und Kuh. Das Nashorn hat keine Angst vor einem Nein. Das Nashorn stapft durch den Urwald und spricht Akademiker ebenso auf Augenhöhe an wie Executives.

Im Grunde müssen alle Mitarbeiter in der Lage sein, potenzielle Kunden zu identifizieren. Jeder Mitarbeiter muss die Zielgruppe kennen und wissen, worin der Wert der Produkte für den Kunden besteht.

Eine »Sales Driven Company« setzt auf eine kontinuierliche Verbesserung und Anpassung an die sich ständig ändernden Marktbedingungen. Nur so kann sie langfristig erfolgreich sein und sich als führender Anbieter etablieren.

Um den Verkaufsgedanken und die Fähigkeit des Verkaufens im gesamten Unternehmen zu implementieren, bedarf es einer klugen Strategie und einer gemeinsamen Vision. Denn Verkaufen ist nicht nur eine Kunst, sondern auch eine Fähigkeit, die jeder Mitarbeiter beherrschen sollte. Dazu müssen wir uns bewusst machen, dass jeder Kontakt mit Kunden eine Chance ist, um unsere Produkte und Dienstleistungen zu verkaufen. Das gilt auch auf dem Sommerfest der Kirchengemeinde, auf dem Tennisplatz und beim Fußball. Menschen kommen immer miteinander ins Gespräch. Wenn sich jemand bei Bier und Bratwurst weigert, über seinen Job zu sprechen, ist er nicht »sales driven«.

Wieder berührt das Ganze das Unternehmer-Mindset. Wenn Ihre Mitarbeiter verinnerlicht haben, dass sie Anbieter einer Leistung sind, die sie Ihnen verkaufen, wodurch sie ihren Lebensunterhalt sichern, dann werden sie sich auch auf der Bierbank gerne mit anderen über das unterhalten, was sie den lieben langen Arbeitstag lang tun.

Wir müssen uns als Team verstehen und gemeinsam an einem Strang ziehen, um unsere Kunden zu begeistern und langfristige Beziehungen aufzubauen.

Und alle sollten ein offenes Ohr haben. Alle sollten bereit sein, zuzuhören – sei es Lob oder Kritik –, denn jeder Weg für Feedback und Verbesserungspotenzial ins Unternehmen hinein ist wichtig. Unternehmertypen wissen: »Der Erfolg unseres Unternehmens hängt vom gesamten Team ab!« Das gilt für den Fuhrparkleiter ebenso wie für den Chef.

Welche Eigenarten von Hans Thomann oder Reinhard Zinkann können Sie übernehmen?

____

____

Wie fit sind Ihre Mitarbeiter bisher in Sachen Kundengewinnung und Verkauf?

Wie wird Ihr Unternehmen zur »Sales Driven Company«?

5.1 Einkommensproduzierende Aktivitäten

Wir haben schon darüber gesprochen, dass das in Konzernen oft anzutreffende prozessorientierte Denken Unternehmen mittel- bis langfristig zombifiziert. Manche Unternehmen sind so weit vom Kunden entfernt und so sehr mit ihren internen Strukturen befasst, dass sie jede Menge Potenziale gar nicht mehr heben.

Inhabergeführte Unternehmen haben es da leichter, denn da entscheidet einfach der Chef, wo es langgeht. Also Sie.

Das heißt als Erstes: Es muss Schluss sein mit dem Konzernterror, mit dem üblichen Gedöns. Im Idealfall haben Sie ja schon Ihre Prozesse optimiert und geschaut, was Sie automatisieren können. Und Sie haben hoffentlich schon verinnerlicht, nie wieder an gutem Personal zu sparen, damit Sie den Rücken frei haben. Dann geht es jetzt um die »einkommensproduzierenden Aktivitäten« – abgekürzt »EPAs«. Ja, ich weiß, im Business hagelt es Abkürzungen. Ich finde den Gedanken genial, weil er erstens einfach und zweitens unfassbar wirkungsvoll ist. Er klingt so banal, dass wir denken, im Grunde müsste doch jeder Unternehmer dieses Prinzip beherzigen. In der Realität sehen wir eben, dass es nicht so ist. Und darum fokussieren wir uns darauf und prüfen genau, welche Aktivitäten Einkommen produzieren.

Naiv wäre es zu denken, dass jede Tätigkeit im Unternehmen Einkommen produziert. In einer idealen Welt wäre das vielleicht tatsächlich der Fall – wenn alles im Unternehmen wirklich ohne jeden Reibungsverlust durchgeplant ist und das gesamte unternehmerische Handeln direkt in die Unternehmensziele mündet, dann haben wir wirklich ein schlankes Unternehmen, das keinen sinnlosen Schritt tut.

Doch in der Realität sieht es völlig anders aus. Zahlreiche Menschen im Unternehmen und auch zahlreiche Selbstständige tun oft Dinge, die auf lange Sicht in den Ruin führen, weil sie eben nicht in die Unternehmensziele einzahlen. Weil sie kein Einkommen produzieren. Es gibt eben einen riesigen Unterschied zwischen Aktivität und Produktivität. Nur manche Aktivitäten sind produktiv.

Und deshalb sollten wir EPAs identifizieren – also die Aktivitäten, die Einkommen generieren – mit dem Ziel, ein schlankes Unternehmen zu werden. Woraus Sie übrigens schließen können: Schlanke Unternehmen sind vertriebsorientiert.

Noch einmal zum Unternehmer-Mindset. Als Unternehmer weißt du, dass du Umsatz generieren musst. Als Mitarbeiter weißt du, dass du für deine Zeit bezahlt wirst. Wenn Gewerkschafter eine 35-Stunden-Woche oder neuerdings eine 4-Tage-Woche fordern, dann geht es bei dieser Forderung null um Produktivität. Gefordert wird nur eine geringere Arbeitszeit. Diese Leute denken überhaupt nicht in Produktivitätskriterien, sondern nur in Zeit-Kategorien. Was natürlich wiederum damit zusammenhängt, dass auch Arbeitgeber in Zeiteinheiten rechnen, beispielsweise bei der Bedienung eines Fließbands in der Automobilindustrie.

Doch selbst wenn Sie als Mitarbeiter einen ganzen Monat lang völlig unproduktiv sind, waren Sie möglicherweise in höchstem Maße aktiv und erwarten jetzt Ihre Bezahlung. Ein Unternehmer aber will keine sinnlosen Aktivitäten bezahlen, sondern nur produktive Tätigkeiten, im Idealfall Ergebnisse.

Auch deswegen brauchst du im gesamten Unternehmen das Unternehmer-Mindset. Damit alle im Unternehmen verstehen, dass es nicht um irgendeine Art von Aktivität geht oder darum, mit irgendetwas beschäftigt zu sein, sondern konkret darum, das Unternehmen voranzubringen, indem es Umsatz generiert.

Und jetzt verrate ich Ihnen ein Geheimnis: Die EPAs müssen gar nicht so zeitraubend sein. Es ist gar nicht zwangsläufig der Fall, dass Sie sich damit den Kalender vollknallen. Es geht einfach erst einmal darum, dass Sie das Richtige tun. Das kann wenig sein und wenig Zeit brauchen, aber das Richtige muss es eben sein. Also zum Beispiel eben nicht den Kalender vollknallen mit einzelnen Beratungstagen, sondern eher Projektgeschäft machen. Der Grundgedanke ist, nicht alles zu machen, was wir können, sondern nur das, was wirklich wichtig ist.

Wieder sind wir also beim Entweder-oder-Prinzip. Wir müssen als Unternehmer sehr genau schauen, was wir tun und was wir nicht tun. Und ich sehe meine EPAs darin, das »Face to the Customer« zu sein und zu kommunizieren, neue Ideen zu entwickeln, Menschen zu führen und auch in großen Projekten noch eingebunden zu sein.

Das Ganze ist auch verwandt mit der Optimierung und Automatisierung von Prozessen. Zum Beispiel kannst du den ganzen Tag am Telefon verbringen und auf Buchungen für dein Hotel oder deinen Campingplatz warten – früher galten solche Tätigkeiten als wichtig. Heute ist das keine EPA mehr, denn heute hast du dafür ein Buchungssystem.

Oder eine Bahnfahrt und ein Hotel buchen für Ihre Reise zum Kunden – das ist keine EPA. Das ist sekundär nötig, das lässt du dein Team erledigen. Eine EPA war der Anruf, mit dem du diesen Auftrag an Land gezogen hast. Und eine EPA ist der Beratungstag selber, den du beim Kunden im Unternehmen verbringst. Also die Arbeit selbst, die wirklich gut sein muss. Warum ist das eine EPA, wo doch das Geld quasi schon sicher ist? Weil gute Arbeit Folgegeschäft bewirkt.

Als ich meine ersten Einnahmen in die Hand genommen habe, um eine Halbtagskraft zu finanzieren, habe ich das intuitiv deswegen gemacht, um mich so schnell wie möglich auf meine EPAs konzentrieren zu können. Damals waren das Akquise, Seminare durchführen, neue kreative Ideen entwickeln und Netzwerken. Das heißt für Sie, dass Sie in gute Mitarbeiter investieren, sobald Sie das erste Geld verdienen. Klar sind die teuer, aber am Ende haben Sie davon mehr, weil Sie schneller in die Skalierung kommen.

Und auch Verkünstelung ist keine EPA. Der Chef des erwähnten Systemhauses in der Rhön war spezialisiert auf Unternehmen mit rund 200 Mitarbeitern, die Leistung bestand darin, deren IT zu vereinfachen und zu standardisieren. Die Idee war großartig. Doch der Chef war eben völlig systemgetrieben. Er hat erst später von mir gelernt, dass die nächste Verfeinerung seiner Software keine EPA ist, sondern dass er bitte auch mal Kunden akquiriert. Jetzt akquiriert er auf Geschäftsführerebene und braucht nur zwei bis drei Neukunden im Quartal.

In einer Agentur von Freunden fiel einer der Gründer und Gesellschafter ein halbes Jahr aus, weil er infolge eines Unfalls im Krankenhaus lag und wirklich schwer verletzt war. Und ohne ihn drohte die Agentur abzuschmieren. Die anderen

Kompagnons haben plötzlich erkannt, dass der Mann bisher der einzige Einkommensbringer war. Alle Aufträge, die die beiden in dem halben Jahr abgearbeitet haben, kamen aus der vorigen Zeit durch die Akquise des Kollegen. Kaum war der weg, wurde die Pipeline schmaler und schmaler und eines Morgens kamen die Kollegen ins Büro und es war nichts zu tun.

Die Agentur hatte ihre EPAs vernachlässigt.

Auch viele gute Trainer vernachlässigen ihre EPAs. Es gibt auf dem Seminarmarkt echt tolle Anbieter, meistens Einzelkämpfer, die aber keinen Umsatz bringen, weil sie nicht verkaufen. Manche denken, ihr Produkt sei noch nicht gut genug – Irrtum! Das Produkt – also das Seminar – ist schon okay. Auf die Straße muss es. Und dann muss ein Empfehlungssystem her.

Verstehen Sie? Es gibt sicher didaktisch bessere Trainer als mich. Aber meine Seminare verkaufen sich eben. Es bringt nichts, wenn jemand besser ist, aber nicht verkauft. Nicht das Entwickeln oder Geben von Seminaren ist die Kunst, sondern das Verkaufen.

Schluss mit der Verzettelung!

Eine der Hauptursachen dafür, dass Unternehmer und Selbstständige ihre EPAs vernachlässigen, ist die Verzettelung. Kennen Sie das, wenn Sie sich komplett verzetteln? Das ist eine Sache, die immer wieder vorkommt, und zwar nicht nur bei Anfängern, sondern auch bei fortgeschrittenen Unternehmern. Es gibt immer wieder Dinge, die uns aus unserem Plan rausreißen und unsere Zeit mit irrelevantem Zeug füllen.

Ein klassisches Beispiel sind natürlich E-Mails, auf die wir denken, reagieren zu müssen. Wir haben im Kopf, auf E-Mails innerhalb von 24 Stunden antworten zu müssen. Das mag höflich sein, meinetwegen, aber was nicht wichtig ist, sollten Sie bleiben lassen.

Dann kommt von irgendwo eine WhatsApp-Nachricht mit einer Information und schließlich von einer anderen Seite eine freundliche Anfrage, ob wir mal eben helfen können.

All diese Ablenkungen halten uns von dem ab, was wir vorhaben.

Damit will ich nicht sagen, dass wir anderen nicht helfen sollen. Es ist nur so: Wir brauchen dafür genauso einen Slot wie für andere Dinge. Bei allem, was wir angeblich tun sollen, stellen wir uns eine Frage: »Machen wir es oder machen wir es nicht?« Wenn wir es machen, machen wir es richtig. Wenn wir es nicht machen, machen wir es gar nicht.

Wir machen nichts zwischen Tür und Angel, sondern alles hat seinen Platz im Kalender. Das klingt ein bisschen radikal, ist aber aus meiner Sicht der einzige Weg, wie wir uns auf unsere EPAs konzentrieren können.

Lassen Sie mich mal kurz in mein E-Mail-Programm schauen. Ich bringe ein paar Beispiele:

- Ein Kunde schickt mir seinen Newsletter über seine neuen gedanklichen Entwicklungen. Es ist ein sehr spannender Typ, ich lese seine Newsletter gerne. Das gehört für mich zum Thema Bildung, zum Thema Horizonterweiterung. Ich lege mir die Newsletterlektüre auf Termin. Eine EPA ist das nicht.
- Der gleiche Kunde schreibt mir, ob ich kurz mal über eines seiner Konzepte drüberschauen könnte. Über die Formulierung »kurz mal« haben wir gesprochen. Nichts ist »kurz mal«. Der Kollege ist, wie gesagt, ein richtig guter Mann und natürlich schaue ich über sein Konzept drüber, aber ich mache mir dafür einen Slot. Da er eine schnelle Antwort braucht, erledige ich das heute Abend. Da der Kunde darüber eine Rechnung erhält, ist das eine EPA.
- Ein anderer Kunde schickt mir eine E-Mail mit drei Anhängen – das Briefing für das nächste Projekt. Er fragt, ob ich damit klarkäme, und wir könnten sofort einen Call mit dem Marketing machen. Das ist eine Kundenanfrage, also eine EPA. Ich schreibe mit einem Abstand von einer oder zwei Stunden zurück, dass wir vor Beginn des neuen Projektes das Honorar klären müssten. Wir waren dazu im Gespräch, das Unternehmen wollte sich eine Meinung über meinen Tagessatz bilden. »Wie weit seid ihr damit gekommen? Könnt ihr den Tagessatz bestätigen?« Aber mit den drei Anhängen in der E-Mail – PDF und PowerPoint – befasse ich mich jetzt nicht. Das mache ich dann, wenn der Vertrag klar ist, und dann gibt es dafür wie für alles einen Slot.

Und so gehe ich durch alles durch, was reinkommt. Was aufs Unternehmensziel einzahlt und eine EPA ist, wird zum »Vorgang«. Das sind nach dem erwähnten Eisenhower-Prinzip die wichtigen Dinge. Was wichtig ist, bekommt einen Slot und wird erledigt.

Was nicht aufs Unternehmensziel einzahlt und keine EPA ist, wird nur dann zum »Vorgang«, wenn es dringend ist, auch frei nach Eisenhower. Also Anfragen vom Finanzamt, vom Bauamt, von der Krankenkasse – das ganze Begleitrauschen des unternehmerischen Daseins, das du erledigen musst, weil sonst irgendwann gelbe Briefe oder Gerichtsvollzieher kommen. EPAs sind das nicht, also erledigt das im Idealfall das Personal.

Dann gibt es natürlich noch Gedöns, das im Grunde nicht stattfinden sollte, aber trotzdem stattfindet: die E-Mail-Korrespondenz mit einem Hardwareanbieter über den Austausch der reklamierten Festplatte, der immer noch nicht hinhaut – das erledigt meine Assistentin oder der Mitarbeiter, der mit den Festplatten arbeiten sollte. Der Anwalt schickt mir zur Durchsicht seinen Schriftsatzentwurf an die Gegenseite. Solche Dinge lassen sich leider nicht vermeiden und gerade bei Anwaltsgeschichten kümmere ich mich selbst darum. Da ist einfach die Gefahr zu groß, dass sich fatale Fehler einschleichen; meiner Erfahrung nach müssen wir so sensible Dinge selbst steuern, gerade bei einem hohen Streitwert.

Die nächste Störquelle ist natürlich WhatsApp. Eine geniale App, über die ich jede Menge Zeug regle, weil das sehr schnell geht. Am liebsten sind mir Sprachnachrichten, die sich ja auch mit doppelter Geschwindigkeit abhören lassen.

Gefährlich ist WhatsApp, weil es dich unterbricht. Meine WhatsApp-Gruppen, in denen es oft intensive Diskussionen gibt, habe ich stummgeschaltet. Aber Nachrichten von Mitarbeitern, Kunden und Projektpartnern laufen sofort bei mir auf. Wenn ich nicht gerade im Studio beim Drehen bin, reagiere ich meistens sofort. Ich weiß, dass klassische Zeitmanagementtrainer davon abraten, aber ich mache das trotzdem, weil dadurch mein Gegenüber schneller weiterkommt – an mir soll es nicht liegen. Da es meistens um wichtige Projekte geht, sind sehr viele dieser Nachrichten tatsächlich EPAs.

Wenn es nicht ganz so dringend ist, schreibe ich dem Freund kurz zurück, dass ich mich später melde. Und dann melde ich mich später in einem Zeitfenster, in dem es geht. Aber ich unterbreche nicht das, was ich gerade tue. Fußballer schauen beim Spiel auch nicht ständig aufs Handy.

Übrigens tun Fußballer eher das Gegenteil – sie fokussieren sich. Einmal hatte ich das große Glück, bei einem Spiel von Eintracht Frankfurt am Spielereingang zu stehen, am sogenannten Tunnel, beim Einlauf der Eintracht. Ich bin ein großer Alex-Meier-Fan und rief kurz, da ich ihn schon mehrfach getroffen hatte: »Hi, Alex!« Er hat mich nicht wahrgenommen. Da ist mir noch mal bewusst geworden, wie konzentriert die Spieler im Tunnel sind. Im wahrsten Sinne des Wortes sind sie in einem Tunnel. Sie konzentrieren sich auf das, worum es geht.

Und das tun Unternehmer eben auch. Insgesamt versuche ich, nichts mehr zu tun, was kein Einkommen generiert. Das ist der einzige Weg, um mit einem Business über Wasser zu bleiben. Wenn du dir von Tätigkeiten den Kalender vermüllen lässt, die dir nichts bringen, bist du irgendwann am Ende.

Und klar, es gibt auch Nachrichten, die ich gar nicht beantworte. Massen-E-Mails, sinnlose und unprofessionelle Anfragen oder Bewerbungen von Leuten, die keine Ahnung haben, was ich mache. Zuschriften von Trollen, die elend lange Texte darüber schreiben, wie schlecht sie meine Arbeit finden. Auf so etwas zu antworten, ist wirklich vollkommene Zeitverschwendung.

Wenn du deinen Tagesablauf so planst, dass du dir, sagen wir mal, zehn EPAs vornimmst, und du ziehst das tatsächlich bis zum Abend durch, und das jeden Tag, dann hast du automatisch ein Einkommen. Korrekt? Also vorausgesetzt, dein Produkt hat Sinn. Wenn du dich aber davon abhalten lässt, weil du auf kurzfristige Impulse reagierst oder die anstehende Softwareaktualisierung unbedingt jetzt gleich erledigen willst und dich dann mit dem IT-Terror rumschlägst, was dann weitere Issues nach sich zieht, weil du das Passwort gerade nicht zur Hand hast, dann steckst du in der Nebensachenfalle und bist weit weg von deinen EPAs.

Entsprechend sollten Sie die Ablenkungen möglichst gering halten und vielleicht sogar auf null runtersetzen. Also gehen Sie ruhig auch mal weg vom Multitasking und von der irrigen Überlegung, wir könnten alles gleichzeitig machen und zehn Dinge auf einmal jonglieren. Das können manche Menschen vielleicht – die meisten können es nicht.

Stattdessen machen Sie sich einen Plan, an den Sie sich dann auch halten: Rufen Sie beispielsweise bei Akquiseprozessen unbedingt den Kunden noch einmal an und fragen Sie, ob er weitergekommen ist mit dem gemeinsamen Projekt. Wo hängt es? Wie können Sie helfen? Wenn Sie diese Telefonate nicht aus den Augen verlieren, dann sorgen Sie dafür, dass die Prozesse weitergehen, dass die Dinge am Laufen bleiben. Und irgendwann kommt eben die Buchung oder die Bestellung. Wenn Sie diese Dinge aber nicht tun, dann bleiben die Buchungen in aller Regel aus.

Das ist eine der wichtigsten Erkenntnisse meines Lebens: Wir selber verantworten es, ob die Dinge weitergehen oder nicht. Niemand kümmert sich darum, ob es uns gut geht. Niemand interessiert sich dafür, ob wir den Auftrag bekommen oder nicht. Nur wenn wir selbst das Ruder in die Hand nehmen, dann geht es weiter.

Die besten EPAs sind natürlich Dinge, für die Sie hinterher eine Rechnung schreiben und woraufhin Geld eingeht. Aber auch wenn Sie Ihr Produkt optimieren, die Verfügbarkeit verbessern oder Hindernisse und Schnitzeljagden auf Ihrer Homepage und in Ihrem Online-Marketing beseitigen und die Usability erhöhen, sind das EPAs. EPAs sind nicht, wenn Sie in Konflikten moderieren müssen, weil es in Ihrem Team rumort. Einkommen entsteht auch nicht, wenn Sie sich mit Ideen rumschlagen, die zu nichts Sinnvollem führen. Also wenn Ihnen Mitarbeiter mit irgendwelchen Vorschlägen kommen, die einfach überhaupt gar keinen Bezug zur

Businessrealität haben. Wenn Sie sich dann mit denen hinsetzen müssen, um ihnen zu erklären, warum etwas nicht funktioniert, dann ist das vielleicht pädagogisch wertvoll und bringt den einen oder anderen Azubi weiter, aber EPAs sind das nicht.

Ganz schlimm sind auch Befindlichkeiten von Kollegen, Mitarbeitern, Lieferanten, von wem auch immer. Oder wenn manche Leute Eventualitäten zerreden, auf die es gar nicht ankommt, und Sie am Schluss gar nicht mehr wissen, worum es eigentlich gerade geht. Und ja, es ist vollkommen legitim, dass Sie Nein sagen zu solchen Ablenkungen. Niemand hat das Recht, einfach so Ihre Zeit zu beanspruchen. Eher noch ist es sinnvoll herauszufinden, welche Trolle Sie in Ihrer Umgebung haben, die Sie von der Produktivität abhalten.

Welche Ihrer Tätigkeiten sind EPAs? Worauf konzentrieren Sie sich künftig?

____

____

____

____

____

Wer stört Sie bisher dabei, Ihre EPAs zu verfolgen?

____

____

____

____

____

Was werden Sie diesbezüglich tun? Welche Aktivitäten unterlassen Sie künftig?

____

____

____

____

____

Engpasskonzentrierte Strategie

Dann hilft noch ein sehr spannender Weg, EPAs zu ermitteln: die engpasskonzentrierte Strategie (EKS).

In den Siebzigerjahren brütete Wolfgang Mewes (1924–2016) immer wieder über Dokumenten aus dem Rechnungswesen – das war der Anfang seiner Karriere. Er stellte etwas Verblüffendes fest: Der Fokus auf die Zahlen kann Unternehmen tatsächlich vom Erfolg abhalten. Er erfand die EKS, eine extrem mächtige Methode, um ein Unternehmen zum Laufen zu bringen. Sie konzentriert sich auf die Identifikation und Beseitigung von Engpässen, die den Erfolg eines Unternehmens behindern können. Diese Strategie basiert auf der Annahme, dass jedes Unternehmen einen Engpass hat, der das Wachstum und die Entwicklung des Unternehmens behindert. Dieser Engpass kann beispielsweise in der Produktion, im Vertrieb oder in der Finanzierung liegen. In meinen Augen liegt er fast immer im Vertrieb. Aber eben nicht nur. Manchmal liegen die Engpässe an mehreren Stellen im Unternehmen, manchmal liegen sie auch außerhalb des Unternehmens, beispielsweise bei Lieferanten oder Partnern.

Die Kernfrage ist: Wo ist der Engpass? Also: An welcher Stelle ist das Unternehmen am meisten limitiert, sodass sich der Erfolg schmälert?

Der Engpass kann verschiedene Formen annehmen. Es kann sich um eine knappe Ressource wie Zeit, Geld oder Personal handeln. Oder es kann sich um einen Prozess oder eine Abteilung handeln, die den Fluss von Produkten oder Dienstleistungen behindert.

Beispielsweise ist es ein klassischer Engpass, gute Vertriebsleute zu finden. Also habe ich die Firma Anabiko gegründet, die Vertriebsleute im Auftrag von Kunden losgeschickt hat, um ihrerseits Kunden zu gewinnen. Ein Engpass sind fehlende Ersatzteile durch weggebrochene Lieferketten. Ein Engpass ist sozusagen alles, woran etwas hakt. Also zum Beispiel auch fehlendes Vertriebs-Know-how. Ein Engpass sind Bedarfe, die der Kunde nicht erkennt und auf die wir ihn durch eine Beratung aufmerksam machen. Ganz spitz positioniert, also mit kleiner, aber attraktiver Zielgruppe, sind wir beim Thema »Sales Leadership«, also der Kombination aus Vertrieb und Führung. Darin besteht für zahlreiche Unternehmen der Engpass, weil sie immer wieder die besten Verkäufer zu Führungskräften machen, statt sie verkaufen zu lassen. Ein anderer Engpass ist das Unwissen, wie du vom Selbstständigen zum Unternehmer wirst – ein Engpass, um den es beispielsweise in meiner Mastermind-Gruppe »Gipfelstürmer« geht.

Wenn du Kunden hilfst, Engpässe zu beseitigen, dürftest du dir über dein Auskommen keine Sorgen mehr machen. Du löst im Grunde den Knick im

Gartenschlauch. Engpässe zu beseitigen und damit für Durchfluss zu sorgen, ist nahezu immer eine EPA.

Einen Engpass und die Lösung dafür auf den Punkt zu bringen, ist dabei übrigens die nächste Aufgabe. Später kommen wir ja noch zur Frage, wie das geht – aber schon jetzt ist im Grunde klar, dass eine vernünftige Antwort auf die Frage »Und was machen Sie so?« niemals lautet: »Ich habe ein Küchenstudio« oder »Ich bin Internet-Unternehmer«. Wir müssen klar rüberbringen, welchen Engpass wir beseitigen, welches Feuer wir löschen.

Welche Engpässe haben Sie ausgemacht?

____

____

____

____

____

Wie werden Sie diese Engpässe lösen?

____

____

____

____

____

Welche Ressourcen brauchen Sie dazu?

____

____

____

____

____

5.2 Verbinden Sie Marketing und Vertrieb!

Ein klassischer Bremsklotz für den Verkaufserfolg vieler Unternehmen ist die Trennung von Marketing und Vertrieb. Konkret werfen immer wieder Verkäufer (Außendienst) die Hochglanzbroschüren in den Müll, die das Marketing (Innendienst) bereitstellt.

Der Grund dafür ist die Perspektive: Marketing hat oft einen sehr theoretischen und MBA-geprägten Blick aufs Business, während der Verkauf am Kunden dran ist und konkret erfährt, wo der Bedarf liegt. Die Kunst liegt also darin, Verkaufsargumente aus Kundensicht zu formulieren. Wenig hilfreich ist Marketing mit Selbstaussagen über das Unternehmen.

Wenn ich sage, dass wir Marketing und Vertrieb miteinander verbinden sollen, dann meine ich damit eine engere Verzahnung dieser zwei unterschiedlichen Unternehmensbereiche. Lassen Sie es mich erst mal differenzieren: Marketing bedeutet unter dem Strich, dass in der Öffentlichkeit ein Bewusstsein über Ihre Produkte entsteht, gekoppelt mit einer gewissen Glaub- und Vertrauenswürdigkeit. Das heißt, die Menschen draußen erkennen Ihr Unternehmen als glaubwürdig und vertrauenswürdig an und sie kennen Ihr Produkt. Außerdem wissen die Menschen, wofür Ihr Produkt gut ist.

Vertrieb dagegen bedeutet, Menschen oder Unternehmen konkret zum Kauf zu bewegen.

Klassischerweise würden wir jetzt sagen, dass der Vertrieb das Marketing voraussetzt. Ohne Marketing kein Vertrauensbewusstsein, ohne Vertrauensbewusstsein kein Kauf.

Und dem will ich zunächst einmal widersprechen. Wenn du ein Problem hast und ein Produkt stellt die Lösung dar, kaufst du. Wenn du überzeugt bist, dass dieses Produkt hilft, interessierst du dich möglicherweise nicht einmal für den Hersteller. Wie viele technische Geräte haben Sie schon bei Amazon bestellt, die am Schluss von einem chinesischen Hersteller stammten, worüber Sie sich beim Kauf nicht im Klaren waren? Und immer wieder nehmen wir uns vor, beim Kauf genauer hinzuschauen, weil zahlreiche Billigprodukte aus China am Ende wegen der kryptischen und unlogischen Bedienungsanleitungen nicht verwendbar sind.

Zugleich aber finde ich Marketing trotzdem wichtig. Also zu sagen, ein gutes Produkt brauche kein Marketing, halte ich für einen Denkfehler. Natürlich ist es wichtig, quasi im Hintergrund eine öffentliche Meinung über unser Unternehmen und unsere Produkte zu erzeugen. Das erleichtert dem Vertrieb die Arbeit durchaus. Was nicht ausschließt, dass der Vertrieb auch ohne Marketingunterstützung erfolgreich sein kann. Auf der anderen Seite kaufen auch Menschen ganz ohne Vertrieb, sondern rein aufgrund des Marketings. Es gibt Menschen, die an der Imbissbude zielsicher zu einem Red Bull greifen, weil das Marketing sie überzeugt. Niemand an dieser Imbissbude verkauft aktiv dieses Getränk.

Das ist es auch, was ich mit Edeka und meinem Gin meinte: Es ist mir gelungen, mit dem Gin ins Sortiment zu kommen, aber wir brauchen Marketingwucht, damit die Leute das Zeug auch aus dem Supermarkt rausschleppen. Denn im Supermarkt selbst macht in aller Regel niemand Vertrieb und legt dem Kunden diesen Gin oder jene Cornflakes nahe.

Das wichtigste Argument für Marketing jedenfalls ist, dass grundsätzlich erst einmal niemand unser Produkt kennt. Wir sollten nicht davon ausgehen, dass jemand unser Unternehmen kennt oder unsere Produkte. Wir sollten auch nicht davon ausgehen, dass die Leute wissen, welchen Wert unsere Produkte für sie haben. Gehen wir einfach davon aus, dass niemand von uns weiß. Diese Wissenslücke stopft in aller Regel nicht der Vertrieb, sondern das Marketing. Eben indem ein gewisses Grundrauschen erzeugt wird – eine Markenpräsenz per Aufsteller auf dem Event, ein Messestand, eine Bandenwerbung beim Fußball. Das ist nicht Vertrieb, das ist Marketing.

Entsprechend hören und lesen wir von manchen Marketingleuten, dass das wichtigste Ziel gar nicht der Absatz sei, sondern eben das Vertrauen. Die Argumentation ist genau diese: Ohne Vertrauen kein Kauf.

Für mich als Vertriebsexperte ist das schwer verdaulich, denn natürlich ist der Absatz das wichtigste Ziel. Das Vertrauen ist ein Mittel zum Zweck. Wir schreiben uns nicht als Unternehmensziel auf die Fahne, dass wir Vertrauen bewirken wollen, sondern wir wollen unseren Umsatz steigern. Wir feiern nicht, wenn laut Umfrage soundso viel Prozent der Befragten unserer Marke vertrauen, sondern wenn der Rubel rollt.

Und hier haben Sie schon den Grundkonflikt, den es zwischen Marketing und Vertrieb oft gibt. Die Marketingleute sagen: »Ohne das von uns geschaffene Vertrauen verkauft ihr nichts.« Und die Vertriebsleute sagen: »Ohne unseren Verkauf habt ihr gar keinen Job.«

Wie lassen sich diese beiden Welten zusammenbringen? Ich glaube, indem beide Seiten ein wenig voneinander lernen. Vor allem das Marketing vom Vertrieb, um ehrlich zu sein.

Lassen Sie mich in diesem Zusammenhang mal überlegen, warum so viele Vertriebsleute die bereitgestellten Marketingunterlagen oft gar nicht verwenden. Daraus lässt sich viel lernen.

Einer der Hauptgründe ist, dass sie nicht auf die Bedürfnisse und Anforderungen des Vertriebs zugeschnitten sind. Das Marketing erstellt die Unterlagen, ohne den Vertrieb mit einzubeziehen. Das heißt, die Ansprache ist oft aus dem Unternehmen heraus formuliert, weniger aus Kundensicht.

Nehmen wir dazu einmal das Beispiel einer Versicherung. Vertriebler verkaufen Versicherungen mit einem ganz klaren Blick auf den Kundennutzen. Wenn Sie zum Beispiel eine Praxisschutzversicherung für Ärzte anbieten, dann wird der Verkäufer dem Arzt erklären, für welche Situationen seine Praxis abgesichert ist. Wenn also zum Beispiel die Sprechstundenhilfe einen halben Liter kochend heißen Kaffee über das Ultraschallgerät kippt, dann haben wir so eine Situation, in der der Bedarf an einer Versicherung für Praxisinventar sehr konkret ist.

Eine solche anschauliche Situation werden Sie aber in klassischen Marketingunterlagen nicht finden. Da finden Sie lauter Selbstbilder des Versicherungsunternehmens. Wie sehen wir uns selbst? Wer wären wir gerne? Wir lesen da Zeug wie: »Unser wichtigster Wert ist das Vertrauen.« Na und? Was hat das mit dem Kunden zu tun? Aus Vertriebssicht ist es dem Kunden völlig schnuppe, was irgendwelche Unternehmen von sich selbst halten.

Dann haben Sie diese seltsamen »Bilderwelten«, in denen viel zu gut aussehende Menschen in schönen Situationen ganz glücklich sind. Hier versucht das Marketing, das letztliche Gefühl des zufriedenen Kunden zu visualisieren, aber auch das interessiert den potenziellen Kunden nicht. Mit der konkreten Notlage und dem Problem eines Kunden haben diese Bilder nichts zu tun. Und deswegen können sie mit dieser Scheinrealität auf den Unterlagen im Verkauf nichts anfangen.

Jetzt will ich nicht, dass wir auf Marketingunterlagen Katastrophen abbilden – aber wir sollten schon deutlich machen, worin der Wert einer solchen Versicherung für den Kunden besteht. Der Kunde kauft nicht, weil das Unternehmen eine so geile Marke ist. Daran glauben nur Marketingleute.

Marketingleute arbeiten auch oft an den Kunden und damit am Markt vorbei, indem sie unbedingt möglichst kreativ und originell sein wollen. Das ist wie bei vielen Werbeleuten, die ihren lustigen Ideen gerne freien Lauf lassen, völlig unabhängig von der Frage, ob der Kunde die Werbebotschaft überhaupt versteht.

Und das ist dann eben die Kehrseite der Kreativitätsmedaille. Eine Werbung muss nicht in erster Linie originell sein, sondern klar. Der Wert des Produktes muss deutlich rüberkommen. Der Kunde muss auf Anhieb verstehen, was ihm ein Produkt bringt.

Und Vertriebler gehen eben mit genau diesen Informationen ins Gespräch. Vertriebler haben ihr Ohr am Markt. Sie kennen den Kunden. Sie sprechen mit Kunden. Sie hören Kunden zu. Vertriebler wissen auch, dass jetzt die Tochter heiratet und ein neues Auto kauft. Daraus leiten Vertriebler unglaublich viele Verkaufsmöglichkeiten ab, die das Marketing nicht gebündelt kommuniziert, weil das Marketing die Frau gar nicht kennt. Das Marketing zeigt einfach ständig glückliche Menschen, die viel zu weit weg von uns selbst sind, also von uns als Kunden, die wir ja in aller Regel ganz normale Menschen sind. Wir sind keine Models.

Da ist also der höchste Wert eines Versicherungsunternehmens das Vertrauen und das Marketing stellt nur eine inszenierte Nähe her. Während der Vertrieb tatsächliche Nähe herstellt, indem er mit dem Menschen spricht.

Und wenn wir mal eine Produktbroschüre aus dem Marketing bekommen, die tatsächlich auf das Produkt und seinen Nutzen eingeht, sind die Informationen in aller Regel viel zu technisch und viel zu kompliziert. Auch hier gelingt vielen Kommunikatoren der Perspektivenwechsel nicht. Oft sind Broschüren vollgestopft mit Informationen, sodass der Kunde sich wie bei einer überfrachteten PowerPoint-Präsentation überfordert fühlt.

Insgesamt ist es wichtig, Marketingmaterialien auf die Bedürfnisse des Vertriebs zuzuschneiden und sich daher gemeinsam dranzusetzen. Kürzlich ging es um eine Vertriebsschulung, zu der ausdrücklich auch die Marketingabteilung eingeladen war. Der Vorlauf war lange genug, etwa ein Vierteljahr. Das Training war, wie so oft, eine Zoomkonferenz, insofern war die Teilnahme nicht kompliziert. Drei Tage vor Termin erfahren wir, dass das Marketing doch nicht an dieser Schulung teilnimmt. Gründe? Unklar.

Und das ist halt unglücklich. Wir müssen Marketing und Vertrieb unbedingt stärker miteinander vernetzen. Das kreative Potenzial aus dem Marketing brauchen wir im Vertrieb schon. Also, das gestalterische Gespür für Bild und Text, für Video und Markenpräsenz geht vielen im Vertrieb schon ab. Entsprechend unbeholfen sind ja oft die Ersatzunterlagen, mit denen Vertriebler dann behelfsweise arbeiten. Es wäre schön, wenn die kreative Gestaltung, die ja nun eine klassische Stärke des Marketings ist, in den Vertriebsunterlagen besser zum Ausdruck käme. Ein professionelles Design erhöht nicht nur den Wert der Marke, sondern macht es auch dem Verkaufsteam leichter, potenzielle Kunden zu überzeugen. Und wenn auf der anderen Seite die klaren Aussagen des Vertriebs ebenfalls stattfinden würden, gerne anstelle der nichtssagenden »Bilderwelten«.

Nur wenn beide Abteilungen eng miteinander kommunizieren, findet der nötige Austausch zwischen diesen beiden Perspektiven auf den Unternehmenserfolg statt. Marketing ist unbedingt wichtig: Wir brauchen gute Storys und Marketingleute, die gute Marketingstorys hinbekommen.

Und noch einmal zum Grundverständnis im Unternehmen: *Alle* im Unternehmen verkaufen. Auch das Marketing. Marketing und Sales müssen Hand in Hand arbeiten, nicht gegeneinander.

Damit begründe ich auch gleich wieder meine Skepsis gegenüber dem Homeoffice: Eine enge Kooperation von Marketing und Vertrieb gelingt nicht remote. Da bin ich rigoroser Verfechter von Teamwork: Nicht der einsame Wolf verkauft am besten, sondern das Rudel. Nur wenn beide Abteilungen zusammenarbeiten, vermeiden wir so unsägliche Situationen wie bei dem Hersteller medizinischer Geräte, deren Außendienstleiterin vom Marketing alle drei Monate einen neuen Gesprächsleitfaden für den Verkauf bekommt, der überhaupt nicht funktioniert. Der Leitfaden kommt halt vom Marketing und dort hat sich noch nie jemand die Mühe gemacht und den Vertrieb gefragt, was aus Kundensicht eigentlich wichtig ist.

Und weil der Leitfaden nicht zeitgemäß ist, sagen die Vertriebler, sie brauchen keinen Leitfaden. Was wieder ein Irrtum ist – sie brauchen halt einen guten Gesprächsleitfaden, der mit dem Vertrieb abgestimmt ist.

Neben den ständig neuen Gesprächsunterlagen gab es vor allem einen großen Kampf zwischen der Marketingleiterin und der Vertriebschefin. Formell arbeiteten beide für dasselbe Unternehmen, aber mental saßen sie auf unterschiedlichen Planeten. Der Kampf schadete am Ende dem Unternehmen. Ich saß zwischen den Stühlen und sollte dann dem Marketing Nutzerorientierung beibringen. Schwierig, wenn Marketing das nicht will.

Und deswegen sitzen Marketing und Vertrieb in meiner Company in einem Büro – mit der Idee, dass auch das Storytelling des Marketings verkauft. Im Vordergrund steht der Kundennutzen, nicht unser gewünschtes Selbstbild. Und das empfehle ich auch Ihnen. Trennen Sie diese Bereiche möglichst niemals.

Sonnenblumenkerne für die Kundenverwirrung

Immer wieder erlebe ich auch richtig absurde Marketingaktionen. Zum Beispiel hat eine Agentur einer befreundeten Versicherung allen Ernstes geraten, den Kunden Sonnenblumenkerne zu schicken. Im Ernst! Jetzt, wo alle so auf Nachhaltigkeit stehen, würden die Kunden ganz bestimmt liebend gerne eine Sonnenblume großziehen. Also gab es eine gefaltete Karte mit einem Tütchen voller besagter Sonnenblumenkerne plus Anleitung, und das Ganze mit den unvermeidlichen »Bilderwelten« und dem Logo der Versicherung.

Geflucht haben die bei der Versicherung. Werfen einen Haufen Geld raus für eine Agentur, die ihnen zu so einem Blödsinn rät. Die Kundenbeschwerden waren quasi schon abzusehen: »Ihr schickt mir Sonnenblumenkerne, aber auf meine Bitte um Deckungszusage antwortet ihr seit drei Wochen nicht!« Was zeigt, dass Marketing und entsprechende Agenturen eben oft sehr theoretisch an die Sache herangehen. Ich meine: Welcher Marketingmitarbeiter hat jemals einen Kunden akquiriert?

Ich höre das von vielen Unternehmerkollegen: Zahlreiche Marketingleute ticken einfach zu theoretisch. Manche halten sich sogar für etwas Besseres und denken, sie formulieren hier die edlen Botschaften und die dummen Verkäufer gehen raus. Mit dieser Arroganz muss unbedingt Schluss sein.

Oder denken wir an die Teilnehmer meiner Mastermind-Gruppe »K2« – lauter Top-Unternehmer. Was willst du denen schenken? Die haben alles, was sie brauchen und wollen. Was aber immer geht, sind personalisierte Dinge. Also bekommen alle von mir zum Auftakt das größte iPad zum Mitschreiben und auf der Rückseite ist der jeweilige Name eingraviert. Nur durch die Gravierung bekommt es das Besondere. Ganz nach dem Motto von Theodore Levitt (1925–2006): »Der Abschluss ist nicht das Ende, sondern der Anfang der Kundenbeziehung. Wie du die Ehe gestaltest, bewirkt, wie gut sie läuft.«

Ein klassischer Gedanke ist auch der, Sales hole die Neukunden und Marketing halte den Kontakt. Aber wie geht das, wenn das Marketing Sonnenblumenkerne schickt und das Unternehmen im konkreten Handling seine Hausaufgaben nicht macht? Solche Fehler fängt dann meistens wieder der Vertrieb auf, der mit dem Kunden im direkten Kontakt steht.

Woran ich mich bei der Gelegenheit erinnere, ist das, was mein erster Chef damals beim Kopierervertrieb gut gemacht hat: Neue Verkäufer mussten eine Woche lang mit den Technikern rausfahren und Techniker mit den Verkäufern. Es ist nämlich wie bei den erwähnten Theaterleuten, die sich jeweils für den Wichtigsten halten. Üblicherweise sagen Techniker zu Verkäufern: »Ohne unsere Technik könnt ihr nichts verkaufen.« Und die Verkäufer sagen zu den Technikern: »Ohne unseren Verkauf habt ihr nichts zu reparieren.« Dadurch, dass die Leute erst mal die andere Seite kennengelernt haben, ist so etwas wie ein gemeinsames Verständnis und Teamgeist entstanden. Genau das wünsche ich mir für Marketing und Vertrieb. Beide Seiten brauchen also Verständnis für den Job des anderen. Es muss Hand in Hand gehen.

Hunter, Farmer, Trapper

Wobei ich hier auf das alte Modell der »Hunter«, »Farmer« und »Trapper« eingehen will. Das ist ein altes Modell der Firma Xerox, für die ich gearbeitet habe, das verschiedene Arten von Vertriebsleuten differenziert. Der Farmer betreibt Landwirtschaft und hat mit vorhersehbaren Prozessen zu tun. Der Hunter dagegen ist ein Jäger, der oft schnell reagieren muss. Der Trapper wiederum stellt Fallen.

- Die meisten Vertriebsleute sind vom Typus her Farmer – sie betreuen Kunden und generieren daraus auch gerne weiteres Geschäft. Farmer versetzen sich in die Kundensicht und pflegen ihre Kunden wie ein Bauer seine Hühner. Farmer sind geduldig und serviceorientiert und sie haben immer ein offenes Ohr für den Kunden. Und sie lassen sich natürlich gerne empfehlen und weiterreichen.
- Ganz wenige Vertriebsleute sind Hunter – sie verstehen sich auf Neukundengewinnung, indem sie einem Kunden nachstellen. Sie telefonieren Listen ab. Sie sind hartnäckig, zielorientiert und das, was wir »auf Zack« nennen. Auf Kundenbetreuung wie beim Farmer haben sie wenig Lust: Bereits gewonnene Kunden sind ihnen zu langweilig, während vielen Farmern das Hunting zu wild ist.
- Manche Vertriebsleute sind Trapper – sie schlagen dann zu, wenn jemand eine Speziallösung braucht. Darin sind sie top. Sie sind kreativ und flexibel und verkaufen Produkte, die nicht von der Stange sind. Die Trapper spielen bei der Typologie eine untergeordnete Rolle, meist ist nur von Huntern und Farmern die Rede. Jedenfalls ist Trappern das Hunting zu wild und das Farming zu langweilig.

Hunter und Trapper mögen es nicht, den Kunden zum Geburtstag anzurufen und einen »Kuschelcall« zu machen. Nur ganz wenige Verkäufer verstehen sich als Hunter und Farmer. Ich kann das, aber ich habe das Farming auch gelernt. Das Hunting fiel mir viel leichter.

Zum Beispiel war uns damals bei Xerox ein Kunde für 48 oder 54 Monate sicher. Der Kopierer war vermietet oder verleast. Da musstest du ab und zu mal anrufen und Hallo sagen. Aber ich war halt darauf getrimmt, Neukunden zu akquirieren.

Das Marketing kann diesen Prozess mal unterstützen, mit Postkarten oder Aufmerksamkeiten oder Aktionen. Aber die Kundenbeziehung besteht zum Vertrieb.

Welche Widersprüche erleben Sie zwischen den Aussagen des Marketings und der Wahrnehmung Ihres Unternehmens durch den Kunden?

____

____

____

____

____

Wie ist in Ihrem Unternehmen das Verhältnis zwischen Marketing und Vertrieb?

____

____

____

____

____

Wie bringen Sie beide Abteilungen an einen Tisch?

____

____

____

____

____

5.3 Next Generation Sales

Eine »Sales Driven Company« ist natürlich auch auf der Höhe der Zeit. Und das bedeutet heute: Der Vertrieb ist teilweise analog, teilweise digital. Gefragt ist eine clevere Kombination aus analoger Manpower und digitalen Tools.

Doch kommt das in den Unternehmen an?

Meine Erfahrung ist: Viel zu wenige Unternehmen stellen ihren Vertrieb bewusst so um, wie es heute nötig und möglich wäre. Und das geht vor allem in die

Richtung, zunehmend datenunterstützt zu arbeiten. Jede Menge spannende Tools helfen Verkäufern heute, ihre Arbeit effizienter zu gestalten, vor allem mit weniger Streuverlusten.

Ein Booster der Entwicklung war tatsächlich die Corona-Pandemie. Bis zum Jahr 2019 schenkten lediglich 30 Prozent der Unternehmen der Bedeutung von IT-Systemen im Vertrieb Aufmerksamkeit. Im Jahr 2020 dann machte die Corona-Pandemie die gewohnte Form des Vertriebs mit Kundenbesuchen und Produktpräsentationen vor Ort quasi unmöglich und alle möglichen Termine wanderten in Zoom und Microsoft Teams ab. Es dauerte eine Weile, bis zumindest bei einigen Unternehmen die Erkenntnis reifte: »Es ist unerlässlich, digitale und analoge Wege sinnvoll miteinander zu verbinden.« Die breite Masse hat es nach meinem Dafürhalten noch nicht erfasst.

Habe ich schon gesagt, dass wir als Unternehmer die Dinge selbst in die Hand nehmen und nichts dem »Zufall« überlassen? Wir sind Gestalter! Wir können, dürfen und sollten auch den entscheidenden Schritt tun und den Weg unseres Kunden zum Produkt aktiv gestalten. Es besteht überhaupt keinen Anlass, diese Customer Journey nicht genauso akribisch zu planen wie die Weihnachtsfeier. Bei der haben wir auch alles definiert: welche Location wir mieten, für wie viele Leute Platz ist, wann es losgeht, was es zu essen gibt, welchen Rotwein und welchen Weißwein wir ausschenken – alles ist im Detail geklärt. Und was machen viele Unternehmer beim Thema Vertrieb? Ignorieren die neuen technischen Möglichkeiten und arbeiten wie früher.

Oder nehmen wir das Thema Bankgeschäfte. Stellen Sie sich vor, Ihr bester Kumpel geht immer noch während der Öffnungszeiten zur Bank, füllt dort mit dem Kugelschreiber einen Überweisungsschein aus, in dem er den Betrag, den Zahlungsempfänger, dessen Bankverbindung und die eigenen Kontodaten fein säuberlich einträgt, jeden Buchstaben und jede Zahl in das dafür vorgesehene Kästchen. Wenn er sich verschreibt, zerreißt er den Zettel, nimmt einen neuen und fängt von vorne an. Und ist alles korrekt und sauber ausgefüllt, stellt er sich in die Schlange am Schalter, gibt den Überweisungsschein einer Mitarbeiterin und fragt: »Geht das heute noch raus?« Oder er wirft ihn in den kleinen weißen Briefkasten mit dem aufgeklebten Notizzettel »Überweisungen«.

Was würden Sie denken und sagen?

Vermutlich würden Sie sich wundern, weil Ihr Kumpel den Zug verpasst hat. Überweisungen laufen heute übers Online-Banking, hier wurden jede Menge Prozesse automatisiert und optimiert. Die letzten Banken stellen jetzt von der TAN per SMS auf eine per App unterstützte Freigabe um. Die kulturtechnische Errungenschaft »Smartphone« ist inzwischen so weit verbreitet, dass sich die ganze Gesellschaft darauf verlassen kann, dass die Leute so ein Ding haben. So, wie sich die Banken früher darauf verlassen haben, dass die Leute mit einem Stift schreiben können und dass Kugelschreiber verfügbar sind.

Das alles akzeptieren Unternehmer – nur beim Vertrieb verschlafen viele die aktuelle Entwicklung.

Infolge der Corona-Krise hat sich übrigens auch die Zahl der über 65-Jährigen verdoppelt, die das Online-Banking nutzen: Laut Digitalverband Bitkom waren es vorher etwa 3,7 Millionen und jetzt sind es 6,5 Millionen.

Weshalb sollte ausgerechnet für Ihren Vertrieb gelten, dass wir noch mit Zettel und Kugelschreiber arbeiten? Wieso sollte ausgerechnet diese elementare Funktion jedes Unternehmens stillstehen und sich dem Fortschritt verweigern?

Das bisher gängige Gegenargument lautet: »Trotz des digitalen Zeitalters schätzen viele Kunden nach wie vor den persönlichen Austausch.« Kennen Sie das? Sogar Makler und Führungskräfte bei großen Versicherungen kommen Ihnen mit dieser Ausrede, also in einer Branche, die ganz massiv vom Vertrieb abhängt. Ich finde, es wird höchste Zeit, die Realität anzuerkennen und nicht länger den Kopf in den Sand zu stecken. Und dabei geht es gar nicht darum, bei irgendwelchen unsinnigen Trends mitzumachen, sondern es stehen schlicht neue Kulturtechniken bereit.

Üblicherweise nutzen wir neue Kulturtechniken sehr schnell. Gerade Unternehmer sind oft »Early Adopters«. Viele von uns waren die Ersten, die Anfang der Nullerjahre ein Mobiltelefon hatten und dann ab 2007 ein iPhone. In den Neunzigern haben wir die Schreibmaschinen abgeschafft und uns Microsoft Word zugelegt. Aber wenn es um Vertrieb geht, halten wir an den bisherigen Kulturtechniken fest und ignorieren Next Generation Sales? Warum? Weil wir älter werden und damit starrsinnig?

Wer neue Kulturtechniken konsequent ignoriert, wird vom Markt verschwinden. Es ist also an der Zeit, lieb gewonnene Strukturen aufzubrechen und Prozesse neu zu definieren, um konkurrenzfähig zu bleiben. Und das betrifft uns alle, also auch Sie. Es ist dabei egal, wie alt du bist oder wie etabliert dein Unternehmen ist: Begreife die Umstellung einfach als genauso wichtig und nötig wie die Umstellung von den Aktenbergen aufs papierlose Büro.

Es gibt in meinen Augen auch gar keinen Grund zur Angst vor dieser Entwicklung. Es ist ja nicht so, dass Vertriebler überflüssig werden. Auch was die KI betrifft, dürfte der Computer in absehbarer Zeit den Menschen nicht ersetzen. Was geschieht, ist einfach nur, dass immer mehr clevere Tools die Arbeit des Menschen unterstützen.

Vom »Sales Navigator« habe ich ja bereits gesprochen – das ist eine sinnvolle Unterstützung für die Leute im Vertrieb. Und kennen Sie zum Beispiel »Echobot«? Damit arbeiten wir sehr erfolgreich – das Tool verknüpft öffentlich verfügbare Informationen über Unternehmen mit Ihren Datenbanken. So lassen sich Zielgruppen definieren und konkrete Leads gewinnen. Wenn Sie das ausprobieren wollen, können Sie das hier:

https://www.echobot.de/limbeck/

»Next Generation Sales« bedeutet, dass sich auch der Vertrieb in einer zunehmend digitalisierten Welt weiterentwickelt hat. Unternehmen nutzen innovative Technologien, um ihre Verkaufsstrategien zu optimieren. Die zentrale Aufgabe besteht darin, die Bedürfnisse der Kunden in höchster Präzision zu erfassen und maßgeschneiderte Lösungen zu entwickeln. Ziel ist es, auf diese Weise eine stabile Basis für langfristige Kundenbeziehungen zu schaffen. Und diese Kundenbeziehungen stellt dann ein Mensch auf die Beine und auch der Mensch pflegt diese Kundenbeziehungen.

Also: Durch Datenanalyse und KI können Unternehmen wertvolle Informationen über ihre Kunden sammeln und diese gezielt für personalisierte Angebote nutzen. Auch die Nutzung von Social Media und Online-Plattformen spielt eine wichtige Rolle, da sich damit neue Absatzkanäle finden.

Next Generation Sales ist somit ein wichtiger Schritt in Richtung einer erfolgreichen Zukunft im Vertrieb. Unternehmen sollten sich dieser Entwicklung nicht verschließen, sondern aktiv darauf zugehen und innovative Technologien nutzen, um ihre Verkaufsstrategien zu optimieren und langfristige Kundenbeziehungen aufzubauen. Hier sind vier Punkte, auf die Sie achten sollten:

- **Think smart.** Auch wenn es viele hilfreiche Tools gibt, sollten Sie für Ordnung sorgen. Gefragt sind vor allem minimalistische Lösungen, die also wenig Aufwand erzeugen und sich leicht miteinander verbinden lassen. Vorher denken hilft: Statt sich Unmengen Tools zu kaufen, überlegen Sie im Sinne Ihres Flussdiagramms genau, welches Tool Sie welche Funktion erfüllen lassen.

- **Kundenorientiert denken.** Auch Kunden wünschen sich Angebote aus einem Guss, möglichst alles aus einer Hand. Prüfen Sie also, wie Sie aus Kundensicht die richtigen Angebote bündeln können. Gefragt sind Systeme, bei denen Sie nicht aus dem Blick verlieren, dass der Käufer eines bestimmten Versicherungsproduktes möglicherweise auch Interesse an einer ganz bestimmten Weiterbildung hat. Bauen Sie Ihre Systeme also nicht produkt-, feature- oder angebotsorientiert auf, sondern aus der Sicht Ihrer Kunden.
- **Menschlich bleiben.** Trotz aller Automatisierung sollten Sie immer noch regelmäßig zum Hörer greifen und sich bei Ihren Kunden melden. Vernetzen Sie sich mit Ihren Kunden außerdem bei Facebook und LinkedIn und bieten Sie ihnen an, sich für Ihren Newsletter anzumelden. Bleiben Sie trotz aller Technik und Digitalisierung nahbar.
- **Hybrid denken.** Insgesamt geht es nicht um eine harte Entscheidung zwischen analogem und digitalem Vertrieb. Bleiben Sie einfach flexibel im Denken und akzeptieren Sie, dass die Formate der Zukunft hybrid sind – also teilweise digitalisiert, teilweise im Präsenzformat, teilweise nach wie vor haptisch. Denken Sie nicht, eine Präsentation müsse über Microsoft Teams laufen, sondern bleiben Sie beweglich im Kopf und wählen Sie das Format, das vor allem aus Sicht Ihres Kunden das beste ist.

Die Zukunft sieht vielversprechend aus, und zwar in sämtlichen Bereichen. Meiner Ansicht nach hat die Krise bei den Menschen für ein neues Bewusstsein gesorgt und wir kaufen anders. Das gilt nicht nur für Online-Käufe von Privatkunden, sondern auch bei Geschäftskunden. Dieser Trend betrifft nicht mehr nur die junge Generation, die mit dem Internet aufgewachsen ist, sondern alle Altersgruppen. Der persönliche Kontakt ist nicht mehr der einzige Vertriebsweg, sondern eine Option von mehreren. Wichtig dabei ist, dass Sie Abschlüsse onlinefähig machen, aber eben auch nach wie vor am Wohnzimmertisch des Kunden eine Versicherung abschließen können.

Es gibt übrigens noch zahlreiche weitere Beispiele dafür, wie Unternehmen in Sachen IT wertvolle Chancen verpassen oder sogar Schaden erleiden. Hier sind einige der häufigsten:

- **Vernachlässigung der eigenen Website:** Viele Unternehmen haben immer noch keine eigene Website oder eine veraltete, nicht mobiloptimierte Seite (»responsive«). Das ist schwierig, da potenzielle Kunden heutzutage fast immer online nach Produkten und Dienstleistungen suchen, und das zunehmend auf Mobilgeräten.

- **Fehlende Suchmaschinenoptimierung (SEO):** Eine gut optimierte Website ist entscheidend, um gefunden zu werden. Viele Unternehmen vernachlässigen jedoch die SEO-Optimierung ihrer Website und verlieren dadurch wertvollen Traffic.
- **Ignorieren von Social Media:** Social Media ist ein wichtiger Kanal, um mit Kunden zu interagieren und die eigene Marke zu stärken. Viele Unternehmen ignorieren jedoch diese Plattformen oder nutzen sie falsch, indem sie beispielsweise zu viel Werbung schalten oder sich nicht aktiv an Diskussionen beteiligen. Wir sprechen gleich über Social Selling.

Fazit: Es ist entscheidend, dass sich Unternehmen mit den Themen IT und Online-Marketing auseinandersetzen und ihr Wissen stetig erweitern. Nur so können sie wettbewerbsfähig bleiben und von den Chancen des digitalen Zeitalters profitieren.

In welchen Belangen befindet sich Ihr Unternehmen noch im analogen Status?

____

____

____

____

____

Wie können Sie das Verhalten und Erleben Ihrer Kunden technologisch besser abbilden, sodass sich Ihre Kunden von Ihrem Unternehmen verstanden fühlen?

____

____

____

____

____

Welche Hausaufgaben in Sachen Website, SEO und Social Media haben Sie zu erledigen? Wann nehmen Sie diese Dinge wie in Angriff?

____

____

____

____

____

Machen Sie jetzt den 10-Minuten-Test: Wie steht es um Ihre Sales-DNA? Ist Ihr Unternehmen fit für die Zukunft?

https://limbeckgroup.com/vertriebs-dna-gutachten-kurzcheck/

5.4 Social Selling

Aus dem Gedanken der Next Generation Sales ergibt sich das »Social Selling«. Und dieser Ansatz ist nun wirklich äußerst elementar, wenn Sie als Unternehmer auch in Zukunft erfolgreich sein wollen. Vereinfacht gesagt bedeutet Social Selling, dass wir mit den Menschen über Social Media so normal sprechen, wie wir vor der Zeit des Internets mit Menschen gesprochen haben. Im Wesentlichen ändert sich nur der Kanal. Und der Zugang wird leichter. 40 Prozent der Leute nutzen Social Media – also ist klar, dass das ein sinnvoller Weg ist, sie zu erreichen.

Im Grunde ist es kein Hexenwerk und es könnte so einfach sein. Eigentlich ist das Konzept glasklar: Es geht um ganz normale Kommunikation. Und trotzdem staune ich immer wieder darüber, was manche Leute unter sinnvollen Social-Media-Aktivitäten verstehen.

Ich weiß nicht, wie viele Xing- und LinkedIn-Anfragen Sie so bekommen, aber bei mir sind es eine ganze Menge. Und immer wieder sitze ich vor dem Rechner oder vor dem Smartphone und denke mir: »Alle Wetter! Was die Leute so alles an ungünstigen Signalen aussenden, ohne es zu merken.«

Ein – nach dem Foto zu urteilen – junger Kerl schreibt mich an: »Hallo, Martin, ich würde mich sehr freuen, mich mit dir zu vernetzen.« Ich denke mir: »Warum nicht?« und bestätige die Anfrage. Ich nehme an, dass er mich kennt, gerade bei einer so persönlichen Ansprache und dem sofortigen Du. Ich vermute, er hat irgendwo ein Video von mir gesehen oder arbeitet in einer Vertriebsmannschaft, die ich schon mal betreut habe. Vielleicht war er auch mal in einem Seminar.

Kurze Zeit später kommt von ihm eine ganz offensichtlich automatisierte Follow-up-Nachricht und die hat mich wirklich vom Hocker gehauen. Der Anfang ist banal: »Hallo, Martin, danke für die Annahme meiner Vernetzungsanfrage.« Doch dann kaut er mir ein Ohr ab. Er nutzt jetzt aus, dass wir bestehende Kontakte mit wesentlich mehr Text zuschütten dürfen als LinkedIn-Mitglieder, mit denen wir noch nicht vernetzt sind. Er fängt also an zu erzählen. Und er scheint irgendwie davon auszugehen, es sei interessant, was er da von sich gibt.

Er beschreibt, dass der Sinn seines Lebens darin bestehe, anderen zu mehr Gesundheit und Leistungskraft zu verhelfen – Stichwort »Gesundheitsmanagement«. Das walzt er dann aus und erklärt viel. Ich warte darauf, dass er zum Punkt kommt, aber es geht irgendwie um nichts. Und dann lese ich: »Ich liebe es, mich mit neuen Menschen zu connecten, und würde gerne mehr über dich und dein Unternehmen erfahren.«

Viele sagen jetzt: »Jau, das ist eben eine ganz normale Kontaktanfrage über Social Media. Gießkannenprinzip. Das ist doch normal! Schließlich kosten Social Media jede Menge Zeit, da müssen wir so was automatisieren.«

Und das sehe ich gar nicht so. Meine Erwartung, ein bereits vertrauter Mensch spreche mich an, war enttäuscht worden. Tatsächlich hatte der Typ überhaupt keinen Schimmer von mir. Und statt sich zu informieren, erwartet er von mir, dass ich ihm alles erkläre? Wie ignorant kann denn jemand sein? Außerdem: Warum, bitte, soll ich mich mit Hinz und Kunz unterhalten, ohne dass etwas Konkretes anliegt? Ich weiß, was ich zu tun habe: EPAs.

Automatisierung ja, aber nicht Für-dumm-Verkaufe. Ich nehme wahr: Da will einer sein Netzwerk vergrößern, ohne sich wirklich für die Leute zu interessieren. Also ganz im Ernst: Was hat es für einen Sinn, eine Community aufzubauen, wenn du den Leuten schon von Anfang an signalisierst, dass du null nachgesehen hast, was die so machen? Und wenn du mit aller Kraft ausstrahlst, dass du nicht weißt, was du mit deiner Zeit anfangen sollst? Ich meine, wozu habe ich denn ein LinkedIn-Profil, wenn nicht dafür, dass Interessenten sich das anschauen? So ein Vorgehen wie das dieses Gesundheitsmenschen hat meiner Erfahrung nach nur Sinn, wenn du Masse sammeln willst, um die Leute später mit Spam zu überschütten.

Ich habe dann auf die Äußerung, er wolle mehr über mich und mein Unternehmen erfahren, mit dem Hinweis geantwortet: »Googeln hilft.«

Er hat recht schnell reagiert: »Interaktion deutlich mehr.«

Und da habe ich gemerkt: Er ist ein Technokrat, der es nicht kapiert. Er hat irgendwo aufgeschnappt, dass Interaktion wichtig sei. Entsprechend fragt er mich Dinge, die er wissen könnte, wäre er nicht zu faul zum Nachlesen. Genauso gut könnte er in die Altstadt gehen und sich mit den Touristen über die Schönheit der Parkanlagen unterhalten. In meinem Umkreis ist niemand, exakt niemand, der dafür Zeit hätte.

Wenn er Lust hat, sich mit Menschen über ihre Unternehmen zu unterhalten, dann kann er das ja machen, aber was hat das mit mir zu tun? Offenbar schließt er von sich auf andere und geht davon aus, dass die anderen ebenso wenig zu tun haben wie er. Nur: Ich weiß, was ich zu tun habe. Und das geht Unternehmern in aller Regel so. Die haben keine Zeit zum Plaudern mit irgendwelchen Leuten, die du nicht kennst und die sich dir aufdrängen.

Und sicher gehört zu meinen Aufgaben als Unternehmer auch Social Selling, ohne Frage, aber ohne jeden konkreten Aufhänger ein Gespräch beginnen, das kann ich auch in der Kneipe nach dem dritten Bier. Aber was dieser Junge da macht, zerstört ihm selbst das Image. Er richtet sich an Unternehmer, also schon mal ganz prinzipiell an Leute, die für eine Anfrage wie seine gar keine Zeit haben können. Er hat ja auch kein konkretes Anliegen. Er will nur plaudern. Und dafür ist so ziemlich jedem Top-Performer die Zeit zu schade.

Was glaubt der Typ überhaupt? Glaubt er, dass die Leute wegen seines Hinweises aufs Gesundheitsmanagement sofort sagen: »Wow, spannend! Erzähl mir mehr davon! Wie machst du das genau? Das ist ja sensationell!«?

Wie sehr muss sich einer als Nabel der Welt fühlen, dass er ernsthaft davon ausgeht, die Leute seien getriggert aufgrund einer solchen »Positionierung«.

Ich wollte das Ganze für dieses Buch hier mal durchspielen und habe auf den Hinweis mit der Interaktion geantwortet: »Ja, wenn jemand Langeweile und zu viel Zeit hat.«

Er schnippisch zurück: »Interessant! Netzwerken hat also mit Langeweile und zu viel Zeit zu tun.« Okay, jetzt kommt die Masche des absichtsvollen Missverstehens. Das ist das, was wir unter dem Stichwort »Gedöns« hatten. Spielchen spielen, Nervkram anzetteln – Kinderkram. Offenbar ein Troll. Jedenfalls keiner, der sich an die SKI-Regel hält.

Aber weiß er, dass er ein Troll ist? Ich glaube nicht. Da erwartet ein junger Kerl, dass ich mit ihm zu plaudern anfange. Er will, dass ich ihm von meinen Aktivitäten erzähle, obwohl das Internet fast platzt vor YouTube-Videos, Blogbeiträgen, Podcastfolgen und Interviews mit Martin Limbeck. Ich mache eine ganze Menge, woran ein interessierter Mensch ablesen kann, was ich in meinem Business so treibe. Und dieser Typ meint im Ernst, dass ich mir jetzt Zeit nehme und alles noch mal individuell vor ihm ausbreite, obwohl er bereits massives Desinteresse demonstriert hat?

Natürlich: Wir sollten Social Media als Aufgabe ansehen und dafür Kapazitäten bereitstellen, in allererster Linie Zeit. Aber das heißt doch nicht, dass wir deswegen nach außen hin deutlich machen, dass wir mit unserer Zeit nichts anzufangen wissen! Bei diesem jungen Typen weiß ich aufgrund seines Annäherungsversuches sofort: »Anfänger, noch kein Erfolg, keine Vertriebsstrategie, keine Ahnung von Kommunikation, kein Schimmer von Social Selling.« Es ist der erwähnte Typus »TikTok-Generation«: netter Kerl, aber oberflächlich. Null Tiefgang.

Vor allem hat er keine Vorstellung davon, was eine qualifizierte Kommunikation ist. Er scheint zu glauben, Interaktion habe einen Selbstzweck.

Jetzt finden Sie meine Reaktion vielleicht unhöflich – kann sein, dass Sie recht haben. Auf der anderen Seite finde ich es unhöflich, dass jemand ohne jeden Anhaltspunkt den Anspruch erhebt, dass sich alle Welt mit ihm unterhält. Wie kommt er darauf? Nur weil Interaktion in den sozialen Medien sinnvoll ist? Ich hätte höflicher antworten können: »Liegt irgendwas Konkretes und Relevantes an? Wenn nicht, würde ich mich jetzt gerne wieder um meine Arbeit kümmern.«

Vielleicht würde der junge Mann dann merken, warum seine Vorstellung von »Interaktion« via Social Selling komplett Banane ist.

Relevant oder nicht?

Womit wir bei einem Punkt sind, der später beim Thema »Kommunikation« insgesamt noch einmal eine Rolle spielen wird: Was wir in Social Media von uns geben, sollte relevant sein. Und, jetzt kommt der Lifehack, den vor allem mein Freund und Kollege Thilo Baum in seinen Seminaren und Büchern vertritt: nicht relevant aus Sendersicht, sondern relevant aus Empfängersicht. Das sind nämlich oft völlig verschiedene Dinge.

Wir hatten das mit dem Produkt und dem Nutzen. Der Kunde interessiert sich nicht für das, was *uns* wichtig ist – der Kunde interessiert sich für das, was *ihm* wichtig ist. Bei Social Media ist es nicht anders: Unser Gegenüber interessiert sich möglicherweise null dafür, was wir machen. Es interessiert sich dafür, was wir ihm bringen.

Entsprechend sollten wir unser Social Selling aufziehen. Die Überlegung, dass Menschen ausgerechnet mit uns Small Talk treiben wollen, ohne uns zu kennen, und dass sie jede Menge Zeit für einen inhaltsfreien Dialog mit uns aufwenden wollen, gehört nicht zu einer klugen Social-Media-Strategie.

Zugleich ist gerade bei Mittelständlern der Status quo in Sachen Social Media und Social Selling eher erbärmlich. Gerade bei Handwerksbetrieben ist es sehr krass. Die kommunizieren oft überhaupt nicht mit ihren Kunden und manche sind nicht einmal online. Und nur wenige haben eine responsive Website.

Dann erlebe ich Unternehmen, die Social Media für ihre Mitarbeiter gesperrt haben. Diese Entscheider denken tatsächlich, LinkedIn und Co. seien ausschließlich Privatvergnügen. Was für ein Denkfehler, was für eine Ignoranz der Realität. Gerade wenn wir den Verkaufsgedanken in einer »Sales Driven Company« bei jedem einzelnen Mitarbeiter erwarten, sollten wir es auch ermöglichen, dass die Leute in ihrem Umfeld für unsere Leistungen trommeln. Wenn es um Geschäftskontakte im B2B-Bereich geht, sind LinkedIn, Facebook und Co. unvermeidlich.

Wenn du Social Selling erfolgreich umsetzen willst, ist eine responsive Website unerlässlich. Und das ist auch ganz logisch: Wenn die Leute heute überwiegend auf Mobilgeräten unterwegs sind, führen beispielsweise die Buttons in deiner Facebook-Werbung und auch die Links in deinen Nachrichten natürlich nicht auf den Bürorechner des Betrachters, sondern in den Browser des Smartphones. Einleuchtend?

Und dann ist es klar, dass die Website sich auf der kleinen Glasfläche ordentlich darstellen muss. Eine responsiv gestaltete Website passt sich automatisch an die verschiedenen Bildschirmgrößen an, sodass sie auf jedem Endgerät gut zu lesen und zu bedienen ist. Diesen wichtigen Aspekt übersehen viele Unternehmen und verlieren dadurch Kunden und somit Umsatz.

Auch Suchmaschinenoptimierung (SEO) spielt dabei eine große Rolle. Je besser deine Seite auf mobilen Endgeräten funktioniert, desto höher wird sie in den Suchergebnissen platziert werden. Auch damit kommst du leichter an neue Kundschaft und steigerst deinen Umsatz.

Ganz normales Verkaufen

Im Grunde ist Social Selling ganz normales Verkaufen. Es nutzt einfach – Stichwort »Next Generation Sales« – die verfügbare Technik optimal. Mehrere Elemente sind dafür wichtig:

1. Ihre Social-Media-Präsenz und Ihre Website müssen stehen. Also: Ihr Profil ist vollständig, Sie haben sozusagen aufgeräumt und sind bereit für Besuch. Die Website ist responsiv gestaltet.
2. Sie posten immer wieder relevante Dinge – wie gesagt für Kunden relevant, nicht für Sie. Binden Sie die Leute ein in Umfragen, weisen Sie auf neue Studien hin, denken Sie einfach wie eine Zeitschriftenredaktion, die in zeitlosen Themen denkt. Über den Redaktionsplan sprechen wir gleich noch.
3. Machen Sie dabei keine Werbung, sondern Content. Der Unterschied ist: Werbung ist pushy und will verkaufen, Content weckt Interesse und macht neugierig.
4. Parallel bauen Sie sich ein Netzwerk auf. Aber nicht, indem Sie Kontakte anfragen, die in Ihrer Branche arbeiten, sondern potenzielle Kunden.
5. Schauen Sie genau, wer auf Ihre Postings reagiert – es zählen Likes, Kommentare und natürlich das Teilen, was das Wertvollste ist. Schreiben Sie die Leute an und kommen Sie mit ihnen ins Gespräch, und zwar direkt über das Thema, um das es in dem Posting ging.
6. Üben Sie keinen Druck aus, damit die Leute kaufen, sondern korrespondieren Sie ganz normal und stehen Sie für Fragen zur Verfügung. Nach einiger Zeit können Sie die Leute gerne auf Angebote hinweisen, beispielsweise auf eine Landingpage.

So gelingt der Verkauf ganz natürlich, ohne jede Werbung, ohne Marketingtheater. Sie werden feststellen: Es ist tatsächlich ein bisschen wie früher. Wir kommen ganz einfach und ganz normal mit den Menschen ins Gespräch. Nur eben über andere Kanäle.

Die Entwicklung finde ich übrigens ganz gut. Wir Verkäufer haben immer ganz normal mit den Menschen gesprochen. Dazu kommen wir jetzt wieder zurück – mit dem Social Selling haben wir dazu eine Methode, die schlicht die heutige Technik ideal nutzt.

Unterschiede zum Social Media Marketing und E-Mail-Marketing

Und nur zur Klarstellung. Die Unterscheidung zwischen Social Selling und Social Media Marketing ist oft missverständlich. Der Begriff »Social Media Marketing« umfasst viele Aktivitäten, die über soziale Netzwerke wie Facebook und Co. stattfinden. Im Gegensatz dazu geht es beim Social Selling um gezielte und individuelle

Interaktion mit bestimmten Personen. Als Teil von Next Generation Sales passt sich das Konzept an die immer spezifischeren Anforderungen der Kunden an und optimiert die Vertriebsprozesse entsprechend. Dabei steht nicht die klassische Werbung im Vordergrund, sondern eine maßgeschneiderte Kommunikation.

Im Gegensatz zur traditionellen Werbung, die eine breite Masse mit derselben Botschaft anspricht, ist beim Social Selling der Personalisierungsgrad viel höher. Indem wir mit den Menschen über ein Thema ins Gespräch kommen – sei es durch einen Blogbeitrag, ein Video oder eine Umfrage –, entsteht eine individuelle Beziehung, die sich durch den Austausch von Informationen wie Hobbys oder Urlaubsorten noch vertiefen lässt. Selbst wenn die Kontaktaufnahme standardisiert ist, ist die Kommunikation persönlich und auf den Lead zugeschnitten. Dadurch werden Streuverluste minimiert und die Effektivität des Vertriebs gesteigert.

Sie sehen auch, dass das Social Selling diverse Vorteile bietet, die zum Beispiel das E-Mail-Marketing nicht bietet. Im Unterschied zum E-Mail-Marketing ist Social Selling äußerst personalisiert und ermöglicht einen intensiven Austausch mit einzelnen Personen. Daher eignet es sich besonders für den Verkauf hochpreisiger Produkte oder die Etablierung langfristiger Lieferantenbeziehungen. Der entscheidende Vorteil von Social Selling liegt darin, dass es viel eher zu Neugeschäft führt als die Versorgung von Bestandskunden mit immer denselben Informationen über Produkte.

Obwohl E-Mail-Marketing für viele Online-Marketer und Unternehmen unverzichtbar geworden ist, findet eben keine individuelle Kommunikation statt. Das Gießkannenprinzip mag kostengünstig sein, aber es ist nicht anspruchsvoll. Social Selling hingegen erfordert mehr Zeit und individuelle Kommunikation, was sich jedoch letztendlich in einer höheren Erfolgsquote widerspiegelt.

Für Verkäufer geht es darum, die bestmöglichen Kanäle zu wählen, um bestmöglich zu verkaufen. Daher werden die besten Verkäufer eher Social Selling als E-Mail-Marketing wählen, da es einen völlig anderen Ansatz bietet und eine höhere Erfolgsquote verspricht.

Welche Kanäle sind gut, welche nicht?

Doch auf welchen Plattformen lohnt sich das Tummeln? Eines sollte klar sein: Ihre Website ist die Homebase, dort befinden sich Ihre Blogbeiträge und vieles andere. Ich sage das so deutlich, weil manche Unternehmer sagen, sie bräuchten keine Website mehr, weil sie ja alles auf LinkedIn abbilden können. Vorsicht, gemeine Falle: Viele machen sich damit von sozialen Netzwerken viel zu sehr abhängig. Was ist, wenn Sie Ihr gesamtes Business auf LinkedIn aufbauen und das aus irgendwelchen Gründen abschmiert? Mir ist es schon passiert, dass mein Konto wegen eines Hacking-Versuchs für fast zwei Wochen gesperrt war. Da stehst du ganz schön blöd da, wenn du dann keine professionelle Website hast, über die Kunden und Interessenten dich erreichen können. So was passiert zwar recht selten, doch es passiert. Und das sollte Ihnen reichen, um sich immer auf mehreren Säulen aufzustellen. Denn grundsätzlich kann jeder Dienstleister wegbrechen.

Über Xing haben wir ja schon gesprochen. Xing ist für meine Begriffe quasi tot, jedenfalls was das B2B-Geschäft angeht. Vielleicht können wir über Xing Mitarbeiter gewinnen, okay. Aber sonst ist es zunehmend bedeutungslos geworden – was Xing auch selbst forciert hat, indem beispielsweise Anfang 2023 die Gruppen eingestellt wurden, in denen sich viele Communitys gebildet hatten. Ich denke ja, Xing hätte ein deutsches LinkedIn werden können, aber das Management in Hamburg findet Selbstständige und Unternehmer offenbar nicht so interessant.

Das ist übrigens ein Beispiel dafür, was geschehen kann, wenn wir uns auf ein soziales Netzwerk konzentrieren. Jede Menge Freiberufler haben nur über Xing ihre Aufträge generiert. Viele tun das immer noch, beobachten aber, wie viele Leute von Xing abwandern. De facto habe ich Xing zunehmend als Spamschleuder erlebt – unfassbar viel irrelevanter Quatsch ist am Ende in meinem Posteingang gelandet. Also ich habe derzeit »99+« ungelesene Nachrichten.

Ach, wo ich gerade dabei bin, mache ich doch mal eine ungelesene Nachricht auf. Eine Dame aus Landsberg am Lech schreibt: »Lieber Herr Limbeck, wenn Sie mehr Kontakte, mehr Kunden, mehr Umsatz brauchen – dann lassen Sie uns telefonieren.« Das ist jetzt einfach nur so zufällig rausgegriffen. Die Nachrichten sind alle so, da liegen noch zig weitere in genau dem gleichen Stil. Das braucht kein Mensch.

Facebook scheint auf einem ähnlich absteigenden Ast zu sein. Dort ersticken die Leute auch im Spam – darunter jede Menge Verkaufsbotschaften und auch die eine oder andere von Hackern aufgestellte Honigfalle im Bikini – und Facebook tut nichts Wirksames dagegen. Es ist kaum noch möglich, aus dem Wust an Schwachsinn die wenigen wirklich an mich gerichteten Nachrichten rauszufriemeln. Diese Leute verweise ich dann auf meine E-Mail-Adresse und sage, dass ich den Facebook-Messenger eigentlich nicht mehr nutze, weil er unbrauchbar geworden ist. Natürlich habe ich auch eine Menge Zeug zu verkaufen, aber ich werde den Teufel tun und über den Facebook-Messenger nach dem Gießkannenprinzip irgendwelche Kontakte nerven. Sollen mich die Leute für einen beknackten Spammer halten? Ich hoffe, Sie leiten für sich die essenzielle Erkenntnis ab, es diesen Trollen nicht gleichzutun.

Also, klar nutze ich Facebook, auch weil Instagram dranhängt, aber mehr als etwas zu posten und auf Kommentare zu reagieren, mache ich da kaum noch. Ganz selten like ich mal was von anderen, aber das Fenster zur Welt, das Facebook mir präsentiert, wird wegen des Facebook-Logarithmus immer kleiner.

Instagram dagegen mag ich. Das erscheint mir noch nicht ganz so bedeutungslos. Dort kannst du wunderbare Geschichten erzählen, also »Reels« produzieren über dein Unternehmen und deine Produkte und wie sie Kunden helfen. Zudem nehme ich meine Follower gerne in den Storys mit und lasse sie so ein bisschen an meinem Alltag teilhaben. Aber insgesamt sehe ich die Internet-Produkte der amerikanischen Firma »Meta« nicht mehr als erste Wahl an.

Was auch nervt: Mein Profil wird ziemlich oft von Krypto-Spammern geklont. Es dauert ewig, bis Facebook oder Instagram diese Spammer gesperrt haben. Nach professionellen Maßstäben reagieren die einfach zu langsam. Bei vielen Beschwerden reagieren sie gar nicht.

Oder denken wir an den blauen Haken bei Instagram für interessante Personen oder glaubwürdige Unternehmen. Bei Facebook erfülle ich alle Kriterien seit Jahren und habe den Haken. Bei Instagram? Vergiss es. Ich kann nicht mehr zählen, wie viele Anfragen ich und mein Marketingteam diesbezüglich gestellt haben. Facebook hat aber in Deutschland nur eine kleine Truppe und scheint ziemlich überfordert zu sein. Jetzt weiß ich zumindest, warum sich da gar nichts getan hat: Mark Zuckerberg will den blauen Haken jetzt verkaufen, für 12 US-Dollar im Monat. So ist der Stil dieser Unternehmen. Erst ignorieren sie dich, obwohl du alle Kriterien erfüllst, und plötzlich wollen sie Kohle.

Natürlich ist das hier ein Buch und auch die Informationen in einem Buch sind irgendwann veraltet. Vielleicht ist die Information über LinkedIn in einigen Jahren auch nichts mehr wert, aber im Augenblick ist LinkedIn wirklich noch eine ganz spannende Geschichte, wenn es um Firmenkontakte geht. Ich hoffe, dass LinkedIn nicht das gleiche Schicksal ereilt wie Xing und Facebook, die im Spam ersaufen. Ich habe Hoffnung, einfach weil mir die Gestaltung von LinkedIn wesentlich professioneller erscheint: Es gibt nicht so viele Bugs wie bei Facebook, es ist nicht so grandios unlogisch aufgebaut wie Facebook – und es macht die Plattform nicht für Top-Performer konsequent unattraktiv, wie wir das bei Xing erlebt haben.

Allerdings musst du ab und an mal deine Kontaktliste bereinigen. Denn dort sind längst nicht mehr nur diejenigen unterwegs, die Business machen wollen. LinkedIn scheint auch zu einer Art Instagram für eine bestimmte Gruppe Berufstätiger geworden zu sein, die damit hadern, dass es mit einer Influencer-Karriere nicht geklappt hat. Klar poste ich dort auch viel. Ich lege jedoch großen Wert darauf, dass meine Beiträge der Community einen Mehrwert bieten. Schließlich sind diese Postings für mich ja auch Ausgangspunkt für Social Selling. Doch es gibt eben auch auf LinkedIn Leute, die in erster Linie der Selbstdarstellung frönen. Ich denke da nur an den Beitrag einer jungen Frau Mitte zwanzig, der viral gegangen ist und irgendwann auch in meiner Timeline auftauchte, obwohl ich die Dame nicht kannte. Sie plädierte jedenfalls dafür, dass Unternehmen sich endlich umfassend mit New Work auseinandersetzen müssten – dazu gehöre für sie auch, dass sie das Recht auf bezahlte Krankentage haben müsse, wenn es ihrem Hund nicht gut geht. Wahnsinn. Da frage ich mich ja schon mal, was in solchen Menschen vorgeht. Aber das ist noch mal ein anderes Thema, ich sage nur »Dodoland« …

TikTok wiederum empfehle ich Ihnen höchstens fürs Recruiting und ich sage etwas Böses: Vor allem, wenn du ganz einfache Leute suchst – also Menschen ohne Bildung, ohne Tiefgang, Leute fürs Grobe und fürs Einfache, eben Konsumententypen –, dann bist du bei TikTok richtig. Also schau, dass du die Leute nicht intellektuell überforderst. Denk daran, dass du gute Leute brauchst, wenn du die Qualität deines Unternehmens bewahren willst.

Auch sollten Sie nicht vergessen, dass TikTok ein chinesischer Anbieter ist und beispielsweise auf Diensthandys der EU oder der Bundesregierung nicht mehr erlaubt ist. Ich will damit nicht sagen, dass da die TikTok-Generation arbeitet, aber natürlich sind TikTok-User auch Wähler. Vielleicht ist auch für Ihr Unternehmen die Frage interessant, ob der Zugang zu Firmengeheimnissen und chinesischer Code auf ein und demselben Smartphone Ihren Compliance-Regeln entspricht.

Ihr Social Selling Index

Bei LinkedIn finden Sie übrigens noch eine Besonderheit – den »Social Selling Index« (SSI). Er ist wichtig, weil er Ihre Social-Selling-Aktivität auf LinkedIn quantifiziert. Er gibt Auskunft darüber, wie gut Sie auf LinkedIn vernetzt sind und wie effektiv Sie Ihre Kontakte nutzen, um Geschäfte zu machen. Der Score setzt sich aus vier Faktoren zusammen:

- Ihrer Professionalität auf LinkedIn,
- Ihrer Relevanz für potenzielle Kunden,
- Ihrer Aktivität auf LinkedIn und
- Ihrem Einfluss auf das Netzwerk.

Je höher der SSI, desto besser Ihre Chancen, Geschäfte über LinkedIn zu generieren.

Um Ihren SSI zu verbessern, sollten Sie regelmäßig auf LinkedIn aktiv sein. Posten Sie relevante Inhalte, kommentieren Sie Beiträge anderer und vernetzen Sie sich mit potenziellen Kunden. Je mehr Sie auf LinkedIn präsent sind, desto höher ist Ihr SSI. Wichtig ist dabei auch, dass Sie sich auf LinkedIn professionell präsentieren und Ihre Kontakte gezielt nutzen, um Geschäfte zu machen.

Der Redaktionsplan

Was ich unbedingt empfehle: Konzentrieren Sie sich auf wenige statt viele Kanäle und bedienen Sie die wenigen Kanäle dann richtig. Es gibt auch gute Tools, die die einzelnen Beiträge auf verschiedenen Kanälen managen, zum Beispiel »Hootsuite«. Dadurch ergibt sich aus Ihrem Redaktionsplan dann eine entspannte Content-Marketing-Strategie.

Eine professionelle Social-Media-Strategie kommt um einen Redaktionsplan nicht herum. Damit weißt du genau, was du in den nächsten drei Wochen postest. Das ist so der maximale Vorlauf, den ich planen würde – denn oft holen uns Entwicklungen auch ein oder es macht Sinn, auf aktuelle Ereignisse zu reagieren.

Hier ist jetzt der Punkt, an dem manche sagen, sie hätten dafür keine Zeit. Na ja. Social Media sind schon existenziell heute, gerade auch um Kundenkontakte herzustellen. Und ein Redaktionsplan stellt eben exakt die Inhalte dar. Damit geraten Sie nicht in Stress, weil Sie morgen einen Podcast produzieren müssen, der am selben Tag erscheint, sondern Sie haben Vorlauf.

Dazu nehmen Sie sich bitte irgendwann mal Zeit. Setzen Sie sich mit Ihren Content-Kollegen und Marketingleuten zusammen und entwerfen Sie einen Plan, welche Inhalte wann auf welchem Kanal erscheinen.

Auf welchen Social-Media-Kanälen finden Sie Ihre potenziellen Kunden?

____

____

____

____

____

Mit welchem Content sprechen Sie Ihre Kunden an und wie gehen Sie sinnvoll mit deren Reaktionen um?

____

Welche Ressourcen stellen Sie bereit, um mit Ihren potenziellen Kunden über Social Media in den Austausch zu gehen?

5.5 Automatischer Verkauf per Funnel

Bei der Frage, wie Sie aus Ihrer Geschäftsidee ein Geschäftsmodell entwickeln, fielen ja schon die Begriffe »Funnel« und »Landingpage«. Der Funnel ist der Prozess, von dem die Landingpage ein Teil ist. Auf der Landingpage entscheidet der Kunde im Idealfall, dass er das Produkt braucht und kauft.

Wir hatten ja schon mal den im Prinzip kleinsten Funnel dargestellt: Facebook-Werbung – Landingpage – Shop-Seite. Das ist das Minimum. Das genügt, um im Sinne eines MVP zu testen, ob der Prozess funktioniert.

Also sehen Sie es mir bitte nach, wenn ich hier etwas beschreibe, was Sie kennen. Meiner Erfahrung nach wissen viele nicht, was ein Funnel ist. Andere kennen das Prinzip und können das Wort »Funnel« nicht mehr hören. Letzteres ist erklärbar, weil jede Menge Online-Marketer in den vergangenen Jahren solche riesigen und am Ende völlig übertriebenen Funnels aufgestellt haben, dass die Leute bei den vielen aggressiven Verkaufsbotschaften irgendwann nur noch gesagt haben: »Bleib mir weg mit deinen unzähligen Touchpoints.« Viele Online-Marketer haben hier sehr viel kaputt gemacht. Dass es auch mit zwei Touchpoints funktionieren kann, haben viele nicht verstanden – sie gehen generell von sieben aus.

Manche wollten auch unbedingt zeigen, was Tools wie KlickTipp so hergeben und wie unfassbar ausdifferenziert E-Mail-Marketing sein kann. Ergebnis: Die Leute ersaufen in automatisierten E-Mails mit dem siebten Video zum Produkt, obwohl niemand Zeit hat, sich das Zeug auch anzuschauen. Es sei denn, die Leute haben auch Zeit, um nachmittags fernzusehen. Die Schnitzeljagden gingen den Usern irgendwann zu Recht auf den Geist. Ich meine, klar: Viele Funnelbauer sind Marketingleute, die sich mit Verkauf eher schwertun. Die haben es nicht so mit Menschen. Deshalb ja dieser Automatisierungswahn und die Angewohnheit, nur »Leads« zu sehen und keine Menschen.

Warum so viele vom Online-Marketing genervt sind

Zahlreiche Top-Leute sind also genervt von der Funnelei und treten damit das komplette Online-Marketing in die Tonne. Und das, da bitte ich um Nachsicht, ist ungerecht.

Denn das Geheimnis ist der kleine Funnel, nicht der große.

Die vielen Online-Marketer, deren Funnel wir in den vergangenen Jahren so verfolgen konnten, haben uns das Prinzip gezeigt. Sie haben die technischen Möglichkeiten präsentiert – und auch die Grenzen dieser Form der Kundengewinnung. Es ist jetzt an Ihnen, die richtigen Konzepte daraus abzuleiten.

Stellen Sie sich also vor, jemand kommt durch Ihr Social Selling auf eine Landingpage. Angenommen, die vielen Touchpoints seien wirklich nötig – da Sie bereits mit dem User über Content kommuniziert haben, haben Sie diese vielen Touchpoints wahrscheinlich erledigt. Das Vertrauen ist aufgebaut. Anders als bei Xing, wo Ihnen die Dame aus Landsberg am Lech aufdringlich schreibt: »Wollen Sie Kunden gewinnen? Wir müssen telefonieren!«

Okay? Das Social Selling bereitet die weiche Landebahn. Der Anflug auf die Landingpage wird sanft. Durch Ihr Social Selling hat der Kunde bereits mit Ihnen korrespondiert. Das Thema Absenderkompetenz ist erledigt. Das Thema Vertrauen – alles klar. Jetzt geht es nur noch um eine smarte Landingpage, die nicht überverkauft, also nicht noch nervt, obwohl sich der Kunde längst entschieden hat.

Manchmal, wenn ich Interessenten Links schicke, schicke ich ihnen übrigens gar nicht mehr die URL der Landingpage, sondern direkt die der Shopseite. Wenn das Verkaufsgespräch gelaufen und der Kunde überzeugt ist – er schreibt mir nur:

»Wo kriege ich denn das Ding?« –, dann genügt es, ihn direkt auf die Shopseite zu schicken.

Sehen Sie das Prinzip? Wenn du mit den Leuten normal redest, wie früher auf dem Markt, musst du sie nicht mehr auf eine Schnitzeljagd mit E-Mail-Kaskaden ohne Ende schicken.

Dann brauchen Sie auch keine Countdowns auf der Landingpage, die Zeitdruck erzeugen wollen. Wenn ich so was sehe – sag mal, geht's noch? Als wären wir zu blöd, um zu kapieren, dass der Absender selbst den Countdown einstellt und niemand sonst. Es gibt keinen äußeren, realen Zeitdruck und Zwang, jetzt zu kaufen. Außerdem wissen wir heute: Alle sehen denselben Countdown und es sind dann immer meinetwegen 15 Minuten bis zur Sekunde null, nach der der Kunde angeblich nicht mehr buchen kann. Aber wetten, dass dann eine E-Mail kommt in der Art: »Schade, dass du es nicht geschafft hast! Eine Chance geben wir dir noch.« Ist auch klar, denn genau auf Sie haben es diese Bauernfänger abgesehen. Am Ende des Tages reibt sich der Anbieter die Hände, weil genau Sie reingegangen sind. Eine Conversion! Super!

Was mich wundert, ist, dass die Verbraucherschützer diese Szene noch immer nicht ausgehoben haben. Wenn Sie mich fragen, ist so ein Countdown genauso irreführend wie angeblich nur jetzt noch verfügbare wenige Restplätze in einem Webinar, das sich dann als große Für-dumm-Verkaufe erweist. Denn nichts an diesem Webinar ist »live«, das kommt alles aus der Konserve. Die Leute im Chat existieren nicht, die sind erfunden. Sogar deren Chat-Fragen sind vorher eingetippt, exakt mit dem Timecode verknüpft, an dem die jeweilige Frage auftauchen soll. Und wenn Sie als User in einem automatisierten Webinar etwas in den Chat tippen, landet Ihr Eintrag per E-Mail beim Anbieter. Der meldet sich dann später bei Ihnen und lügt Ihnen vor, in dem angeblichen Live-Webinar sei leider keine Gelegenheit gewesen, auf alle Fragen einzugehen, so groß war das Interesse. Aber auch hier geht es möglicherweise nur um Sie allein.

Zahlreiche Online-Marketer verarschen ihre Kunden auf diese oder ähnliche Weise. Das hat inzwischen fast jeder kapiert. Einige naive Charaktere fallen noch darauf rein, aber die wird es immer geben. Es gibt ja auch noch Menschen, die beim Hütchenspiel 100 Euro verzocken oder die auf den Enkeltrick reinfallen.

Oder denken Sie an diese pseudo-handgeschriebenen Briefe. Darauf haben sich inzwischen manche Anbieter spezialisiert: Die Kundin eines Kosmetikversands bekommt beispielsweise von dem Team dort eine scheinbar handgeschriebene Karte als Beilage zum Lippenstift. Alles Fake, natürlich ist das Massenware. Fühlen wir uns betrogen? Vielleicht. Wenn es gut gemacht ist, sehe zumindest ich darüber hinweg. Wenn es schlecht gemacht ist, kann es gut sein, dass die Leute denken, sie werden für dumm verkauft. Mir ist auch klar, dass so was logistisch ab einer gewissen Unternehmensgröße und Kundenzahl nicht mehr geht. Doch bis es so weit ist, werden die Kunden der Limbeck Group weiterhin echte handgeschriebene Karten bekommen.

Für mich ist diese Form von Unehrlichkeit jedenfalls kein Stil, weshalb ich keine automatisierten Webinare anbiete, sondern nur echte Webinare. Da bin ich dann wirklich live dabei.

Für mich ist ein Funnel auch mehr als nur das, was die Online-Marketer darunter verstehen. Mein Blog beispielsweise trägt dazu bei, meinen Expertenstatus zu heben. Auch Referenzen können Funnel sein. Alles, worüber Kunden kommen, ist ein Funnel. Für den Arzt Hans-Wilhelm Müller-Wohlfahrt (* 1942) war Boris Becker (* 1967) der Funnel – bei den Australian Open wurde Müller-Wohlfahrt eingeflogen, um bei Boris Becker eine Zerrung zu behandeln. Am Ende zählt das Prinzip: »Content is King«, da muss also Substanz sein. Sonst hat kein Funnel Sinn.

Insgesamt ist es halt auch alter Wein in neuen Schläuchen, wenn heute von Online-Funnels die Rede ist. Sicher, die Technik ist nicht schlecht. Aber die Idee, den Kunden wie mit dem Angelhaken zu ködern, ist uralt. Früher nannten wir das »Affenfaust«: Der Affe will etwas, was im Baumloch ist, aber weil er beim Greifen eine Faust bildet, bekommt er die Faust nicht mehr aus dem Baumstamm. Der »Hook« ist wirklich keine neue Idee, und wenn ich mir so manchen heutigen Funnel anschaue, dann frage ich mich schon, ob die Macher überhaupt irgendetwas wissen und kennen außer ihren eigenen Vorstellungen.

Und zu Ehrlichkeit und Substanz rate ich Ihnen auch. Marketing arbeitet gerne mit »Personas«, so heißt das tatsächlich, obwohl die lateinische Mehrzahl »Personae« heißen müsste, aber egal. So eine Persona ist eine Kunstfigur, auf die das ganze Marketing ausgerichtet wird. Jede Double-Opt-in-E-Mail muss den Sprachstil der Persona treffen.

Wissen Sie, was meine wichtigste Persona ist? Ich komme aus dem Ruhrgebiet. Unser Wahlspruch lautet »Glück auf!«. Das ist der Gruß der Bergleute. Und ja: Meine Lieblingspersona ist der Steiger. Der Schichtsteiger, der in einem Revier eine Schicht führt, trägt unter Tage die Verantwortung fürs Team. Und einen Steiger verkauft niemand für dumm.

Das ist eine völlig andere Persona als die vielen großstädtischen Kunstfiguren, die zufällig alle zu einer hippen Szene gehören und ohne Ende konsumieren. Ein Steiger wirft sein Geld nicht zum Fenster raus für irgendeinen neumodischen Schnickschnack.

Und trotzdem arbeiten manche Online-Marketer sehr erfolgreich mit Anti-Verkauf: Du musst erklären, warum du mit denen arbeiten willst. Also, wenn du dich nicht mit Anfängern herumschlagen willst, dann organisiere eine hohe Reichweite, sodass dir die Leute die Bude einrennen, und dann siebe nach deinen Qualitätskriterien aus. Und inszenier eine Runde nach der anderen, in der die Leute Punkte sammeln und sich hocharbeiten. Funktioniert.

Die passenden Werkzeuge finden

Dann gibt es Leute, die wollen das Prinzip des Online-Marketing-Funnels aufs ganz normale Geschäft anwenden. Und das wird dann eben unfreiwillig komisch.

Also, stellen Sie sich vor, Sie vermieten in einer Ferienregion Mountainbikes. Dann ist der Button »Kostenfreies Erstgespräch buchen« auf der Website schlicht Unfug.

Auch hier gilt wieder: »Bitte selber denken!« Nur weil wir irgendwo irgendwelche Formulierungen aufschnappen oder von den idealen Verkaufsprozessen hören, sind diese Dinge doch noch lange nicht auf alles anwendbar. Bei bestimmten Dienstleistungen ist so ein Button sinnvoll – bevor wir ein Coaching buchen, zum Beispiel.

Das Erfolgsrezept ist, so glaube ich, eine Kombination aus klassischem Vertrieb und Online-Marketing. Bauen Sie also gerne mal den kleinstmöglichen Funnel auf, aber bereiten Sie die Customer Journey durch ein sinnvolles Social Selling vor. Es spricht nichts dagegen, parallel auch Werbung zu schalten – beispielsweise auf Google oder Facebook. Es kommt einfach darauf an, wie viele Kunden Sie brauchen und wie viel Geld Sie für einen Kauf an Facebook oder Google bezahlen. Nur: Schon organische, also redaktionelle Inhalte ohne jede Werbung können den Effekt erzielen, den Sie sich wünschen.

Zumal wir auch aufpassen müssen, dass wir uns auch beim Thema Werbung nicht von Anbietern abhängig machen. Wenn du dein gesamtes Geschäft auf Google-Werbung begründest oder nur mit Facebook-Werbeanzeigen arbeitest, stehst du im Zweifel dumm da: Wenn Google oder Facebook ihre Algorithmen ändern, kann sich das massiv auswirken. Plötzlich werden Ihre Anzeigen nicht mehr angezeigt oder Ihre Website rutscht in den Suchergebnissen nach unten. Vom Werbeanzeigenmanager in Facebook ganz zu schweigen, der auf mich wie ein einziges undurchdachtes und programmiertes Chaos wirkt.

Beim reinen Online-Marketing über Werbeanzeigen decken die Einnahmen erfahrungsgemäß auch oft nur die Ausgaben. Am Ende verschwendest du eine Menge Zeit, weil du dann die Seminare, die du teuer bewirbst, natürlich auch halten musst. Die einzigen Gewinner dabei sind oft Facebook und andere Unternehmen selbst. Sicher gibt es Agenturen, die sich auf diese Themen spezialisiert haben – das Problem ist nur: Auch die stecken nicht drin. Auch die rennen der Entwicklung hinterher. Bisher habe ich noch keine Agentur gefunden, die das Thema wirklich vollständig professionell gelöst hätte.

Wenn du im Geschäft nur auf Online setzt, bist du also extrem abhängig, oft von völlig vertrauensunwürdigen Unternehmen mit den bizarrsten Programmierungen und den abstrusesten Entscheidungen. Transparenz: null. Erreichbarkeit für Kunden: null.

Normalerweise rät Ihnen jeder normale Mensch davon ab, mit solchen Unternehmen auch nur das Geringste zu tun zu haben, aber sie haben eben ihre Marktmacht.

Mit manchen Produkten funktioniert das Online-Geschäft auch – wenn Sie nicht mit Menschen sprechen müssen, wenn sich alles runterladen lässt, wenn es nur um Programmierungen geht. Also wenn Sie ein Musikproduzent sind und an Apple Music dranhängen.

Aber sonst übersehen die Tekkies oft das Menschliche: Die allermeisten Produkte verkaufst du immer noch, indem du mit Menschen kommunizierst – am liebsten direkt. Denken Sie daran: »You can't email a handshake.« Und das ist mir eben besonders wichtig. Trotz allen Social Sellings und Online-Marketings ist der persönliche Kontakt entscheidend. Und noch nie war es so leicht wie heute, an Entscheider direkt und persönlich heranzukommen.

Wann und wie eignen Sie sich das grundlegende Verständnis von Automatisierungstools wie KlickTipp oder ActiveCampaign an?

____

____

____

____

____

Übertragen Sie Ihr kleinstmögliches Geschäftsmodell nach dem SVP-Prinzip auf den minimalen Funnel. Welchen Prozess bildet dieser Funnel ab?

Bei welchen Ihrer Produkte könnten sich Werbeausgaben bei Facebook oder Google lohnen, weil der Umsatz pro Kauf die Streuverluste wettmacht?

Limbeck. Don't do this, do that!

Glauben Sie nicht, unternehmerisches Versagen läge am Produkt. Das kann im Einzelfall sein, aber machen Sie sich klar: In den allermeisten Fällen liegt unternehmerisches Versagen am Vertrieb.

Verabschieden Sie sich von dem Gedanken, als Unternehmer seien Sie der Verwalter eines Unternehmens. Sie sind der Gestalter eines Unternehmens und der erste Verkäufer.

Tun Sie nichts, was nicht wichtig ist, sondern fokussieren Sie sich auf Ihre einkommensproduzierenden Aktivitäten.

Reduzieren Sie Reibungsverluste und Verzettelung. Vermeiden Sie Ablenkung und konzentrieren Sie sich stattdessen auf die wirklich wichtigen Dinge in Ihrem Unternehmen.

Arbeiten Sie nicht im Unternehmen, sondern vor allem am Unternehmen.

Halten Sie nicht alle Tätigkeiten im unternehmerischen Ablauf für normal und gottgegeben, sondern konzentrieren Sie sich auf das, was Einkommen generiert.

Hören Sie auf, nutzlose Dinge zu tun. Stattdessen sollten Sie sich ab sofort um konkrete Kontaktaufnahmen mit potenziellen Neukunden kümmern.

Tun Sie nichts, nur weil Sie es können. Tun Sie Dinge, weil sie wichtig sind.

Versenken Sie kein Geld in lustigen Marketingaktionen. Das kann im Einzelfall mal zum Erfolg führen. Aber machen Sie sich klar: In den meisten Fällen führt Vertrieb zum Erfolg.

Lassen Sie sich nicht von Marketingleuten blenden, die Ihnen sagen, Sie bräuchten kreative und originelle Aktionen. Begreifen Sie, dass es nur um relevante Aktionen geht, durch die Sie Kunden gewinnen und die so auf Ihre Unternehmensziele einzahlen.

Bleiben Sie in Ihrer Entwicklung nicht stehen, sondern öffnen Sie sich neuen Gedanken wie Next Generation Sales.

Ignorieren Sie Social Media nicht, sondern respektieren Sie, dass Social Media mittlerweile ein wichtiges Feld ist, in das Sie sehr viel Zeit investieren sollten.

Lassen Sie analoge Prozesse nicht bestehen, weil Sie sich daran gewöhnt haben, sondern überlegen Sie bei jedem Prozess, ob er sich digitalisieren lässt. Alles, was sich automatisieren lässt, führt zum Erfolg.

Begreifen Sie Social Selling nicht als neumodischen Unfug, sondern verstehen Sie, dass wir durch Social Selling im Grunde genauso mit den Menschen sprechen wie früher auf dem Marktplatz, nur eben mit den heutigen technischen Mitteln.

Reden Sie nicht irgendwelches Zeug auf Social Media, sondern bringen Sie Informationen, die relevant sind. Achten Sie darauf, dass Kunden und potenzielle Neukunden daraus einen Mehrwert ziehen.

Bespielen Sie nicht alle Kanäle, die möglich sind, sondern kommunizieren Sie auf den Kanälen, auf denen Sie wirklich erfolgreich sein können.

Posten Sie Ihre Inhalte nicht ungeplant, sondern entwickeln Sie einen Redaktionsplan und halten Sie sich daran.

Denken Sie nicht, Sie bräuchten einen Online-Marketing-Funnel, um Ihre Produkte zu verkaufen. Es kann sein, dass Sie einen brauchen. Es kann auch sein, dass Sie keinen brauchen. Und denken Sie nicht, Online-Marketing-Funnels müssten kompliziert sein. Sehr viele gute Ideen sind äußerst einfach.

6 Kommunizieren Sie einnehmend!

Ein großes Defizit zahlreicher Unternehmer ist die Kommunikation: Fachleute verlassen sich auf ihre Kompetenz in der Sache und vergessen zu kommunizieren, zielstrebigen Kämpfernaturen ist die Kommunikation oft zu detailliert und zu anstrengend. Doch Kommunikation ist eine Basis für jeden Verkaufserfolg. Und das gilt extern wie auch intern. Ich weiß nicht, warum sich so viele Leute so schwer damit tun, zu kommunizieren. Vermutlich wurde uns das zielgerichtete und professionelle Kommunizieren in der Schule nie beigebracht, doch auch Kommunizieren lässt sich lernen. Wie sage ich gerne: »Das Wasser ist im ersten Moment immer kalt, egal, wann du springst.« Also rate ich Ihnen, sofort mit dem professionellen Kommunizieren anzufangen, sofern Sie es noch nicht tun.

Betrachten Sie das Kommunizieren wirklich als genauso wichtig wie Buchhaltung oder Social Media. Kommunikation ist eine der wichtigsten Voraussetzungen dafür, dass Sie überhaupt Ihr Produkt verkaufen. Wenn Sie nicht kommunizieren, was der Wert Ihres Produktes ist, dann wird es niemand erfahren.

Zur Kommunikation gehören zahlreiche Skills, von denen ich einige anführen will:

- Einmal geht es um den Austausch. Also darum, dass wir neugierig sind und uns für unser Gegenüber interessieren. Wir sollten unbedingt in den Dialog treten, gerade im Social Selling, sodass wir nicht nur von uns sprechen und über unser Produkt. Stattdessen sollten wir tatsächlich auf den anderen eingehen und herausfinden, was er will und braucht. Ganz viel Verkauf entsteht bei mir einfach dadurch, dass ich die Leute frage, was sie brauchen. Es ist so einfach und so klar wie Kloßbrühe: Wenn du wissen willst, was dein Gegenüber braucht, dann frag nach. Und hör auch aufmerksam hin, was er oder sie zu sagen hat. Es mag vielleicht nicht dein Thema treffen, aber du bist im Gespräch. Kunden sprechen mit dem Händler auf dem Markt auch nicht nur über den Käse. Hab einfach Interesse an den Menschen.

- Dann bedeutet Kommunikation die Fähigkeit, Botschaften aufs Wesentliche zu reduzieren. Kommen Sie einfach nicht ins Labern, sonst steigen die Leute aus. Erinnern Sie sich an »Clubhouse«? Gibt es immer noch, aber kaum jemand in meinem Umfeld nutzt das noch – die Macher haben das Ganze einfach nicht nutzerorientiert hinbekommen; es gab nicht einmal eine vernünftige Suchfunktion. »Clubhouse« ist eine Social-Media-Plattform nur zum Hören, wie Radio, also in Echtzeit. Wenn ich da einen Gesprächspartner hatte, der ins Labern kam, sind die Leute in Scharen raus aus dem Raum. Es ist wie beim Fernsehen oder beim Radio: Sobald es Längen gibt, zappen die Leute weg, weil Laberei nervt. Dass du nicht ins Labern kommen solltest, gilt übrigens in jedem Format. Auch im Small Talk und bei Gesprächen. Die Leute nutzen ihre Zeit heute besser als früher. Verschwenden Sie einfach nicht die Zeit anderer Leute.
- Dann ist, wie gesagt, der Perspektivenwechsel wichtig. Versuchen Sie, Ihre Botschaften aus Empfängersicht zu formulieren, nicht aus Ihrer Sicht. Was wir am Anfang über Ihre Geschäftsidee und über den Nutzen des Produktes sagten, übertragen Sie auf Ihre Kommunikation. Damit verschwinden auch egozentrierte Marketingbotschaften aus Ihrem Universum, in denen sich das Unternehmen nur selbst beweihräuchert.
- Dann gewöhnen Sie sich bitte an, auch komplizierte Dinge möglichst einfach zu erklären. Auch hier will ich noch einmal auf Thilo Baum hinweisen und seine Bücher »Komm zum Punkt!« und »Schluss mit förmlich!«. Auch die kompliziertesten Dinge lassen sich einfach sagen. Es ist ein Irrtum, zu glauben, dass Fachleute sich verknotet ausdrücken müssen.
- Schließlich sollten Sie Gemeinschaften schaffen. Menschen suchen immer nach Anerkennung und Liebe – und nach einer Gemeinschaft. Wenn Menschen eine Gemeinschaft genießen, geht auch Business leichter.

Vielleicht sehen Sie, dass der menschliche Kontakt wichtig ist. Auch wenn Ihnen manche Online-Marketer sagen, ein Funnel genüge. Tut er nicht. Unternehmerpersönlichkeiten wissen das – sie sind am liebsten im direkten Austausch.

Zugleich gelten viele Regeln in der Kommunikation offline und online. Die aus meiner Sicht wichtigsten habe ich Ihnen zusammengestellt.

Wie gut steht es um Ihre persönlichen Kommunikationsfähigkeiten?
Wo sind Defizite, die Sie aufholen sollten?

____

____

____

____

____

Wie gut steht es um die Kommunikationsfähigkeiten Ihrer wesentlichen Teammitglieder? Wo sind Defizite, die sie aufholen sollten?

____

____

____

____

____

Wie steigern Sie diese Kommunikationsfähigkeiten?

____

____

____

____

____

6.1 Sichtbarkeit ist alles

Sichtbarkeit und Hörbarkeit sind das A und O für den Unternehmenserfolg. Wer nicht weiß, dass es dich gibt, wird kaum bei dir kaufen. Wer über dich nichts Gutes hört, auch nicht.

Ein spannender Weg, konsequent und immer wieder sichtbar zu sein, ist Retargeting. Das ist Google-Werbung, die sich an Menschen richtet, die schon mal auf

Ihrer Website waren. Der Effekt ist phänomenal: Die Leute besuchen Ihre Webseite und dann erscheint Ihr Unternehmen immer wieder auf völlig anderen Seiten. Plötzlich steht die Anzeige auf irgendeiner hochkarätigen Nachrichtenseite und die Leute denken: »Wow, was für ein prominenter Werbeplatz.«

Dabei ist es einfach so programmiert, dass nur diese Leute Ihre Werbung sehen.

Auch ansonsten bedeutet Sichtbarkeit, dass Ihr Unternehmen immer wieder zu sehen ist. Wenn Sie sich mit Ihrem Unternehmen als Experte positionieren, sollten Sie auf fast jeder Hochzeit tanzen. *Fast* jeder, weil manche Veranstaltungen auch Banane sind. Achten Sie halt darauf, dass die Veranstalter Profis sind, sie schon etwas vorzuweisen haben. Wenn Sie zum Beispiel auf einem Wissensforum auftreten oder bei einer mittelständischen Vereinigung, dann sorgen Sie für eine gute Sichtbarkeit in der Offline-Welt.

Dann ist Ihre Webseite natürlich suchmaschinenoptimiert, sodass Kunden auch bei den entsprechenden Suchen immer wieder bei Ihnen landen. Sie betreiben ein Blog, in dem Sie immer wieder relevante Themen mit den wesentlichen Keywords präsentieren, die die Kunden eingeben. Hier kann KI eine große Hilfe sein – die füttern Sie einfach mit den Keywords und die KI spuckt die ersten Entwürfe aus. Das müssen Sie natürlich noch mal gegenlesen und die Texte anpassen, damit sie den Kunden wirklich überzeugen.

Auch erstellen Sie sogenannte »Cornerstone-Seiten« – also monothematische Seiten, in denen Sie ein bestimmtes Thema in der Tiefe durchdringen, zum Beispiel das Thema Trinkwasserqualität, wenn Sie Trinkwasseraufbereitungsanlagen für zu Hause anbieten. Oder das Thema Hundeerziehung, wenn Sie Hundefutter herstellen. Alles, was die Menschen interessiert, die am Ende Ihre Produkte kaufen dürften, ist relevant. Gutes Content Marketing bietet also beispielsweise Videokurse an, in denen Menschen lernen, richtig mit einem Tierheimhund umzugehen. Sie arbeiten massiv mit dem Nutzwertgedanken rund um Ihr Thema.

Sie erstellen YouTube-Videos? Dann lautet deren Titel natürlich exakt wie die Frage, die die User eingeben: »Wie wecke ich Vertrauen bei einem Hund aus dem Tierheim?« YouTube funktioniert hier wie Google und spuckt Übereinstimmungen aus.

Dann ist natürlich auch Hörbarkeit alles. Was ich Ihnen empfehlen kann, sind die »Radioexperten«: Mit deren Hilfe kommen Sie mit Ihren Themen immer wieder mal im Radio vor. Die Leute hören Sie hier, dann dort und es entsteht eine Kompetenzvermutung, weil Sie so oft in der Öffentlichkeit sind. Bleiben wir beim Beispiel Hundefutter, so können Sie über die »Radioexperten« beispielsweise Tipps anbieten, wenn es um den Umgang mit übergewichtigen Hunden geht. Wichtig ist, keine Werbung zu machen, sondern eben Content.

Am besten ist Sichtbarkeit natürlich dann, wenn andere über Sie sprechen. Darum ist es wichtig, dass Referenzen, Testimonials – also zufriedene Kunden – Gutes über Sie und Ihr Unternehmen erzählen. Für Ihr Produkt können Sie zum Beispiel Kunden als Affiliate-Partner gewinnen – den Gedanken hatten wir ja schon – und in diesem Zusammenhang werden die Leute auf ihren Kanälen automatisch Vorteilhaftes über Ihr Produkt verbreiten.

Dann sollten Sie natürlich technisch auf dem aktuellen Stand bleiben. Ist Ihre Webseite schon acht Jahre alt? Dann hat sich ganz bestimmt die Kulturtechnik »Webdesign« in der Zwischenzeit weiterentwickelt und Sie sollten schauen, dass Sie den Anschluss nicht verlieren.

Viele Websites im Mittelstand sind fürchterlich, das muss ich echt sagen. Und wieder sind es oft die Handwerksbetriebe, die sich überhaupt nicht darum kümmern, wie sie nach außen wirken. Wer dauerhaft erfolgreich sein will, muss sich darum unbedingt kümmern. Also seien Sie »State of the Art« und investieren Sie. Ich selbst mache meine Website spätestens alle vier Jahre neu.

Meine Zielgruppe für meine B2B-Geschäfte finde ich, wie gesagt, vor allem bei LinkedIn. Also nutze ich den Kanal intensiv. Ich schreibe Beiträge und teasere meine Blogbeiträge auf der Website an. Ich weiß, dass LinkedIn es eher mag, wenn der komplette Content auf der Plattform spielt – ich kann es nicht ändern. Doch ich will die Leute auf meiner Seite haben.

Facebook nutze ich dann nur noch als Zweitverwertung, wenn Sie so wollen.

Wie steht es um die Sichtbarkeit Ihres Unternehmens und seiner Produkte?

____

____

____

____

____

Wie lässt sich die Sichtbarkeit erhöhen?

____

____

____

____

____

Welche Ressourcen sollten Sie dafür bereitstellen?

____

____

____

____

____

6.2 Erzählen Sie Geschichten!

Was Menschen wirklich an Sie bindet, sind Geschichten. Storytelling. Der Grund, warum Storytelling so wichtig ist: Menschen stehen auf Geschichten. Menschen lieben es, Menschen in Aktion zu sehen. Wir spiegeln uns dabei selbst, reflektieren dabei das Leben, unser ganzes Verhalten. Deswegen gehen wir ins Kino, deswegen lesen wir Klatschberichte, deswegen verfolgen wir so gerne, was Menschen machen. Ob das bei »Gute Zeiten, schlechte Zeiten« ist, im Container von »Big Brother« oder im »Dschungelcamp«: Menschen wollen sehen, was andere Menschen tun.

Im Mittelpunkt einer guten Geschichte steht nahezu immer ein Mensch. Oder mehrere Menschen. Na gut, manchmal auch eine Ente oder eine Maus, aber die haben dann etwas Menschliches.

Das Wesentliche ist, dass diese Figuren eine Entwicklung durchmachen, die möglichst interessant sein sollte. Der Kern einer guten Geschichte ist ein Motiv mit Ziel: Ein Mensch hat ein Motiv (er hat beispielsweise Hunger) und will ein Ziel erreichen (zum Beispiel einen vollen Kühlschrank). Also überfällt er eine Bank. Geht es gut aus? Wird er erwischt? Große Frage – das Publikum will wissen, wie es weitergeht. Jetzt kommt ein Cut und dann der Cliffhanger: »Schalten Sie nächste Woche wieder ein.« Im übertragenen Sinne hängt der Held an der Klippe, krallt sich mit den Fingern in die Kante und wir wissen nicht, ob er sich hochziehen kann. Nächste Woche wissen wir mehr.

Ich glaube, das dramaturgische Mittel des Cliffhangers ist der beste Beweis dafür, dass Menschen Geschichten lieben. Wir ertragen es nicht, wenn wir nicht wissen, ob die Nachbarstochter jetzt mit dem Ben aus der Neunten geknutscht hat oder nicht. Wir sind Voyeure und der Verkauf nutzt das seit eh und je. Die erwähnte Werbung für »Jacobs Krönung« ist mustergültiges Storytelling. Sie: die Heldin. Die Familie: die große Prüfung. Wird es der Heldin gelingen, zu Ostern einen Kaffee zu servieren, der auch den Ehemann und den Großvater glücklich macht? Werden die Vorwürfe aufhören? Großes Aufatmen: Ja, die Heldin schafft es, die Familie ist gerettet. Dank »Jacobs Krönung«.

Geschichten werden spannend, wenn es Widerstände gibt. Wenn wir also einen Antihelden haben, der die Arbeit des Helden sabotiert. Zum Beispiel die bösen kleinen Krankheitserreger im Hals, die der Hauptfigur die fiese Erkältung verursachen. Und die die Hauptfigur dann durch das richtige Präparat erledigt – in der Pharma-Werbung vor der »Tagesschau«. Grundsätzlich wollen Menschen verfolgen, wie andere Menschen ihre Konflikte lösen.

Geht eine Geschichte gut aus, ist es eine Erfolgsstory. Geht eine Geschichte schlecht aus, ist es vielleicht eine Tragödie. Das Wesentliche ist: In beiden Fällen berühren wir Menschen. Ob eine Komödie zum Wegschmeißen komisch ist oder ein Melodram zum Heulen traurig. In Geschichten performen wir menschliche Gefühle, wir berühren Menschen in ihrem ureigensten Kern als menschliche Wesen. Wir sprechen nicht den Verstand an und sagen: »Bitte, folge uns gedanklich und versteh doch, das ist die Logik«, sondern mit einer dramatischen Handlung berühren wir etwas in Menschen, was alle Menschen auf der ganzen Welt seit Menschengedenken aufmerksam macht: die Anteilnahme, das Dabeisein.

Fokus aufs Wesentliche

Es gibt sehr viele gute Konzepte für Storytelling. Viele Konzepte sind kompliziert, obwohl Geschichten gar nicht kompliziert sein müssen. Und hier komme ich gleich noch mal zum Thema Unternehmertypen zurück: Unternehmertypen konzentrieren sich aufs Wesentliche. Sie kommunizieren über das, worum es geht.

Kennen Sie Leute, die sich mit den fürchterlichsten Nebensachen beschäftigen? Das tun Unternehmertypen nicht. Unternehmertypen wissen genau, worum es geht und worum es nicht geht. Daran halten sie sich in ihrer gesamten Kommunikation. Das heißt: Unternehmer lieben klare Geschichten, die dann zu Ende sind, wenn sie erzählt wurden. Da labert niemand weiter.

Außerhalb des Unternehmerdenkens gibt es einen Haufen Leute, die ganz offenbar jede Menge Zeit haben, um sich über Nebensächlichkeiten auszulassen, das glaubst du nicht. Manche Menschen sind nicht in der Lage, ihre Gedanken zu ordnen und zwischen Relevanz und Irrelevanz zu unterscheiden. Ich denke, dass die es sehr schwer haben, wenn es darum geht, ein Unternehmen auf die Beine zu stellen.

Genauso, wie wir uns mit unseren Aufgaben verzetteln können, können wir uns mit unseren Informationen verzetteln. Deswegen brauchst du einen Redaktionsplan. Deswegen zahlen auch gute Geschichten im Sinne des Storytellings auf Ihre Unternehmensziele ein. Genau so, wie Sie das Entweder-oder-Prinzip bei Ihren Aufgaben anwenden, wenden Sie es bei Ihren Botschaften an. Entweder Sie sagen etwas oder Sie sagen es nicht. Wenn Sie etwas sagen, sagen Sie es richtig – und kümmern Sie sich professionell darum, dass die Informationen erstens stimmen und zweitens qualifiziert sind. Oder aber Sie sagen etwas nicht, dann lassen Sie es wirklich weg.

Und dabei geht es wieder nicht darum, was uns interessiert. Theoretisch sind echt viele Dinge interessant. Ich könnte beim Thema Angeln in eine Tiefe gehen und über die besten Wobbler und Kühlboxen referieren, dass Ihnen schlecht wird. Denn außerhalb der Angler-Bubble interessiert das vermutlich niemanden.

Also überlegen Sie bitte, welche Informationen Ihre Kunden interessieren. Und über diese Dinge reden Sie. Vielleicht in Gestalt von Geschichten. Aber labern Sie nicht! Lassen Sie sich nicht von Assoziationen leiten und von irgendwelchen wirren Einfällen. Nur weil uns etwas einfällt, ist das noch lange keine relevante Information und sauber aufbereitet ist sie auch noch nicht.

Natürlich spricht auch nichts dagegen, wenn Sie Storytelling über sich selbst posten oder über die Firma. Das muss halt unterhaltsam sein oder zum Nachdenken anregen. Es darf nicht nur eine langweilige Ich-Aussage sein nach dem Motto: »Wir haben jetzt einen neuen Marketingchef.« Solche Personalien sind keine Themen und keine Storys. Suchen Sie Dinge, die Ihre Kunden interessieren. Denken Sie redaktionell, nicht werblich.

Ganz wichtig dabei ist ein Video auf der Startseite Ihrer Website, in dem Sie mit gutem Storytelling Ihren Nutzen rüberbringen und erklären, warum der Kunde bei Ihnen kaufen soll. Und das, wie gesagt, ohne Werbung zu machen. Argumentieren Sie einfach und reden Sie ganz normal. Sprechen Sie in dieses kleine schwarze Glas, das Objektiv der Kamera, und kommen Sie dabei super rüber.

Der Beste, bei dem Sie das trainieren können, ist Alexander Christiani (* 1958). Er ist wirklich der Crack in Sachen Storytelling.

In seinem Seminar »Storytelling im Business« bringt Alexander Christiani seine Teilnehmer erst einmal weg von dem Glaubenssatz, ihr Unternehmen habe nichts Spannendes zu erzählen. Natürlich können große Unternehmen wie Apple & Co.

endloses Storytelling betreiben, weil sie ja grandiose Produkte haben. Aber das bedeutet nicht, dass das nicht auch jedes einzelne Unternehmen kann.

Die meisten Unternehmer sind sich nur gar nicht bewusst, was die Story ihres Unternehmens ist. Das kann zum Beispiel eine besondere Tradition sein. Wenn du ein familiengeführter Betrieb bist, dann ist das auch schon interessant, weil die Leute wissen wollen, wofür das Unternehmen steht. Ich habe zum Beispiel in meiner Mastermind-Gruppe »Gipfelstürmer« einen Dachdeckermeister dabei. Er führt das Unternehmen jetzt in dritter Generation, nach seinem Großvater und seinem Vater. Und auch der Sohn ist schon mit im Unternehmen. Diesem Dachdeckermeister ist es gelungen, das Unternehmen von einem kleinen Betrieb zu einem der größten Dachdeckerbetriebe in Norddeutschland auszubauen – mit über 500 Mitarbeitern. So was sind einfach Glaubwürdigkeitsverstärker, die du als Unternehmer in so einem Video nennen solltest.

Wie gesagt – machen Sie es nicht werblich. Denn: Warum kauft ein Kunde etwas? Weil er den Nutzen erkennt, das Feuer, das Sie für ihn löschen. Viele Unternehmer sagen jedoch nur: »Hey, hier ist mein neues Produkt, hier ist mein Training.« Das spricht kaum jemanden an.

Wir bei der Limbeck Group haben in 30 Jahren schon über 700 erfolgreiche Projekte absolviert. Also sagen wir das. Und wir sprechen den Schmerz des Kunden an: »Ist es für Sie eine Herausforderung, Preissteigerungen durchzusetzen?« – »Fällt es Ihren Verkäufern zunehmend schwer, zum Abschluss zu kommen?« – »Scheuen sich Ihre Kunden davor, Investitionen zu tätigen, und wollen Sie aufs nächste Jahr vertrösten?« Solche Geschichten wirken unfassbar gut – eben auch, weil sie die Geschichte des Adressaten erzählen.

Der Shitstorm mit der Außenministerin

Viele Business-Leute, die mit ihrem Gesicht in die Öffentlichkeit gehen, machen gerne Fotos mit Prominenten. Manche nutzen jede Gelegenheit. Und so gibt es natürlich auch bei der Convention der GSA jährlich im September einen Run auf den jeweiligen Preisträger des Deutschen Rednerpreises und seinen meistens berühmten Laudator. Die Leute wollen Fotos – mit der Schauspielerin und Aktivistin Iris Berben (* 1950), der Soziologin Auma Obama (* 1960) oder auch mit dem früheren Daimler-Chef Dieter Zetsche (* 1953). Und diese Fotos präsentieren sie dann öffentlich.

Schwierig wird es vor allem, wenn Politiker im Spiel sind. Denn Politik spaltet. Da musst du dich gar nicht mit Leuten der AfD oder der Linkspartei zeigen, die grüne Außenministerin genügt da völlig. Ein lieber Kollege und Freund von mir war beim Bundespresseball und hat dort ein Foto mit Annalena Baerbock (* 1980) schießen lassen. Das hat er bei Facebook gepostet und dazugeschrieben: »Tja. Es gibt Momente im Leben, die kannst du nicht planen. Und hier ist so einer. Inhaltlich haben wir wenig gemeinsam. Und manches, so ist mein Feedback, finde ich doch an AB ganz prima. Wir bleiben im Austausch. Das ist eine Grundlage. Immer!«

Klug oder nicht? Ich finde, schon aus diesem Text spricht der Zweifel, ob die Aktion überhaupt sinnvoll ist. Der gute Mann schreibt ja selbst, dass er mit Annalena Baerbock wenig gemeinsam hat, aber manches an ihr doch »ganz prima« findet. Ja, was denn nun?

Und da muss ich sagen: Entweder hat er eine klare Botschaft, in die er dieses Foto einpackt, oder er hat keine klare Botschaft. Andeutungen genügen mir da nicht. Warum erklärt er denn nicht, was ihn von Annalena Baerbock trennt und worin sie übereinstimmen?

Jetzt kenne ich den Kollegen als differenzierten Denker und genau diese Ambivalenz wollte er rüberbringen. Er wollte sagen: »Wir sind unterschiedlicher Meinung, aber wir reden miteinander.« Schade nur, dass er das so nicht gesagt hat und dass er so vage geblieben ist.

Was folgte, war ein Shitstorm von lauter Leuten aus der Community meines Kollegen. Viele fragten ironisch, wer diese Frau sei.

Einer thematisierte die Selbstvermarktung: »Wird sie dein Sprungbrett in die Politik? Schlechte Wahl, ist aber nur meine unmaßgebliche Meinung.« Ein anderer: »Leider kann ich für diese Dame überhaupt keine Sympathie empfinden.«

Heftig, oder? Das war einfach nur ein Foto mit der Außenministerin von den Grünen.

Ebenfalls ein Kollege aus der Speakerszene kommentierte: »Châpeau! Welch eine intelligente Art, den Bestand an Freunden, Followern und Kontakten mal auszumisten. Es bleiben die, die Kommunikation als miteinander reden und dadurch wachsen verstehen. Im Konsens oder Dissens!«

Also, was Storytelling mit politischen Inhalten betrifft: Entweder du positionierst dich politisch klar, sodass die Menschen wissen, wofür du stehst – wie das beispielsweise Wolfgang Grupp (* 1942) von Trigema macht, der bewusst nur im Inland produziert. Oder du lässt die Politik raus, weil die Politik vermutlich sowieso nicht viel mit deinem Unternehmen und deinen Produkten zu tun hat. Ja, es ist schön, wenn Menschen etwas über uns erfahren. Aber sich ohne Not politisch zu positionieren, verringert am Ende eher die Reichweite.

Zumal auch politische Botschaften gar nicht so einfach zu formulieren sind. Die Zusammenhänge sind so komplex, dass viele politische Äußerungen von politischen Laien eben tatsächlich nicht sehr qualifiziert sind. Das sage ich nicht, weil ich meine, »die da oben« hätten recht, sondern weil Politik ein Fachgebiet ist, das – wie andere Fachgebiete – oberflächlich nicht zu verstehen ist. So wie Fußballexperten sofort merken, wenn Ahnungslose sich als Fachleute aufspielen, erkennen das auch Menschen, die sich mit Politik auskennen.

Welche Geschichten, für die sich Menschen interessieren, gibt Ihr Unternehmen her?

____

____

____

____

____

Wer bei Ihnen kann das Thema Storytelling übernehmen?

____

____

____

____

____

Welche Ressourcen stellen Sie dafür bereit?

____

____

____

____

____

6.3 Ihr Unternehmen auf den Punkt

Im Jahr 2017 war ich anlässlich des 60. Geburtstags des Autors Rainer Zitelmann (* 1957) mal im Hotel Adlon in Berlin. Eingeladen waren Professoren, Familie, Freunde, einige bekannte Gesichter aus der Politik und der Wirtschaft.

Als wäre es ein Seminar, sagte der Jubilar zu Anfang: »Jetzt machen wir eine Vorstellungsrunde.« Die Leute waren erst unangenehm berührt – sollte jetzt jeder einen Kurzvortrag über sich halten? Ich habe gedacht: »Meine Fresse. Hoffentlich wird das kein therapeutischer Stuhlkreis!«

Angesichts der großen Zahl an Gästen war allerdings klar, dass die Selbstvorstellungen kurz sein sollten. Und die genialste Vorstellung in meinen Augen brachte der Mann, der neben Peter Gauweiler (* 1949) saß. Er stand auf und sagte: »Theo Müller, Müllermilch.«

Drei Wörter und alles ist klar. Theo Müller (* 1940) muss nicht mehr erklären, was er macht. Er sagt, wie er heißt und wie sein Unternehmen heißt – fertig. Alle kennen die Marke, alle wissen, was er bringt. In seinem Buch »Setze dir größere Ziele!« beschreibt Rainer Zitelmann übrigens Theo Müllers Erfolgsrezept: »Mit einem Markenprodukt wie etwa dem ›Joghurt mit der Ecke‹ kann ich etwa sechs- bis siebenmal mehr verdienen als mit einem Standardprodukt, wie es etwa die H-Milch ist, die jeder herstellen kann.«

Als ich an der Reihe war, habe ich gesagt: »Martin Limbeck, Vertriebsunternehmer.«

Versuch mal, dich auf so kurze Weise vorzustellen. Mit deinem Namen und dann einem Wort, vielleicht zweien oder dreien. Aber bilde keinen Satz, verfall nicht ins Erklären. Sag einfach, was du tust, sodass alle sofort erkennen, was du bringst.

Ob Sie es »Elevator Pitch« nennen oder »Positionierung« – gute Kommunikatoren bringen ihre Geschäftsidee und den Kundennutzen in wenigen Worten sofort verständlich rüber. Dazu sollten Sie nicht nur Fachbegriffe in eine allgemeinverständliche Sprache übersetzen – sofern Ihre Kunden Anwender sind und nicht ebenfalls Fachleute –, sondern auch insgesamt aus Kundenperspektive kommunizieren. Und das gilt für alle Mitarbeiter, denn jeder verkauft: Wie gelingt es Ihnen, dass alle im Unternehmen sprechfähig sind und auf Anhieb darlegen können, was Ihr Unternehmen bringt?

Ich meine damit keine Slogans wie »Red Bull verleiht Flügel«. Das ist Marketing und vermittelt eher das Selbstbild eines Unternehmens. »Red Bull« ist ein süßes, koffeinhaltiges Zeug, das nach Gummibärchen schmeckt. Das verleiht keine Flügel.

Es gibt dir vielleicht einen Koffeinkick, der stärker ist als beim Kaffee, aber Flügel verleiht Red Bull nicht.

Also klar: Natürlich denken alle bei der Teilnahme an einem »Red-Bull-Flugtag« an diesen Slogan und insofern ist er genial. Er vermittelt vor allem Leichtigkeit, also ein bestimmtes Lebensgefühl. Aber trotzdem verleiht Red Bull keine Flügel. Das weiß auch jeder, der noch ganz bei Trost ist.

»Haribo macht Kinder froh und Erwachsene ebenso« dagegen stimmt. Oder »Quadratisch, praktisch, gut« von Ritter Sport. Das Format einer Tafel Schokolade mag aus Nutzersicht nicht das Wesentliche bei Schokolade sein, aber es stimmt. Die Tafel passt in die Jackentasche.

Nehmen Sie das Beispiel »Just do it« von Nike. Es mag sein, dass der Spruch die Markenbotschaft vermittelt, dass Nike dir alles gibt, damit du endlich durchstarten kannst – aber ohne dass der Markenbegriff vorkommt, eignet sich so ein Werbespruch kaum als Elevator Pitch. Auch »Otto – find' ich gut« genügt mir nicht, weil daraus nicht klar wird, weshalb wir Otto gut finden. Genial dagegen finde ich: »Waschmaschinen leben länger mit Calgon.« Da ist der Nutzen auf den Punkt gebracht.

Ihre Mission in wenigen Worten

Ich weiß, dass es ein bisschen unfair ist, Werbesprüche mit Elevator Pitches zu vergleichen. Aber vielleicht sehen Sie dabei: Ein Werbespruch vom Marketing bringt Ihnen nichts, solange nicht der Nutzen des Produktes sonnenklar ist. Am besten siehst du das an Werbesprüchen, die du nicht kennst und darum auch nicht mit einer Marke verbindest. Wenn ich höre: »Sie sind in guten Händen« oder im Original: »You're in good hands«, dann fällt mir nicht ein, für welche Marke das steht. Erst wenn ich nachlese – und das tun wir ja üblicherweise nicht –, stelle ich fest: Der Slogan steht für die Allstate Versicherung, die in den USA jeder kennt, aber eben nicht unbedingt wir hier im deutschsprachigen Raum.

Mir ist wichtig, dass Sie als » Sales Driven Company« auch in Ihren Slogans und Elevator Pitches etwas vermitteln, was stimmt. Versetzen Sie sich in die Lage eines Verkäufers, der beim Kunden sitzt und ihm erklären muss, warum Red Bull gar keine Flügel verleiht, obwohl das das Versprechen ist. Oder der dem Kunden erklären muss, warum die Briefe der Versicherung so unfreundlich und barsch sind, obwohl das Unternehmen selbst überall verbreitet, es sei das vertrauenswürdigste der Welt. Oder warum die Leasing- und Finanzierungsbank der fröhlichen Automarke Briefe schreibt, die gar nicht fröhlich sind, sondern eher distanziert und bürokratisch.

Wir haben also fast immer ein Delta zwischen dem Marketingbild, das Unternehmen gerne hätten, und der Realität, wie der Kunde das Produkt oder das Unternehmen konkret erlebt. Wer bügelt das Delta aus? Nicht das Marketing, das sitzt schön im Trockenen. Auch die Agenturleute haben keinerlei Kundenberührung, solange nichts schiefgeht. Nein, es sind mal wieder die Vertriebsleute, die im Kundenkontakt stehen und damit alles abbekommen, was der Innendienst an Mist baut – ob das unzutreffende Marketingversprechen sind oder ruppige Kundenkommunikation.

Deswegen ist es mir ja so wichtig, dass Sie sich als »sales-driven« verstehen. Verstehen Sie sich als Unternehmer bitte bloß nicht als »marketing-driven« oder »legal-department-driven«. Ohne es zu merken, arbeiten vermutlich die meisten Unternehmen so – sie lassen es zu, dass bunte Marketinginszenierungen die Leute täuschen und dass rechthaberische Briefe sie bevormunden und wie dumme Kinder behandeln. Nicht klug, finde ich.

Insofern ist jeder Elevator Pitch auf den Kunden ausgerichtet. Greator sagt zum Beispiel: »Bringt dich weiter.« Oder: »It's in you.« Das ist das Thema »Persönliche Entwicklung« in drei Wörter gefasst. Super. Barack Obama (* 1961) sagte: »Yes, we can.« Drei Wörter dafür, dass das Unmögliche möglich wird – eine mentale Veränderung der USA gegenüber der bevormundenden Außenpolitik seines Vorgängers George W. Bush (* 1946). Donald Trump (* 1946) wiederum erklärte: »America first.« Zwei Wörter, die deutlich machen, dass Trump von dem Engagement in anderen Ecken der Welt, beispielsweise im Rahmen der NATO in Europa, nicht so viel hält.

Wir können das politisch bewerten, wie wir wollen – der Punkt ist: In den USA bringen die Akteure ihre Missionen eher auf den Punkt als wir hier in Europa, scheint mir. Warum? Die Amerikaner sind eher »sales-driven«. Es geht ihnen ums Ergebnis.

Hier haben viele von uns Nachholbedarf und deswegen sprechen wir auch in der Mastermind-Gruppe »Gipfelstürmer« über Positionierungen und darüber, wie sie sich auf den Punkt bringen lassen.

In »Limbeck.Verkaufen.« habe ich eine Methode vorgestellt, die Sie auch hier anwenden können: die G^3-Methode. Gemeint ist: »*Genau ich* kann etwas tun, und zwar *genau das* für *genau Sie*.« Es sind drei Fragen, die gestandene Unternehmerpersönlichkeiten jederzeit sofort beantworten können, und zwar ohne Blabla. Ich nehme mal das Musikhaus Thomann als Beispiel, auch, weil es nahezu alle in meiner Speaker-Bubble kennen, die mit der Technik von dort ihre Studios einrichten:

»Das Musikhaus Thomann, ein Anbieter von allem, was Musiker, Filmleute und

Studioleute an Technik brauchen, bietet Machern von Inhalten – ob Musik, Audio oder Video – alles an Technik an, was sie brauchen, von Instrumenten über Studio-Equipment bis zu Adaptern und Kabeln. Geliefert wird ultraschnell, der Support ist hervorragend erreichbar und kompetent und handelt im Zweifel kulant.«

Sehen Sie, wie anders ein solcher Elevator Pitch klingt, wenn wir endlich mal davon Abstand nehmen, nur zu sagen, dass wir ein Musikgeschäft sind?

Verkaufsargumente müssen sitzen

Und dann sind Sie bitte auch um keinen Spruch verlegen. Ihre Verkaufsvokabeln müssen Sie unbedingt auswendig draufhaben.

Dein Produkt ist angeblich zu teuer? Da darfst du nicht nachdenken müssen, was du antwortest, sondern da muss die Antwort sitzen. Oder? Es gibt gewisse Standardfragen, die uns immer wieder begegnen. Beim Autokauf fragt so ziemlich jeder Kunde, ob der Preis bei Barzahlung noch ein bisschen sinkt. Also bei sofortiger Überweisung des gesamten Kaufpreises auf das Konto des Autohauses, was sich merkwürdigerweise »Barzahlung« nennt. Das Autohaus hat die ganze Kohle schließlich auf einmal! Da können sie doch noch ein bisschen Nachlass geben.

Es kann nicht sein, dass ein Verkäufer darüber nachdenken muss, was er antwortet. Da muss sofort die Erklärung kommen: »Bei uns trifft das Geld auf jeden Fall sofort ein, entweder von Ihnen oder von der Bank.« Zack, Frage beantwortet.

Und dieses Gegenargument haben in einer »Sales Driven Company« eben nicht nur Verkäufer drauf, sondern alle. Vor allem der Chef.

Viele im Unternehmen kennen ihr Produkt nicht und können den Nutzen nicht aus dem Ärmel erklären. Der einzige wirklich nachvollziehbare Grund, der mir dazu einfällt, ist Faulheit. Kann das sein?

Auch wenn ein Kunde sagt, dass er im Augenblick »keine Zeit« hat – was für ein Unsinn, wir alle haben 24 Stunden am Tag und finden höchstens Dinge wichtig oder unwichtig –, muss die Reaktion sitzen, und zwar bei allen im Unternehmen. »Ich höre heraus, Sie nehmen sich nur für die wichtigsten Themen Zeit. Das verstehe ich gut, und wenn Sie mich kurz anhören, werden Sie erkennen, dass Sie durch mich Zeit gewinnen.«

»Du musst dein Produkt können«, sage ich gerne salopp im Seminar. Mir ging es als Anfänger so: Da war eine Xerox-Maschine, die 35 Seiten pro Minute automatisch doppelseitig kopiert hat. Großartig. Die Schwierigkeit dabei war: Die Bezeichnungen der Funktionen im Display waren nicht nachvollziehbar. Denn leider hatte der Techniker das Display eines anderen Modells draufgeklebt. Da beißt sich der Kunde halt die Zähne aus. Und ich als angehender Verkäufer war völlig hilflos. Warum? Weil ich das Produkt nicht konnte. Ein Kollege hat die Situation dann gerettet, aber der Kunde hat trotzdem nicht gekauft.

Auch wenn du Produktwissen hast, das aber nicht kommuniziert bekommst, bringt dir das nichts. Was mich zu einer Art Fazit bringt: Am Ende ist es nicht schwer, die Dinge plausibel aus Kundensicht zu beschreiben. Wir sollten manchmal einfach nur aufhören, allzu kompliziert zu denken.

Und erlauben Sie mir noch einen Takt zum Thema Pressemitteilungen. Wenn Sie Medien als Multiplikatoren gewinnen wollen, sollten Sie sich darüber im Klaren sein, dass Journalisten öffentlich relevante Storys suchen. Journalisten suchen keine Unternehmensnachrichten, die nur für Sie als Unternehmen sprechen. Journalisten suchen Informationen, die für ein breites Publikum relevant sind oder bei einem Fachmagazin für ein Fachpublikum.

Dass Sie ein neues Produkt herausbringen oder ein altes Produkt erneuern, ist aus journalistischer Sicht keine Story. Es ist für Sie im Unternehmen wichtig, aber außerhalb des Unternehmens hat dieses Thema keine Relevanz. Relevanz haben Themen, die von Interesse sind, auch wenn jemand keinen Bedarf an einem Produkt hat. Also generieren Sie Geschichten, die unabhängig von Ihrem Marketing das Interesse aller Menschen wecken, die mit Ihrem Thema zu tun haben, und nicht nur das Interesse derjenigen, die den Bedarf an Ihrem Produkt haben.

Zahlreiche Redaktionen verzweifeln darüber, dass sie aus Unternehmen irrelevante Pressemitteilungen bekommen, und verweisen die Unternehmen an die Anzeigenabteilung. Und das wiederum ist ein Wettbewerbsvorteil für dich, wenn du es richtig anstellst.

Eine schöne Alternative zur Pressemitteilung ist der Fachbeitrag. Schauen Sie nicht nach Branchenmagazinen, die für Sie interessant sind, weil Sie in dieser Branche sind, sondern nach Branchenmagazinen, in denen Ihre Kunden nach Informationen suchen. Das kann in anderen Branchen sein als in Ihrer.

Und dann bieten Sie für das Branchenmagazin einen Fachbeitrag an, in dem Sie kompetent über Ihr Thema berichten und konkrete Tipps geben. Und auch das, ohne Werbung zu machen und ohne Marketing, sondern redaktionell gedacht, journalistisch gedacht, also ohne die ganzen Selbstbeweihräucherungen, die wir aus dem Marketing kennen. Schreiben Sie wirklich aus einer externen Warte, eben wie ein Journalist mit seinem distanzierten Blick.

So kannst du ins Fernsehen kommen oder zu Podiumsdiskussionen, wo sich dann wiederum deine Zielgruppe tummelt. Bei diesen Podiumsdiskussionen machst du aber keine Werbung und verbreitest kein Marketing, sondern auch da kommunizierst du öffentlich relevante Informationen, durch die dein Publikum auf dich aufmerksam wird.

Die riesige Reichweite eines journalistischen Mediums erhalten Sie durch öffentlich relevante Informationen. Das ist das Prinzip. Und ich darf Ihnen ein Zauberwort verraten, wenn Sie an eine Redaktion schreiben und einen Beitrag anbieten: Schreiben Sie nicht, dass Sie einen Beitrag anbieten, sondern schreiben Sie »Themenvorschlag« in die Betreffzeile. Sie schlagen ein Thema vor. Das ist journalistisches Selbstverständnis. Allein dieser Türöffner »Themenvorschlag« kann Ihnen schon den Weg in ein Fachmagazin ebnen.

Sehr stolz bin ich übrigens auf meine Kolumne in der »ZooFach-Trend«. Ein Spezialmagazin für den Tierbedarf. Ich weiß, dass viele über solche Nischen lächeln – ich finde sie respektabel und wichtig, zumal auch das eine weitere Chance ist, Geschäft zu generieren. So haben wir beispielsweise auch schon den Vertrieb eines Tierfutterherstellers trainiert. Außerdem tun wir in der Limbeck Group gerne etwas für Tiere und Tierhalter. Und dann erfahren natürlich auch Kunden aus anderen Branchen von diesen Veröffentlichungen. Sie vergewissern sich auf diese Weise, dass Sie bei uns richtig sind.

Und übrigens: Beiträge in etablierten Fachmagazinen wirken schon von sich aus seriöser als irgendwelche Postings. Und die Shitstorm-Gefahr ist geringer.

Und nicht zu vergessen: Ein Buch ist auch eine feine Sache. Infolge des »Spiegel«-Bestsellers »Dodoland« hatte ich zahlreiche Medienanfragen, ob von Bild-TV oder von Frank Plasberg.

Was genau tun Sie?

____

____

____

____

____

Für wen genau tun Sie es?

____

____

Welcher eingängige Slogan spiegelt Ihr Unternehmen wider? Was sagen Ihre Vertriebsleute, die das Ohr am Kunden haben, zu diesem Slogan? Ist der Slogan brauchbar?

Wie lautet Ihr Elevator Pitch? Wie bringen Sie auf den Punkt, was Sie Kunden bringen?

Wie gewährleisten Sie, dass alle im Unternehmen Ihre Produkte kennen?

Limbeck. Don't do this, do that!

Beenden Sie das Schweigen und das Warten auf Kommunikation und beginnen Sie stattdessen zu kommunizieren. Nehmen Sie die Kommunikation in Ihrem Unternehmen in Ihre Hand.

Kommunizieren Sie nicht wie in einer Einbahnstraße, indem Sie nur senden. Verstehen Sie stattdessen, dass es bei Kommunikation um einen Austausch geht.

Verkomplizieren Sie nichts, was Sie einfach sagen können, sondern bringen Sie Ihre Botschaft auf den Punkt.

Kommunizieren Sie nicht aus Ihrer Sicht, sondern aus Empfängersicht.

Glauben Sie nicht, Ihr Produkt und Ihr Unternehmen reichen aus, damit Sie erfolgreich sind, sondern machen Sie sich klar, dass Sie Sichtbarkeit und Reichweite brauchen.

Kommunizieren Sie nicht nur rein sachlich, sondern erzählen Sie auch Geschichten.

Ziehen Sie nicht vom Leder und kommunizieren Sie keine undurchdachten Geschichten, sondern machen Sie sich klar, dass heikle Themen durchaus auch zu Ärger führen können.

Labern Sie nicht rum, sondern bringen Sie kontinuierlich hochwertigen Content und steigern Sie damit Ihre Reichweite.

Reden Sie nicht rum, wenn jemand fragt, was Sie machen, sondern bringen Sie wie aus der Pistole geschossen einen Elevator Pitch, den sofort jeder versteht.

Auch auf die Frage, wohin Sie gehen und welche Ihre Ziele sind, lavieren Sie nicht herum, sondern bringen Ihre Mission auf den Punkt.

Sagen Sie nicht, in welcher Branche Sie sind, sondern was genau Sie für wen genau tun.

Kommen Sie nicht in Verlegenheit, wenn Kunden ihre Einwände bringen, sondern haben Sie alle Ihre Verkaufsargumente und Einwandbehandlungen auf dem Schirm, sodass Sie sie sofort äußern können.

Machen Sie in Pressemitteilungen keine Werbung, sondern bringen Sie redaktionell gesehen öffentlich relevante Informationen.

7 Die Persönlichkeitsanalyse: Welcher Unternehmertyp sind Sie?

Herzlichen Glückwunsch! Sie haben »Limbeck.Unternehmer.« komplett durchgelesen und sich eingehend damit beschäftigt, wovon eine erfolgreiche Unternehmensführung in der heutigen Zeit abhängt.

Dabei haben Sie bereits verschiedene Kompetenzen kennengelernt, die erfolgreiche Unternehmer meiner Ansicht nach brauchen. Fürs Business ebenso wie für die Zukunft unserer Volkswirtschaft, unserer Wettbewerbsfähigkeit, unserer Innovationskraft und unserer Leistungsgesellschaft mit genug Arbeitsplätzen für alle, die arbeiten wollen.

Sie möchten nun wissen, wie stark diese Kompetenzen bei Ihnen bereits ausgebildet sind? Und wo Sie möglicherweise noch Luft nach oben haben? Dafür habe ich die folgende Persönlichkeitsanalyse entwickelt. Im Fokus stehen zwölf Kompetenzen, unterteilt in vier Blöcke. Sie werden sich nacheinander mit Ihren »Ich-Kompetenzen«, »Produkt-Kompetenzen«, »Prozess-Kompetenzen« und »Menschen-Kompetenzen« auseinandersetzen. Sie erhalten für jeden Block Ihre individuelle Auswertung mit Tipps, an welchen Stellschrauben Sie noch drehen können.

Und jetzt los! Machen Sie die Analyse und finden Sie heraus, welcher Unternehmertyp Sie sind.

https://martinlimbeck.de/unternehmertest

Nachwort

Klasse, dass Sie dieses Buch durchgearbeitet haben. Ich hoffe, Sie können mit dem Ergebnis Ihrer Analyse etwas anfangen. Sie haben jetzt herausgefunden, ob Sie ein Unternehmertyp sind. Ich selbst hoffe, ich habe mit diesem Buch ein bisschen dazu beigetragen, dass sich das unternehmerische Denken und das Entrepreneurship-Mindset ein bisschen herumsprechen.

Ich halte das für dringend nötig, denn die Haltung »Erst schaufeln, dann scheffeln« kommt heutzutage immer mehr abhanden. Wir sind zu einer »Dodo-Gesellschaft« geworden – vielleicht kennen Sie ja mein Buch »Dodoland – Uns geht's zu gut! – Warum wir alle wieder mehr leisten müssen«, das »Spiegel«-Bestseller geworden ist. Das ist sozusagen mein gesellschaftspolitisches Manifest. Ich appelliere an alle, sich die Haltung »Erst schaufeln, dann scheffeln« anzueignen, weil sonst die Wirtschaft durch die allgegenwärtige Nehmerhaltung vor die Hunde geht. Fast alle schauen erst, was sie bekommen, und nur dann bewegen sie sich. Fast niemand klotzt ran im Vertrauen, dass wir automatisch ein Einkommen generieren, wenn wir anderen geben, was sie brauchen oder wollen. Aber genau das wäre nötig.

Die allermeisten Leute in Deutschland verlangen erst und liefern dann. Oder verlangen erst und liefern dann nicht. Alles schon erlebt! Noch bevor der Neue anfängt, will er ein besseres Gehalt verhandeln. Ich bin da vielleicht ein bisschen konservativ, aber ich halte mich hier an die korrekte Reihenfolge: Erst bedienen wir den Gast, servieren ihm Getränke, Suppe, Hauptgericht und Pudding, und dann erst geht es so langsam an die Rechnung. Vielleicht will er noch einen Grappa oder einen Espresso. Oder noch einen. Erst am Schluss wird bezahlt. Außer im Zirkus.

Natürlich geht es mir nicht darum, dass wir erst arbeiten und später unserem Geld hinterherrennen. Ich weiß auch, dass es so ganz spezielle Kunden gibt, bei denen du besser Vorkasse verlangst. Sondern mir geht es um den Gedanken des Leistens an sich. Von nichts kommt nichts. Wir müssen rackern, um etwas auf die Beine zu stellen, und da steht das Rackern eben am Anfang und das Geldeinnehmen am Ende. Nicht andersrum.

Dafür stehe ich. Ich habe Hochachtung vor allen, die es aus eigener Kraft zu etwas gebracht haben. Ich kenne niemanden, der mit einer 35-Stunden-Woche finanziell frei geworden ist.

Völlig unsexy finde ich diejenigen, die ohne Plan in den Tag reinleben, mitnehmen, was sie kriegen können, die für Feierabend und Wochenende leben und die hinterher meckern, dass für die Altersvorsorge nicht genug Geld da ist. Das sind Leute, die nur an sich denken. Denen sind die anderen und deren Bedürfnisse komplett egal.

Von daher finde ich unsere Leistungsgesellschaft übrigens richtig gut, muss ich Ihnen sagen. Wir haben hier alle Möglichkeiten, um unternehmerisch was zu reißen – auch wenn wir uns immer wieder über die deutsche Bürokratie aufregen. Das mache ich auch. Also: Ich habe auch jede Menge zu meckern, wenn es ums Finanzamt geht. Das geht nicht nur mir so. Und trotzdem haben wir hier eben großartige Voraussetzungen: Du kannst heute zum Gewerbeamt gehen und dein Geschäft anmelden. Niemand verbietet dir das. Du darfst eine Umsatzsteuernummer beantragen und loslegen. Wer will, darf Unternehmer sein.

Und einfach loslegen – das machen eben nur Machertypen. Ich trete ein für Machertypen. Womit ich nicht meine, dass wir voller Aktionismus und ohne Sinn und Verstand loslegen, sondern – wie in diesem Buch beschrieben – mit einer wirklich durchdachten Struktur und einem klaren Plan.

Lassen Sie mich jetzt mal das Rätsel aus Kapitel 1.3 auflösen. Die Frage war: Wer ist der Chef des Chefs? Wer bestimmt die Geschicke des Unternehmens und ist dabei mächtiger als der CEO, der Inhaber oder der Geschäftsführer?

Wahrscheinlich sind Sie schon beim Lesen selbst darauf gekommen, welche fünf Buchstaben gemeint sind. Und nein, es ist nicht das »GLÜCK«, der »PREIS« oder die »KOHLE«.

Ehrlich gesagt sehe ich zwei Lösungen. Am liebsten ist mir die Lösung »KUNDE«. Der Kunde ist es, der uns Unternehmern am Ende auf die Finger haut, wenn wir Mist bauen. Also sollten wir alles unternehmerische Handeln am Kunden ausrichten. Am Kunden vorbei zu agieren, führt in aller Regel mehr oder weniger direkt in die Pleite.

Eine andere Lösung wäre »MARKT«. Der Markt ist am Ende die Instanz, die über unser Wohl und Wehe entscheidet. Stimmt auch. Der Markt – also die Balance aus Angebot und Nachfrage – ist das Forum, auf dem wir uns tummeln und in dem wir uns zurechtfinden müssen. Auch wer den Markt ignoriert, also die Branchen, die Angebote, die Nachfrage, manövriert sich direkt ins Aus. Nur ist auf einem Markt letztlich – neben den Wettbewerbern – auch wieder der Kunde entscheidend.

Insofern lasse ich auch die Antwort »MARKT« durchgehen, auch wenn Sie fürs Unternehmen im Grunde nur Kunden brauchen. Beide Wörter haben eben fünf Buchstaben.

Lassen Sie mich jetzt ein Fazit ziehen. Sie haben nun eine Einschätzung über Ihre Unternehmerpersönlichkeit. Sie wissen, welche Hausaufgaben Sie haben. Und wie das eben so ist, geht es jetzt erst richtig an die Arbeit.

Dazu habe ich ein Angebot für Sie. Ich lade Sie ein, Teil meiner Mastermind-Gruppe »Gipfelstürmer« zu werden. Hier sind Sie direkt mit mir verbunden und ich begleite Sie – auch mit Unterstützung zahlreicher Coaches – auf Ihrem Weg zum Top-Unternehmer. Es geht ums Mindset, das Millionäre haben, um Positionierung und Branding, um Finanzen, Selbst- und Zeitmanagement, um Leadership, Vertrieb und eben das Bewusstsein als »Sales Driven Company«.

Alles das können Sie mit dieser Mastermind erreichen – und übrigens erhalten Sie dabei nicht nur Zugang zu meiner KI-Online-Academy, die Sie mit 49 Kapiteln challenged, sondern auch meine persönliche, private Handynummer, damit ich direkt helfen kann. Und weil Sie wissen, dass Erfolg vom Tun und vom Umsetzen kommt, werden Sie jetzt noch aktiver und melden sich einfach für ein Kennenlerngespräch an, in dem wir abklopfen, wie »Gipfelstürmer« Sie als Unternehmer voranbringen kann – einfach den QR-Code scannen:

https://gipfelstuermer-mastermind.de

Zum Schluss noch eine Bitte: Wenn Ihnen dieses Buch gefallen hat, dann empfehlen Sie es weiter. Verschenken Sie es an Menschen, denen Sie ein Unternehmer-Mindset und mehr Erfolg im Business wünschen. Schenken Sie es Leuten, die tolle Ideen haben, diese Ideen aber nicht so richtig auf die Straße kriegen. Selbstständigen, die sich selbst im Weg stehen. Vielleicht tragen auch Sie damit dazu bei, dass sich der Gedanke des Entrepreneurship und des unternehmerischen Denkens noch ein bisschen mehr ausbreitet.

Ich danke Ihnen.
Ihr Martin Limbeck

Literatur

Alexander, Scott: Advanced Rhinocerology. The Rhino's Press, Laguna Hills (Kalifornien) 1981

Anderson, Chris: The Long Tail. Nischenprodukte statt Massenmarkt. Das Geschäft der Zukunft. Hanser, München 2007

Baum, Thilo: Die Kundenbrille. Wie Sie mit den richtigen Denkmustern erfolgreich verkaufen. Books4success, Kulmbach 2022

Baum, Thilo: Komm zum Punkt! So drücken Sie sich klar aus. 4., überarbeitete Auflage. Relevanz, Heiligengrabe 2016

Baum Thilo: Schluss mit förmlich! So geht menschliche Unternehmenskommunikation. Relevanz, Gersfeld (Rhön) 2019

Bilz, Karl-Heinz: Wenn ich nicht mehr laufen kann, renne ich. Erfahrungen eines Schlitzohrs. Bilz Ideen GmbH, Altenstadt 2023

Clark, Tim, Alexander Osterwalder und Yves Pigneur: Business Model YOU. Dein Leben – deine Karriere – dein Spiel. Campus, Frankfurt/New York 2012

Clausewitz, Carl von: Vom Kriege. Nikol, Hamburg 2008

Csíkszentmihályi, Mihály: Flow. Das Geheimnis des Glücks. Klett-Cotta, Stuttgart 2017

Erhard, Ludwig: Wohlstand für alle. Econ, Berlin 2020

Gladwell, Malcolm: Überflieger. Warum manche Menschen erfolgreich sind – und andere nicht. Piper, München 2010

Hamel, Gary und C. K. Prahalad: Competing for the Future. Harvard Business Review Press, Reprint Edition 1996

Hicks, Esther und Jerry: The Law of Attraction: Das kosmische Gesetz hinter THE SECRET. Ullstein, Berlin 2009

Kim, W. Chan und Renée A. Mauborgne: Der Blaue Ozean als Strategie: Wie man neue Märkte schafft, wo es keine Konkurrenz gibt. Hanser, München 2016

Kiyosaki, Robert: Rich Dad Poor Dad: Was die Reichen ihren Kindern über Geld beibringen. 12. Auflage. FinanzBuch Verlag, München 2014

Koch, Richard: Das 80/20-Prinzip. Mehr Erfolg mit weniger Aufwand. 4. Auflage. Campus, Frankfurt am Main 2015

Limbeck, Martin: Dodoland. Uns geht's zu gut! – Warum wir alle wieder mehr leisten müssen. Ein Weckruf für Gesellschaft und Wirtschaft. Ariston, München 2022

Limbeck, Martin: Limbeck. Verkaufen. 4. Auflage. GABAL, Offenbach 2018

Limbeck, Martin: Limbeck. Vertriebsführung. 2. Auflage. GABAL, Offenbach 2019

Ries, Eric: The Lean Startup: How Today's Entrepreneurs Use Continuous Innovation to Create Radically Successful Businesses. Crown, INT Edition 2017

Schimmel-Schloo, Martina, Lothar J. Seiwert und Hardy Wagner (Hg.): Persönlichkeitsmodelle. Die wichtigsten Modelle für Coaches, Trainer und Personalentwickler: Alpha Plus®, Biostruktur-Analyse, DISG®, Enneagramm, H.D.I.®, Insights MDI®, Interplace®, LIFO®, MBTI®, TMS. GABAL, Offenbach 2002

Schramm, Carl J.: Burn the Business Plan. What Great Entrepreneurs Really Do. Carl J. Schramm, London 2018

Schulz von Thun, Friedemann: Miteinander reden (3 Bände). Rowohlt, Hamburg, diverse Auflagen

Semler, Ricardo: Das Semco-System. Management ohne Manager. Heyne, München 1993

Watzlawick, Paul: Anleitung zum Unglücklichsein. Piper, München, diverse Auflagen

Young, William P.: Die Hütte. Ein Wochenende mit Gott. Ullstein, Berlin 2009

Zitelmann, Rainer: Setze dir größere Ziele! Die Geheimnisse erfolgreicher Persönlichkeiten. Redline Verlag, München 2014

Über den Autor

Martin Limbeck, Inhaber der Limbeck® Group, ist seit gut 30 Jahren mit Leib und Seele Unternehmer und Unternehmercoach. Nach einer erfolgreichen Karriere im Vertrieb machte er mit 28 Jahren den ersten Schritt in die Selbstständigkeit als Franchisenehmer eines Trainingsinstituts. Sieben Jahre später entschied er sich, in diesem Bereich eigene Wege zu gehen. Was mit einem Umsatz von 300.000 bis 400.000 Euro begann, wurde schnell zu einer einzigartigen Erfolgsgeschichte: Heute ist Martin Limbeck einer der führenden Experten für Sales und Sales Leadership in Europa und in seiner Branche die Nummer 1, wenn es um die Beratung und Entwicklung von B2B Sales Driven Companies geht. Er erzielt siebenstellige Umsätze, hat neben der Limbeck® Group noch drei weitere Unternehmen gegründet, ist Wirtschaftssenator (EWS) und wurde aufgrund seines Know-hows für den Mittelstand in den Bundeswirtschaftssenat des Bundesverbandes Mittelständische Wirtschaft (BVMW) berufen. Zahlreiche Auszeichnungen wie Wirtschaftsmagnet, Exzellenzberater Deutscher Mittelstand, Vorbildunternehmer des Jahres, Top Job oder Great Place to Work® Certified sprechen für sich. Neben seiner internationalen Unternehmertätigkeit hält Martin Limbeck Vorträge und engagiert sich als offizieller Botschafter von Kinderlachen e. V. für kranke und hilfsbedürftige Kinder in Deutschland. Er ist Familienmensch und Vater eines erwachsenen Sohnes. Martin Limbeck ist Certified Speaking Professional (CSP) – die weltweit anerkannte Qualitätsauszeichnung für hauptberufliche Vortragsredner, verliehen von der National Speakers Association in den USA.

Mehr auf https://martinlimbeck.de und https://limbeckgroup.com